科学出版社“十三五”普通高等教育研究生规划教材
创新型现代农林院校研究生系列教材

高级生物统计学

刘永建 主 编

科学出版社
北 京

内 容 简 介

《高级生物统计学》是为高等农林院校硕士研究生编写的教材，介绍了科学研究中常用的、先进的、重要的试验设计和统计分析方法。内容主要包括一元回归分析，多元回归分析，直线相关分析、复相关分析与偏相关分析，通径分析，正交设计与分析，回归的正交设计与分析，回归的旋转设计与分析，均匀设计、最优设计与混料设计，回归方程的优化和特殊试验设计与分析。书后附有基于统计软件 SAS9.4 进行统计分析的 SAS 过程使用方法及 SAS 代码和统计数学用表。

本教材可作为高等农林院校作物学、园艺学、农业资源与环境、草学、林学、植物保护、畜牧学等一级学科相关专业硕士研究生的教学用书，对农学科研工作者也有重要的参考价值。

图书在版编目（CIP）数据

高级生物统计学/刘永建主编. 一北京：科学出版社，2022.9

科学出版社"十三五"普通高等教育研究生规划教材　创新型现代农林院校研究生系列教材

ISBN 978-7-03-072581-3

Ⅰ. ①高…　Ⅱ. ①刘…　Ⅲ. ①生物统计-研究生-教材　Ⅳ. ①Q-332

中国版本图书馆 CIP 数据核字（2022）第 101555 号

责任编辑：丛　楠　马程迪 / 责任校对：王　瑞

责任印制：张　伟 / 封面设计：迷底书装

科学出版社 出版

北京东黄城根北街 16 号

邮政编码：100717

http：//www.sciencep.com

涿州市般润文化传播有限公司 印刷

科学出版社发行　各地新华书店经销

*

2022 年 9 月第　一　版　开本：787×1092　1/16

2023 年 1 月第二次印刷　印张：21

字数：551 000

定价：79.80 元

（如有印装质量问题，我社负责调换）

编委会名单

主　　编　刘永建（四川农业大学）

副 主 编　刘仁祥（贵州大学）

朱永平（云南农业大学）

其他编者（按姓氏笔画排序）

田孟良（四川农业大学）

刘　洁（四川农业大学）

刘桂富（华南农业大学）

吴元奇（四川农业大学）

余国武（四川农业大学）

季彪俊（福建农林大学）

敖和军（湖南农业大学）

龚　江（石河子大学）

董中东（河南农业大学）

主　　审　黄玉碧（四川农业大学）

前　　言

高级生物统计学是我国多数高等农林院校硕士研究生专业开设的一门专业基础课，该课程针对硕士研究生在本科阶段已学习过基础生物统计学，具有微积分、线性代数等数学基础的实际情况，介绍科学研究中常用的、先进的、重要的试验设计和统计分析方法。为了满足我国研究生教育教学的需要，我们在认真总结该课程教学经验的基础上结合硕士研究生培养目标的要求，决定联合编写供高等农林院校硕士研究生教学用的教材《高级生物统计学》。本教材经申报获准列为科学出版社“十三五”普通高等教育研究生规划教材。

本教材由四川农业大学刘永建教授、田孟良教授、吴元奇副教授、余国武副教授和刘洁博士，贵州大学刘仁祥教授，云南农业大学朱永平教授，华南农业大学刘桂富副教授，石河子大学龚江副教授，福建农林大学季彪俊副教授，湖南农业大学敖和平副教授，河南农业大学董中东副教授合作编写，刘永建教授任主编，刘仁祥教授、朱永平教授任副主编。聘请四川农业大学黄玉碧教授担任教材主审。

本教材在保持本学科的系统性和科学性的前提下，注意与本科生物统计课程教学内容的衔接，编入了本科生物统计教材中由于学时限制而未讲授的重要内容；注意引入本学科发展的新知识、新成果。在编写中力求做到科学性与实用性、先进性与针对性相统一，循序渐进、由浅入深；在正确阐述重要的统计学原理的同时，着重于基本概念、基本方法的介绍；每一种设计和分析方法都安排有步骤完整、过程详细的实例予以说明，各章都配备有习题供读者练习；结合本教材所介绍的统计方法的实例详细叙述了 SAS 软件的具体应用。

本教材包括一元回归分析（龚江编写），多元回归分析（季彪俊编写），直线相关分析、复相关分析与偏相关分析（刘桂富编写），通径分析（董中东编写），正交设计与分析（朱永平编写），回归的正交设计与分析（敖和军编写），回归的旋转设计与分析（刘永建、余国武编写），均匀设计、最优设计与混料设计（吴元奇编写），回归方程的优化（刘仁祥编写），特殊试验设计与分析（田孟良、刘洁编写）共十章，附有主要例题进行数据分析的 SAS 程序（刘永建编写）、统计数学用表。初稿完成后，由主编刘永建教授统稿，对各章进行了仔细审定，做了必要的修改与增删。

本教材既可作为高等农林院校作物学、园艺学、农业资源与环境、草学、林学、植物保护、畜牧学等一级学科相关专业硕士研究生的教学用书，也可作为相应学科领域科研工作者的重要工具书。

本教材在编写过程中参考了有关中外文献和专著，编者对这些文献、专著的作者，对大力支持编写工作的科学出版社丛楠编辑、四川农业大学的明道绪教授和黄玉碧教授表示衷心感谢！

限于编者水平，疏漏在所难免，敬请生物统计学专家和广大读者批评指正，以便再版时修改。

编　者

2021 年 8 月 18 日

目　录

第一章　一元回归分析

在作物学、畜牧学、林学等试验研究中常常要研究两个或两个以上相关变量（correlation variable）间的关系。相关变量间的关系分为两种，一种是因果关系，即一个变量的变化受另一个或几个变量的影响，如病虫害发生时期受温度的影响，小麦单位面积产量受单位面积穗数、每穗粒数、粒重的影响等；另一种是平行关系，它们互为因果或共同受到另外因素的影响，如牛的体长和胸围之间的关系、小麦每穗粒数与千粒重之间的关系等都属于平行关系。

在统计学中采用回归分析（regression analysis）研究呈因果关系的相关变量间的关系。表示原因的变量称为自变量（independent variable），表示结果的变量称为依变量（dependent variable）。研究一个自变量与一个依变量的回归分析称为一元回归分析；研究多个自变量与一个依变量的回归分析称为多元回归分析。一元回归分析又分为直线回归分析与曲线回归分析两种；多元回归分析又分为多元线性回归分析与多元非线性回归分析两种。回归分析的任务是揭示呈因果关系的相关变量间的联系形式，建立它们之间的回归方程（regression equation），利用所建立的回归方程，由自变量（原因）来预测、控制依变量（结果）。

在统计学中采用相关分析（correlation analysis）研究呈平行关系的相关变量之间的关系。对两个变量间的直线关系进行相关分析称为直线相关分析（也称为简单相关分析）。对多个变量进行相关分析时，研究一个变量与多个变量间的线性相关称为复相关分析；研究其余变量保持不变的情况下两个变量间的线性相关称为偏相关分析。在相关分析中，不区分自变量和依变量。相关分析只研究两个变量之间线性相关的程度和性质或一个变量与多个变量之间线性相关的程度，不能用一个或多个变量去预测、控制另一个变量的变化，这是回归分析与相关分析的主要区别。

第一节　直线回归分析

一、直线回归分析的基本步骤

（一）直线回归方程的建立

对于呈因果关系的两个相关变量，自变量用 x 表示，依变量用 y 表示，通过试验（experiment）或调查（survey）获得两个变量的 n 对观测值（observation），记为（x_1，y_1），（x_2，y_2），…，（x_n，y_n）。

如果依变量 y 与自变量 x 的关系是直线关系，根据 n 对观测值，利用最小二乘法（least squares method），可以建立 y 与 x 之间的直线回归方程（linear regression equation）：

$$\hat{y}=b_0+b_1x \tag{1-1}$$

式中，

$$b_1=\frac{\sum(x-\overline{x})(y-\overline{y})}{\sum(x-\overline{x})^2}=\frac{\sum xy-\frac{\left(\sum x\right)\left(\sum y\right)}{n}}{\sum x^2-\frac{\left(\sum x\right)^2}{n}}=\frac{SP_{xy}}{SS_x} \tag{1-2}$$

$$b_0=\overline{y}-b_1\overline{x} \tag{1-3}$$

式（1-2）中的分子 $\sum(x-\overline{x})(y-\overline{y})$ 是自变量 x 的离均差（deviation from mean）与依变量 y 的离均差的乘积和，简称乘积和（sum of products），记作 SP_{xy}；分母 $\sum(x-\overline{x})^2$ 是自变量 x 的离均差平方和，简称平方和（sum of squares），记作 SS_x。

b_0 叫作样本回归截距（intercept），是回归直线与 y 轴交点的纵坐标，当 $x=0$ 时，$\hat{y}=b_0$，在有实际意义时，b_0 表示 y 的起始值；b_1 叫作样本的回归系数（regression coefficient），表示 x 改变一个单位，y 平均改变的单位数量，b_1 的符号反映了 x 影响 y 的性质，b_1 的绝对值大小反映了 x 影响 y 的程度；$\hat{y}$ 叫作回归估计值（estimate），是当 x 在其研究范围内取某一个值时，y 总体平均数（mean）的估计值。

（二）直线回归方程的假设检验

依变量 y 与自变量 x 间是否存在直线关系，可用 F 检验或 t 检验进行检验。在直线回归分析中，F 检验与 t 检验是等价的，可任选其中一种进行检验。

1. *F* 检验　统计学已证明

$$\sum(y-\overline{y})^2=\sum(\hat{y}-\overline{y})^2+\sum(y-\hat{y})^2 \tag{1-4}$$

$\sum(y-\overline{y})^2$ 反映了 y 的总变异程度，称为 y 的总平方和，记为 SS_y；$\sum(\hat{y}-\overline{y})^2$ 反映了由于 y 与 x 间存在直线关系所引起的 y 的变异程度，称为回归平方和（sum of squares of regression），记为 SS_R；$\sum(y-\hat{y})^2$ 反映了除 y 与 x 存在直线关系以外的原因（包括随机误差）所引起的 y 的变异程度，称为离回归平方和（sum of squares due to deviation from regression）或剩余平方和（residual sum of squares），记为 SS_r。于是，式（1-4）可表示为

$$SS_y=SS_R+SS_r \tag{1-5}$$

与此相对应，y 的总自由度（degrees of freedom）df_y 也划分为回归自由度 df_R 与离回归自由度 df_r 两部分，即

$$df_y=df_R+df_r \tag{1-6}$$

在直线回归分析中，y 的总自由度 $df_y=n-1$；回归自由度 $df_R=1$；离回归自由度 $df_r=n-2$。

统计数 F 的计算公式为

$$F=\frac{MS_R}{MS_r}=\frac{SS_R\,/\,df_R}{SS_r\,/\,df_r}=\frac{SS_R}{SS_r\,/\,(n-2)} \tag{1-7}$$

统计数 F 服从 $df_1=1$、$df_2=n-2$ 的 F 分布。式中，MS_R 为回归均方，$MS_R=SS_R\,/\,df_R$；MS_r 为离回归均方，$MS_r=SS_r\,/\,df_r$。

回归平方和还可用式（1-8）和式（1-9）计算

$$SS_R=b_1SP_{xy} \tag{1-8}$$

$$SS_R=\frac{SP_{xy}^2}{SS_x} \tag{1-9}$$

根据式（1-5），离回归平方和的计算公式为 $SS_r=SS_y-SS_R$。

2．t 检验　统计数 t 的计算公式为

$$t=\frac{b_1}{s_{b_1}} \tag{1-10}$$

统计数 t 服从 $df=n-2$ 的 t 分布。式中，s_{b_1} 为回归系数标准误（standard error of regression coefficient），计算公式为

$$s_{b_1}=\frac{s_{yx}}{\sqrt{SS_x}} \tag{1-11}$$

式中，s_{yx} 为离回归标准误（standard error of estimate），其计算公式为

$$s_{yx}=\sqrt{MS_r}=\sqrt{\frac{SS_r}{n-2}}=\sqrt{\frac{SS_y-\frac{SP_{xy}^2}{SS_x}}{n-2}} \tag{1-12}$$

（三）直线回归方程的评价

直线回归方程的评价包括偏离度（degree of deviation）评价和拟合度（degree of fitting）评价。

1．偏离度评价　所谓偏离度是指实测点偏离回归直线的程度，即回归估计值 $\hat{y}$ 与实际观测值 y 偏差的程度。偏离度评价可用离回归标准误 s_{yx} 来度量。但是，由于离回归标准误 s_{yx} 常常带单位，使用不方便。因此，实际分析中常用相对偏离度即变异系数（coefficient of variation，CV）来度量。变异系数的计算公式为

$$CV(\%)=\frac{s_{yx}}{\bar{y}}\times 100 \tag{1-13}$$

2．拟合度评价　所谓拟合度是指直线回归方程对 n 个观测值的拟合程度。直线回归方程的拟合度用决定系数（coefficient of determination）r^2 来度量，r^2 的计算公式为

$$r^2=\frac{\sum(\hat{y}-\bar{y})^2}{\sum(y-\bar{y})^2}=\frac{SS_R}{SS_y} \tag{1-14}$$

决定系数 $0\leqslant r^2\leqslant 1$，其大小也表示直线回归方程预测可靠程度的高低。$r^2$ 越趋于 1，则直线回归方程拟合得越好，用于预测的可靠程度越高；r^2 越趋于 0，则直线回归方程拟合得越差，用于预测的可靠程度越低。

二、加权回归分析

如果通过试验或调查获得的两个变量 x 与 y 的 n 对观测值（x_1，y_1），（x_2，y_2），…，（x_n，y_n）分别是由 m_1，m_2，…，m_n 个重复（replication）观测值计算得来的平均数，此时 n 对观测值（x_1，y_1），（x_2，y_2），…，（x_n，y_n）在整个资料中所处的地位是不同的，重复数大的（x_i，y_i），在整个资料中所占的比重大；重复数小的（x_i，y_i），在整个资料中所占的比重小。这样在用这些观测值进行回归分析时就不能把它们同等看待，应以 m_i 为“权”进行加权回归（weighted regression）分析。此时，先利用加权法计算出 $\bar{x}$，$\bar{y}$，SP_{xy}，SS_x，SS_y：

$$\bar{x}=\frac{1}{N}\sum_{i=1}^{n}m_i x_i$$

$$\bar{y}=\frac{1}{N}\sum_{i=1}^{n}m_i y_i$$

$$SP_{xy}=\sum_{i=1}^{n}m_i x_i y_i-\frac{1}{N}\left(\sum_{i=1}^{n}m_i x_i\right)\left(\sum_{i=1}^{n}m_i y_i\right) \tag{1-15}$$

$$SS_x=\sum_{i=1}^{n}m_i x_i^2-\frac{1}{N}\left(\sum_{i=1}^{n}m_i x_i\right)^2$$

$$SS_y=\sum_{i=1}^{n}m_i y_i^2-\frac{1}{N}\left(\sum_{i=1}^{n}m_i y_i\right)^2$$

式中，$N=\sum_{i=1}^{n}m_i$。

然后利用式（1-2）、式（1-3）计算回归系数 b_1、回归截距 b_0，即

$$b_1=\frac{SP_{xy}}{SS_x},\quad b_0=\bar{y}-b_1\bar{x}$$

建立直线回归方程 $\hat{y}=b_0+b_1x$ 后，可用 F 检验或 t 检验对 y 与 x 间的直线回归方程进行假设检验，用变异系数对直线回归方程的偏离度进行评价，用决定系数 $r^2=\frac{SS_R}{SS_y}$ 对直线回归方程的拟合度进行评价。

【例 1-1】 为了研究某品种水稻中蛋白质和赖氨酸含量的关系，把不同地区的水稻进行分组，每组抽测若干个样品的蛋白质和赖氨酸，结果如表 1-1 所示，进行回归分析。

表 1-1　水稻蛋白质和赖氨酸测定结果

组号	1	2	3	4	5	6	7	8	9	10
m_i	3	5	4	8	11	7	4	6	2	9
x_i/%	8.90	8.41	9.80	8.09	9.00	10.22	8.56	8.78	10.08	9.90
y_i/%	0.283	0.320	0.276	0.299	0.267	0.255	0.290	0.295	0.263	0.270

表 1-1 中，m_i 为第 i 组样品数，x_i、y_i 分别为第 i 组 m_i 个样品的蛋白质和赖氨酸测定值的平均数。此例各 m_i 不完全相同，应以 m_i 为“权”进行加权回归分析。先计算出 m_ix_i、m_iy_i、$m_ix_iy_i$、$m_ix_i^2$、$m_iy_i^2$，列于表 1-2。

表 1-2　水稻蛋白质和赖氨酸测定结果计算表

组号	1	2	3	4	5	6	7	8	9	10	$\sum$
m_ix_i	26.70	42.05	39.20	64.72	99.00	71.54	34.24	52.68	20.16	89.10	539.39
m_iy_i	0.849	1.600	1.104	2.392	2.937	1.785	1.160	1.770	0.526	2.430	16.553
$m_ix_iy_i$	7.556	13.456	10.819	19.351	26.433	18.243	9.930	15.541	5.302	24.057	150.688
$m_ix_i^2$	237.63	353.64	384.16	523.58	891.00	731.14	293.09	462.53	203.21	882.09	4962.07
$m_iy_i^2$	0.2403	0.5120	0.3047	0.7152	0.7842	0.4552	0.3364	0.5222	0.1383	0.6561	4.6646

（1）直线回归方程的建立　由式（1-15），得

$$N=\sum_{i=1}^{n}m_i=59$$

$$\bar{x}=\frac{1}{N}\sum_{i=1}^{n}m_ix_i=\frac{539.39}{59}=9.14$$

$$\bar{y}=\frac{1}{N}\sum_{i=1}^{n}m_iy_i=\frac{16.553}{59}=0.2810$$

$$SP_{xy}=\sum_{i=1}^{n}m_ix_iy_i-\frac{1}{N}\left(\sum_{i=1}^{n}m_ix_i\right)\left(\sum_{i=1}^{n}m_iy_i\right)=150.688-\frac{539.39\times16.553}{59}=-0.6429$$

$$SS_x=\sum_{i=1}^{n}m_ix_i^2-\frac{1}{N}\left(\sum_{i=1}^{n}m_ix_i\right)^2=4962.07-\frac{539.39^2}{59}=30.8569$$

$$SS_y=\sum_{i=1}^{n}m_iy_i^2-\frac{1}{N}\left(\sum_{i=1}^{n}m_iy_i\right)^2=4.6646-\frac{16.553^2}{59}=0.0205$$

于是，

$$b_1=\frac{SP_{xy}}{SS_x}=\frac{-0.6429}{30.8569}=-0.0208$$

$$b_0=\bar{y}-b_1\bar{x}=0.2810-(-0.0208)\times9.14=0.4711$$

回归方程为

$$\hat{y}=0.4711-0.0208x$$

（2）直线回归方程的假设检验　本例，对直线回归方程进行 F 检验。

$$SS_y=0.0205$$

$$SS_R=\frac{SP_{xy}^2}{SS_x}=\frac{(-0.6429)^2}{30.8569}=0.0134$$

$$SS_r=SS_y-SS_R=0.0205-0.0134=0.0071$$

$$df_y=N-1=59-1=58$$

$$df_R=1$$

$$df_r=df_y-df_R=58-1=57$$

列出方差分析表（表 1-3），进行 F 检验。

表 1-3　直线回归方程 F 检验的方差分析表

变异来源	df	SS	MS	F
回归	1	0.0134	0.0134	108.89**
离回归	57	0.0071	0.0001	
y 总的变异	58	0.0205		

注：$F_{0.01(1,\ 57)}=7.102$

因为 $F>F_{0.01(1,\ 57)}$、$p<0.01$，表明 x 与 y 之间存在极显著的线性关系。

（3）直线回归方程的评价　用变异系数对直线回归方程进行偏离度评价，由式（1-12）得

$$s_{yx}=\sqrt{MS_r}=\sqrt{0.0001}=0.0100$$

因为 $\bar{y}=0.2810$，进而计算变异系数，由式（1-13）得

$$CV(\%)=\frac{s_{yx}}{\bar{y}}\times 100=\frac{0.0100}{0.2810}\times 100=3.56$$

该直线回归方程的相对偏离度为 3.56%。

用决定系数 r^2 对直线回归方程进行拟合度评价，由式（1-14）得

$$r^2=\frac{SS_R}{SS_y}=\frac{0.0134}{0.0205}=0.6569$$

该直线回归方程的估测可靠程度达到 65.69%。

三、有重复观测值的回归分析

直线回归方程假设检验显著，表明相对于其他因素、x 的高次项及试验误差（experimental error）来说，因素 x 的一次项对 y 的影响是显著的，但未回答：影响 y 的除 x 外是否还有其他不可忽略的因素，y 与 x 是否确是线性关系。也就是说，还须检验直线回归方程的失拟性（lack of fit）。这个问题可以通过做一些重复试验从而估计出真正的试验误差来解决。

（一）部分试验有重复的回归

设一个试验有 n 个处理（treatment）：x_1，x_2，…，x_{n-1}，x_n，其中处理 x_1，x_2，…，x_{n-1} 只实施在 1 个试验单位上，处理 x_n 实施在 m 个试验单位上，重复了 m 次。试验实施后，得到如下观测结果。

$$\begin{array}{cccccccc} x_1 & x_2 & \cdots & x_{n-1} & x_n & x_n & \cdots & x_n \\ y_1 & y_2 & \cdots & y_{n-1} & \underbrace{y_n & y_{n+1} & \cdots & y_{n+m-1}}_{m\text{个重复观测值}} \end{array}$$

1. 直线回归方程的建立　对这一资料按 $n+m-1$ 对观测值做回归分析，建立直线回归方程 $\hat{y}=b_0+b_1x$。

2. 直线回归方程的假设检验　这里介绍直线回归方程的 F 检验，总平方和与自由度、回归平方和与自由度、剩余平方和与自由度计算公式如下。

$$SS_y=\sum_{\alpha=1}^{n+m-1}(y_\alpha-\bar{y})^2,\quad df_y=(n+m-1)-1$$

$$SS_R=\sum_{\alpha=1}^{n+m-1}(\hat{y}_\alpha-\bar{y})^2=b_1SP_{xy},\quad df_R=1$$

$$SS_r=\sum_{\alpha=1}^{n+m-1}(y_\alpha-\hat{y}_\alpha)^2=SS_y-SS_R,\quad df_r=df_y-df_R=(n+m-1)-2$$

由于处理 x_n 重复了 m 次，利用处理 x_n 的 m 个重复观测值，可以计算反映真正试验误差的平方和——纯误（pure error）平方和（记为 SS_e），相应的自由度称为纯误自由度（记为 df_e）。

$$SS_e=\sum_{\alpha=n}^{n+m-1}(y_\alpha-\hat{y}_\alpha)^2=\sum_{\alpha=n}^{n+m-1}y_\alpha^2-\frac{1}{m}\left(\sum_{\alpha=n}^{n+m-1}y_\alpha\right)^2$$

$$df_e=m-1$$

式中，$\bar{y}_a$ 是 m 个重复观测值 y_n，y_{n+1}，…，y_{n+m-1} 的平均数。

此时，$SS_r - SS_e$ 反映除 x 的一次项以外的其他因素（包含别的因素和 x 的高次项）所引起的变异，是 x 的一次项所未能拟合的部分，称为失拟平方和（记为 SS_{Lf}），相应的自由度称为失拟自由度（记为 df_{Lf}）。SS_{Lf}、df_{Lf} 的计算公式为

$$SS_{Lf} = SS_r - SS_e$$

$$df_{Lf} = df_r - df_e = n - 2$$

此时，平方和与自由度的划分式为

$$\begin{aligned} SS_y &= SS_R + SS_r \\ &\qquad\quad \llcorner\!\!-\!\!-\!\!-\, SS_{Lf} + SS_e \\ df_y &= df_R + df_r \\ &\qquad\quad \llcorner\!\!-\!\!-\!\!-\, df_{Lf} + df_e \end{aligned} \tag{1-16}$$

或

$$\begin{aligned} SS_y &= SS_R + \underbrace{SS_{Lf} + SS_e}_{SS_r} \\ df_y &= df_R + \underbrace{df_{Lf} + df_e}_{df_r} \end{aligned} \tag{1-17}$$

用统计数 F_{Lf} 进行直线回归方程的失拟性检验，可用下式构建。

$$F_{Lf} = \frac{MS_{Lf}}{MS_e} = \frac{SS_{Lf} / df_{Lf}}{SS_e / df_e}$$

统计数 F_{Lf} 服从 $df_1 = df_{Lf}$、$df_2 = df_e$ 的 F 分布。式中，MS_{Lf} 为失拟均方；MS_e 为纯误均方。

如果 F_{Lf} 显著（significant），说明对 y 的影响除了 x 外，至少还有一个不可忽略的因素；或者 y 与 x 是曲线关系；或者 y 与 x 无关，所选用的数学模型（mathematical model）是不恰当的。

如果 F_{Lf} 不显著（non-significant），可以认为用直线回归方程来拟合实测点是恰当的，即可以认为所选用的数学模型恰当。此时，把 SS_{Lf} 与 SS_e 合并为 SS_r，用 F_R 统计数对直线回归方程进行假设检验。

$$F_R = \frac{MS_R}{MS_r} = \frac{SS_R / df_R}{(SS_{Lf} + SS_e) / (df_{Lf} + df_e)}$$

统计数 F_R 服从 $df_1 = df_R$、$df_2 = df_r$ 的 F 分布。

结合直线回归方程的失拟性检验和假设检验结果，如果 F_{Lf} 不显著、F_R 显著，则称回归方程是拟合得好的；如果 F_{Lf} 不显著、F_R 不显著，则可以认为或者没有什么因素对 y 有系统影响，或者是试验误差过大而掩盖了差异的显著性；如果 F_{Lf} 显著，F_R 也显著，说明所得的直线回归方程有一定作用，但不能说明此方程是拟合得好的，需要查明原因，改进或选用别的数学模型做进一步研究。

（二）全部试验都有相等重复的回归

设试验有 n 个处理，每个处理重复 m 次，观测值模式如表 1-4 所示。

表 1-4　重复数相等的回归观测值数据模式

x_α	x_1	x_2	…	x_α	…	x_n	$\overline{x}$
$y_{\alpha i}$	y_{11}，y_{12}，…，y_{1m}	y_{21}，y_{22}，…，y_{2m}	…	$y_{\alpha 1}$，$y_{\alpha 2}$，…，$y_{\alpha m}$	…	y_{n1}，y_{n2}，…，y_{nm}	
$\overline{y}_\alpha$	$\overline{y}_1$	$\overline{y}_2$	…	$\overline{y}_\alpha$	…	$\overline{y}_n$	$\overline{y}$
$\hat{y}_\alpha$	$\hat{y}_1$	$\hat{y}_2$	…	$\hat{y}_\alpha$	…	$\hat{y}_n$	

表 1-4 中，$\overline{x}=\frac{1}{n}\sum_{\alpha=1}^{n}x_\alpha$，$\overline{y}_\alpha=\frac{1}{m}\sum_{i=1}^{m}y_{\alpha i}$，$\overline{y}=\frac{1}{nm}\sum_{\alpha=1}^{n}\sum_{i=1}^{m}y_{\alpha i}$，$\hat{y}_\alpha$为自变量 $x=x_\alpha$时依变量 y 的估计值。

此时可利用 nm 个观测值求 b_1、b_0，即

$$b_1=\frac{\sum_{\alpha=1}^{n}\sum_{i=1}^{m}(x_\alpha-\overline{x})(y_{\alpha i}-\overline{y})}{m\sum_{\alpha=1}^{n}(x_\alpha-\overline{x})^2}=\frac{SP_{xy}}{mSS_x}$$

$$b_0=\overline{y}-b_1\overline{x}$$

建立回归方程 $\hat{y}=b_0+b_1x$。

平方和与自由度的划分式仍为

$$SS_y=SS_R+SS_r,\quad SS_r=SS_{Lf}+SS_e$$

$$df_y=df_R+df_r,\quad df_r=df_{Lf}+df_e$$

式中，

$$SS_y=\sum_{\alpha=1}^{n}\sum_{i=1}^{m}(y_{\alpha i}-\overline{y})^2,\quad df_y=nm-1$$

$$SS_R=m\sum_{\alpha=1}^{n}(\hat{y}_\alpha-\overline{y})^2=\frac{SP_{xy}^2}{SS_x},\quad df_R=1$$

$$SS_r=SS_y-SS_R,\quad df_r=df_y-df_R=nm-2$$

$$SS_e=\sum_{\alpha=1}^{n}\sum_{i=1}^{m}(y_{\alpha i}-\overline{y}_\alpha)^2=\sum_{\alpha=1}^{n}\left[\sum_{i=1}^{m}y_{\alpha i}^2-\frac{1}{m}\left(\sum_{i=1}^{m}y_{\alpha i}\right)^2\right],\quad df_e=n(m-1)$$

$$SS_{Lf}=SS_r-SS_e,\quad df_{Lf}=df_r-df_e=n-2$$

用 F 统计数进行直线回归方程的失拟性检验

$$F_{Lf}=\frac{MS_{Lf}}{MS_e}=\frac{SS_{Lf}/df_{Lf}}{SS_e/df_e}$$

统计数 F_{Lf}服从 $df_1=n-2$、$df_2=n(m-1)$ 的 F 分布。

若 F_{Lf}不显著，则把 SS_{Lf}与 SS_e 合并为 SS_r，用 F 统计数对直线回归方程进行假设检验。

$$F_R=\frac{MS_R}{MS_r}=\frac{SS_R/df_R}{(SS_{Lf}+SS_e)/(df_{Lf}+df_e)}$$

统计数 F_R 服从 $df_1=1$、$df_2=nm-2$ 的 F 分布。

（三）全部试验都有重复但重复数不等的回归

设试验有 n 个处理，每个处理的重复数不等，分别为 m_1，m_2，…，m_n，观测值模式如表 1-5 所示。

表 1-5　重复数不等的回归观测数据模式

x_α	x_1	x_2	…	x_α	…	x_n	$\overline{x}$
m_α	m_1	m_2	…	m_α	…	m_n	$N=\sum_{\alpha=1}^{n}m_\alpha$
$y_{\alpha i}$	y_{11}，y_{12}，…，y_{1m_1}	y_{21}，y_{22}，…，y_{2m_2}	…	$y_{\alpha 1}$，$y_{\alpha 2}$，…，$y_{\alpha m_\alpha}$	…	y_{n1}，y_{n2}，…，y_{nm_n}	
$\overline{y}_\alpha$	$\overline{y}_1$	$\overline{y}_2$	…	$\overline{y}_\alpha$	…	$\overline{y}_n$	$\overline{y}$
$\hat{y}_\alpha$	$\hat{y}_1$	$\hat{y}_2$	…	$\hat{y}_\alpha$	…	$\hat{y}_n$	

表 1-5 中，$\overline{x}=\dfrac{1}{N}\sum_{\alpha=1}^{n}m_\alpha x_\alpha$，$\overline{y}=\dfrac{1}{N}\sum_{\alpha=1}^{n}\sum_{i=1}^{m_\alpha}y_{\alpha i}$，$\overline{y}_\alpha=\dfrac{1}{m_\alpha}\sum_{i=1}^{m_\alpha}y_{\alpha i}$，$\hat{y}_\alpha$ 为自变量 $x=x_\alpha$ 时依变量 y 的估计值。

此时利用 $N=\sum_{\alpha=1}^{n}m_\alpha$ 个观测值建立回归方程 $\hat{y}=b_0+b_1x$。

$$b_1=\frac{\sum_{\alpha=1}^{n}\sum_{i=1}^{m_\alpha}(x_\alpha-\overline{x})(y_{\alpha i}-\overline{y})}{\sum_{\alpha=1}^{n}m_\alpha(x_\alpha-\overline{x})^2}$$

$$b_0=\overline{y}-b_1\overline{x}$$

平方和与自由度的划分式仍为

$$SS_y=SS_R+SS_r,\quad SS_r=SS_{Lf}+SS_e$$

$$df_y=df_R+df_r,\quad df_r=df_{Lf}+df_e$$

式中，

$$SS_y=\sum_{\alpha=1}^{n}\sum_{i=1}^{m_\alpha}(y_{\alpha i}-\overline{y})^2,\quad df_y=N-1$$

$$SS_R=m_\alpha\sum_{\alpha=1}^{n}(\hat{y}_\alpha-\overline{y})^2=\frac{SP_{xy}^2}{SS_x},\quad df_R=1$$

$$SS_r=SS_y-SS_R,\quad df_r=df_y-df_R=N-2$$

$$SS_e=\sum_{\alpha=1}^{n}\sum_{i=1}^{m_\alpha}(y_{\alpha i}-\overline{y}_\alpha)^2=\sum_{\alpha=1}^{n}\left[\sum_{i=1}^{m_\alpha}y_{\alpha i}^2-\frac{1}{m_\alpha}\left(\sum_{i=1}^{m_\alpha}y_{\alpha i}\right)^2\right],\quad df_e=N-n$$

$$SS_{Lf}=SS_r-SS_e,\quad df_{Lf}=df_r-df_e=n-2$$

用 F 统计数进行直线回归方程的失拟性检验，

$$F_{Lf}=\frac{MS_{Lf}}{MS_e}=\frac{SS_{Lf}/df_{Lf}}{SS_e/df_e}$$

统计数 F_{Lf} 服从 $df_1=n-2$、$df_2=N-n$ 的 F 分布。

若 F_{Lf} 不显著，则把 SS_{Lf} 与 SS_e 合并为 SS_r，用 F 统计数对直线回归方程进行假设检验。

$$F_R=\frac{MS_R}{MS_r}=\frac{SS_R/df_R}{(SS_{Lf}+SS_e)/(df_{Lf}+df_e)}$$

统计数 F_R 服从 $df_1=1$、$df_2=N-2$ 的 F 分布。

【例 1-2】 某试验有重复试验的观测数据如表 1-6 所示，试进行回归分析。

表 1-6　有重复试验的观测数据

α	1	2	3	4	5	6	总和	平均
x_α	49.00	49.30	49.50	49.80	50.00	50.20	297.80	49.63
$y_{\alpha1}$	16.60	16.80	16.80	16.90	17.00	17.00	101.10	16.85
$y_{\alpha2}$	16.70	16.80	16.90	17.00	17.10	17.10	101.60	16.93
$\bar{y}_\alpha$	16.65	16.80	16.85	16.95	17.05	17.05	101.35	16.89

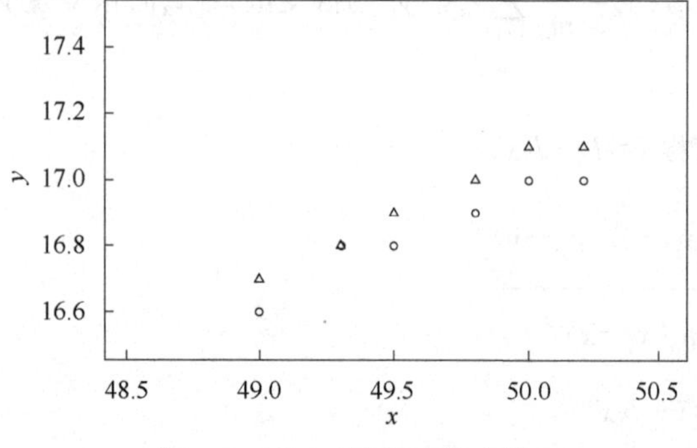

图 1-1　表 1-6 资料的散点图

这是一个有 6 个处理，每个处理有 2 个重复观测值的资料，即 $n=6$，$m=2$。

（1）作散点图　从散点图（图 1-1）可看出这些实测点很接近于一条直线，所以用 y 关于 x 的直线回归方程来拟合。

（2）建立回归方程　这是全部试验都有相等重复的资料，可利用全部 $nm=12$ 个观测值求 b_1、b_0，建立直线回归方程。

首先计算一级数据：

$$\sum x=49.00+49.30+\cdots+50.20=297.80$$

$$\sum y=16.60+16.80+\cdots+17.10=202.70$$

$$\sum xy=49.00\times16.60+49.00\times16.70+\cdots+50.20\times17.10=10061.37$$

$$\sum x^2=49.00^2+49.30^2+\cdots+50.20^2=14781.82$$

$$\sum y^2=16.60^2+16.80^2+\cdots+17.10^2=3424.21$$

进而计算二级数据：

$$\bar{x}=\frac{\sum x}{n}=\frac{297.80}{6}=49.6333$$

$$\bar{y}=\frac{\sum y}{nm}=\frac{202.70}{6\times2}=16.8917$$

$$SS_x=\sum x^2-\frac{\left(\sum x\right)^2}{n}=14781.82-\frac{297.80^2}{6}=1.0133$$

$$SS_y=\sum y^2-\frac{\left(\sum y\right)^2}{nm}=3424.21-\frac{202.70^2}{6\times2}=0.2692$$

$$SP_{xy}=\sum xy-\frac{\left(m\sum x\right)\left(\sum y\right)}{nm}=10061.37-\frac{(2\times297.80)\times202.70}{6\times2}=0.6933$$

所以，

$$b_1=\frac{SP_{xy}}{mSS_x}=\frac{0.6933}{2\times1.0133}=0.3421$$

$$b_0=\overline{y}-b_1\overline{x}=16.8917-0.3421\times49.6333=-0.0879$$

则直线回归方程为 $\hat{y}=-0.0879+0.3421x$。

（3）直线回归方程的假设检验　　因为依变量 y 总的变异 $SS_y=0.2692$，$df_y=nm-1=6\times2-1=11$，

$$SS_R=\frac{SP_{xy}^2}{mSS_x}=\frac{0.6933^2}{2\times1.0133}=0.2372$$

$$df_R=1$$

$$SS_r=SS_y-SS_R=0.2692-0.2372=0.0320$$

$$df_r=df_y-df_R=11-1=10$$

或

$$df_r=nm-2=6\times2-2=10$$

$$\begin{aligned}SS_e&=\sum_{\alpha=1}^{n}\left[\sum_{i=1}^{m}y_{\alpha i}^2-\frac{1}{m}\left(\sum_{i=1}^{m}y_{\alpha i}\right)^2\right]\\&=\left[(16.60^2+16.70^2)-\frac{(16.60+16.70)^2}{2}\right]\\&\quad+\left[(16.80^2+16.80^2)-\frac{(16.80+16.80)^2}{2}\right]+\cdots\\&\quad+\left[(17.00^2+17.10^2)-\frac{(17.00+17.10)^2}{2}\right]\\&=0.0250\end{aligned}$$

$$df_e=n(m-1)=6\times(2-1)=6$$

$$SS_{Lf}=SS_r-SS_e=0.0320-0.0250=0.0070$$

$$df_{Lf}=df_r-df_e=10-6=4$$

或

$$df_{Lf}=n-2=6-2=4$$

将上述各变异来源的平方和与自由度列于方差分析表（表 1-7），进行直线回归方程的失拟性检验和显著性检验。

表 1-7　直线回归方程假设检验的方差分析表

变异来源	df	SS	MS	F
回归	1	0.237 2	0.237 20	74.125**
离回归	10	0.032 0	0.003 20	
失拟	4	0.007 0	0.001 75	0.420
纯误	6	0.025 0	0.004 20	
y 的总变异	11	0.269 2		

注：$F_{0.05(4,\ 6)}=4.53$；$F_{0.01(1,\ 10)}=10.04$

因为$F_{Lf}<F_{0.05(4,\ 6)}$、$p<0.05$，表明直线回归方程的失拟性检验不显著，可以认为所选用的数学模型是恰当的。此时，应将SS_{Lf}与SS_e合并为SS_r，df_{Lf}与df_e合并为df_r，对直线回归方程进行显著性检验。因为$F_R>F_{0.01(1,\ 10)}$、$p<0.01$，表明直线回归方程极显著，可以认为依变量y与自变量x间存在极显著的直线关系。

（4）直线回归方程的拟合度评价　　决定系数$r^2=\dfrac{SS_R}{SS_y}=\dfrac{0.2372}{0.2692}=0.8811$，表明将建立的直线回归方程用于估测的可靠程度达到88.11%。

四、两条回归直线的比较

在实际研究工作中，有时需要对两条回归直线进行比较。两条回归直线的比较，主要包括两个内容：一是回归系数的比较，判断这两条回归直线是否平行；二是回归截距的比较，判断这两条回归直线与y轴交点是否相同。若经比较，两个回归系数及回归截距差异均不显著，则可以认为这两条回归直线平行，且与y轴交点相同，可将这两条回归直线合并为一条回归直线。

假设分别有y关于x的两个一元线性回归模型：

$$\begin{aligned} y^{(1)}&=\beta_0^{(1)}+\beta_1^{(1)}x+\varepsilon^{(1)} \\ y^{(2)}&=\beta_0^{(2)}+\beta_1^{(2)}x+\varepsilon^{(2)} \end{aligned} \tag{1-18}$$

式中，$\varepsilon^{(1)}\sim N(0,\ \sigma_{(1)}^2)$，$\varepsilon^{(2)}\sim N(0,\ \sigma_{(2)}^2)$。

分别获得了x与y的n_1、n_2对观测值：

试验一：$x_1^{(1)}$，$x_2^{(1)}$，…，$x_{n_1}^{(1)}$　　试验二：$x_1^{(2)}$，$x_2^{(2)}$，…，$x_{n_2}^{(2)}$

$y_1^{(1)}$，$y_2^{(1)}$，…，$y_{n_1}^{(1)}$　　$y_1^{(2)}$，$y_2^{(2)}$，…，$y_{n_2}^{(2)}$

由观测值可以计算试验一和试验二的二级数据：变量x的平均数$\bar{x}^{(1)}$、$\bar{x}^{(2)}$；变量y的平均数$\bar{y}^{(1)}$、$\bar{y}^{(2)}$；变量x的平方和$SS_x^{(1)}$、$SS_x^{(2)}$；变量y的平方和$SS_y^{(1)}$、$SS_y^{(2)}$；变量x和y间的乘积和$SP_{xy}^{(1)}$、$SP_{xy}^{(2)}$，由二级数据建立的两个直线回归方程为

$$\begin{aligned} y^{(1)}&=b_0^{(1)}+b_1^{(1)}x \\ y^{(2)}&=b_0^{(2)}+b_1^{(2)}x \end{aligned}$$

分别对两条回归直线进行假设检验时，可计算离回归平方和$SS_r^{(1)}$、$SS_r^{(2)}$；离回归自由度$df_r^{(1)}$、$df_r^{(2)}$。两个直线回归方程的离回归均方为$MS_r^{(1)}=\dfrac{SS_r^{(1)}}{df_r^{(1)}}$、$MS_r^{(2)}=\dfrac{SS_r^{(2)}}{df_r^{(2)}}$，分别为$\sigma_{(1)}^2$与$\sigma_{(2)}^2$的估计值。

两条回归直线比较的具体步骤如下。

1．两次试验误差的方差同质性检验　　根据两次试验数据建立的两条回归直线进行比较前，需要对两次试验误差的方差是否满足同质性进行检验，两次试验误差的方差同质性检验可用两尾F检验。

F检验的无效假设（null hypothesis）与备择假设（alternative hypothesis）为

$$H_0:\ \sigma_{(1)}^2=\sigma_{(2)}^2;\ H_A:\ \sigma_{(1)}^2\neq\sigma_{(2)}^2$$

F检验的计算公式为

$$F=\frac{MS_r^{(1)}}{MS_r^{(2)}} \quad (这里假定 MS_r^{(1)}>MS_r^{(2)}) \tag{1-19}$$

统计数 F 服从 $df_1=df_r^{(1)}$、$df_2=df_r^{(2)}$ 的 F 分布。

若未否定 H_0：$\sigma_{(1)}^2=\sigma_{(2)}^2$，表明两个离回归均方 $MS_r^{(1)}$、$MS_r^{(2)}$ 差异不显著，可以认为 $\sigma_{(1)}^2$ 与 $\sigma_{(2)}^2$ 相同，即 $\sigma_{(1)}^2=\sigma_{(2)}^2=\sigma^2$。此时，可将两个离回归均方 $MS_r^{(1)}$、$MS_r^{(2)}$ 合并为离回归均方 s^2

$$s^2=\frac{df_r^{(1)}MS_r^{(1)}+df_r^{(2)}MS_r^{(2)}}{df_r^{(1)}+df_r^{(2)}} \tag{1-20}$$

来估计共同的误差方差 σ^2。

共同的离回归标准误 s 为

$$s=\sqrt{\frac{df_r^{(1)}MS_r^{(1)}+df_r^{(2)}MS_r^{(2)}}{df_r^{(1)}+df_r^{(2)}}}=\sqrt{\frac{SS_r^{(1)}+SS_r^{(2)}}{df_r^{(1)}+df_r^{(2)}}} \tag{1-21}$$

注意，$\sigma_{(1)}^2$ 与 $\sigma_{(2)}^2$ 相同是进行两条回归直线的比较的前提条件，若经 F 检验否定了 H_0：$\sigma_{(1)}^2=\sigma_{(2)}^2$，即两个离回归均方 $MS_r^{(1)}$ 和 $MS_r^{(2)}$ 间差异显著，则不能进行两条回归直线的比较。

2．检验 $b_1^{(1)}$ 与 $b_1^{(2)}$ 是否有显著差异，用 t 检验

无效假设与备择假设为

$$H_0:\ \beta_1^{(1)}=\beta_1^{(2)};\ H_A:\ \beta_1^{(1)}\neq\beta_1^{(2)}$$

计算公式为

$$t=\frac{b_1^{(1)}-b_1^{(2)}}{s_{b_1^{(1)}-b_1^{(2)}}} \tag{1-22}$$

统计数 t 服从 $df=df_r^{(1)}+df_r^{(2)}$ 的 t 分布。式中，$s_{b_1^{(1)}-b_1^{(2)}}$ 叫作回归系数差数标准误，其计算公式为

$$s_{b_1^{(1)}-b_1^{(2)}}=s\sqrt{\frac{1}{SS_x^{(1)}}+\frac{1}{SS_x^{(2)}}} \tag{1-23}$$

若未否定 H_0：$\beta_1^{(1)}=\beta_1^{(2)}$，表明两个回归系数 $b_1^{(1)}$、$b_1^{(2)}$ 差异不显著，可以认为 $\beta_1^{(1)}$ 与 $\beta_1^{(2)}$ 相同，此时将两个回归系数 $b_1^{(1)}$、$b_1^{(2)}$ 合并为共同的回归系数 b_1：

$$b_1=\frac{b_1^{(1)}SS_x^{(1)}+b_1^{(2)}SS_x^{(2)}}{SS_x^{(1)}+SS_x^{(2)}} \tag{1-24}$$

3．检验 $b_0^{(1)}$ 与 $b_0^{(2)}$ 是否有显著差异，用 t 检验

无效假设与备择假设为

$$H_0:\ \beta_0^{(1)}=\beta_0^{(2)};\ H_A:\ \beta_0^{(1)}\neq\beta_0^{(2)}$$

计算公式为

$$t=\frac{b_0^{(1)}-b_0^{(2)}}{s_{b_0^{(1)}-b_0^{(2)}}} \tag{1-25}$$

统计数 t 服从 $df=df_r^{(1)}+df_r^{(2)}$ 的 t 分布。式中，$s_{b_0^{(1)}-b_0^{(2)}}$ 叫作回归截距差数标准误，其计算公式为

$$s_{b_0^{(1)}-b_0^{(2)}}=s\sqrt{\frac{1}{n_1}+\frac{(\bar{x}^{(1)})^2}{SS_x^{(1)}}+\frac{1}{n_2}+\frac{(\bar{x}^{(2)})^2}{SS_x^{(2)}}} \tag{1-26}$$

若未否定 H_0：$\beta_0^{(1)}=\beta_0^{(2)}$，表明两个回归截距 $b_0^{(1)}$、$b_0^{(2)}$ 差异不显著，可以认为 $\beta_0^{(1)}$ 与 $\beta_0^{(2)}$ 相同，此时将两个回归截距 $b_0^{(1)}$、$b_0^{(2)}$ 合并为共同的回归截距 b_0：

$$b_0=\bar{y}-b_1\bar{x} \tag{1-27}$$

式中，

$$\bar{x}=\frac{n_1\bar{x}^{(1)}+n_2\bar{x}^{(2)}}{n_1+n_2},\ \bar{y}=\frac{n_1\bar{y}^{(1)}+n_2\bar{y}^{(2)}}{n_1+n_2} \tag{1-28}$$

【例 1-3】 某试验研究变量 x 和 y 的关系，观测了甲、乙两组试验数据，分别进行了直线回归分析，有关统计量如表 1-8 所示。对这两条回归直线进行比较。若两个回归系数 $b_1^{(1)}$、$b_1^{(2)}$ 和两个回归截距 $b_0^{(1)}$、$b_0^{(2)}$ 差异均不显著，建立共同的回归方程。

表 1-8　直线回归分析有关统计量

统计量	试验甲	试验乙
回归系数 b_1	1.140	1.074
回归截距 b_0	−38.150	−31.150
样本容量 n	8	7
离回归均方 MS_r	0.140	0.111
离回归自由度 df	6	5
自变量平方和 SS_x	257.875	162.000
自变量平均数 $\bar{x}$	98.375	87.000
依变量平均数 $\bar{y}$	74.000	62.286

（1）检验 $MS_r^{(1)}$ 与 $MS_r^{(2)}$ 是否有显著差异　　由式（1-19），求得

$$F=\frac{MS_r^{(1)}}{MS_r^{(2)}}=\frac{0.140}{0.111}=1.261$$

查两尾检验 F 值表，$F_{0.05(6,\ 5)}=6.98$，由于 $F<F_{0.05(6,\ 5)}$，表明两个离回归均方 $MS_r^{(1)}$、$MS_r^{(2)}$ 差异不显著，按式（1-20）将两个离回归均方 $MS_r^{(1)}$、$MS_r^{(2)}$ 合并为共同的离回归均方 s^2：

$$s^2=\frac{df_r^{(1)}MS_r^{(1)}+df_r^{(2)}MS_r^{(2)}}{df_r^{(1)}+df_r^{(2)}}=\frac{6\times0.140+5\times0.111}{6+5}=0.127$$

共同的离回归标准误 $s=\sqrt{s^2}=\sqrt{0.127}=0.356$。

（2）检验 $b_1^{(1)}$ 与 $b_1^{(2)}$ 是否有显著差异　　由式（1-23），计算得

$$s_{b_1^{(1)}-b_1^{(2)}}=s\sqrt{\frac{1}{SS_x^{(1)}}+\frac{1}{SS_x^{(2)}}}=0.356\times\sqrt{\frac{1}{257.875}+\frac{1}{162.000}}=0.0357$$

进而由式（1-22）得

$$t=\frac{b_1^{(1)}-b_1^{(2)}}{s_{b_1^{(1)}-b_1^{(2)}}}=\frac{1.140-1.074}{0.0357}=1.849$$

由 $df=(n_1-2)+(n_2-2)=(8-2)+(7-2)=11$ 查 t 值表，得 $t_{0.05(11)}=2.201$。由于 $t<t_{0.05(11)}$，表明两个回归系数 $b_1^{(1)}$ 与 $b_1^{(2)}$ 差异不显著，利用式（1-24）求共同回归系数 b_1，得

$$b_1=\frac{b_1^{(1)}SS_x^{(1)}+b_1^{(2)}SS_x^{(2)}}{SS_x^{(1)}+SS_x^{(2)}}=\frac{1.140\times 257.875+1.074\times 162.000}{257.875+162.000}=1.115$$

（3）检验 $b_0^{(1)}$ 与 $b_0^{(2)}$ 是否有显著差异　　由式（1-26），求得

$$s_{b_0^{(1)}-b_0^{(2)}}=s\sqrt{\frac{1}{n_1}+\frac{(\overline{x}^{(1)})^2}{SS_x^{(1)}}+\frac{1}{n_2}+\frac{(\overline{x}^{(2)})^2}{SS_x^{(2)}}}$$

$$=0.356\times\sqrt{\frac{1}{8}+\frac{98.375^2}{257.875}+\frac{1}{7}+\frac{87.000^2}{162.000}}=3.273$$

进而由式（1-25），得

$$t=\frac{b_0^{(1)}-b_0^{(2)}}{s_{b_0^{(1)}-b_0^{(2)}}}=\frac{(-38.15)-(-31.15)}{3.273}=-2.139$$

由 $df=(n_1-2)+(n_2-2)=(8-2)+(7-2)=11$ 查 t 值表，得 $t_{0.05(11)}=2.201$，由于 $|t|<t_{0.05(11)}$，表明两个回归截距 $b_0^{(1)}$ 与 $b_0^{(2)}$ 差异不显著。

以两次试验的样本容量 n_1 和 n_2 为权，利用式（1-28）计算 $\overline{x}^{(1)}$ 和 $\overline{x}^{(2)}$ 的加权平均数、$\overline{y}^{(1)}$ 和 $\overline{y}^{(2)}$ 的加权平均数

$$\overline{x}=\frac{n_1\overline{x}^{(1)}+n_2\overline{x}^{(2)}}{n_1+n_2}=\frac{8\times 98.375+7\times 87.000}{8+7}=93.067$$

$$\overline{y}=\frac{n_1\overline{y}^{(1)}+n_2\overline{y}^{(2)}}{n_1+n_2}=\frac{8\times 74.000+7\times 62.286}{8+7}=68.533$$

由式（1-27）计算合并的回归截距 b_0

$$b_0=\overline{y}-b_1\overline{x}=68.533-1.115\times 93.067=-35.237$$

于是，两次试验合并的直线回归方程为 $\hat{y}=-35.237+1.115x$。

第二节　曲线回归分析

一、概述

直线关系是两个相关变量间最简单的一种关系。在实际问题中，有时两个相关变量之间的关系并不是直线关系，散点图的分布趋势不表现为一条直线，而是一条曲线，这时选择恰当类型的曲线来拟合实测点比选用直线来拟合更符合实际情况。例如，细菌繁殖量与温度的关系，畜禽在生长过程中各种生理指标与年龄的关系，乳牛的泌乳量与泌乳天数的关系等就属于这种情况。

曲线回归（curvilinear regression）分析的基本任务是通过两个相关变量 y 与 x 的实际观测数据建立曲线回归方程（curvilinear regression equation），以揭示 y 与 x 间的曲线联系形式。一般来说对试验数据配曲线可以分以下步骤。

1．确定 y 与 x 之间内在关系的函数类型　　确定 y 与 x 之间内在关系的函数类型有两种方法：一是根据专业知识从理论上推导或者根据以往积累的实际经验确定两个变量之间内在关系的函数类型。例如，在细菌培养中，根据专业知识知道，在一定条件下细菌总数 y 与时间 x 有指数函数关系，即 $y=N_0e^{\lambda x}$，N_0 为细菌的初始数量，λ 为相对增长率。二是在根据理论

或经验无法推知 x 与 y 关系的函数类型情况下，通过所收集的 n 对数据（x_i, y_i），$i=1, 2, \cdots, n$，绘出散点图，然后按散点变化趋势与已知的曲线相比较，选择适合的曲线去拟合这些实测点。

2．确定拟合曲线函数中的未知参数 如上所述，我们已确定细菌总数与时间之间是指数函数关系，但对于不同的细菌来讲，相对增长率 λ 会有所不同，需要通过试验数据求出 λ 的估计值。

对于许多函数类型，可先通过变量变换把非线性的函数关系转化成线性函数关系，然后用最小二乘法来确定未知参数。线性化（linearization）法是解决非线性回归问题的常用方法。有时在利用散点图确定曲线类型时会遇到几种曲线形式与散点变化趋势类似的情况。这时，选定曲线函数类型时，必须结合双变量资料本身的特征，如是否通过原点，有无拐点、极值点和渐近线等综合考虑，来选定合适的曲线函数类型。

3．线性化方法 在把非线性函数关系变换成线性函数关系时，对变量进行变换的方法通常有两种。

（1）直接引入新变量 例如，对于对数函数 $y=b_0+b_1\lg x$，直接引入新变量 x'，令 $x'=\lg x$，则对数函数变换为线性函数 $y=b_0+b_1x'$。

（2）将非线性的函数经过一定的数学变换后再引入新变量 例如，对于幂函数 $y=b_0x^{b_1}$，两边取常用对数，$\lg y=\lg b_0+b_1\lg x$。令 $y'=\lg y$，$b_0'=\lg b_0$，$x'=\lg x$，则幂函数变换为线性函数 $y'=b_0'+b_1x'$。

二、回归曲线的评价

曲线的拟合通常以散点图为依据，然而对于同一散点图，往往可以选择几条曲线去拟合，所以对回归曲线的评价十分重要。对回归曲线优劣的评价应该依据变换前的原始数据进行，不能只对变换后的直线回归方程做检验。

线性化方法在进行回归分析前都要经过线性变换，所得结果再变换回去后，各项平方和会有变化，对于线性回归分析成立的一些关系也就不再成立。建立在这些基础上的各种线性回归分析的统计检验方法，如 t 检验、F 检验等在回归曲线上也都不能用了。对回归曲线的优劣，通常采用以下两种统计量做直观评价。

（一）剩余平方和

$$SS_r=\sum(y-\hat{y})^2 \tag{1-29}$$

显然剩余平方和越小，曲线回归效果越好。注意，回归曲线剩余项平方和必须用变换前的原始数据计算。

（二）相关指数（correlation index）

$$R^2=1-\frac{\sum(y-\hat{y})^2}{\sum(y-\bar{y})^2}=1-\frac{SS_r}{SS_y} \tag{1-30}$$

相关指数 R^2 的大小表示了回归曲线拟合度的高低，或者说表示了曲线回归方程估测的可靠程度的高低。它的计算仍需用变换前的原始数据。

三、能线性化的曲线函数类型

（一）双曲线函数（hyperbola function）

双曲线函数 $y=\dfrac{x}{b_0x+b_1}$ 在 $x>0$、$y>0$ 的条件下初步变形得 $\dfrac{1}{y}=b_0+\dfrac{b_1}{x}$，在 $b_0>0$ 的条件下，函数图形见图 1-2。

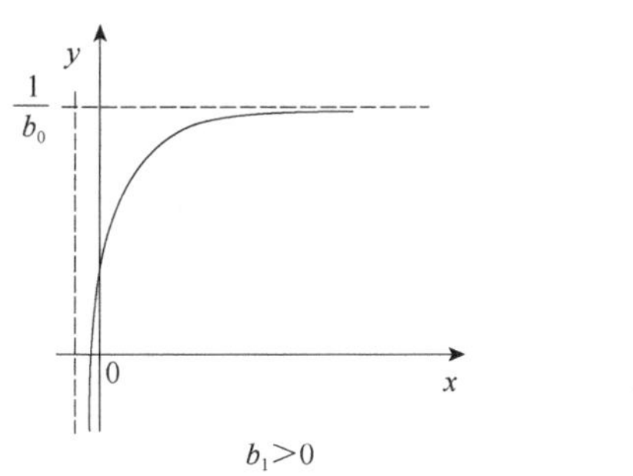

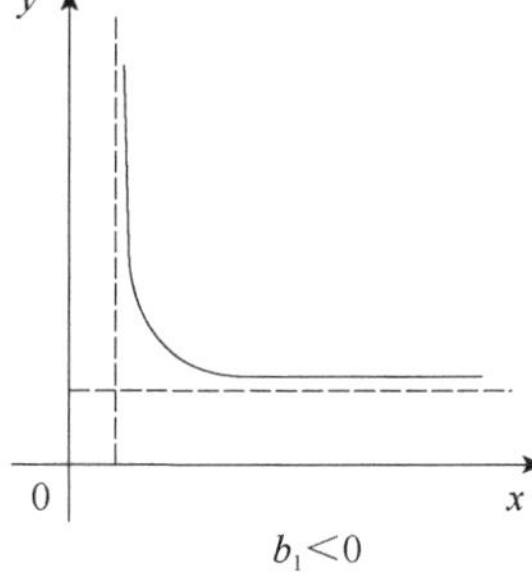

图 1-2　双曲线函数 $\dfrac{1}{y}=b_0+\dfrac{b_1}{x}$ 图形（虚线为渐近线）

令 $y'=\dfrac{1}{y}$，$x'=\dfrac{1}{x}$，则线性化为 $y'=b_0+b_1x'$。

（二）幂函数（power function）

幂函数 $y=b_0x^{b_1}$ 在 $b_0>0$、$x>0$ 的条件下，函数图形见图 1-3。

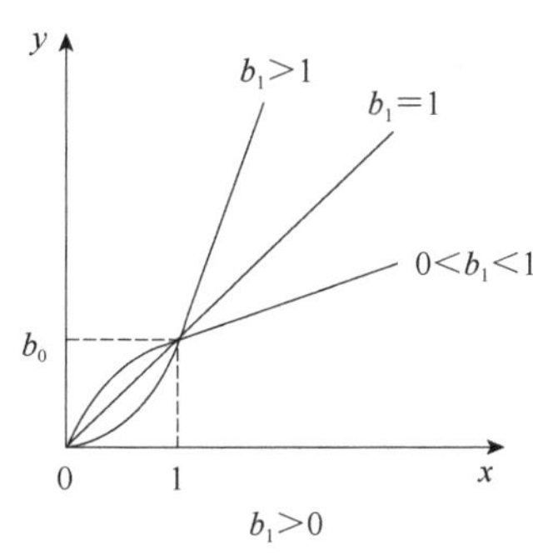

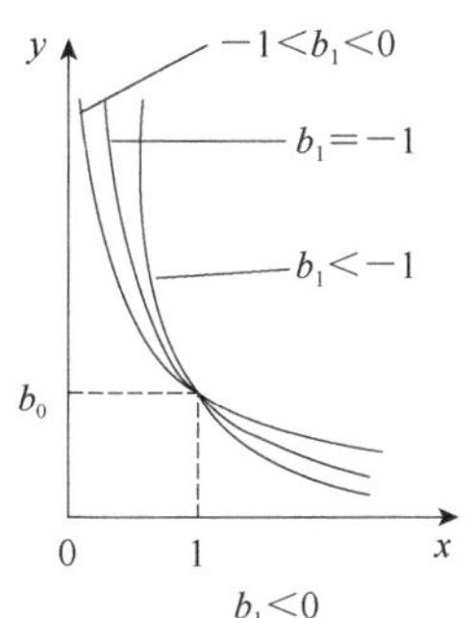

图 1-3　幂函数 $y=b_0x^{b_1}$ 图形

两边取自然对数得 $\ln y=\ln b_0+b_1\ln x$。令 $y'=\ln y$，$b_0'=\ln b_0$，$x'=\ln x$，则线性化为 $y'=b_0'+b_1x'$（$b_0=\mathrm{e}^{b_0'}$）。

（三）指数函数（exponential function）

指数函数有两种形式，分别为 $y=b_0\mathrm{e}^{b_1x}$ 和 $y=b_0\mathrm{e}^{\frac{b_1}{x}}$（$b_0>0$，$x>0$）。

1）对指数函数 $y=b_0e^{b_1x}$（图 1-4）两边取自然对数，得 $\ln y=\ln b_0+b_1x$。令 $y'=\ln y$，$b_0'=\ln b_0$，则线性化为 $y'=b_0'+b_1x$。

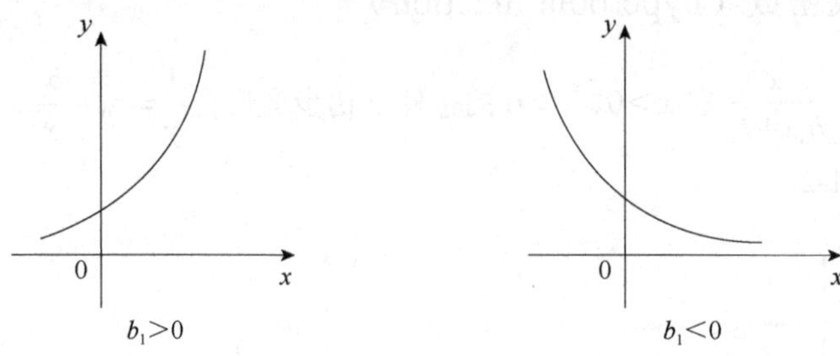

图 1-4　指数函数 $y=b_0e^{b_1x}$ 图形

2）对指数函数 $y=b_0e^{\frac{b_1}{x}}$（图 1-5）两边取自然对数，得 $\ln y=\ln b_0+\frac{b_1}{x}$。令 $y'=\ln y$，$b_0'=\ln b_0$，$x'=\frac{1}{x}$，则线性化为 $y'=b_0'+b_1x'$。

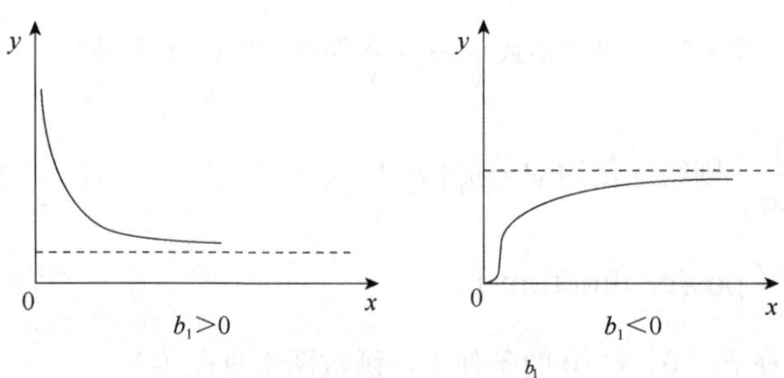

图 1-5　指数函数 $y=b_0e^{\frac{b_1}{x}}$ 图形

（四）对数函数（logarithmic function）

对数函数 $y=b_0+b_1\lg x$（$x>0$）的图形见图 1-6。

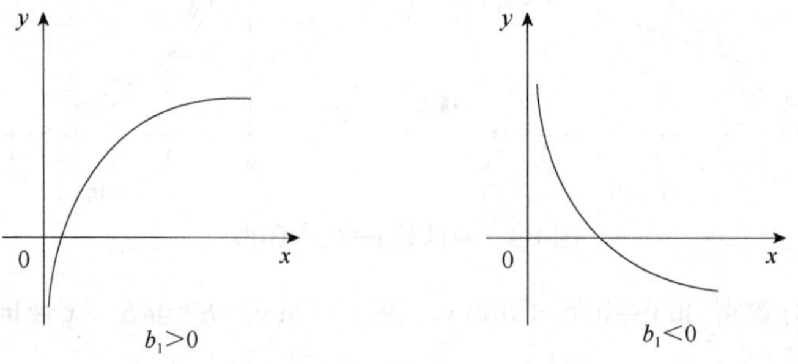

图 1-6　对数函数 $y=b_0+b_1\lg x$ 图形

令 $x'=\lg x$，则线性化为 $y=b_0+b_1x'$。

【例 1-4】 测得甘薯薯块在生长过程中的鲜重（x，g）和呼吸强度［y，$mgCO_2$/（100g 鲜重·h）］的关系，结果如表 1-9 所示。进行回归分析。

表 1-9　甘薯薯块鲜重和呼吸强度关系的测定结果

x/g	y/[$mgCO_2$/（100g 鲜重·h）]	$x'=\lg x$	$y'=\lg y$
10	92	1.0000	1.9638
38	32	1.5798	1.5051
80	21	1.9031	1.3222
125	12	2.0969	1.0792
200	10	2.3010	1.0000
310	7	2.4914	0.8451
445	7	2.6484	0.8451
480	6	2.6812	0.7782

（1）作散点图　　以鲜重为横坐标、呼吸强度为纵坐标作散点图（图 1-7）。

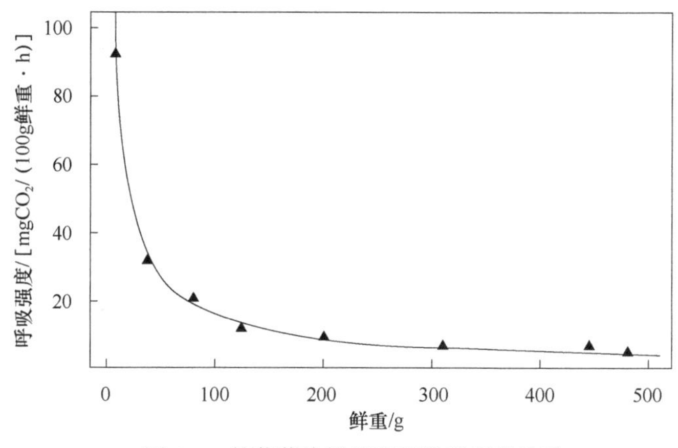

图 1-7　甘薯薯块鲜重和呼吸强度的关系

（2）选取曲线函数　　根据散点图，选用幂函数曲线 $y=b_0x^{b_1}$ 拟合实测点。

（3）线性化　　两边取常用对数，得 $\lg y=\lg b_0+b_1\lg x$。

令 $y'=\lg y$，$x'=\lg x$，$b_0'=\lg b_0$，则线性化为 $y'=b_0'+b_1x'$。先计算出

$$\overline{x'}=2.0877,\quad \overline{y'}=1.1673$$

$$SS_{x'}=2.3503,\quad SP_{x'y'}=-1.6447,\quad SS_{y'}=1.1674$$

$r_{x'y'}=-0.9929^{**}$（$r_{0.01(6)}=0.834$），表明 y' 与 x' 间存在极显著的线性关系。进而计算得

$$b_1=\frac{SP_{x'y'}}{SS_{x'}}=-0.6998$$

$$b_0'=\overline{y'}-b_1\overline{x'}=2.6283$$

于是，y' 与 x' 的直线回归方程为 $\hat{y}'=2.6283-0.6998x'$。

（4）曲线回归方程　　因为 $b_0=10^{b_0'}=10^{2.6283}=424.9130$，所以曲线回归方程为

$$\hat{y}=424.9130x^{-0.6998}$$

（5）计算相关指数 R^2　　由曲线回归方程 $\hat{y}=424.9130x^{-0.6998}$ 计算各 $\hat{y}$，从而可得

$$\sum(y-\hat{y})^2=62.7007$$

因为$\sum(y-\overline{y})^2=5935.8750$，所以相关指数 R^2 为

$$R^2=1-\frac{\sum(y-\hat{y})^2}{\sum(y-\overline{y})^2}=1-\frac{62.7007}{5935.8750}=0.9894$$

即曲线回归方程估测的可靠程度达 98.94%，说明回归曲线拟合度高。

（五）Logistic 生长曲线（Logistic growth curve）

Logistic 生长曲线是比利时数学家 P. F. Verhult（1838）推导出来的，但没能引起关注。20 世纪 20 年代被 R. Pearl 和 L. J. Reed 重新发现，60 年代以来它被广泛应用于动物饲养、作物栽培、资源、生态、环保等方面的模拟研究中。其基本思想是，生物的生长或繁殖，假定在无限空间、无限营养来源等无约束的条件下进行，那么生长量或繁殖量是时间 x 的指数函数，但这种关系只存在于开始的瞬间。随着生长或繁殖量增大，诸多约束条件，如环境恶化、营养不足、衰老加快、繁殖减慢、死亡增多及生物间的相互作用等必将伴随而来，生长量或繁殖量与时间 x 不再是指数函数关系。此时，生长曲线略呈拉长的“S”，所以 Logistic 生长曲线也叫作“S”形曲线（图 1-8）。

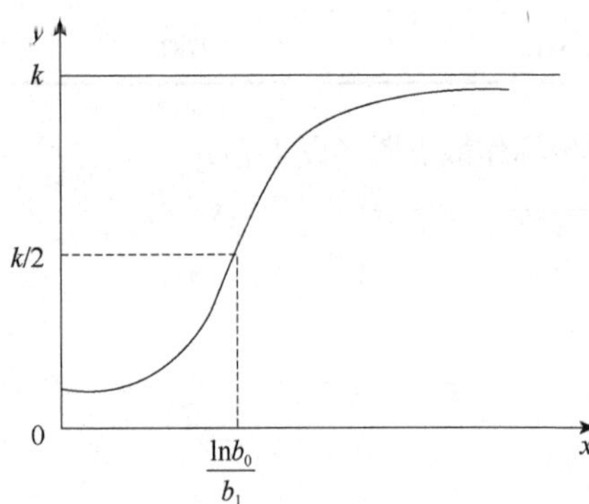

图 1-8　Logistic 生长曲线

Logistic 生长曲线方程为

$$y=\frac{k}{1+b_0\mathrm{e}^{-b_1x}} \tag{1-31}$$

1．基本特征

1）当 $x=0$ 时，$y=\frac{k}{1+b_0}$；$x\to\infty$时，$y\to k$。即时间为 0 时，y 的起始量是$\frac{k}{1+b_0}$；时间无限延长时，y 的上界是 k。

2）令式（1-31）的二阶导数

$$y''=\frac{\mathrm{d}^2y}{\mathrm{d}x^2}=\frac{kb_0b_1\mathrm{e}^{-b_1x}(b_0b_1\mathrm{e}^{-b_1x}-b_1)}{(1+b_0\mathrm{e}^{-b_1x})^3}=0$$

求得 $x=\frac{\ln b_0}{b_1}$。

当 $x=\frac{\ln b_0}{b_1}$时，$y=\frac{k}{2}$。点$\left(\frac{\ln b_0}{b_1},\ \frac{k}{2}\right)$是 Logistic 生长曲线的拐点，这时的 $y=\frac{k}{2}$，恰为上界 k 的一半。x 在$\left(0,\ \frac{\ln b_0}{b_1}\right)$区间内，曲线下凹；$x$ 在$\left(\frac{\ln b_0}{b_1},\ \infty\right)$区间内，曲线上凸。拐点以前，生长速度由慢到快；拐点以后，生长速度由快变慢；在拐点处，生长速度最快。

3）生长速度曲线上的两个特征点。令式（1-31）的三阶导数

$$y'''=\frac{\mathrm{d}^3y}{\mathrm{d}x^3}=\frac{b_1^3kb_0\mathrm{e}^{-b_1x}(b_0^2\mathrm{e}^{-2b_1x}-4b_0\mathrm{e}^{-b_1x}+1)}{(1+b_0\mathrm{e}^{-b_1x})^4}=0$$

则有

$$b_0^2 e^{-2b_1 x}-4b_0 e^{-b_1 x}+1=0$$

设 $t=b_0 e^{-b_1 x}$，则上式变为 $t^2-4t+1=0$。解此一元二次方程，得

$$t_1=2+\sqrt{3}, \quad t_2=2-\sqrt{3}$$

即 $b_0 e^{-b_1 x_1}=2+\sqrt{3}$，$b_0 e^{-b_1 x_2}=2-\sqrt{3}$。

由此得生长速度曲线上的两个特征点：$x_1=\dfrac{\ln\left(\dfrac{b_0}{2+\sqrt{3}}\right)}{b_1}$，$x_2=\dfrac{\ln\left(\dfrac{b_0}{2-\sqrt{3}}\right)}{b_1}$。在 $0 \sim x_1$ 处，群体增长速度的变化率大于 0，且缓慢上升；在 x_1 处，群体增长速度的变化率达到最大；在 $x_1 \sim \dfrac{\ln b_0}{b_1}$ 处，群体增长速度的变化率由最大逐渐下降；在 $\dfrac{\ln b_0}{b_1}$ 处，群体增长速度的变化率为 0；在 $\dfrac{\ln b_0}{b_1} \sim x_2$ 处，群体增长速度的变化率小于 0，并继续下降；在 x_2 处，群体增长速度的变化率最小（其意义是指，群体增长速度的变化率小于 0，绝对值最大）；在 x_2 之后，群体增长速度的变化率由最小缓慢上升（其意义是指，群体增长速度的变化率小于 0，绝对值缓慢变小）。

在 x_1 和 x_2 之间群体增长迅速，这个时期为群体的旺盛增长期。在 x_1 之前和 x_2 之后，群体增长缓慢。

2．Logistic 生长曲线方程的建立

（1）线性化　　由 Logistic 生长曲线方程式（1-31）得

$$\frac{k-y}{y}=b_0 e^{-b_1 x} \tag{1-32}$$

两端取自然对数，得 $\ln\dfrac{k-y}{y}=\ln b_0-b_1 x$。令 $y'=\ln\dfrac{k-y}{y}$，$b_0'=\ln b_0$，$b_1'=-b$，则线性化为

$$y'=b_0'+b_1' x \tag{1-33}$$

（2）确定 k 值　　如果 y 是生长量或繁殖量，可取 3 对观测值（x_1，y_1），（x_2，y_2），（x_3，y_3）代入式（1-32）：

$$\frac{k-y_1}{y_1}=b_0 e^{-b_1 x_1} \tag{1-34}$$

$$\frac{k-y_2}{y_2}=b_0 e^{-b_1 x_2} \tag{1-35}$$

$$\frac{k-y_3}{y_3}=b_0 e^{-b_1 x_3} \tag{1-36}$$

式（1-34）÷式（1-35），式（1-35）÷式（1-36），得

$$\frac{y_2(k-y_1)}{y_1(k-y_2)}=e^{-b_1(x_1-x_2)}，\quad 令 A=e^{-b_1(x_1-x_2)}$$

$$\frac{y_3(k-y_2)}{y_2(k-y_3)}=e^{-b_1(x_2-x_3)}，\quad 令 B=e^{-b_1(x_2-x_3)}$$

分别计算 A、B 的自然对数，$\ln A$ 和 $\ln B$，进而得

$$\frac{\ln A}{\ln B}=\frac{x_1-x_2}{x_2-x_3}$$

由换底公式得

$$\log_B A=\frac{x_1-x_2}{x_2-x_3}$$

$$A=B^{\frac{x_1-x_2}{x_2-x_3}}$$

即

$$\frac{y_2(k-y_1)}{y_1(k-y_2)}=\left[\frac{y_3(k-y_2)}{y_2(k-y_3)}\right]^{\frac{x_1-x_2}{x_2-x_3}} \tag{1-37}$$

令 $\frac{x_1-x_2}{x_2-x_3}=1$，即 $x_2=\frac{x_1+x_3}{2}$，也就是 x_1、x_2、x_3 等间距，可得

$$k=\frac{y_2^2(y_1+y_3)-2y_1y_2y_3}{y_2^2-y_1y_3} \tag{1-38}$$

【例 1-5】 测定某水稻品种开花后不同天数（x）的平均单粒重（y，mg），结果见表 1-10，试用 Logistic 生长曲线探讨水稻的灌浆过程。

表 1-10　某水稻品种开花后天数及其籽粒平均单粒重

开花后天数 x/d	平均单粒重 y/mg	$\frac{18.4816-y}{y}$	$y'=\ln\left(\frac{18.4816-y}{y}\right)$
0	0.30	60.605 33	4.104 38
3	0.72	24.668 89	3.205 54
6	3.31	4.583 56	1.522 48
9	9.71	0.903 36	−0.101 64
12	13.09	0.411 89	−0.887 01
15	16.85	0.096 83	−2.334 79
18	17.79	0.038 88	−3.247 38
21	18.23	0.013 80	−4.282 98
24	18.43	0.002 80	−5.878 21

（1）作散点图　　以开花后天数为横坐标，平均单粒重为纵坐标作散点图（图 1-9）。

（2）确定 k 值　　取 3 个等距离开花后天数 x 及其平均单粒重 y：（0，0.30）、（12，13.09）、（24，18.43），由式（1-38）得

$$k=\frac{13.09^2\times(0.30+18.43)-2\times0.30\times13.09\times18.43}{13.09^2-0.30\times18.43}=18.4816\,(\text{mg})$$

（3）线性化　　将 y 转换为 y'，计算出 $\frac{18.4816-y}{y}$ 和 $y'=\ln\left(\frac{18.4816-y}{y}\right)$，列于表 1-10 中。

因为$\bar{x}=12$、$\bar{y}'=-0.8777$、$SS_x=540$、$SS_{y'}=92.1967$、$SP_{xy'}=-222.5064$，所以

$$b_1'=\frac{SP_{xy'}}{SS_x}=\frac{-222.5064}{540}=-0.412$$

$$b_0'=\bar{y}'-b_1'\bar{x}=-0.8777-(-0.412)\times12=4.066$$

x 与 y'的相关系数为 $r_{xy'}=-0.987^{**}$（$r_{0.01(7)}=0.798$），表明y'和x间存在极显著的线性关系。y'与x直线回归方程为$\hat{y}'=4.066-0.412x$。

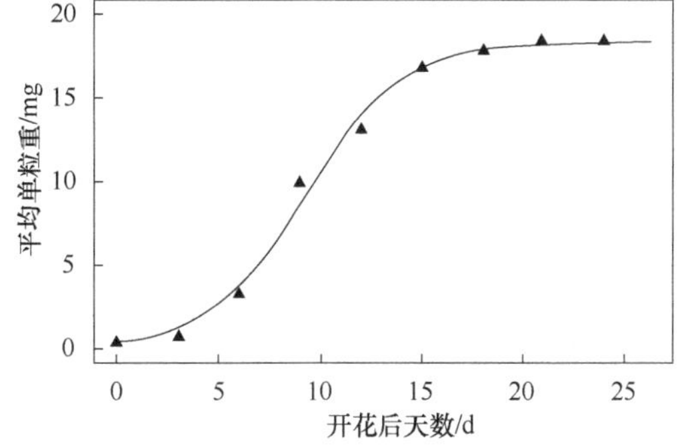

图 1-9　某水稻品种的平均单粒重（y）与开花后天数（x）间的关系

（4）建立 Logistic 生长曲线方程　因为$b_1=-b_1'=0.412$，$b_0=e^{b_0'}=e^{4.066}=58.3232$，所以 Logistic 生长曲线方程为

$$\hat{y}=\frac{18.4816}{1+58.3232e^{-0.412x}}$$

当$\hat{y}=\frac{k}{2}=9.2408$（mg）时，$x=\frac{\ln b_0}{b_1}=9.871$（d）。该水稻品种开花后 10d 是水稻籽粒灌浆速度由越来越快变为越来越慢的转折点。开花后 10d 之前，水稻籽粒灌浆速度越来越快；开花后 10d 之后，水稻籽粒灌浆速度越来越慢；开花后 10d，水稻籽粒灌浆速度最快。

（5）计算相关指数 R^2　由 Logistic 生长曲线方程$\hat{y}=\frac{18.4816}{1+58.3232e^{-0.412x}}$求出各开花后天数的预测值$\hat{y}$，进而得$\sum(y-\hat{y})^2=4.7236$；而$\sum(y-\bar{y})^2=473.105$，所以

$$R^2=1-\frac{4.7236}{473.105}=0.99$$

表明用此 Logistic 生长曲线方程来预测该水稻品种开花后天数的平均单粒重时，可靠程度达 99%。

习　题

1．统计学中的回归分析与相关分析有何区别与联系？

2．在什么情况下采用加权回归分析？如何进行加权回归分析？

3．在线性化曲线回归分析中，线性化变换后的两个变量间的相关系数与回归曲线的相关指数 R^2 的意义及其区别是什么？

4．研究某种细菌的增殖量随温度变化的规律，由甲、乙两个实验室分别测得 10 组与 12 组温度 x（℃）及增殖量 y 的数据，分别进行了直线回归分析，建立了两个直线回归方程，有关统计量列于表 1-11。对这两条回归直线进行比较。若两个回归系数 $b_1^{(1)}$、$b_1^{(2)}$和两个回归截距 $b_0^{(1)}$、$b_0^{(2)}$差异均不显著，建立共同的直线回归方程。

表 1-11　两个实验室分别研究某种细菌的增殖量随温度变化的直线回归分析结果

统计量	甲实验室	乙实验室
回归方程	$\hat{y}_1=158.4+2.162x$	$\hat{y}_2=155.2+2.232x$
样本容量	10	12
离回归标准误	2.15	3.12
离回归自由度	8	10
自变量平方和	6360	7321
自变量平均数	45	48
依变量平均数	255.69	262.34

5. 对下列资料（表 1-12）进行加权回归分析，其中 y 为原棉单纤维强力，x 为每毫克纤维根数，n_i 为样品数。

表 1-12　来自 15 个地区原棉样品数及其每毫克纤维根数平均数和单纤维强力平均数

组号	1	2	3	4	5	6	7	8	9	10	11	12	13	14	15
n_i	2	3	11	16	18	19	20	22	18	15	12	5	5	4	1
x_i	188	195	207	217	224	236	246	255	266	275	285	295	312	320	329
y_i	4.90	4.58	4.40	4.18	3.90	3.85	3.77	3.54	3.47	3.43	3.19	3.08	2.94	2.79	2.49

6. 证明有重复观测值的直线回归分析中：$SS_y=SS_R+SS_{Lf}+SS_e$。

7. 将下列几种曲线函数线性化：

1）$y=\dfrac{b_0+b_1x}{x}$　　2）$y=\dfrac{1}{b_0+b_1x}$

3）$y=\dfrac{x}{b_0+b_1x}$　　4）$y=\dfrac{1}{b_0x^{b_1}}$

8. 红铃虫的产卵数与温度有关，表 1-13 是产卵数与温度的观测数据，试进行指数函数曲线的回归分析。

表 1-13　不同温度下红铃虫的产卵数

温度 x/℃	21	23	25	27	29	32	35
产卵数 y/枚	7	11	21	24	66	116	325

9. 某种肉用鸡生长过程的观测数据如表 1-14 所示，试进行 Logistic 生长曲线的回归分析。

表 1-14　某种肉用鸡生长过程的观测数据

周龄 x/周	2	4	6	8	10	12	14
体重/kg	0.30	0.86	1.73	2.20	2.47	2.67	2.80

第二章　多元回归分析

一元回归分析研究“一因一果”，即一个自变量与一个依变量间的关系。但在农业、畜牧业、水产业等试验研究中发现，影响依变量的自变量往往不止一个，而是多个，如禾谷类作物的产量会受到单位面积穗数、每穗粒数和粒重等性状的影响；又如绵羊的产毛量同时受到绵羊体重、胸围、体长等性状的影响。因此需要进行一个依变量与多个自变量间的回归分析，即多元回归分析（multiple regression analysis），其中最简单、常用且具有基础性质的是多元线性回归分析（multiple linear regression analysis），多元非线性回归（non-linear regression）和多项式回归（polynomial regression）大多可以线性化为多元线性回归来解决。

第一节　多元线性回归分析

多元线性回归分析的主要内容包括：根据依变量与多个自变量的实际观测值建立依变量对多个自变量的多元线性回归方程（multiple linear regression equation）；检验各个自变量对依变量的综合线性影响的显著性；检验各个自变量对依变量的单纯线性影响的显著性，选择仅对依变量有显著线性影响的自变量，建立最优多元线性回归方程；评定各个自变量对依变量影响的相对重要性及测定多元线性回归方程的偏离度等。

一、多元线性回归方程的建立

（一）建立多元线性回归方程

设依变量 y 与自变量 x_1，x_2，…，x_m 共有 n 组实际观测数据（表 2-1）。

表 2-1　*m* 元线性回归分析的数据结构

y	x_1	x_2	…	x_m
y_1	x_{11}	x_{21}	…	x_{m1}
y_2	x_{12}	x_{22}	…	x_{m2}
⋮	⋮	⋮		⋮
y_n	x_{1n}	x_{2n}	…	x_{mn}

假定依变量 y 与自变量 x_1，x_2，…，x_m 间存在线性关系，则 y 与 x_1，x_2，…，x_m 间的 m 元线性回归方程为

$$\hat{y}=b_0+b_1x_1+b_2x_2+\cdots+b_mx_m \tag{2-1}$$

由 n 组实际观测数据，根据最小二乘法的原理确定 m 元线性回归方程中的 b_0，b_1，b_2，…，b_m，即 b_0，b_1，b_2，…，b_m 应使实际观测值 y 与回归估计值 $\hat{y}$ 的偏差平方和最小。

令

$$Q=\sum_{k=1}^{n}(y_k-\hat{y}_k)^2=\sum_{k=1}^{n}(y_k-b_0-b_1x_{1k}-b_2x_{2k}-\cdots-b_mx_{mk})^2$$

式中，Q 为关于 b_0，b_1，b_2，…，b_m 的 $m+1$ 元函数。

根据微分学中多元函数求极值的方法，若使 Q 达到最小，应有

$$\frac{\partial Q}{\partial b_0}=-2\sum_{k=1}^{n}(y_k-b_0-b_1x_{1k}-b_2x_{2k}-\cdots-b_mx_{mk})=0$$

$$\frac{\partial Q}{\partial b_i}=-2\sum_{k=1}^{n}x_{ik}(y_k-b_0-b_1x_{1k}-b_2x_{2k}-\cdots-b_mx_{mk})=0$$

$$(i=1,\ 2,\ \cdots,\ m)$$

经整理得

$$\begin{cases} nb_0 + (\sum x_1)b_1 + (\sum x_2)b_2 + \cdots + (\sum x_m)b_m = \sum y \\ (\sum x_1)b_0 + (\sum x_1^2)b_1 + (\sum x_1x_2)b_2 + \cdots + (\sum x_1x_m)b_m = \sum x_1y \\ (\sum x_2)b_0 + (\sum x_2x_1)b_1 + (\sum x_2^2)b_2 + \cdots + (\sum x_2x_m)b_m = \sum x_2y \\ \vdots \\ (\sum x_m)b_0 + (\sum x_mx_1)b_1 + (\sum x_2x_m)b_2 + \cdots + (\sum x_m^2)b_m = \sum x_my \end{cases} \tag{2-2}$$

由方程组（2-2）中的第一个方程可得

$$b_0=\bar{y}-b_1\bar{x}_1-b_2\bar{x}_2-\cdots-b_m\bar{x}_m \tag{2-3}$$

即

$$b_0=\bar{y}-\sum b_i\bar{x}_i$$

式中，$\bar{y}=\frac{1}{n}\sum y_k$；$\bar{x}_i=\frac{1}{n}\sum x_{ik}$（$i$=1, 2, …, m; k=1, 2, …, n）。

若记

$$SS_i=\sum(x_{ik}-\bar{x}_i)^2,\ SS_y=\sum(y_k-\bar{y})^2$$

$$SP_{ij}=\sum(x_{ik}-\bar{x}_i)(x_{jk}-\bar{x}_j)=SP_{ji},\ SP_{i0}=\sum(x_{ik}-\bar{x}_i)(y_k-\bar{y})$$

$$(i,\ j=1,\ 2,\ \cdots,\ m;\ i\neq j;\ k=1,\ 2,\ \cdots,\ n)$$

并将 $b_0=\bar{y}-b_1\bar{x}_1-b_2\bar{x}_2-\cdots-b_m\bar{x}_m$ 分别代入方程组（2-2）中的后 m 个方程，经整理可得到关于 b_1，b_2，…，b_m 的正规方程组（normal equations）为

$$\begin{cases} SS_1b_1 + SP_{12}b_2 + \cdots + SP_{1m}b_m = SP_{10} \\ SP_{21}b_1 + SS_2b_2 + \cdots + SP_{2m}b_m = SP_{20} \\ \vdots \\ SP_{m1}b_1 + SP_{m2}b_2 + \cdots + SS_mb_m = SP_{m0} \end{cases} \tag{2-4}$$

解正规方程组（2-4）即可得 b_1，b_2，…，b_m，而

$$b_0=\bar{y}-b_1\bar{x}_1-b_2\bar{x}_2-\cdots-b_m\bar{x}_m$$

于是得到 m 元线性回归方程：$\hat{y}=b_0+b_1x_1+b_2x_2+\cdots+b_mx_m$。

m 元线性回归方程的图形为 $m+1$ 维空间的一个平面，称为回归平面（regression plane）；b_0 称为回归常数项（regression constant），当 $x_1=x_2=\cdots=x_m=0$ 时，$\hat{y}=b_0$，在有实际生物学意义时，b_0 表示 y 的起始值。$b_i(i=1, 2, \cdots, m)$ 称为依变量 y 对自变量 x_i 的偏回归系数（partial regression coefficient），表示除自变量 x_i 以外的其余 $m-1$ 个自变量都固定不变时，自变量 x_i 每变化 1 个单位，依变量 y 平均变化的单位数量，确切地说，当 $b_i>0$ 时，自变量 x_i 每增加 1 个单位，依变量 y 平均增加 b_i 个单位；当 $b_i<0$ 时，自变量 x_i 每增加 1 个单位，依变量 y 平均减少 b_i 个单位。

若将 $b_0=\bar{y}-b_1\bar{x}_1-b_2\bar{x}_2-\cdots-b_m\bar{x}_m$ 代入式（2-1），则得

$$\hat{y}=\bar{y}+b_1(x_1-\bar{x}_1)+b_2(x_2-\bar{x}_2)+\cdots+b_m(x_m-\bar{x}_m) \tag{2-5}$$

式（2-5）也为 y 对 x_1，x_2，$\cdots$，x_m 的 m 元线性回归方程。

对于正规方程组（2-4），记

$$\boldsymbol{A}=\begin{bmatrix} SS_1 & SP_{12} & \cdots & SP_{1m} \\ SP_{21} & SS_2 & \cdots & SP_{2m} \\ \vdots & \vdots & & \vdots \\ SP_{m1} & SP_{m2} & \cdots & SS_m \end{bmatrix},\ \boldsymbol{b}=\begin{bmatrix} b_1 \\ b_2 \\ \vdots \\ b_m \end{bmatrix},\ \boldsymbol{B}=\begin{bmatrix} SP_{10} \\ SP_{20} \\ \vdots \\ SP_{m0} \end{bmatrix}$$

则正规方程组（2-4）可用矩阵（matrix）形式表示为

$$\begin{bmatrix} SS_1 & SP_{12} & \cdots & SP_{1m} \\ SP_{21} & SS_2 & \cdots & SP_{2m} \\ \vdots & \vdots & & \vdots \\ SP_{m1} & SP_{m2} & \cdots & SS_m \end{bmatrix}\begin{bmatrix} b_1 \\ b_2 \\ \vdots \\ b_m \end{bmatrix}=\begin{bmatrix} SP_{10} \\ SP_{20} \\ \vdots \\ SP_{m0} \end{bmatrix} \tag{2-6}$$

即

$$\boldsymbol{Ab}=\boldsymbol{B} \tag{2-7}$$

式中，$\boldsymbol{A}$ 为正规方程组的系数矩阵（coefficient matrix）；$\boldsymbol{b}$ 为偏回归系数列向量（column vector）；$\boldsymbol{B}$ 为右端元列向量。

设系数矩阵 $\boldsymbol{A}$ 的逆矩阵（inverse matrix）为 $\boldsymbol{C}$ 矩阵，即 $\boldsymbol{A}^{-1}=\boldsymbol{C}$，则

$$\boldsymbol{C}=\boldsymbol{A}^{-1}=\begin{bmatrix} SS_1 & SP_{12} & \cdots & SP_{1m} \\ SP_{21} & SS_2 & \cdots & SP_{2m} \\ \vdots & \vdots & & \vdots \\ SP_{m1} & SP_{m2} & \cdots & SS_m \end{bmatrix}^{-1}=\begin{bmatrix} c_{11} & c_{12} & \cdots & c_{1m} \\ c_{21} & c_{22} & \cdots & c_{2m} \\ \vdots & \vdots & & \vdots \\ c_{m1} & c_{m2} & \cdots & c_{mm} \end{bmatrix}$$

式中，$\boldsymbol{C}$ 矩阵的元素 c_{ij}（i，j=1，2，$\cdots$，m）称为高斯乘数（Gauss multiplier），是多元线性回归分析中显著性检验与进一步统计分析所需要的。

关于求系数矩阵 $\boldsymbol{A}$ 的逆矩阵 $\boldsymbol{A}^{-1}$ 的方法有多种，如行（或列）的初等变换法等，请参阅线性代数教材，这里就不再赘述。

对于矩阵方程（2-7）求解，有

$$\boldsymbol{b}=\boldsymbol{A}^{-1}\boldsymbol{B}=\boldsymbol{CB}$$

即

$$\begin{bmatrix} b_1 \\ b_2 \\ \vdots \\ b_m \end{bmatrix}=\begin{bmatrix} c_{11} & c_{12} & \cdots & c_{1m} \\ c_{21} & c_{22} & \cdots & c_{2m} \\ \vdots & \vdots & & \vdots \\ c_{m1} & c_{m2} & \cdots & c_{mm} \end{bmatrix}\begin{bmatrix} SP_{10} \\ SP_{20} \\ \vdots \\ SP_{m0} \end{bmatrix} \tag{2-8}$$

关于偏回归系数 b_1，b_2，…，b_m 的解也可表示为

$$b_i = c_{i1}SP_{10} + c_{i2}SP_{20} + \cdots + c_{im}SP_{m0} \quad (i=1, 2, \cdots, m)$$

或

$$b_i = \sum_{j=1}^{m} c_{ij}SP_{j0}$$

而

$$b_0 = \bar{y} - b_1\bar{x}_1 - b_2\bar{x}_2 - \cdots - b_m\bar{x}_m$$

例如，设依变量 y 与自变量 x_1、x_2 间存在线性关系，共有 n 组实际观测数据，建立二元线性回归方程 $\hat{y} = b_0 + b_1x_1 + b_2x_2$。

根据 n 组实际观测数据计算 SS_1、SS_2、SP_{12}、SP_{10}、SP_{20}、$\bar{y}$、$\bar{x}_1$、$\bar{x}_2$，关于 b_1、b_2 的止规方程组为

$$\begin{cases} SS_1b_1 + SP_{12}b_2 = SP_{10} \\ SP_{21}b_1 + SS_2b_2 = SP_{20} \end{cases} \tag{2-9}$$

解正规方程组（2-9）得

$$\begin{aligned} b_1 &= \frac{SP_{10}SS_2 - SP_{12}SP_{20}}{SS_1SS_2 - SP_{12}^2} \\ b_2 &= \frac{SP_{20}SS_1 - SP_{21}SP_{10}}{SS_1SS_2 - SP_{12}^2} \\ b_0 &= \bar{y} - b_1\bar{x}_1 - b_2\bar{x}_2 \end{aligned} \tag{2-10}$$

进行二元线性回归分析时，可直接利用式（2-10）求偏回归系数 b_1、b_2。

（二）多元线性回归方程的偏离度

以上根据最小二乘法，使偏差平方和 $\sum(y-\hat{y})^2$ 最小建立了多元线性回归方程。偏差平方和 $\sum(y-\hat{y})^2$ 的大小表示了实测点与回归平面的偏离程度，因而偏差平方和又称为离回归平方和。统计学已证明，在 m 元线性回归分析中，离回归平方和的自由度为 $n-m-1$。于是可求得离回归均方为 $\dfrac{\sum(y-\hat{y})^2}{n-m-1}$。离回归均方的平方根称为离回归标准误，记为 $s_{y\cdot12\cdots m}$（或简记为 s_r），即

$$s_{y\cdot12\cdots m} = s_r = \frac{\sum(y-\hat{y})^2}{n-m-1} \tag{2-11}$$

离回归标准误 $s_{y\cdot12\cdots m}$ 的大小表示了回归平面与实测点的偏离程度的大小，即回归估计值 $\hat{y}$ 与实测值 y 偏离的程度的大小，于是我们把离回归标准误 $s_{y\cdot12\cdots m}$ 用来表示回归方程的偏离度。离回归标准误 $s_{y\cdot12\cdots m}$ 大，表示回归方程偏离度大；离回归标准误 $s_{y\cdot12\cdots m}$ 小，表示回归方程偏离度小。

利用公式 $\sum(y-\hat{y})^2$ 计算离回归平方和，须先计算出各个回归预测值 $\hat{y}$，计算量大，下面我们将介绍计算离回归平方和的简便公式。

二、多元线性回归的显著性检验

（一）多元线性回归关系的显著性检验

在试验研究中，我们事先并不能断定依变量 y 与自变量 x_1，x_2，…，x_m 之间是否存在线

性关系，在根据依变量与多个自变量的实际观测数据建立多元线性回归方程之前，依变量与多个自变量间的线性关系只是一种假设，尽管这种假设常常不是没有根据的，但是在建立了多元线性回归方程之后，还必须对依变量与多个自变量间呈线性关系的假设进行显著性检验，也就是对多元线性回归关系进行显著性检验，即对多元线性回归方程进行显著性检验，这里应用 F 检验法。

与直线回归分析即一元线性回归分析一样，在多元线性回归分析中，依变量 y 的总平方和 SS_y 可剖分为回归平方和 SS_R 与离回归平方和 SS_r 两部分，即

$$SS_y = SS_R + SS_r \tag{2-12}$$

依变量 y 的总自由度 df_y 也可相应剖分为回归自由度 df_R 与离回归自由度 df_r 两部分，即

$$df_y = df_R + df_r \tag{2-13}$$

式（2-12）与式（2-13）称为多元线性回归的平方和与自由度的剖分式或划分式。

在式（2-12）中，$SS_y=\sum(y-\bar{y})^2$ 反映了依变量 y 的总变异；$SS_R=\sum(\hat{y}-\bar{y})^2$ 反映了依变量与多个自变量间存在线性关系所引起的变异，或者说反映了多个自变量对依变量的综合线性影响所引起的变异；$SS_r=\sum(y-\hat{y})^2$ 反映了除依变量与多个自变量间存在线性关系以外的其他因素（包括试验误差）所引起的变异。

式（2-12）中各项平方和的计算公式如下：

$$\begin{aligned} SS_y &= \sum y^2 - \frac{\left(\sum y\right)^2}{n} \\ SS_R &= b_1SP_{10} + b_2SP_{20} + \cdots + b_mSP_{m0} = \sum_{i=1}^{m} b_iSP_{i0} \\ SS_r &= SS_y - SS_R \end{aligned} \tag{2-14}$$

式（2-13）中各项自由度的计算公式如下：

$$df_y = n-1,\quad df_R = m,\quad df_r = n-1-m$$

式中，m 为自变量的个数；n 为实际观测数据的组数。

在计算出 SS_R、df_R 与 SS_r、df_r 之后，我们可以方便地算出回归均方 MS_R 与离回归均方 MS_r：

$$MS_R = \frac{SS_R}{df_R},\quad MS_r = \frac{SS_r}{df_r}$$

检验多元线性回归关系是否显著即多元线性回归方程是否显著，就是检验各自变量的总体偏回归系数 β_i（$i=1, 2, \cdots, m$）是否全为零，显著性检验所建立的无效假设与备择假设为

$$H_0:\ \beta_1=\beta_2=\cdots=\beta_m=0;\quad H_A:\ \beta_1,\ \beta_2,\ \cdots,\ \beta_m \text{ 不全为 } 0$$

在 H_0 成立条件下，有

$$F = \frac{MS_R}{MS_r}\quad (df_1 = df_R,\ df_2 = df_r) \tag{2-15}$$

由上述 F 统计量进行 F 检验即可推断多元线性回归关系的显著性。

这里特别要说明的是，上述显著性检验实质上是检验各自变量对依变量的综合线性影响的显著性，或者说是检验依变量与各自变量的综合线性关系的显著性。如果经过 F 检验，

多元线性回归关系或者说多元线性回归方程是显著的，并不意味着每一个自变量与依变量的线性关系都是显著的，或者说并不意味着每一个偏回归系数都是显著的，这并不排斥其中存在着与依变量无线性关系的自变量的可能性。在上述多元线性回归关系显著性检验中，无法区别全部自变量中，哪些对依变量的线性影响是显著的，哪些是不显著的。因此，当多元线性回归关系经显著性检验为显著时，还必须逐一对各偏回归系数进行显著性检验，发现和剔除不显著的偏回归系数对应的自变量。另外，如同直线回归显著并不排斥有更合理的曲线回归方程存在一样，多元线性回归关系显著并不排斥有更合理的多元非线性回归方程的存在。

（二）偏回归系数的显著性检验

当多元线性回归关系经显著性检验为显著或极显著时，还必须对每个偏回归系数进行显著性检验，以判断每个自变量对依变量的线性影响是显著的还是不显著的，以便从回归方程中剔除那些不显著的自变量，重新建立更为简单的多元线性回归方程。偏回归系数 b_i（i=1，2，…，m）的显著性检验或者说某一个自变量对依变量的线性影响的显著性检验所建立的无效假设与备择假设为

$$H_0: \beta_i=0; \quad H_A: \beta_i \neq 0$$

有两种完全等价的显著性检验方法：t 检验与 F 检验。

1．*t* 检验　在 H_0 成立的条件下，对偏回归系数 b_i 进行显著性检验的 t 统计量

$$t_{b_i}=\frac{b_i}{s_{b_i}} \tag{2-16}$$

式中，t_{b_i} 服从自由度 $df=n-1-m$ 的 t 分布；$s_{b_i}=s_r\sqrt{c_{ii}}$ 为偏回归系数标准误（standard error of partial regression coefficient），$s_r=\sqrt{\frac{\sum(y-\hat{y})^2}{n-1-m}}=\sqrt{MS_r}$ 为离回归标准误，c_{ii} 为矩阵 $\boldsymbol{C}=\boldsymbol{A}^{-1}$ 的主对角线元素。

2．*F* 检验　在多元线性回归分析中，回归平方和 SS_R 反映了所有自变量对依变量的综合线性影响，它总是随着自变量的个数增多而有所增加，决不会减少。因此，如果在所考虑的所有自变量当中去掉一个自变量时，回归平方和 SS_R 只会减少，不会增加。减少的数值越大，说明该自变量在回归中所起的作用越大，也就是该自变量越重要。

设 SS_R 为 m 个自变量 x_1，x_2，…，x_m 所引起的回归平方和，SS'_R 为去掉自变量 x_i 后 $m-1$ 个自变量所引起的回归平方和，它们的差 $SS_R-SS'_R$ 即去掉自变量 x_i 之后，回归平方和所减少的量，称为自变量 x_i 的偏回归平方和，记为 SS_{b_i}，即

$$SS_{b_i}=SS_R-SS'_R$$

可以证明：

$$SS_{b_i}=\frac{b_i^2}{c_{ii}} \quad (i=1, 2, \cdots, m) \tag{2-17}$$

偏回归平方和可以衡量每个自变量在回归中所起作用的大小，或者说反映了每个自变量对依变量的影响程度的大小。值得注意的是，在一般情况下，$SS_R \neq \sum_{i=1}^{m} SS_{b_i}$，这是因为 m 个

自变量之间往往存在着不同程度的相关，使得各自变量对依变量的作用相互影响。只有当 m 个自变量相互独立时，才有 $SS_R=\sum_{i=1}^{m}SS_{b_i}$。

偏回归平方和 SS_{b_i} 是去掉自变量 x_i 使回归平方和减少的部分，也可理解为添入自变量 x_i 使回归平方和增加的部分，其自由度为 1，称为偏回归自由度，记为 df_{b_i}，即 $df_{b_i}=1$。显然，偏回归均方 MS_{b_i} 为

$$MS_{b_i}=\frac{SS_{b_i}}{df_{b_i}}=SS_{b_i}=\frac{b_i^2}{c_{ii}}\quad (i=1,\ 2,\ \cdots,\ m) \tag{2-18}$$

应用下述 F 统计量检验各偏回归系数的显著性：

$$F_{b_i}=\frac{MS_{b_i}}{MS_r}\quad (i=1,\ 2,\ \cdots,\ m) \tag{2-19}$$

统计量 F_{b_i} 服从 $df_1=1$、$df_2=n-1-m$ 的 F 分布，可以将上述检验列成方差分析（analysis of variance）表的形式。

（三）自变量剔除与重新建立多元线性回归方程

当对显著的多元线性回归方程中各个偏回归系数进行显著性检验都为显著时，说明各个自变量对依变量的单纯影响都是显著的。若某一个或几个偏回归系数经显著性检验为不显著时，说明其对应的自变量对依变量的单纯影响不显著，或者说这些自变量在回归方程中是不重要的，此时可以从回归方程中剔除一个不显著的偏回归系数对应的自变量，重新建立少一个自变量的多元线性回归方程，再对新的多元线性回归方程或多元线性回归关系及各个新的偏回归系数进行显著性检验，直至多元线性回归方程显著，并且各个偏回归系数都显著为止。此时的多元线性回归方程即最优多元线性回归方程。

1．自变量的剔除　当经显著性检验有几个不显著的偏回归系数时，我们一次只能剔除一个不显著的偏回归系数对应的自变量，被剔除的自变量的偏回归系数，应该是所有不显著的偏回归系数中的 F 值（或 $|t|$ 值，或偏回归平方和）为最小者。这是因为自变量之间往往存在着相关性，当剔除某一个不显著的自变量之后，其对依变量的影响很大部分有可能转加到另外不显著的自变量对依变量的影响上。如果同时剔除两个以上不显著的自变量，那就会比较多地减少回归平方和，从而影响利用回归方程进行估测的可靠程度。

2．重新进行少一个自变量的多元线性回归分析　我们一次剔除一个不显著的偏回归系数对应的自变量，不能简单地理解为只需把被剔除的自变量从多元线性回归方程中去掉就行了，这是因为自变量间往往存在相关性，剔除一个自变量，其余自变量的偏回归系数的数值将发生改变，因此回归方程的显著性检验、偏回归系数的显著性检验也都必须重新进行，也就是说应该重新进行少一个自变量的多元线性回归分析。

设依变量 y 与自变量 x_1，x_2，…，x_m 的 m 元线性回归方程为

$$\hat{y}=b_0+b_1x_1+b_2x_2+\cdots+b_mx_m$$

如果自变量 x_i 被剔除，则 $m-1$ 元线性回归方程为

$$\hat{y}=b_0'+b_1'x_1+\cdots+b_{i-1}'x_{i-1}+b_{i+1}'x_{i+1}+\cdots+b_m'x_m \tag{2-20}$$

我们可以应用前面介绍过的 m 元线性回归方程的建立方法，根据实际观测数据建立 $m-1$

元线性回归方程，但是这需要重新进行大量的计算。下面介绍利用 m 元线性回归方程与 $m-1$ 元线性回归方程的对应偏回归系数 b_j 与 b'_j 的关系，以及 m 元正规方程组系数矩阵逆矩阵 $\boldsymbol{C}$ 的元素与 $m-1$ 元正规方程组系数矩阵逆矩阵 $\boldsymbol{C}'$ 的元素之间的关系建立 $m-1$ 元线性回归方程的方法。

设关于 $m-1$ 元线性回归方程式（2-20）中的偏回归系数 b'_1，b'_2，…，b'_{i-1}，b'_{i+1}，…，b'_m 的正规方程组系数矩阵的逆矩阵为 $\boldsymbol{C}'$，其各元素为 c'_{jk}（j，$k=1$，2，…，$i-1$，$i+1$，…，m）。

可以证明：

$$c'_{jk}=c_{jk}-\frac{c_{ji}c_{ki}}{c_{ii}} \tag{2-21}$$

式中，c_{jk}、c_{ji}、c_{ki}、c_{ii} 均为 m 元正规方程组系数矩阵逆矩阵 $\boldsymbol{C}$ 的元素。这样我们就可以非常方便地计算出新的 $m-1$ 阶逆矩阵 $\boldsymbol{C}'$ 的各元素，以进行 $m-1$ 元线性回归方程的偏回归系数 b'_j 的显著性检验。

还可以证明，$m-1$ 元线性回归方程中的偏回归系数 b'_j 与 m 元线性回归方程中偏回归系数 b_j 之间有如下关系：

$$b'_j=b_j-\frac{c_{ij}}{c_{ii}}b_i \quad (j=1,\ 2,\ \cdots,\ i-1,\ i+1,\ \cdots,\ m) \tag{2-22}$$

式（2-22）说明了可以利用原来的 m 元线性回归方程中的偏回归系数 b_j 和 m 元正规方程组系数矩阵的逆矩阵 $\boldsymbol{C}$ 的元素 c_{ij} 来计算剔除自变量之后新的 $m-1$ 元线性回归方程中的各偏回归系数。

新的 $m-1$ 元线性回归方程中常数项 b'_0 由下式计算：

$$b'_0=\bar{y}-b'_1\bar{x}_1-\cdots-b'_{i-1}\bar{x}_{i-1}-b'_{i+1}\bar{x}_{i+1}-\cdots-b'_m\bar{x}_m \tag{2-23}$$

于是我们利用式（2-22）和式（2-23）可以方便地算出新的 $m-1$ 元线性回归方程中的各个偏回归系数及常数项，建立剔除一个自变量 x_i 之后新的 $m-1$ 元线性回归方程。

在重新建立 $m-1$ 元线性回归方程之后，仍然需要对 $m-1$ 元线性回归关系和偏回归系数 b'_j 进行显著性检验，方法同前，但一些统计量需要重新进行计算。

对 $m-1$ 元线性回归方程式（2-20）进行 F 检验时，回归平方和、回归自由度、离回归平方和、离回归自由度的计算如下。

回归平方和 $SS'_R=b'_1SP_{10}+\cdots+b'_{i-1}SP_{i-1,0}+b'_{i+1}SP_{i+1,0}+\cdots+b'_mSP_{m0}$

回归自由度 $df'_R=m-1$

离回归平方和 $SS'_r=SS_y-SS'_R$

离回归自由度 $df'_r=n-m$

用 t 检验法对偏回归系数 b'_j 进行显著性检验时，在 H_0：$\beta'_j=0$ 成立的条件下，构建 t 统计数。

$$t_{b'_j}=\frac{b'_j}{s_{b'_j}}$$

统计量 $t_{b'_j}$ 服从自由度 $df=n-m$ 的 t 分布。式中，$s_{b'_j}=s'_r\sqrt{c'_{jj}}$，新建立的 $m-1$ 元线性回归方程的离回归标准误 $s'_r=\sqrt{\frac{SS'_r}{n-m}}=\sqrt{MS'_r}$，$MS'_r$ 为新的离回归均方。

用 F 检验法对偏回归系数 b_j' 进行显著性检验时，在 H_0：$\beta_j'=0$ 成立的条件下，构建 F 统计数。

$$F_{b_j'}=\frac{MS_{b_j'}}{MS_r'}=\frac{SS_{b_j'}}{MS_r'}$$

统计量 $F_{b_j'}$ 服从 $df_1=1$、$df_2=n-m$ 的 F 分布。式中，偏回归平方和 $SS_{b_j'}=\dfrac{b_j'^{\,2}}{c_{jj}'}$。

重复上述步骤，直至回归方程显著及各偏回归系数都显著为止，即建立了最优多元线性回归方程。

三、实例分析

【例 2-1】 二化螟第一代成虫发生总量（y，头）与冬季积雪期限（x_1，周）、每年化雪日期（x_2，以 2 月 1 日为 1）、二月份平均气温（x_3，℃）、三月份平均气温（x_4，℃）有关。某地连续 13 年进行观测，原始数据如表 2-2 所示，试进行二化螟发生总量与冬季积雪期限、每年化雪日期、二月份平均气温和三月份平均气温的线性回归分析。

表 2-2　二化螟第一代成虫发生总量及其影响因素的原始数据表

序号	x_1/周	x_2	x_3/℃	x_4/℃	y/头
1	10	26	0.2	3.6	9
2	12	26	−1.4	4.4	17
3	14	40	−0.8	1.7	34
4	16	32	0.2	1.4	42
5	19	51	−1.4	0.9	40
6	16	33	0.2	2.1	27
7	7	26	2.7	2.7	4
8	7	25	1.0	4.0	27
9	12	17	2.2	3.7	13
10	11	24	−0.8	3.0	56
11	12	16	−0.5	4.9	15
12	7	16	2.0	4.1	8
13	11	15	1.1	4.7	20

（一）四元线性回归方程的建立

1．二级数据的计算　由原始数据，计算线性回归分析的二级数据。

$SS_1=165.6923$，$SS_2=1306.7692$，$SS_3=22.2108$，$SS_4=20.7077$

$SP_{12}=324.3846$，$SP_{13}=-38.2769$，$SP_{14}-{-38.8615}$，$SP_{23}=-93.1538$

$SP_{24}=-144.1231$，$SP_{34}=5.6946$，$SP_{10}=383.0000$，$SP_{20}=995.0000$

$SP_{30}=-152.1000$，$SP_{40}=-137.1000$，$\bar{x}_1=11.8462$，$\bar{x}_2=26.6923$，$\bar{x}_3=0.3615$

$\bar{x}_4=3.1692$，$\bar{y}=24.0000$，$SS_y=2870.0000$

2．建立四元线性回归方程　将上述有关统计量数据代入式（2-4），得到关于偏回归系数 b_1、b_2、b_3、b_4 的正规方程组为

$$\begin{cases}165.6923b_1+324.3846b_2-38.2769b_3-38.8615b_4=383.0000\\324.3846b_1+1306.7692b_2-93.1538b_3-144.1231b_4=995.0000\\-38.2769b_1-93.1538b_2+22.2108b_3+5.6946b_4=-152.1000\\-38.8615b_1-144.1231b_2+5.6946b_3+20.7077b_4=-137.1000\end{cases}$$

正规方程的系数矩阵 $\boldsymbol{A}$ 和右端元列向量 $\boldsymbol{B}$ 可表示为

$$\boldsymbol{A}=\begin{bmatrix}165.6923 & 324.3846 & -38.2769 & -38.8615\\324.3846 & 1306.7692 & -93.1538 & -144.1231\\-38.2769 & -93.1538 & 22.2108 & 5.6946\\-38.8615 & -144.1231 & 5.6946 & 20.7077\end{bmatrix},\ \boldsymbol{B}=\begin{bmatrix}383.0000\\995.0000\\-152.1000\\-137.1000\end{bmatrix}$$

求得系数矩阵 $\boldsymbol{A}$ 的逆矩阵 $\boldsymbol{C}$ 如下：

$$\boldsymbol{C}=\boldsymbol{A}^{-1}=\begin{bmatrix}165.6923 & 324.3846 & -38.2769 & -38.8615\\324.3846 & 1306.7692 & -93.1538 & -144.1231\\-38.2769 & -93.1538 & 22.2108 & 5.6946\\-38.8615 & -144.1231 & 5.6946 & 20.7077\end{bmatrix}^{-1}$$

$$=\begin{bmatrix}0.0185 & 0.0020 & 0.0299 & 0.0403\\0.0020 & 0.0063 & 0.0189 & 0.0422\\0.0299 & 0.0189 & 0.1374 & 0.1499\\0.0403 & 0.0422 & 0.1499 & 0.3762\end{bmatrix}$$

根据式（2-8），关于 b_1、b_2、b_3、b_4 的解可表示为

$$\begin{bmatrix}b_1\\b_2\\b_3\\b_4\end{bmatrix}=\begin{bmatrix}0.0185 & 0.0020 & 0.0299 & 0.0403\\0.0020 & 0.0063 & 0.0189 & 0.0422\\0.0299 & 0.0189 & 0.1374 & 0.1499\\0.0403 & 0.0422 & 0.1499 & 0.3762\end{bmatrix}\begin{bmatrix}383.0000\\995.0000\\-152.1000\\-137.1000\end{bmatrix}=\begin{bmatrix}-1.0088\\-1.6583\\-11.1884\\-16.9784\end{bmatrix}$$

而

$$\begin{aligned}b_0&=\bar{y}-b_1\bar{x}_1-b_2\bar{x}_2-b_3\bar{x}_3-b_4\bar{x}_4\\&=24.0000-(-1.0088)\times 11.8462-(-1.6583)\times 26.6923\\&\quad-(-11.1884)\times 0.3615-(-16.9784)\times 3.1692\\&=138.0668\end{aligned}$$

于是得到二化螟第一代成虫发生总量（y）与冬季积雪期限（x_1）、每年化雪日期（x_2）、二月份平均气温（x_3）和三月份平均气温（x_4）的四元线性回归方程：

$$\hat{y}=138.0668-1.0088x_1-1.6583x_2-11.1884x_3-16.9784x_4$$

（二）四元线性回归关系的显著性检验

已计算得 $SS_y=2870.0000$，而

$$\begin{aligned}SS_R&=b_1SP_{10}+b_2SP_{20}+b_3SP_{30}+b_4SP_{40}\\&=(-1.0088)\times 383.0000+(-1.6583)\times 995.0000\\&\quad+(-11.1884)\times(-152.1000)+(-16.9784)\times(-137.1000)\\&=1993.1154\end{aligned}$$

$$SS_r=SS_y-SS_R=2870.0000-1993.1154=876.8846$$

$$df_y = n-1 = 13-1 = 12$$
$$df_R = m = 4$$
$$df_r = n-1-m = 13-1-4 = 8$$

列出方差分析表（表 2-3），进行 F 检验。

表 2-3　四元线性回归关系方差分析表

变异来源	SS	df	MS	F
回归	1993.1154	4	498.2789	4.546*
离回归	876.8846	8	109.6106	
总变异	2870.0000	12		

注：$F_{0.05(4,\ 8)}=3.84$，$F_{0.01(4,\ 8)}=7.01$

由于 $F_{0.05(4,\ 8)}<F<F_{0.01(4,\ 8)}$，$H_0$：$\beta_1=\beta_2=\beta_3=\beta_4=0$ 成立的概率为 $0.01<p<0.05$，表明二化螟第一代成虫发生总量（y）与冬季积雪期限（x_1）、每年化雪日期（x_2）、二月份平均气温（x_3）和三月份平均气温（x_4）之间存在显著的线性关系，或者说冬季积雪期限（x_1）、每年化雪日期（x_2）、二月份平均气温（x_3）和三月份平均气温（x_4）对二化螟第一代成虫发生总量（y）的综合线性影响是显著的。

（三）偏回归系数显著性检验

1．t 检验　首先计算离回归标准误，进而计算各偏回归系数标准误。

$$s_r=\sqrt{MS_r}=\sqrt{109.6106}=10.4695$$
$$s_{b_1}=s_r\sqrt{c_{11}}=10.4695\times\sqrt{0.0185}=1.4240$$
$$s_{b_2}=s_r\sqrt{c_{22}}=10.4695\times\sqrt{0.0063}=0.8310$$
$$s_{b_3}=s_r\sqrt{c_{33}}=10.4695\times\sqrt{0.1374}=3.8808$$
$$s_{b_4}=s_r\sqrt{c_{44}}=10.4695\times\sqrt{0.3762}=6.4215$$

然后计算各个 t 值：

$$t_{b_1}=\frac{b_1}{s_{b_1}}=\frac{-1.0088}{1.4240}=-0.708$$
$$t_{b_2}=\frac{b_2}{s_{b_2}}=\frac{-1.6583}{0.8310}=-1.996$$
$$t_{b_3}=\frac{b_3}{s_{b_3}}=\frac{-11.1884}{3.8808}=-2.883^*$$
$$t_{b_4}=\frac{b_4}{s_{b_4}}=\frac{-16.9784}{6.4215}=-2.644^*$$

由 $df_r=n-m-1=8$ 查 t 值表，得 $t_{0.05(8)}=2.306$、$t_{0.01(8)}=3.355$。因为 $|t_{b_1}|<2.306$、$|t_{b_2}|<2.306$，所以偏回归系数 b_1 和 b_2 不显著；而 $2.306<|t_{b_3}|<3.355$、$2.306<|t_{b_4}|<3.355$，所以偏回归系数 b_3 和 b_4 显著。

2. *F* 检验 首先计算各偏回归平方和

$$SS_{b_1}=\frac{b_1^2}{c_{11}}=\frac{(-1.0088)^2}{0.0185}=55.0096$$

$$SS_{b_2}=\frac{b_2^2}{c_{22}}=\frac{(-1.6583)^2}{0.0063}=436.5014$$

$$SS_{b_3}=\frac{b_3^2}{c_{33}}=\frac{(-11.1884)^2}{0.1374}=911.0647$$

$$SS_{b_4}=\frac{b_4^2}{c_{44}}=\frac{(-16.9784)^2}{0.3762}=766.2575$$

然后计算各个 F 值：

$$F_{b_1}=\frac{MS_{b_1}}{MS_r}=\frac{55.0096}{109.6106}=0.502$$

$$F_{b_2}=\frac{MS_{b_2}}{MS_r}=\frac{436.5014}{109.6106}=3.982$$

$$F_{b_3}=\frac{MS_{b_3}}{MS_r}=\frac{911.0647}{109.6106}=8.312^*$$

$$F_{b_4}=\frac{MS_{b_4}}{MS_r}=\frac{766.2575}{109.6106}=6.991^*$$

由 $df_1=1$、$df_2=8$ 查 F 值表，得 $F_{0.05(1,\ 8)}=5.32$、$F_{0.01(1,\ 8)}=11.26$。因为 $F_{b_1}<5.32$、$F_{b_2}<5.32$，所以偏回归系数 b_1 和 b_2 不显著；因为 $5.32<F_{b_3}<11.26$、$5.32<F_{b_4}<11.26$，所以偏回归系数 b_3 和 b_4 显著。这与 t 检验的结果是一致的。

也可以把上述偏回归系数显著性检验的结果列成方差分析表（表 2-4）。

表 2-4 偏回归系数显著性检验方差分析表

变异来源	SS	df	MS	F
x_1 的偏回归	55.0096	1	55.0096	0.502
x_2 的偏回归	436.5014	1	436.5014	3.982
x_3 的偏回归	911.0647	1	911.0647	8.312*
x_4 的偏回归	766.2575	1	766.2575	6.991*
离回归	2870.0000	8	109.6037	

注：$F_{0.05(1,\ 8)}=5.32$，$F_{0.01(1,\ 8)}=11.26$

（四）剔除一个自变量并重新建立三元线性回归方程

对于建立的四元线性回归方程 $\hat{y}=138.0668-1.0088x_1-1.6583x_2-11.1884x_3-16.9784x_4$，经显著性检验，回归方程显著，偏回归系数 b_1 和 b_2 不显著，b_3 和 b_4 显著。因为 $F_{b_1}<F_{b_2}$，所以剔除自变量 x_1（冬季积雪期限），重新建立二化螟第一代成虫发生总量（y）对每年化雪日期（x_2）、

二月份平均气温（x_3）和三月份平均气温（x_4）的三元线性回归方程 $\hat{y}=b_0'+b_2'x_2+b_3'x_3+b_4'x_4$。

根据式（2-22）计算 b_2'、b_3' 和 b_4'，这里 $i=1$，$j=2$，3，4。

$$b_2'=b_2-\frac{c_{12}}{c_{11}}b_1=(-1.6583)-\frac{0.0020}{0.0185}\times(-1.0088)=-1.5492$$

$$b_3'=b_3-\frac{c_{13}}{c_{11}}b_1=(-11.1884)-\frac{0.0299}{0.0185}\times(-1.0088)=-9.5580$$

$$b_4'=b_4-\frac{c_{14}}{c_{11}}b_1=(-16.9784)-\frac{0.0403}{0.0185}\times(-1.0088)=-14.7809$$

b_0' 由式（2-23）计算：

$$\begin{aligned}b_0'&=\bar{y}-b_2'\bar{x}_2-b_3'\bar{x}_3-b_4'\bar{x}_4\\&=24.0000-(-1.5493)\times26.6923-(-9.5580)\times0.3615-(-14.7809)\times3.1692\\&=115.6506\end{aligned}$$

于是，重新建立的三元线性回归方程为 $\hat{y}=115.6506-1.5492x_2-9.5580x_3-14.7809x_4$。

对建立的三元线性回归方程进行显著性检验。

$$SS_y=2870.0000$$

$$\begin{aligned}SS_R'&=b_2'SP_{20}+b_3'SP_{30}+b_4'SP_{40}\\&=(-1.5492)\times995.0000+(-9.5580)\times(-152.1000)+(-14.7809)\times(-137.1000)\\&=1938.7792\end{aligned}$$

$$SS_r'=SS_y-SS_R'=2870.0000-1938.7792=931.2208$$

$$df_y=n-1=13-1=12,\ df_R'=3,\ df_r'=df_y-df_R'=9$$

列出方差分析表（表 2-5），进行 F 检验。

表 2-5　三元线性回归关系方差分析表

变异来源	SS	df	MS	F
回归	1938.7792	3	646.2597	6.246*
离回归	931.2208	9	103.4690	
总变异	2870.0000	12		

注：$F_{0.05(3,\ 9)}=3.84$，$F_{0.01(3,\ 9)}=6.99$

因为$F_{0.05(3,\ 9)}<F<F_{0.01(3,\ 9)}$，$H_0$：$\beta_2=\beta_3=\beta_4=0$ 成立的概率为 $0.01<p<0.05$，表明二化螟第一代成虫发生总量（y）与每年化雪日期（x_2）、二月份平均气温（x_3）和三月份平均气温（x_4）之间存在显著的线性关系。

下面对新的偏回归系数 b_2'、b_3' 和 b_4' 进行显著性检验。

首先应用式（2-21）计算关于 b_2'、b_3' 和 b_4' 的正规方程组系数矩阵的逆矩阵 $\boldsymbol{C}'$的主对角线上的各元素，这里 $i=1$，j、$k=2$，3，4。

$$c_{22}'=c_{22}-\frac{c_{21}c_{21}}{c_{11}}=0.0063-\frac{0.0020^2}{0.0185}=0.0061$$

$$c_{33}'=c_{33}-\frac{c_{31}c_{31}}{c_{11}}=0.1374-\frac{0.0299^2}{0.0185}=0.0891$$

$$c'_{44}=c_{44}-\frac{c_{41}c_{41}}{c_{11}}=0.3762-\frac{0.0403^2}{0.0185}=0.2884$$

各个偏回归平方和为

$$SS_{b'_2}=\frac{b_2'^2}{c'_{22}}=\frac{(-1.5493)^2}{0.0061}=393.4968$$

$$SS_{b'_3}=\frac{b_3'^2}{c'_{33}}=\frac{(-9.5580)^2}{0.0891}=1025.3127$$

$$SS_{b'_4}=\frac{b_4'^2}{c'_{44}}=\frac{(-14.7809)^2}{0.2884}=757.5416$$

列出方差分析表（表 2-6），进行 F 检验。

表 2-6　偏回归系数显著性检验方差分析表

变异来源	SS	df	MS	F
x_2 的偏回归	393.4968	1	393.4968	3.803$^{(*)}$
x_3 的偏回归	1025.3127	1	1025.3127	9.908*
x_4 的偏回归	757.5416	1	757.5416	7.321*
离回归	931.2208	9	103.4690	

注：$F_{0.05(1,\ 9)}=5.12$，$F_{0.01(1,\ 9)}=10.56$，$F_{0.10(1,\ 9)}=3.36$

由表 2-6 可知，偏回归系数 b'_3 和 b'_4 在 0.05 水平上显著，偏回归系数 b'_2 在 0.10 水平上显著，表明每年化雪日期（x_2）、二月份平均气温（x_3）和三月份平均气温（x_4）对二化螟第一代成虫发生总量（y）都可能存在线性影响。

于是得到在 0.10 水平上确定的最优三元线性回归方程 $\hat{y}=115.6506-1.5492x_2-9.5580x_3-14.7809x_4$，该回归方程的离回归标准误 $s'_r=\sqrt{MS'_r}=\sqrt{103.4690}=10.172$（头）。

四、多元线性回归的区间估计

在多元线性回归分析中，建立了依变量 y 对 m 个自变量 x_1，x_2，…，x_m 的多元线性回归方程之后，除了判断各个自变量对依变量的影响是否显著之外，在实际应用中，经常需要对依变量 y 进行区间估计（interval estimate），以便对依变量 y 进行预测和控制。对于给定的 m 个自变量在试验范围内的一组值（x_{10}，x_{20}，…，x_{m0}），由回归方程算得的依变量 y 的回归估计值 $\hat{y}_0$ 实际上是依变量 y 在（x_{10}，x_{20}，…，x_{m0}）处的总体平均数 $\mu_{y|12\cdots m}$ 的点估计（point estimate），也是依变量 y 在（x_{10}，x_{20}，…，x_{m0}）处的单个值 y_0 的点估计。多元线性回归的区间估计主要是在（x_{10}，x_{20}，…，x_{m0}）处对依变量 y 的总体平均数 $\mu_{y|12\cdots m}$ 及依变量 y 的单个值 y_0 进行区间估计。

（一）依变量 y 总体平均数 $\mu_{y|12\cdots m}$ 的区间估计

设在（x_{10}，x_{20}，…，x_{m0}）处的依变量 y 总体平均数 $\mu_{y|12\cdots m}=Y_0$。可以证明：

$$(\hat{y}_0-Y_0)\sim N\left\{0,\ \sigma^2\left[\frac{1}{n}+\sum_{\substack{i=1\\i<j}}^{m}\sum_{j=1}^{m}c_{ij}(x_{i0}-\bar{x}_i)(x_{j0}-\bar{x}_j)\right]\right\}$$

并且

$$\frac{\hat{y}_0-Y_0}{\hat{\sigma}\sqrt{\frac{1}{n}+\sum_{\substack{i=1\\i<j}}^{m}\sum_{j=1}^{m}c_{ij}(x_{i0}-\overline{x}_i)(x_{j0}-\overline{x}_j)}}\sim t_{n-1-m}$$

式中，c_{ij}为高斯乘数；$\hat{\sigma}$为σ的估计值，$\hat{\sigma}=\sqrt{\frac{\sum(y-\hat{y})^2}{n-1-m}}=\sqrt{MS_r}=s_r$。

于是，依变量y在（x_{10}，x_{20}，…，x_{m0}）处的总体平均数$\mu_{y|12\cdots m}$的置信度（confidence level）为（$1-\alpha$）×100%的置信区间（confidence interval）为

$$\hat{y}_0\pm t_{\alpha(n-1-m)}s_r\sqrt{\frac{1}{n}+\sum_{\substack{i=1\\i<j}}^{m}\sum_{j=1}^{m}c_{ij}(x_{i0}-\overline{x}_i)(x_{j0}-\overline{x}_j)} \tag{2-24}$$

（二）依变量y的单个值y_0的区间估计

可以证明

$$(\hat{y}_0-y_0)\sim N\left\{0,\ \sigma^2\left[1+\frac{1}{n}+\sum_{\substack{i=1\\i<j}}^{m}\sum_{j=1}^{m}c_{ij}(x_{i0}-\overline{x}_i)(x_{j0}-\overline{x}_j)\right]\right\}$$

并且

$$\frac{\hat{y}_0-y_0}{\hat{\sigma}\sqrt{1+\frac{1}{n}+\sum_{\substack{i=1\\i<j}}^{m}\sum_{j=1}^{m}c_{ij}(x_{i0}-\overline{x}_i)(x_{j0}-\overline{x}_j)}}\sim t_{n-1-m}$$

式中，c_{ij}、$\hat{\sigma}$意义同上。

于是，依变量y的单个值y_0的置信度为（$1-\alpha$）×100%的置信区间为

$$\hat{y}_0\pm t_{\alpha(n-1-m)}s_r\sqrt{1+\frac{1}{n}+\sum_{\substack{i=1\\i<j}}^{m}\sum_{j=1}^{m}c_{ij}(x_{i0}-\overline{x}_i)(x_{j0}-\overline{x}_j)} \tag{2-25}$$

当n比较大且x_{i0}接近于$\overline{x}_i$时，可以近似认为$(\hat{y}_0-y_0)\sim N(0,\ \sigma^2)$。此时，关于依变量$y$的单个值$y_0$的置信度为95%和99%的置信区间分别为$\hat{y}_0\pm 1.96s_r$和$\hat{y}_0\pm 2.58s_r$。

五、最优回归方程的选择

所谓最优回归方程是指在多元线性回归分析中，包含所有对y影响显著的自变量、不包含对y影响不显著的自变量的回归方程。选择最优回归方程的方法有以下四种。

（一）逐个比较法

从所有可能的自变量组合的线性回归方程中挑选最优者。例如，研究有4个自变量的情况，应从包含1个自变量、2个自变量、3个自变量和4个自变量的一共$C_4^1+C_4^2+C_4^3+C_4^4=2^4-1=15$

个回归方程中挑选最优者。若有 10 个自变量，则应从 $2^{10}-1=1023$ 个回归方程中挑选最优者。这种方法当然总可以找到一个最优回归方程，然而计算工作量实在太大，实际上是行不通的。

（二）逐个剔除法

从包含全部自变量的回归方程中逐次剔除出不显著的自变量，直到只包含对 y 影响显著的自变量为止。这种方法在自变量不多且不显著的自变量也不多的情况下，常常使用。但在自变量较多、特别是不显著的自变量很多的情况下，计算量仍然是相当大的。

（三）逐个引进法

从一个自变量开始把自变量逐个引入回归方程，每一步都是在当时的情形下把对 y 影响最大的那个自变量引入回归方程，且这个自变量在刚引入回归方程时经过显著性检验为显著。这种方法的要点是：先计算 y 与各个自变量的相关系数，先将相关系数绝对值最大的一个自变量引入回归方程，经显著性检验如为显著的则保留。然后计算 y 与其余自变量的偏相关系数，将偏相关系数绝对值最大的一个自变量引入回归方程，经显著性检验如为显著的则保留，如为不显著则不再引入。这种方法只是对自变量的引入把关，自变量引入之后，无论以后是否变成不显著，概不剔除。因此，用这种方法得到的回归方程，不一定是最优回归方程，即不保证其中所有自变量都是显著的。这是因为各自变量之间存在相关性，当引入新的自变量之后，原有的自变量就不一定仍然显著。

（四）逐步回归法

逐步回归（stepwise regression）法是在考虑的所有可能的自变量中，按自变量对依变量作用的显著程度，从大到小逐个地引入回归方程。引入自变量的条件是该自变量的偏回归平方和经检验为显著的。同时每引入一个新的自变量之后，都要对先引入的各个自变量逐个进行显著性检验，将偏回归平方和变为不显著的自变量剔除。直到回归方程中再也不能剔除任一自变量、同时也不能再引入自变量为止。此时保证最后得到的回归方程中所有的自变量都是显著的，即建立了最优回归方程。逐步回归法虽然计算量大，但由于已有电子计算机程序可以利用，是实际应用最多的一种选择最优回归方程的方法。

第二节　多元线性回归的两种数学模型

一、第一种数学模型（一般形式）

（一）数学模型

设依变量 y 与自变量 x_1，x_2，…，x_m 的内在联系是线性的，它们第 α 次观测数据是（y_α；$x_{\alpha1}$，$x_{\alpha2}$，…，$x_{\alpha m}$）（$\alpha=1$，2，…，n），则数据结构式为

$$\begin{cases} y_1 = \beta_0 + \beta_1 x_{11} + \beta_2 x_{12} + \cdots + \beta_m x_{1m} + \varepsilon_1 \\ y_2 = \beta_0 + \beta_1 x_{21} + \beta_2 x_{22} + \cdots + \beta_m x_{2m} + \varepsilon_2 \\ \vdots \\ y_n = \beta_0 + \beta_1 x_{n1} + \beta_2 x_{n2} + \cdots + \beta_m x_{nm} + \varepsilon_n \end{cases}$$

或

$$y_\alpha=\beta_0+\beta_1x_{\alpha1}+\beta_2x_{\alpha2}+\cdots+\beta_mx_{\alpha m}+\varepsilon_\alpha \quad (\alpha=1,2,\cdots,n) \tag{2-26}$$

式中，β_0，β_1，β_2，…，β_m 为 $m+1$ 个待估计参数；x_1，x_2，…，x_m 为可精确测量或可控制的一般变量；ε_1，ε_2，…，ε_n 相互独立，随机变量 $\varepsilon\sim N(0,\sigma^2)$。

式（2-26）称为多元线性回归一般形式的数学模型。

令

$$\boldsymbol{Y}=\begin{bmatrix}y_1\\y_2\\\vdots\\y_n\end{bmatrix},\ \boldsymbol{X}=\begin{bmatrix}1&x_{11}&x_{12}&\cdots&x_{1m}\\1&x_{21}&x_{22}&\cdots&x_{2m}\\\vdots&\vdots&\vdots&&\vdots\\1&x_{n1}&x_{n2}&\cdots&x_{nm}\end{bmatrix},\ \boldsymbol{\beta}=\begin{bmatrix}\beta_1\\\beta_2\\\vdots\\\beta_m\end{bmatrix},\ \boldsymbol{\varepsilon}=\begin{bmatrix}\varepsilon_1\\\varepsilon_2\\\vdots\\\varepsilon_n\end{bmatrix}$$

则数学模型式（2-26）可用矩阵形式表达为 $\boldsymbol{Y}=\boldsymbol{X\beta}+\boldsymbol{\varepsilon}$。$\boldsymbol{Y}$ 为观测值列向量；$\boldsymbol{X}$ 为结构矩阵（structure matrix）；$\boldsymbol{\beta}$ 为待估计参数列向量；$\boldsymbol{\varepsilon}$ 为误差项列向量。

（二）参数 β 的最小二乘估计

设 b_0，b_1，b_2，…，b_m 分别为参数 β_0，β_1，β_2，…，β_m 的最小二乘估计。一般形式的回归方程为 $\hat{y}=b_0+b_1x_1+b_2x_2+\cdots+b_mx_m$。应用最小二乘法确定 b_0，b_1，b_2，…，b_m 的值，应使 $Q=\sum\limits_\alpha(y_\alpha-\hat{y}_\alpha)^2=\sum\limits_\alpha(y_\alpha-b_0-b_1x_{\alpha1}-\cdots-b_jx_{\alpha j}-\cdots-b_mx_{\alpha m})^2$ 最小。

令

$$\begin{cases}\dfrac{\partial Q}{\partial b_0}=-2\sum\limits_\alpha(y_\alpha-\hat{y}_\alpha)=0\\\dfrac{\partial Q}{\partial b_j}=-2\sum\limits_\alpha x_{\alpha j}(y_\alpha-\hat{y}_\alpha)=0\quad(j=1,2,\cdots,m)\end{cases}$$

或

$$\begin{cases}\sum\limits_\alpha(y_\alpha-b_0-b_1x_{\alpha1}-b_2x_{\alpha2}-\cdots-b_mx_{\alpha m})=0\\\sum\limits_\alpha x_{\alpha j}(y_\alpha-b_0-b_1x_{\alpha1}-b_2x_{\alpha2}-\cdots-b_mx_{\alpha m})=0\quad(j=1,2,\cdots,m)\end{cases}$$

经整理得关于 b_0，b_1，b_2，…，b_m 的正规方程组为

$$\begin{cases}nb_0+\left(\sum\limits_\alpha x_{\alpha1}\right)b_1+\left(\sum\limits_\alpha x_{\alpha2}\right)b_2+\cdots+\left(\sum\limits_\alpha x_{\alpha m}\right)b_m=\sum\limits_\alpha y_\alpha\\\left(\sum\limits_\alpha x_{\alpha1}\right)b_0+\left(\sum\limits_\alpha x_{\alpha1}^2\right)b_1+\left(\sum\limits_\alpha x_{\alpha1}x_{\alpha2}\right)b_2+\cdots+\left(\sum\limits_\alpha x_{\alpha1}x_{\alpha m}\right)b_m=\sum\limits_\alpha x_{\alpha1}y_\alpha\\\left(\sum\limits_\alpha x_{\alpha2}\right)b_0+\left(\sum\limits_\alpha x_{\alpha2}x_{\alpha1}\right)b_1+\left(\sum\limits_\alpha x_{\alpha2}^2\right)b_2+\cdots+\left(\sum\limits_\alpha x_{\alpha2}x_{\alpha m}\right)b_m=\sum\limits_\alpha x_{\alpha2}y_\alpha\\\quad\vdots\qquad\qquad\vdots\qquad\qquad\vdots\qquad\qquad\vdots\qquad\qquad\vdots\\\left(\sum\limits_\alpha x_{\alpha m}\right)b_0+\left(\sum\limits_\alpha x_{\alpha m}x_{\alpha1}\right)b_1+\left(\sum\limits_\alpha x_{\alpha m}x_{\alpha2}\right)b_2+\cdots+\left(\sum\limits_\alpha x_{\alpha m}^2\right)b_m=\sum\limits_\alpha x_{\alpha m}y_\alpha\end{cases}$$

设 $\boldsymbol{A}$ 为系数矩阵，则 $\boldsymbol{A}=\boldsymbol{X'X}$。事实上，

$$A=\begin{bmatrix} n & \sum_\alpha x_{\alpha 1} & \sum_\alpha x_{\alpha 2} & \cdots & \sum_\alpha x_{\alpha m} \\ \sum_\alpha x_{\alpha 1} & \sum_\alpha x_{\alpha 1}^2 & \sum_\alpha x_{\alpha 1}x_{\alpha 2} & \cdots & \sum_\alpha x_{\alpha 1}x_{\alpha m} \\ \sum_\alpha x_{\alpha 2} & \sum_\alpha x_{\alpha 2}x_{\alpha 1} & \sum_\alpha x_{\alpha 2}^2 & \cdots & \sum_\alpha x_{\alpha 2}x_{\alpha m} \\ \vdots & \vdots & \vdots & & \vdots \\ \sum_\alpha x_{\alpha m} & \sum_\alpha x_{\alpha m}x_{\alpha 1} & \sum_\alpha x_{\alpha m}x_{\alpha 2} & \cdots & \sum_\alpha x_{\alpha m}^2 \end{bmatrix}$$

$$=\begin{bmatrix} 1 & 1 & \cdots & 1 \\ x_{11} & x_{21} & \cdots & x_{n1} \\ x_{12} & x_{22} & \cdots & x_{n2} \\ \vdots & \vdots & & \vdots \\ x_{1m} & x_{2m} & \cdots & x_{nm} \end{bmatrix}\begin{bmatrix} 1 & x_{11} & x_{12} & \cdots & x_{1m} \\ 1 & x_{21} & x_{22} & \cdots & x_{2m} \\ \vdots & \vdots & \vdots & & \vdots \\ 1 & x_{n1} & x_{n2} & \cdots & x_{nm} \end{bmatrix}=\boldsymbol{X}'\boldsymbol{X}$$

设 $\boldsymbol{B}$ 为右端元列向量，则 $\boldsymbol{B}=\boldsymbol{X}'\boldsymbol{Y}$。事实上，

$$\boldsymbol{B}=\begin{bmatrix} \sum_\alpha y_\alpha \\ \sum_\alpha x_{\alpha 1}y_\alpha \\ \sum_\alpha x_{\alpha 2}y_\alpha \\ \vdots \\ \sum_\alpha x_{\alpha m}y_\alpha \end{bmatrix}=\begin{bmatrix} 1 & 1 & \cdots & 1 \\ x_{11} & x_{21} & \cdots & x_{n1} \\ x_{12} & x_{22} & \cdots & x_{n2} \\ \vdots & \vdots & & \vdots \\ x_{1m} & x_{2m} & \cdots & x_{nm} \end{bmatrix}\begin{bmatrix} y_1 \\ y_2 \\ \vdots \\ y_n \end{bmatrix}=\boldsymbol{X}'\boldsymbol{Y}$$

设 $b=(b_0,\ b_1,\ b_2,\ \cdots,\ b_m)$，为参数估计值列向量。

于是可得

$$(\boldsymbol{X}'\boldsymbol{X})\ \boldsymbol{b}=\boldsymbol{X}'\boldsymbol{Y}$$

或

$$\boldsymbol{Ab}=\boldsymbol{B} \tag{2-27}$$

式（2-27）为关于 b_0，b_1，b_2，…，b_m 的正规方程组的矩阵形式。

在 $|\boldsymbol{A}|=|\boldsymbol{X}'\boldsymbol{X}|\neq 0$ 即 $\boldsymbol{A}$ 满秩的条件下，$\boldsymbol{A}^{-1}$ 存在，则

$$\boldsymbol{b}=\boldsymbol{A}^{-1}\boldsymbol{B}=(\boldsymbol{X}'\boldsymbol{X})^{-1}(\boldsymbol{X}'\boldsymbol{Y}) \tag{2-28}$$

式中，$\boldsymbol{b}$ 为 $\boldsymbol{\beta}$ 的最小二乘估计。

若令

$$\boldsymbol{C}=\boldsymbol{A}^{-1}=\begin{bmatrix} c_{00} & c_{01} & c_{02} & \cdots & c_{0m} \\ c_{10} & c_{11} & c_{12} & \cdots & c_{1m} \\ c_{20} & c_{21} & c_{22} & \cdots & c_{2m} \\ \vdots & \vdots & \vdots & & \vdots \\ c_{m0} & c_{m1} & c_{m2} & \cdots & c_{mm} \end{bmatrix},\ \boldsymbol{B}=\begin{bmatrix} B_0 \\ B_1 \\ B_2 \\ \vdots \\ B_m \end{bmatrix}=\begin{bmatrix} \sum_\alpha y_\alpha \\ \sum_\alpha x_{\alpha 1}y_\alpha \\ \sum_\alpha x_{\alpha 2}y_\alpha \\ \vdots \\ \sum_\alpha x_{\alpha m}y_\alpha \end{bmatrix}$$

则 β_k 的最小二乘估计 b_k 可表示为

$$b_k=c_{k0}B_0+c_{k1}B_1+c_{k2}B_2+\cdots+c_{km}B_m \quad (k=0，1，2，\cdots，m)$$

对于多元线性回归问题，主要是计算下述四个重要矩阵：结构矩阵 $\boldsymbol{X}$；正规方程组的系数矩阵 $\boldsymbol{A}$，$\boldsymbol{A}=\boldsymbol{X}'\boldsymbol{X}$；正规方程组系数矩阵的逆矩阵 $\boldsymbol{C}$，$\boldsymbol{C}=\boldsymbol{A}^{-1}$；正规方程组的常数项列向量 $\boldsymbol{B}$，$\boldsymbol{B}=\boldsymbol{X}'\boldsymbol{Y}$。

回归系数 $\boldsymbol{b}$ 具有如下统计性质。

性质 1　$\boldsymbol{b}$ 是 $\boldsymbol{\beta}$ 的无偏估计（unbiased estimation）。

$$E(\boldsymbol{b})=\begin{bmatrix}E(b_0)\\E(b_1)\\E(b_2)\\\vdots\\E(b_m)\end{bmatrix}=\begin{bmatrix}\beta_0\\\beta_1\\\beta_2\\\vdots\\\beta_m\end{bmatrix}=\boldsymbol{\beta}$$

性质 2　回归系数 $\boldsymbol{b}$ 的方差（variance）——协方差（covariance）矩阵（简称协差阵）$\boldsymbol{V}$ 为 $\sigma^2\boldsymbol{A}^{-1}=\sigma^2\boldsymbol{C}$，即

$$\boldsymbol{V}=\begin{bmatrix}D(b_0) & cov(b_0,b_1) & cov(b_0,b_2) & \cdots & cov(b_0,b_m)\\cov(b_1,b_0) & D(b_1) & cov(b_1,b_2) & \cdots & cov(b_1,b_m)\\cov(b_2,b_0) & cov(b_2,b_1) & D(b_2) & \cdots & cov(b_2,b_m)\\\vdots & \vdots & \vdots & & \vdots\\cov(b_m,b_0) & cov(b_m,b_1) & cov(b_m,b_2) & \cdots & D(b_m)\end{bmatrix}=\sigma^2\begin{bmatrix}c_{00} & c_{01} & c_{02} & \cdots & c_{0m}\\c_{10} & c_{11} & c_{12} & \cdots & c_{1m}\\c_{20} & c_{21} & c_{22} & \cdots & c_{2m}\\\vdots & \vdots & \vdots & & \vdots\\c_{m0} & c_{m1} & c_{m2} & \cdots & c_{mm}\end{bmatrix}$$

于是，b_i、b_j 的协方差 $cov(b_i,b_j)=\sigma^2c_{ij}$（$i,j=0,1,2,\cdots,m$；$i\neq j$）；$b_j$ 的方差 $D(b_j)=\sigma^2c_{jj}$（$j=0，1，2，\cdots，m$）。表明 b_0，b_1，b_2，$\cdots$，b_m 相互之间存在相关性。

二、第二种数学模型——中心化模型（常用形式）

对于数据结构式（2-26），若改写为

$$y_\alpha=\mu+\beta_1(x_{\alpha1}-\bar{x}_1)+\beta_2(x_{\alpha2}-\bar{x}_2)+\cdots+\beta_m(x_{\alpha m}-\bar{x}_m)+\varepsilon_\alpha \tag{2-29}$$

$$(\alpha=1，2，\cdots，n)$$

式中，$\bar{x}_j=\dfrac{\sum_\alpha x_{\alpha j}}{n}$（$j=1，2，\cdots，m$）。

此时，$\beta_0=\mu-\beta_1\bar{x}_1-\beta_2\bar{x}_2-\cdots-\beta_m\bar{x}_m$。则式（2-29）称为多元线性回归的第二种数学模型，即常用形式中心化模型。

令

$$\boldsymbol{Y}=\begin{bmatrix}y_1\\y_2\\\vdots\\y_n\end{bmatrix},\ \boldsymbol{\beta}=\begin{bmatrix}\mu\\\beta_1\\\beta_2\\\vdots\\\beta_m\end{bmatrix},\ \boldsymbol{\varepsilon}=\begin{bmatrix}\varepsilon_1\\\varepsilon_2\\\vdots\\\varepsilon_n\end{bmatrix},\ \boldsymbol{X}=\begin{bmatrix}1 & x_{11}-\bar{x}_1 & x_{12}-\bar{x}_2 & \cdots & x_{1m}-\bar{x}_m\\1 & x_{21}-\bar{x}_1 & x_{22}-\bar{x}_2 & \cdots & x_{2m}-\bar{x}_m\\\vdots & \vdots & \vdots & & \vdots\\1 & x_{n1}-\bar{x}_1 & x_{n2}-\bar{x}_2 & \cdots & x_{nm}-\bar{x}_m\end{bmatrix}$$

则式（2-29）的矩阵表达形式为 $\boldsymbol{Y}=\boldsymbol{X}\boldsymbol{\beta}+\boldsymbol{\varepsilon}$。

在模型式（2-29）下的回归方程为

$$\hat{y}=\hat{\mu}+b_1(x_1-\bar{x}_1)+b_2(x_2-\bar{x}_2)+\cdots+b_m(x_m-\bar{x}_m) \tag{2-30}$$

式中，$\hat{\mu}$，b_1，b_2，…，b_m 分别为 μ，β_1，β_2，…，β_m 的最小二乘估计。

应用最小二乘法确定 $\hat{\mu}, b_1, b_2, \cdots, b_m$ 的值，应使 $Q=\sum_\alpha(y_\alpha-\hat{y}_\alpha)^2=\sum_\alpha[y_\alpha-\hat{\mu}-b_1(x_{\alpha1}-\overline{x}_1)-b_2(x_{\alpha2}-\overline{x}_2)-\cdots-b_m(x_{\alpha m}-\overline{x}_m)]^2$ 最小。

令

$$\begin{cases}\dfrac{\partial Q}{\partial\hat{\mu}}=-2\sum_\alpha[y_\alpha-\hat{\mu}-b_1(x_{\alpha1}-\overline{x}_1)-b_2(x_{\alpha2}-\overline{x}_2)-\cdots-b_m(x_{\alpha m}-\overline{x}_m)]=0\\ \dfrac{\partial Q}{\partial b_j}=-2\sum_\alpha(x_{\alpha j}-\overline{x}_j)[y_\alpha-\hat{\mu}-b_1(x_{\alpha1}-\overline{x}_1)-b_2(x_{\alpha2}-\overline{x}_2)-\cdots-b_m(x_{\alpha m}-\overline{x}_m)]=0\end{cases}$$

$$(j=1,\ 2,\ \cdots,\ m)$$

经整理得

$$\begin{cases}n\hat{\mu} & & & & =\sum_\alpha y_\alpha\\ \sum_\alpha(x_{\alpha1}-\overline{x}_1)^2b_1 & +\sum_\alpha(x_{\alpha1}-\overline{x}_1)(x_{\alpha2}-\overline{x}_2)b_2 & +\cdots+ & \sum_\alpha(x_{\alpha1}-\overline{x}_1)(x_{\alpha m}-\overline{x}_m)b_m & =\sum_\alpha(x_{\alpha1}-\overline{x}_1)y_\alpha\\ \sum_\alpha(x_{\alpha2}-\overline{x}_2)(x_{\alpha1}-\overline{x}_1)b_1 & +\sum_\alpha(x_{\alpha2}-\overline{x}_2)^2b_2 & +\cdots+ & \sum_\alpha(x_{\alpha2}-\overline{x}_2)(x_{\alpha m}-\overline{x}_m)b_m & =\sum_\alpha(x_{\alpha2}-\overline{x}_2)y_\alpha\\ \vdots & \vdots & & \vdots & \vdots\\ \sum_\alpha(x_{\alpha m}-\overline{x}_m)(x_{\alpha1}-\overline{x}_1)b_1 & +\sum_\alpha(x_{\alpha m}-\overline{x}_m)(x_{\alpha2}-\overline{x}_2)b_2 & +\cdots+ & \sum_\alpha(x_{\alpha m}-\overline{x}_m)^2b_m & =\sum_\alpha(x_{\alpha m}-\overline{x}_m)y_\alpha\end{cases}$$

上述 $m+1$ 元方程组即关于 $\hat{\mu}$，b_1，b_2，…，b_m 的正规方程组。

令 $\boldsymbol{X}=\begin{bmatrix}1 & x_{11}-\overline{x}_1 & x_{12}-\overline{x}_2 & \cdots & x_{1m}-\overline{x}_m\\ 1 & x_{21}-\overline{x}_1 & x_{22}-\overline{x}_2 & \cdots & x_{2m}-\overline{x}_m\\ \vdots & \vdots & \vdots & & \vdots\\ 1 & x_{n1}-\overline{x}_1 & x_{n2}-\overline{x}_2 & \cdots & x_{nm}-\overline{x}_m\end{bmatrix}$，为结构矩阵；$\boldsymbol{B}=\begin{bmatrix}\sum_\alpha y_\alpha\\ \sum_\alpha(x_{\alpha1}-\overline{x}_1)y_\alpha\\ \sum_\alpha(x_{\alpha2}-\overline{x}_2)y_\alpha\\ \vdots\\ \sum_\alpha(x_{\alpha m}-\overline{x}_m)y_\alpha\end{bmatrix}$，为右端元列向量；$\boldsymbol{b}=\begin{bmatrix}\hat{\mu}\\ b_1\\ b_2\\ \vdots\\ b_m\end{bmatrix}$，为参数估计值列向量。有

$$\boldsymbol{A}=\boldsymbol{X}'\boldsymbol{X}=\begin{bmatrix}n & 0 & 0 & \cdots & 0\\ 0 & \sum_\alpha(x_{\alpha1}-\overline{x}_1)^2 & \sum_\alpha(x_{\alpha1}-\overline{x}_1)(x_{\alpha2}-\overline{x}_2) & \cdots & \sum_\alpha(x_{\alpha1}-\overline{x}_1)(x_{\alpha m}-\overline{x}_m)\\ 0 & \sum_\alpha(x_{\alpha2}-\overline{x}_2)(x_{\alpha1}-\overline{x}_1) & \sum_\alpha(x_{\alpha2}-\overline{x}_2)^2 & \cdots & \sum_\alpha(x_{\alpha2}-\overline{x}_2)(x_{\alpha m}-\overline{x}_m)\\ \vdots & \vdots & \vdots & & \vdots\\ 0 & \sum_\alpha(x_{\alpha m}-\overline{x}_m)(x_{\alpha1}-\overline{x}_1) & \sum_\alpha(x_{\alpha m}-\overline{x}_m)(x_{\alpha2}-\overline{x}_2) & \cdots & \sum_\alpha(x_{\alpha m}-\overline{x}_m)^2\end{bmatrix}$$

则关于 $\hat{\mu}$，b_1，b_2，…，b_m 的正规方程组的矩阵表示为 $\boldsymbol{Ab}=\boldsymbol{B}$。

令

$$L_{ii}=\sum_{\alpha}(x_{\alpha i}-\overline{x}_i)^2=\sum_{\alpha}x_{\alpha i}^2-\frac{\left(\sum_{\alpha}x_{\alpha i}\right)^2}{n}=SS_i$$

$$L_{ij}=\sum_{\alpha}(x_{\alpha i}-\overline{x}_i)(x_{\alpha j}-\overline{x}_j)=\sum_{\alpha}x_{\alpha i}x_{\alpha j}-\frac{\sum_{\alpha}x_{\alpha i}\sum_{\alpha}x_{\alpha j}}{n}=SP_{ij}$$

$$L_{iy}=\sum_{\alpha}(x_{\alpha i}-\overline{x}_i)y_{\alpha}=\sum_{\alpha}x_{\alpha i}y_{\alpha}-\frac{\sum_{\alpha}x_{\alpha i}\sum_{\alpha}y_{\alpha}}{n}=SP_{i0}$$

$$(i,\ j=1,\ 2,\ \cdots,\ m;\ i\neq j)$$

于是，

$$\boldsymbol{A}=\begin{bmatrix} n & 0 & 0 & \cdots & 0 \\ 0 & L_{11} & L_{12} & \cdots & L_{1m} \\ 0 & L_{21} & L_{22} & \cdots & L_{2m} \\ \vdots & \vdots & \vdots & & \vdots \\ 0 & L_{m1} & L_{m2} & \cdots & L_{mm} \end{bmatrix}=\begin{bmatrix} n & 0 \\ 0 & \boldsymbol{L} \end{bmatrix},\ \boldsymbol{B}=\begin{bmatrix} B_0 \\ B_1 \\ B_2 \\ \vdots \\ B_m \end{bmatrix}=\begin{bmatrix} \sum_{\alpha}y_{\alpha} \\ L_{1y} \\ L_{2y} \\ \vdots \\ L_{my} \end{bmatrix}$$

式中，$\boldsymbol{L}=\begin{bmatrix} L_{11} & L_{12} & \cdots & L_{1m} \\ L_{21} & L_{22} & \cdots & L_{2m} \\ \vdots & \vdots & & \vdots \\ L_{m1} & L_{m2} & \cdots & L_{mm} \end{bmatrix}$。

而$\boldsymbol{C}=\begin{bmatrix} \frac{1}{n} & 0 \\ 0 & \boldsymbol{L}^{-1} \end{bmatrix}$，表明中心化后$\hat{\mu}$与$b_j$无关。

对于$\boldsymbol{Ab}=\boldsymbol{B}$，有$\boldsymbol{b}=\boldsymbol{A}^{-1}\boldsymbol{B}$，即

$$\boldsymbol{b}=\begin{bmatrix} \hat{\mu} \\ b_1 \\ b_2 \\ \vdots \\ b_m \end{bmatrix}=\boldsymbol{A}^{-1}\boldsymbol{B}=\begin{bmatrix} \frac{1}{n} & 0 \\ 0 & \boldsymbol{L}^{-1} \end{bmatrix}\begin{bmatrix} \sum_{\alpha}y_{\alpha} \\ L_{1y} \\ L_{2y} \\ \vdots \\ L_{my} \end{bmatrix}$$

于是，

$$\begin{cases} \hat{\mu}=\frac{1}{n}\sum_{\alpha}y_{\alpha}=\overline{y} \\ \begin{bmatrix} b_1 \\ b_2 \\ \vdots \\ b_m \end{bmatrix}=\boldsymbol{L}^{-1}\begin{bmatrix} L_{1y} \\ L_{2y} \\ \vdots \\ L_{my} \end{bmatrix} \end{cases}$$

由于 $\hat{\mu}=\bar{y}$，在模型式（2-29）下的回归方程可表示为

$$\hat{y}=\bar{y}+b_1(x_1-\bar{x}_1)+b_2(x_2-\bar{x}_2)+\cdots+b_m(x_m-\bar{x}_m)$$

上式为中心化形式的多元线性回归方程。

在实际中，进行多元线性回归分析经常建立一般形式的回归方程 $\hat{y}=b_0+b_1x_1+b_2x_2+\cdots+b_mx_m$，但却利用常用形式的正规方程组

$$\begin{bmatrix} SS_1 & SP_{12} & \cdots & SP_{1m} \\ SP_{21} & SS_2 & \cdots & SP_{2m} \\ \vdots & \vdots & & \vdots \\ SP_{m1} & SP_{m2} & \cdots & SS_m \end{bmatrix}\begin{bmatrix} b_1 \\ b_2 \\ \vdots \\ b_m \end{bmatrix}=\begin{bmatrix} SP_{10} \\ SP_{20} \\ \vdots \\ SP_{m0} \end{bmatrix}$$

先求出 b_1，b_2，…，b_m，再求出 $b_0=\bar{y}-b_1\bar{x}_1-\cdots-b_m\bar{x}_m$，即

$$\begin{cases} \begin{bmatrix} b_1 \\ b_2 \\ \vdots \\ b_m \end{bmatrix}=\boldsymbol{L}^{-1}\begin{bmatrix} L_{1y} \\ L_{2y} \\ \vdots \\ L_{my} \end{bmatrix} \\ b_0=\bar{y}-b_1\bar{x}_1-\cdots-b_m\bar{x}_m \end{cases}$$

三、显著性检验

（一）回归方程的显著性检验——F 检验

多元线性回归方程显著性检验的无效假设和备择假设为 H_0：$\beta_1=\beta_2=\cdots=\beta_m=0$；$H_A$：$\beta_1$，$\beta_2$，…，$\beta_m$ 不全为 0。

平方和与自由度划分式为

$$\begin{cases} SS_y=SS_R+SS_r \\ df_y=df_R+df_r \end{cases}$$

式中，SS_y、SS_R、SS_r 分别为依变量 y 的总平方和、回归平方和、离回归平方和；df_y、df_R、df_r 分别为依变量 y 的总自由度、回归自由度、离回归自由度。

$$SS_y=\sum(y-\bar{y})^2,\ df_y=n-1$$
$$SS_R=\sum(\hat{y}-\bar{y})^2,\ df_R=m$$
$$SS_r=\sum(y-\hat{y})^2,\ df_r=n-1-m$$

1．对于一般形式数学模型　回归方程为 $\hat{y}=b_0+b_1x_1+b_2x_2+\cdots+b_mx_m$，先求

$$SS_r=\sum_{\alpha}y_{\alpha}^2-\sum_{j=0}^{m}b_jB_j \tag{2-31}$$

再求 $SS_R=SS_y-SS_r$。

2．对于常用形式数学模型　回归方程为 $\hat{y}=\bar{y}+b_1(x_1-\bar{x}_1)+b_2(x_2-\bar{x}_2)+\cdots+b_m(x_m-\bar{x}_m)$，此时，$b_0=\hat{\mu}=\bar{y}$，$B_0=\sum_{\alpha}y_{\alpha}$。

因为，

$$SS_r=\sum_{\alpha} y_\alpha^2-b_0B_0-\sum_{j=1}^{m} b_jB_j$$

$$=\sum_{\alpha} y_\alpha^2-\bar{y}B_0-\sum_{j=1}^{m} b_jB_j$$

$$=\left[\sum_{\alpha} y_\alpha^2-\frac{1}{n}\left(\sum_{\alpha} y_\alpha\right)^2\right]-\sum_{j=1}^{m} b_jB_j$$

$$=SS_y-\sum_{j=1}^{m} b_jB_j$$

$$=SS_y-SS_R$$

所以，

$$SS_R=SS_y-SS_r=\sum_{j=1}^{m} b_jB_j$$

此时先求

$$SS_R=\sum_{j=1}^{m} b_jB_j \tag{2-32}$$

再求 $SS_r=SS_y-SS_R$。

在 H_0：$\beta_1=\beta_2=\cdots=\beta_m=0$ 成立的条件下，应用统计量 F 检验回归方程的显著性。

$$F=\frac{MS_R}{MS_r}=\frac{SS_R/m}{SS_r/(n-1-m)} \tag{2-33}$$

统计量 F 服从 $df_1=m$、$df_2=n-1-m$ 的 F 分布。

（二）回归系数显著性检验

检验回归系数显著性的无效假设和备择假设为 H_0：$\beta_j=0$；H_A：$\beta_j\neq0$（$j=1, 2, \cdots, m$）。

1．*F* 检验　在 H_0：$\beta_j=0$ 成立的条件下，可采用统计量 F_j 来检验回归系数 b_j 是否显著。

$$F_j=\frac{b_j^2/c_{jj}}{SS_r/(n-1-m)} \tag{2-34}$$

统计量 F_j 服从 $df_1=1$、$df_2=n-1-m$ 的 F 分布。式中，b_j^2/c_{jj} 为偏回归平方和。

2．*t* 检验　在 H_0：$\beta_j=0$ 成立的条件下，可采用统计量 t_j 来检验回归系数 b_j 是否显著。

$$t_j=\frac{b_j}{s_{b_j}} \tag{2-35}$$

统计量 t_j 服从 $df=n-1-m$ 的 t 分布。式中，偏回归系数标准误 $s_{b_j}=\sqrt{c_{jj}SS_r/(n-1-m)}$。

（三）偏回归系数差异显著性检验

对于一个多元线性回归方程内的各偏回归系数，往往单位不同，不能直接进行比较，在这种情况下，偏回归系数差异显著性检验可在通径分析中进行。在两个偏回归系数单位相同的情况下，根据专业需要可进行差异显著性检验。

检验偏回归系数差异显著性的无效假设和备择假设为 H_0：$\beta_i=\beta_j$；H_A：$\beta_i\neq\beta_j$（i，$j=1$，2，…，m；$i\neq j$）。

1．F 检验　在 H_0：$\beta_i=\beta_j$ 下，可采用统计量 F 来检验回归系数差异是否显著。

$$F=\frac{(b_i-b_j)^2/(c_{ii}+c_{jj}-2c_{ij})}{SS_r/(n-1-m)} \tag{2-36}$$

统计量 F 服从 $df_1=1$、$df_2=n-1-m$ 的 F 分布。式中，c_{ii}、c_{jj} 和 c_{ij} 为正规方程组系数矩阵的逆矩阵元素。

2．t 检验　在 H_0：$\beta_i=\beta_j$ 下，可采用统计量 t 来检验回归系数差异是否显著。

$$t=\frac{b_i-b_j}{s_{b_i-b_j}} \tag{2-37}$$

统计量 F 服从 $df=n-1-m$ 的 t 分布。式中，$s_{b_i-b_j}=\sqrt{(c_{ii}+c_{jj}-2c_{ij})\ SS_r/(n-1-m)}$ 称为回归系数差数标准误。

（四）两个多元线性回归方程中相应偏回归系数差异显著性检验

一般情况下，两个多元线性回归方程中相应回归系数往往单位不同，不能直接进行比较，若需比较，可在通径分析中进行。但对于方差同质的两个多元线性回归方程，相应回归系数具有相同的单位，可进行差异显著性检验。

设一个 m_1 元线性回归方程为 $\hat{y}=b_{0(1)}+b_{1(1)}x_1+b_{2(1)}x_2+\cdots+b_{m_1(1)}x_{m_1}$，其样本含量、离回归平方和、高斯乘数为 n_1、$SS_{r(1)}$、$c_{ij(1)}$。

设另一个 m_2 元线性回归方程为 $\hat{y}=b_{0(2)}+b_{1(2)}x_1+b_{2(2)}x_2+\cdots+b_{m_2(2)}x_{m_2}$，其样本含量、离回归平方和、高斯乘数为 n_2、$SS_{r(2)}$、$c_{ij(2)}$。

因为 $b_{i(1)}\sim N(\beta_{i(1)}, c_{ii(1)}\sigma_1^2)$、$b_{j(2)}\sim N(\beta_{j(2)}, c_{jj(2)}\sigma_2^2)$，且 $b_{i(1)}$、$b_{j(2)}$ 相互独立，故 $b_{i(1)}-b_{j(2)}$ 也服从正态分布，且

$$E(b_{i(1)}-b_{j(2)})=E(b_{i(1)})-E(b_{j(2)})=\beta_{i(1)}-\beta_{j(2)}$$
$$D(b_{i(1)}-b_{j(2)})=D(b_{i(1)})+D(b_{j(2)})=c_{ii(1)}\sigma_1^2+c_{jj(2)}\sigma_2^2$$

1．方差齐性检验　为进行两个多元线性回归方程中相应偏回归系数差异显著性检验，应先进行方差齐性检验（homogeneity test of variances）。

此时无效假设和备择假设为 H_0：$\sigma_1^2=\sigma_2^2$；H_A：$\sigma_1^2\neq\sigma_2^2$（两尾检验）。在 H_0：$\sigma_1^2=\sigma_2^2$ 下，如果 $MS_{r(1)}>MS_{r(2)}$，可采用统计量

$$F=\frac{MS_{r(1)}}{MS_{r(2)}}=\frac{SS_{r(1)}/(n_1-1-m_1)}{SS_{r(2)}/(n_2-1-m_2)} \tag{2-38}$$

来检验误差方差的齐性。统计量 F 服从 $df_1=n_1-1-m_1$、$df_2=n_2-1-m_2$ 的 F 分布。

若 H_0：$\sigma_1^2=\sigma_2^2$ 未被否定，可设 $\sigma_1^2=\sigma_2^2=\sigma^2$，则 $D(b_{i(1)}-b_{j(2)})=\sigma^2(c_{ii(1)}+c_{jj(2)})$。此时合并离回归平方和 $SS_r=SS_{r(1)}+SS_{r(2)}$，合并离回归自由度 $df_r=df_{r(1)}+df_{r(2)}$；合并的离回归均方 $MS_r=\frac{SS_r}{df_r}=\frac{SS_{r(1)}+SS_{r(2)}}{df_{r(1)}+df_{r(2)}}$ 是 σ^2 的无偏估计。

两个多元线性回归方程中偏回归系数 $b_{i(1)}$ 与 $b_{j(2)}$ 差异显著性检验，其无效假设与备择假设为

H_0: $\beta_{i(1)}=\beta_{j(2)}$; H_A: $\beta_{i(1)}\neq\beta_{j(2)}$ ($i=1, 2, \cdots, m_1$; $j=1, 2, \cdots, m_2$)。

2．*F* 检验　在 H_0: $\beta_{i(1)}=\beta_{j(2)}$ 下，可采用统计量

$$F=\frac{(b_{i(1)}-b_{j(2)})^2/(c_{ii(1)}+c_{jj(2)})}{SS_r/[(n_1-1-m_1)+(n_2-1-m_2)]} \tag{2-39}$$

来检验两个多元线性回归方程中相应偏回归系数差异的显著性。统计量 F 服从 $df_1=1$、$df_2=(n_1-1-m_1)+(n_2-1-m_2)$ 的 F 分布。

3．*t* 检验　在 H_0: $\beta_{i(1)}=\beta_{j(2)}$ 下，可采用统计量

$$t=\frac{b_{i(1)}-b_{j(2)}}{s_{b_{i(1)}-b_{j(2)}}}=\frac{b_{i(1)}-b_{j(2)}}{\sqrt{\dfrac{(c_{ii(1)}+c_{jj(2)})SS_r}{(n_1-1-m_1)+(n_2-1-m_2)}}} \tag{2-40}$$

来检验两个多元线性回归方程中相应偏回归系数差异的显著性。统计量 F 服从 $df=(n_1-1-m_1)+(n_2-1-m_2)$ 的 t 分布。式中，两次回归分析偏回归系数差数标准误 $s_{b_{i(1)}-b_{j(2)}}=\sqrt{\dfrac{(c_{ii(1)}+c_{jj(2)})SS_r}{(n_1-1-m_1)+(n_2-1-m_2)}}$。

第三节　一元多项式回归分析

研究一个依变量与一个或多个自变量多项式联系的回归分析方法，称为多项式回归(polynomial regression)。只有一个自变量时，称为一元多项式回归；有多个自变量时，称为多元多项式回归。多项式回归可以处理相当一类非线性问题，它在回归分析中占有重要的地位，因为任一函数都可以分段用多项式来逼近。因此，在实际问题研究中，无论依变量与自变量的关系如何，我们总可以用多项式回归进行分析。

一、一元多项式回归分析的一般方法

在回归分析中，当只有一个自变量时，如果依变量 y 与自变量 x 的关系为非线性的，但是又找不到适当的变量变换形式使其变为线性，则可以选用一元多项式回归，其最大优点就是可以对任何双变量资料进行回归逼近，直至满意为止。

（一）一元多项式回归数学模型

设依变量 y 与自变量 x 的内在关系为 m 次多项式，y 与 x 共有 n 对观测值 (x_i, y_i) $(i=1, 2, \cdots, n)$。那么，在 x_i 处的观测值 y_i 可表示为

$$y_i=\beta_0+\beta_1x_i+\beta_2x_i^2+\cdots+\beta_mx_i^m+\varepsilon_i \tag{2-41}$$

式中，随机变量 $\varepsilon\sim N(0, \sigma^2)$。

式（2-41）即一元多项式回归的数学模型。

（二）一元多项式回归的一般方法

对于模型式（2-41）的一元多项式回归方程为

$$\hat{y}=b_0+b_1x+b_2x^2+\cdots+b_mx^m \tag{2-42}$$

一元多项式回归问题可以通过变量变换转化为多元线性回归问题来解决。

对于一元多项式回归方程式（2-42），令 $x_1=x$，$x_2=x^2$，…，$x_m=x^m$，则式（2-42）就转化为 m 元线性回归方程 $\hat{y}=b_0+b_1x+b_2x_2+\cdots+b_mx_m$。

按照多元线性回归分析方法即可建立上述 m 元线性回归方程，并进行显著性检验，得到最优回归方程，最后进行变量还原，于是就建立了一元多项式回归方程（2-42）。因此本章第一节的方法可用于解决一元多项式回归问题。

需要指出的是，在上述方法中，对多元线性回归关系的显著性检验，实质上是对一元多项式回归关系的显著性检验；检验回归系数 b_i 是否显著，实质上就是判断自变量 x 的 i 次方项 x^i 对依变量 y 的影响是否显著；如果 b_i 不显著且其 F 值（或 $|t|$ 值）最小，剔除对应的 x_i，实质上是剔除一元多项式回归方程中的 x 的 i 次方项，即 x^i 项。

（三）一元多项式回归方程的拟合度与偏离度

应用相关指数 R^2 表示一元多项式回归方程拟合度的高低，或者说表示一元多项式回归方程估测的可靠程度的高低。这里

$$R^2=1-\frac{\sum(y-\hat{y})^2}{\sum(y-\overline{y})^2}$$

式中，$\sum(y-\hat{y})^2$ 须直接根据每个观测值的偏差（$y-\hat{y}$）来计算。

应用离回归标准误 s_r 度量一元多项式回归估测值 $\hat{y}$ 与实测值 y 的偏差程度，即一元多项式回归方程的偏离度。这里

$$s_r=\sqrt{\frac{\sum(y-\hat{y})^2}{n-1-m}}$$

（四）一元多项式回归自变量最高次数的选择

在一元多项式回归分析中，对于双变量的 n 对观测值，在理论上最多只能配到 $m=n-1$ 次多项式。但 m 越大，包含的统计量越多，计算量也就越大。对于一个实际双变量的资料，一元多项式回归方程的自变量的最高次数应取多少，可以参考资料的二维散点图来确定。一般情况下，散点所表现的曲线趋势的“波峰”数+“波谷”数+1，可作为一元多项式回归方程的自变量的最高次数。但若散点波动大或者“波峰”“波谷”两侧不对称，可再高一次或二次。

一般多项式回归中较为常用的是一元二次多项式回归和一元三次多项式回归，下面结合实例介绍一元二次多项式回归分析的方法。

二、实例分析

【例 2-2】 给动物口服某种药物 A 1000mg，每间隔 1h 测定血药浓度，得到表 2-7 的数据（血药浓度为 5 头供试动物的平均值）。试建立血药浓度（依变量 y，g/ml）对服药时间（自变量 x，h）的回归方程。

表 2-7　血药浓度与服药时间测定结果表

服药时间 x/h	1	2	3	4	5	6	7	8	9
血药浓度 y/（g/ml）	21.89	47.13	61.86	70.78	72.81	66.36	50.34	25.31	3.17
$\hat{y}$	22.70	46.24	62.26	70.75	71.71	65.15	51.07	29.46	0.32
$y-\hat{y}$	−0.81	0.89	−0.40	0.03	1.10	1.21	−0.73	−4.15	2.85

（一）绘制散点图

根据表 2-7 的数据资料绘制 x 与 y 的散点图（图 2-1），由图可知血药浓度最大值出现在服药后 5h，在 5h 之前血药浓度随时间的增加而增加，在 5h 之后随着时间的增加而减少，散点图呈抛物线形状，因此可以选用一元二次多项式来描述血药浓度与服药时间的关系。

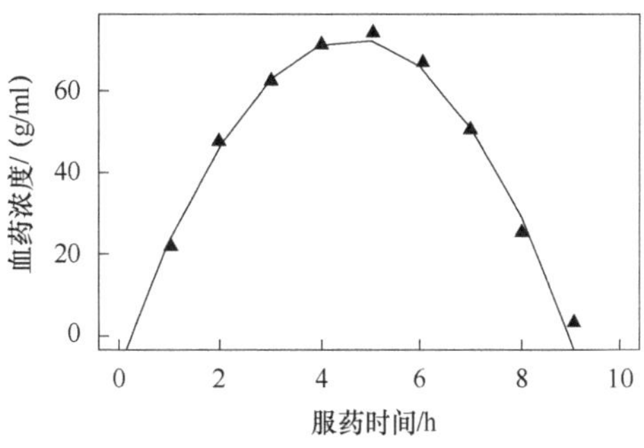

图 2-1　表 2-7 资料的散点图

（二）进行变量变换

设一元二次多项式回归方程为

$$\hat{y}=b_0+b_1x+b_2x^2 \tag{2-43}$$

令 $x_1=x$、$x_2=x^2$，则得二元线性回归方程 $\hat{y}=b_0+b_1x_1+b_2x_2$ 。

（三）进行二元线性回归分析

计算各变量的总和、平方和及各变量两两间乘积之和，结果如下。

$$\sum x_1=\sum x=45,\quad \sum x_2=\sum x^2=285,\quad \sum y=419.65$$

$$\sum x_1^2=\sum x^2=285,\quad \sum x_2^2=\sum x^4=15333,\quad \sum y^2=24426.5833$$

$$\sum x_1x_2=\sum x^3=2025,\quad \sum x_1y=\sum xy=1930.45,\quad \sum x_2y=\sum x^2y=10452.11$$

再计算各变量的平均数、平方和及各变量两两间乘积和，结果如下。

$$\bar{x}_1=5.0000,\ \bar{x}_2=31.6667,\ \bar{y}=46.6278$$

$$SS_1=60.0000,\ SS_2=6308.0000,\ SS_y=4859.2364$$

$$SP_{12}=600.0000,\ SP_{10}=-167.8000,\ SP_{20}=-2836.8067$$

于是，得到关于 b_1、b_2 的正规方程组为

$$\begin{cases}60.0000b_1+600.0000b_2=-167.8000\\600.0000b_1+6308.0000b_2=-2836.8067\end{cases}$$

正规方程组的系数矩阵 $\boldsymbol{A}$ 和右端元列向量 $\boldsymbol{B}$ 为

$$\boldsymbol{A}=\begin{bmatrix}60.0000 & 600.0000\\600.0000 & 6308.0000\end{bmatrix},\ \boldsymbol{B}=\begin{bmatrix}-167.8000\\-2836.8067\end{bmatrix}$$

求出上述正规方程组系数矩阵的逆矩阵：

$$\boldsymbol{C}=\begin{bmatrix} c_{11} & c_{12} \\ c_{21} & c_{22} \end{bmatrix}=\boldsymbol{A}^{-1}=\begin{bmatrix} 0.341342 & -0.032468 \\ -0.032468 & 0.003247 \end{bmatrix}$$

关于 b_1、b_2 的解为

$$\begin{bmatrix} b_1 \\ b_2 \end{bmatrix}=\begin{bmatrix} c_{11} & c_{12} \\ c_{21} & c_{22} \end{bmatrix}\begin{bmatrix} SP_{10} \\ SP_{20} \end{bmatrix}$$

$$=\begin{bmatrix} 0.341342 & -0.032468 \\ -0.032468 & 0.003247 \end{bmatrix}\begin{bmatrix} -167.8000 \\ -2836.8067 \end{bmatrix}=\begin{bmatrix} 34.8269 \\ -3.7624 \end{bmatrix}$$

即 $b_1=34.8269$，$b_2=-3.7624$。

而

$$b_0=\bar{y}-b_1\bar{x}_1-b_2\bar{x}_2$$
$$=46.6278-34.8269\times5.0000-(-3.7624)\times31.6667=-8.3639$$

于是，得到二元线性回归方程 $\hat{y}=-8.3639+34.8269x_1-3.7624x_2$。

现在对二元线性回归方程即二元线性回归关系进行显著性检验。

$$SS_y=4859.2364$$
$$SS_R=b_1SP_{10}+b_2SP_{20}$$
$$=34.8269\times(-167.8000)+(-3.7624)\times(-2836.8067)=4829.2477$$
$$SS_r=SS_y-SS_R=4859.2364-4829.2477=29.9887$$
$$df_y=n-1=9-1=8,\ df_R=2,\ df_r=df_y-df_R=8-2=6$$

列出方差分析表（表 2-8），进行 F 检验。

表 2-8　二元线性回归关系方差分析表

变异来源	SS	df	MS	F
回归	4829.2477	2	2414.6239	484.08**
离回归	29.9887	6	4.9881	
总变异	4859.2364	8		

注：$F_{0.01(2,\ 6)}=10.92$

因为 $F>F_{0.01(2,\ 6)}$、$p<0.01$，表明二元线性回归关系极显著。

偏回归系数 b_1、b_2 的显著性检验，应用 F 检验法：

$$SS_{b_1}=\frac{b_1^2}{c_{11}}=\frac{34.8269^2}{0.341342}=3553.3657$$

$$SS_{b_2}=\frac{b_2^2}{c_{22}}=\frac{(-3.7624)^2}{0.003247}=4359.6100$$

$$F_{b_1}=\frac{MS_{b_1}}{MS_r}=\frac{SS_{b_1}}{MS_r}=\frac{3553.3657}{4.9881}=712.37^{**}$$

$$F_{b_2}=\frac{MS_{b_2}}{MS_r}=\frac{SS_{b_2}}{MS_r}=\frac{4359.6100}{4.9881}=874.00^{**}$$

由 $df_1=1$、$df_2=6$ 查 F 值表得，$F_{0.01(1,\ 6)}=13.75$，因为 $F_{b_1}>F_{0.01(1,\ 6)}$、$F_{b_2}>F_{0.01(1,\ 6)}$，表明

偏回归系数 b_1、b_2 都是极显著的。

（四）建立一元二次多项式回归方程

将 x_1 还原为 x，x_2 还原为 x^2，即得 y 对 x 的一元二次多项式回归方程 $\hat{y}=-8.3519+34.8269x-3.7624x^2$。

（五）回归方程的评价

1．拟合度评价　因为 $\sum(y-\hat{y})^2=30.1611$，$\sum(y-\bar{y})^2=4859.2364$，相关指数

$$R^2=1-\frac{\sum(y-\hat{y})^2}{\sum(y-\bar{y})^2}=0.9938$$

表明 y 与 x 的一元二次多项式回归方程 $\hat{y}=-8.3519+34.8269x-3.7624x^2$ 的拟合度高，或者说该回归方程估测的可靠程度高。

2．偏离度评价　因为 $\sum(y-\hat{y})^2=30.1611$，所以离回归标准误

$$s_r=\sqrt{\frac{\sum(y-\hat{y})^2}{n-1-m}}=\sqrt{\frac{30.1611}{9-1-2}}=2.2421\text{（g/ml）}$$

变异系数

$$CV(\%)=\frac{s_r}{\bar{y}}\times100=\frac{2.2421}{46.6278}\times100=4.81$$

表明回归方程 $\hat{y}=-8.3519+34.8269x-3.7624x^2$ 的偏离度小。

第四节　多元非线性回归分析

在实际研究工作中发现，依变量与多个自变量间的关系在许多情况下是非线性关系，因此需要进行多元非线性回归（multiple nonlinear regression）分析。在多元非线性回归模型中，有许多可以通过变量变换转化为线性模型，然后按线性回归模型加以解决。

一、能线性化的多元非线性函数类型

（一）幂函数的乘积函数

如果依变量 y 与自变量 x_1，x_2，…，x_m 间的关系可以用幂函数的乘积函数来拟合，则建立的回归方程为

$$\hat{y}=b_0x_1^{b_1}x_2^{b_2}\cdots x_m^{b_m}\quad(y>0,\ x_i>0;\ i=1,\ 2,\ \cdots,\ m)$$

对幂函数的乘积函数 $y=b_0x_1^{b_1}x_2^{b_2}\cdots x_m^{b_m}$ 两端取自然对数，得

$$\ln y=\ln b_0+b_1\ln x_1+b_2\ln x_2+\cdots+b_m\ln x_m$$

令 $y'=\ln y$，$b_0'=\ln b_0$，$x_i'=\ln x_i$（$i=1$，2，…，m），则可将其线性化为

$$y'=b_0'+b_1x_1'+b_2x_2'+\cdots+b_mx_m'$$

（二）指数函数

如果依变量 y 与自变量 x_1，x_2，…，x_m 间的关系可以用它们间的线性关系的指数函数来

拟合，则建立的回归方程为

$$\hat{y}=\mathrm{e}^{b_0+b_1x_1+b_2x_2+\cdots+b_mx_m}\quad (y>0)$$

对指数函数 $y=\mathrm{e}^{b_0+b_1x_1+b_2x_2+\cdots+b_mx_m}$ 两端取自然对数，得

$$\ln y=b_0+b_1x_1+b_2x_2+\cdots+b_mx_m$$

令 $y'=\ln y$，则可将其线性化为

$$y'=b_0+b_1x_1+b_2x_2+\cdots+b_mx_m$$

（三）倒数函数

如果依变量 y 与自变量 x_1，x_2，…，x_m 间的关系可以用它们间的线性关系的倒数函数来拟合，则建立的回归方程为

$$\hat{y}=\frac{1}{b_0+b_1x_1+b_2x_2+\cdots+b_mx_m}\quad (y>0)$$

对倒数函数 $y=\dfrac{1}{b_0+b_1x_1+b_2x_2+\cdots+b_mx_m}$ 取倒数，得

$$\frac{1}{y}=b_0+b_1x_1+b_2x_2+\cdots+b_mx_m$$

令 $y'=\dfrac{1}{y}$，则可将其线性化为

$$y'=b_0+b_1x_1+b_2x_2+\cdots+b_mx_m$$

（四）指数函数的倒数函数

如果依变量 y 与自变量 x_1，x_2，…，x_m 间的关系可以用它们间的线性关系的指数函数的倒数函数来拟合，则建立的回归方程为

$$\hat{y}=\frac{1}{\mathrm{e}^{b_0+b_1x_1+b_2x_2+\cdots+b_mx_m}}\quad (y>0)$$

对指数函数的倒数函数 $y=\dfrac{1}{\mathrm{e}^{b_0+b_1x_1+b_2x_2+\cdots+b_mx_m}}$ 取倒数，然后再取自然对数，得

$$\ln\frac{1}{y}=b_0+b_1x_1+b_2x_2+\cdots+b_mx_m$$

令 $y'=\ln\dfrac{1}{y}=-\ln y$，则可将其线性化为

$$y'=b_0+b_1x_1+b_2x_2+\cdots+b_mx_m$$

【例 2-3】 禾谷类作物产量估计问题。在实际工作中，常用单位面积穗数（x_1）、每穗粒数（x_2）、粒重（x_3）来对禾谷类作物产量（y）做出估计。通过仔细分析发现，禾谷类作物产量与单位面积穗数、每穗粒数、粒重间的关系不是线性的关系，而是非线性的关系。确切地说，禾谷类作物产量与单位面积穗数、每穗粒数、粒重间是幂函数的乘积关系，所以选用幂函数的乘积函数来进行多元非线性回归分析更符合实际情况。

欲建立 $\hat{y}=b_0x_1^{b_1}x_2^{b_2}x_3^{b_3}$，令 $y'=\ln y$，$b_0'=\ln b_0$，$x_1'=\ln x_1$，$x_2'=\ln x_2$，$x_3'=\ln x_3$，先进行 y' 与 x_1'、x_2'、x_3' 的三元线性回归分析，求得 $\hat{y}'=b_0'+b_1x_1'+b_2x_2'+b_3x_3'$（$b_0=\mathrm{e}^{b_0'}$），进而求得

$\hat{y}=b_0x_1^{b_1}x_2^{b_2}x_3^{b_3}$。

二、多元多项式回归分析

进行多元多项式回归和进行一元多项式回归一样，是通过变量变换将多元多项式回归问题转化为多元线性回归问题来解决。

（一）二元二次多项式回归

设依变量为y，自变量为x_1、x_2，欲建立二元二次多项式回归方程

$$\hat{y}=b_0+b_1x_1+b_2x_2+b_{11}x_1^2+b_{22}x_2^2+b_{12}x_1x_2 \tag{2-44}$$

令$x_3=x_1^2$，$b_3=b_{11}$；$x_4=x_2^2$，$b_4=b_{22}$；$x_5=x_1x_2$，$b_5=b_{12}$，即可对y与x_1、x_2、x_3、x_4、x_5间进行五元线性回归分析，求得

$$\hat{y}=b_0+b_1x_1+b_2x_2+b_3x_3+b_4x_4+b_5x_5$$

进而可求得所要建立的回归方程$\hat{y}=b_0+b_1x_1+b_2x_2+b_{11}x_1^2+b_{22}x_2^2+b_{12}x_1x_2$。

（二）三元二次多项式回归

设依变量为y，自变量为x_1、x_2、x_3，欲建立三元二次多项式回归方程

$$\begin{aligned}\hat{y}=&b_0+b_1x_1+b_2x_2+b_3x_3\\&+b_{11}x_1^2+b_{22}x_2^2+b_{33}x_3^2+b_{12}x_1x_2+b_{13}x_1x_3+b_{23}x_2x_3\end{aligned} \tag{2-45}$$

令$x_4=x_1^2$，$b_4=b_{11}$；$x_5=x_2^2$，$b_5=b_{22}$；$x_6=x_3^2$，$b_6=b_{33}$；$x_7=x_1x_2$，$b_7=b_{12}$；$x_8=x_1x_3$，$b_8=b_{13}$；$x_9=x_2x_3$，$b_9=b_{23}$，即可对y与x_1、x_2、x_3、x_4、x_5、x_6、x_7、x_8、x_9间进行九元线性回归分析，求得

$$\hat{y}=b_0+b_1x_1+b_2x_2+b_3x_3+b_4x_4+b_5x_5+b_6x_6+b_7x_7+b_8x_8+b_9x_9$$

进而求得所欲建立的回归方程$\hat{y}=b_0+b_1x_1+b_2x_2+b_3x_3+b_{11}x_1^2+b_{22}x_2^2+b_{33}x_3^2+b_{12}x_1x_2+b_{13}x_1x_3+b_{23}x_2x_3$。

（三）m元二次多项式回归

设依变量为y，自变量为x_1，x_2，…，x_m，欲建立m元二次多项式回归方程

$$\hat{y}=b_0+\sum_{j=1}^{m}b_jx_j+\sum_{j=1}^{m}b_{jj}x_j^2+\sum_{\substack{i=1\\i<j}}^{m}\sum_{j=1}^{m}b_{ij}x_ix_j \tag{2-46}$$

共有系数$1+m+m+\mathrm{C}_m^2=\dfrac{(m+2)(m+1)}{2}=\mathrm{C}_{m+2}^2$个。

通过变量变换转化为C_{m+2}^2-1元线性回归分析。注意待估计参数的个数C_{m+2}^2应小于观测数据组数n。

习　题

1．多元线性回归分析的主要步骤有哪些？如何建立最优回归方程？

2．什么是相关指数？其意义是什么？

3．如何进行一元多项式、多元多项式回归分析？

4．能线性化的多元非线性回归如何转换为多元线性回归？

5．根据川农 16 号小麦的穗数（x_1，万/666.7m^2）、每穗粒数（x_2）、千粒重（x_3，g）、株高（x_4，cm）和产量（y，kg/666.7m^2）的 20 组实测数据，经过计算，得到如下统计量数据：

$$\bar{x}_1=26.1350,\ \bar{x}_2=35.8100,\ \bar{x}_3=38.8900,\ \bar{x}_4=78.2500,\ \bar{y}=339.3450$$

$$SS_1=536.6855,\ SS_2=680.5780,\ SS_3=808.2180,\ SS_4=901.7500$$

$$SS_y=189437.6895,\ SP_{12}=-308.2670,\ SP_{13}=105.8770,\ SP_{14}=208.8250$$

$$SP_{23}=-115.4180,\ SP_{24}=188.6500,\ SP_{34}=168.8500,\ SP_{10}=6710.3885$$

$$SP_{20}=-919.4490,\ SP_{30}=8295.1490,\ SP_{40}=5406.3750$$

进行 y 对 x_1、x_2、x_3、x_4 的四元线性回归分析。

6．根据重庆市种畜场奶牛群各月份产犊母牛平均 305d 产奶量的数据资料（表 2-9），进行一元二次多项式回归分析。

表 2-9　重庆市种畜场奶牛群各月份产犊母牛平均 305d 产奶量

产犊月份 x	1	2	3	4	5	6
平均产奶量 y/kg	3833.43	3811.58	3769.47	3565.74	3481.99	3372.82
产犊月份 x	7	8	9	10	11	12
平均产奶量 y/kg	3476.76	3466.22	3395.42	3807.08	3817.03	3884.52

第三章　直线相关分析、复相关分析与偏相关分析

第一章和第二章介绍了呈因果关系变量间的回归分析方法。揭示呈平行关系的相关变量之间的关系往往采用相关分析。研究两个变量间的直线关系，可以用直线相关分析。对多个变量进行相关分析时，研究一个变量与多个变量间的线性相关，用复相关分析（multiple correlation analysis）；研究其余变量保持不变的情况下两个变量间的线性相关，采用偏相关分析（partial correlation analysis）；研究一组变量与另一组变量间的关系，可用典型相关分析（canonical correlation analysis）。典型相关分析属于多元统计分析范畴，本章将分别介绍直线相关分析、复相关分析和偏相关分析。

第一节　直线相关分析

在直线回归分析中，两个变量 y 和 x 间关系为因果关系，有自变量和依变量之分。其中，x 为自变量，是原因变量，往往是试验预先设置好的，没有误差或误差很小的变量，它不是随机变量；y 为依变量，是结果变量，是具有误差的随机变量。但是，如果两个变量互为因果关系，都是具有误差的随机变量，可以利用直线相关分析的方法揭示变量间相关的性质和密切程度。

一、相关系数的意义与计算

直线回归分析中，用 x 对 y 的决定系数 r^2 度量直线回归方程 $\hat{y}=b_0+b_1x$ 的拟合度，或者说度量直线回归方程预测的可靠程度。

因为 $r^2=\dfrac{SS_R}{SS_y}=\dfrac{SP_{xy}^2}{SS_xSS_y}=\dfrac{SP_{xy}}{SS_x}\dfrac{SP_{xy}}{SS_y}=b_{yx}b_{xy}$，其中 $\dfrac{SP_{xy}}{SS_x}$ 是以 y 为依变量、x 为自变量的回归系数 b_{yx}，即 $b_{yx}=\dfrac{SP_{xy}}{SS_x}$ 是 y 对 x 的回归系数；若把 x 作为依变量、y 作为自变量，则 $b_{xy}=\dfrac{SP_{xy}}{SS_y}$ 是 x 对 y 的回归系数。所以决定系数 r^2 等于 y 对 x 的回归系数 $b_{yx}=\dfrac{SP_{xy}}{SS_x}$ 与 x 对 y 的回归系数 $b_{xy}=\dfrac{SP_{xy}}{SS_y}$ 的乘积。这就是说，决定系数 r^2 还表示 x 为自变量、y 为依变量和 y 为自变量、x 为依变量的两个互为因果关系的相关变量 x 与 y 直线相关的程度。

因为 $0\leqslant r^2\leqslant 1$，决定系数 r^2 不能表示两个互为因果关系的相关变量 x 与 y 之间直线相关的性质——是同向增减或是异向增减。若求 r^2 的平方根 r，且取 r 的正、负号与乘积和 SP_{xy} 的正、负号一致，即与 b_{xy}、b_{yx} 的正、负号一致。这样求出的 r^2 的平方根 r 的绝对值大小表示相关变量 x 与 y 的直线相关的程度，其正、负号表示相关变量 x 与 y 直线相关的性质，称为相关变量 x 与 y 的相关系数（correlation coefficient）。也就是说，相关变量

x 与 y 的相关系数 r 是表示相关变量 x 与 y 间直线相关的程度和性质的统计数，计算公式为

$$r=\frac{\sum(x-\overline{x})(y-\overline{y})}{\sqrt{\sum(x-\overline{x})^2\sum(y-\overline{y})^2}}=\frac{SP_{xy}}{\sqrt{SS_xSS_y}} \tag{3-1}$$

显然，$-1\leqslant r\leqslant 1$。当 $r<0$ 时，相关变量 x 与 y 异向增减，叫作 x 与 y 负相关；当 $r>0$ 时，相关变量 x 与 y 同向增减，叫作 x 与 y 正相关。

二、相关系数的假设检验

上述根据实际观测值计算的 r 是样本相关系数，它是双变量正态总体的总体相关系数 ρ 的估计值。样本相关系数 r 是否来自总体相关系数 $\rho\neq 0$ 的双变量正态总体，还须对相关系数进行假设检验。此时无效假设为 H_0: $\rho=0$，备择假设为 H_A: $\rho\neq 0$。与直线回归关系假设检验一样，可采用 F 检验与 t 检验对相关系数进行假设检验。

（一）F 检验

统计量 F 的计算公式为

$$F=\frac{r^2}{(1-r^2)/(n-2)} \tag{3-2}$$

统计量 F 服从 $df_1=1$、$df_2=n-2$ 的 F 分布。

（二）t 检验

统计量 t 的计算公式为

$$t=\frac{r}{s_r} \tag{3-3}$$

统计量 t 服从 $df=n-2$ 的 t 分布。式中，$s_r=\sqrt{\frac{1-r^2}{n-2}}$，称为相关系数标准误。

统计学家已根据相关系数假设检验——t 检验的计算公式计算出了临界 r 值并编制成表。所以可以直接采用查表法对相关系数进行假设检验。具体做法是，先根据自由度 $n-2$ 从附表 7 查临界 r 值：$r_{0.05(n-2)}$、$r_{0.01(n-2)}$，然后将 $|r|$ 与 $r_{0.05(n-2)}$、$r_{0.01(n-2)}$ 比较，做出统计推断。

若 $|r|<r_{0.05(n-2)}$，$p>0.05$，不能否定 H_0: $\rho=0$，表明变量 x 与 y 的相关系数不显著，即变量 x 与 y 的直线关系不显著。

若 $r_{0.05(n-2)}\leqslant|r|<r_{0.01(n-2)}$，$0.01<p\leqslant 0.05$，否定 H_0: $\rho=0$，接受 H_A: $\rho\neq 0$，表明变量 x 与 y 的相关系数显著，即变量 x 与 y 的直线关系显著。

若 $|r|\geqslant r_{0.01(n-2)}$，$p\leqslant 0.01$，否定 H_0: $\rho=0$，接受 H_A: $\rho\neq 0$，表明变量 x 与 y 的相关系数极显著，即变量 x 与 y 的直线关系极显著。

当计算的样本相关系数 r 较多时，常在 r 的右上方标记“*ns*”（或不标记符号）表示统计推断结果为相关系数不显著；在 r 的右上方标记“*”表示统计推断结果为相关系数显著；在 r 的右上方标记“**”表示统计推断结果为相关系数极显著。

【例 3-1】 对**【例 2-1】**二化螟第一代成虫发生总量（y，头）与冬季积雪期限（x_1，周）、

每年化雪日期（x_2，以 2 月 1 日为 1）、二月份平均气温（x_3，℃）、三月份平均气温（x_4，℃）进行直线相关分析。

【例 2-1】 已计算得 $SS_1=165.6923$，$SS_2=1306.7692$，$SS_3=22.2108$，$SS_4=20.7077$，$SP_{12}=324.3846$，$SP_{13}=-38.2769$，$SP_{14}=-38.8615$，$SP_{23}=-93.1538$，$SP_{24}=-144.1231$，$SP_{34}=5.6946$，$SP_{10}=383.0000$，$SP_{20}=995.0000$，$SP_{30}=-152.1000$，$SP_{40}=-137.1000$，$SS_0=2870.0000$。由式（3-1）计算得各变量间的相关系数。

$$r_{12}=\frac{SP_{12}}{\sqrt{SS_1SS_2}}=\frac{324.3846}{\sqrt{165.6923\times1306.7692}}=0.6971^*$$

$$r_{13}=\frac{SP_{13}}{\sqrt{SS_1SS_3}}=\frac{-38.2769}{\sqrt{165.6923\times22.2108}}=-0.6130^*$$

$$r_{14}=\frac{SP_{14}}{\sqrt{SS_1SS_4}}=\frac{-38.8615}{\sqrt{165.6923\times20.7077}}=-0.6634^*$$

$$r_{23}=\frac{SP_{23}}{\sqrt{SS_2SS_3}}=\frac{-93.1538}{\sqrt{1306.7692\times22.2108}}=-0.5468$$

$$r_{24}=\frac{SP_{24}}{\sqrt{SS_2SS_4}}=\frac{-144.1231}{\sqrt{1306.7692\times20.7077}}=-0.8761^{**}$$

$$r_{34}=\frac{SP_{34}}{\sqrt{SS_3SS_4}}=\frac{5.6946}{\sqrt{22.2108\times20.7077}}=0.2655$$

$$r_{10}=\frac{SP_{10}}{\sqrt{SS_1SS_0}}=\frac{383.0000}{\sqrt{165.6923\times2870.0000}}=0.5554^*$$

$$r_{20}=\frac{SP_{20}}{\sqrt{SS_2SS_0}}=\frac{995.0000}{\sqrt{1306.7692\times2870.0000}}=0.5138$$

$$r_{30}=\frac{SP_{30}}{\sqrt{SS_3SS_0}}=\frac{-152.1000}{\sqrt{22.2108\times2870.0000}}=-0.6024^*$$

$$r_{40}=\frac{SP_{40}}{\sqrt{SS_4SS_0}}=\frac{-137.1000}{\sqrt{20.7077\times2870.0000}}=-0.5624^*$$

根据 $df=n-2=13-2=11$ 查附表 7，得临界 r 值 $r_{0.05(11)}=0.553$、$r_{0.01(11)}=0.684$，将性状两两间的相关系数的绝对值与其比较，标记显著性，性状两两间的相关系数及其显著性列于表 3-1。由表 3-1 可知，除每年化雪日期、三月份平均气温与二月份平均气温间的相关系数不显著外，其余气象因子间的相关系数都显著或极显著；每年化雪日期与三月份平均气温

表 3-1　二化螟第一代成虫发生总量与相关气象因子间的相关系数及其显著性

性状	每年化雪日期 x_2	二月份平均气温 x_3	三月份平均气温 x_4	二化螟第一代成虫发生总量 y
冬季积雪期限 x_1	0.6971^{**}	-0.6130^*	-0.6634^*	0.5554^*
每年化雪日期 x_2		-0.5468	-0.8761^{**}	0.5138
二月份平均气温 x_3			0.2655	-0.6024^*
三月份平均气温 x_4				-0.5624^*

注：$r_{0.05(11)}=0.553$，$r_{0.01(11)}=0.684$

间的相关系数极显著；除每年化雪日期外，其余气象因子与二化螟第一代成虫发生总量间的相关系数都显著。

三、直线相关分析与直线回归分析的关系

直线相关分析与直线回归分析关系十分密切。事实上，它们的研究对象都是呈直线关系的两个相关变量。直线回归分析将两个相关变量区分为自变量和依变量，侧重于寻求它们之间的联系形式——建立直线回归方程；直线相关分析不区分自变量和依变量，侧重于揭示它们之间的联系程度和性质——计算出相关系数。两种分析所进行的假设检验都是回答 y 与 x 之间是否存在直线关系，二者的检验是等价的，即相关系数显著，回归系数也显著；相关系数不显著，回归系数也不显著。由于利用查表法对相关系数进行假设检验十分简便，因此在实际进行直线回归分析时，可用相关系数假设检验代替直线回归关系假设检验，即可先计算出相关系数 r 并进行假设检验，若检验结果相关系数不显著，则不用建立直线回归方程；若相关系数显著，再计算回归系数 b_1、回归截距 b_0，建立直线回归方程，此时所建立的直线回归方程代表的直线关系是真实的。

第二节　复相关分析

一、复相关系数的意义与计算

研究一个变量与多个变量的总相关称为复相关（multiple correlation）或多元相关。从相关分析角度来说，复相关中的变量没有依变量与自变量之分，但是在实际应用中，复相关分析经常与多元线性回归分析联系在一起，因此复相关一般指依变量 y 与 m 个自变量 x_1，x_2，…，x_m 的总相关（total correlation）。

在多元线性回归分析中，m 个自变量对依变量的回归平方和 SS_R 占依变量 y 的总平方和 SS_y 的比例越大，则表明依变量 y 和 m 个自变量的线性联系越紧密，或者说依变量 y 与 m 个自变量的总相关越密切，因此定义

$$R^2=\frac{SS_R}{SS_y} \tag{3-4}$$

为 y 与 x_1，x_2，…，x_m 的复相关指数，简称相关指数。

相关指数 R^2 度量了多元线性回归的准确度，或者说度量了用多元线性回归方程进行预测的可靠程度。显然，$0 \leqslant R^2 \leqslant 1$。

而定义

$$R=\sqrt{\frac{SS_R}{SS_y}} \tag{3-5}$$

为依变量 y 与 m 个自变量 x_1，x_2，…，x_m 的复相关系数（multiple correlation coefficient）。依变量 y 与 m 个自变量的复相关系数也可记为 $R_{y\cdot 12\cdots m}$。

复相关系数表示 y 与 $x_1, x_2, \cdots, x_m$ 的线性关系的紧密程度。由于 $\hat{y}$ 包含了 $x_1, x_2, \cdots, x_m$ 的综合线性影响，因此，y 与 x_1，x_2，…，x_m 的复相关也就相当于 y 与 $\hat{y}$ 的直线相关，即

$$R = r_{y\hat{y}} \tag{3-6}$$

复相关系数的取值范围为$0 \leqslant R \leqslant 1$。

复相关系数可以根据多元线性回归分析的有关结果由式（3-5）计算。

二、复相关系数的假设检验

复相关系数的显著性检验也就是对y与x_1，x_2，…，x_m的线性关系密切程度的假设检验，也就是说复相关系数的显著性与相应的多元线性回归关系的显著性或多元线性回归方程的显著性是等价的。因此，在实际应用中，既可以用多元线性回归关系的假设检验结果推断复相关系数的显著性，又可以用复相关系数的假设检验结果推断多元线性回归关系的显著性。

设y与x_1，x_2，…，x_m共有n组实测值。复相关系数R的假设检验有两种方法：F检验法与查表法。

（一）F检验法

设ρ为y与x_1，x_2，…，x_m的总体复相关系数。复相关系数R的假设检验的无效假设和备择假设为H_0：$\rho=0$；H_A：$\rho\neq 0$。由下述F统计量检验R的显著性

$$F = \frac{R^2/m}{(1-R^2)/(n-1-m)} \tag{3-7}$$

统计量F服从$df_1=m$、$df_2=n-1-m$的F分布。

式(3-7)所计算的F值实际上就是多元线性回归关系假设检验——F检验所计算的F值。这是因为$R^2=\frac{SS_R}{SS_y}$，代入式（3-7）得

$$F = \frac{\left(\frac{SS_R}{SS_y}\right)/m}{\left(1-\frac{SS_R}{SS_y}\right)/(n-1-m)} = \frac{SS_R/m}{SS_r/(n-1-m)} = \frac{MS_R}{MS_r}$$

也可以反过来说，式（3-7）是由多元线性回归关系假设检验——F检验计算F值的公式推导而来的。

（二）查表法

对于式（3-5），由于在df_1、df_2一定时，给定显著水平α的F值一定，因此可求得显著水平为α时的临界R值：

$$R = \sqrt{\frac{df_1 F}{df_1 F + df_2}}$$

并将其列成表。因此复相关系数R的假设检验可用简便的查表法进行。

由$df=n-1-m$查附表7（注意，附表7中的M为变量的总个数，即$M=m+1$）得$R_{0.05}$、$R_{0.01}$。将R与$R_{0.05}$、$R_{0.01}$比较：若$R<R_{0.05}$，$p>0.05$，则R为不显著；若$R_{0.05}\leqslant R<R_{0.01}$，$0.01<p\leqslant 0.05$，则$R$为显著；若$R\geqslant R_{0.01}$，$p\leqslant 0.01$，则$R$为极显著。

【例 3-2】 对【例 2-1】二化螟第一代成虫发生总量（y，头）与冬季积雪期限（x_1，周）、每年化雪日期（x_2，以 2 月 1 日为 1）、二月份平均气温（x_3，℃）、三月份平均气温（x_4，℃）进行复相关分析。

由【例 2-1】可知，SS_R=1993.1154，SS_y=2870.0000。根据式（3-5）计算得二化螟第一代成虫发生总量与冬季积雪期限、每年化雪日期、二月份平均气温、三月份平均气温间的复相关系数

$$R=\sqrt{\frac{SS_R}{SS_y}}=\sqrt{\frac{1993.1154}{2870.0000}}=0.8334$$

而

$$F=\frac{R^2/m}{(1-R^2)/(n-1-m)}=\frac{0.8334^2/4}{(1-0.8334^2)/(13-1-4)}=4.548^*$$

查表得$F_{0.05(4,8)}=3.84$、$F_{0.01(4,8)}=7.01$。因为$F_{0.05(4,8)}<F<F_{0.01(4,8)}$，所以 H_0：$\rho=0$ 成立的概率介于 0.01 到 0.05 之间，表明复相关系数 R 显著（此时 F 值与四元线性回归关系假设检验的 F 值是相同的）。

若用查表法，则由 $df=n-1-m=8$，$M=4+1=5$，查附表 7 得 $R_{0.05}=0.811$、$R_{0.01}=0.882$。因为 $R_{0.05}<R<R_{0.01}$，所以 H_0：$\rho=0$ 成立的概率介于 0.01 到 0.05，表明复相关系数 R 显著。

假设检验结果表明，二化螟第一代成虫发生总量与冬季积雪期限、每年化雪日期、二月份平均气温、三月份平均气温间存在显著的复相关关系，或者说存在显著的线性关系。

三、复相关分析与多元线性回归分析的关系

多元线性回归分析与复相关分析关系十分密切。事实上，它们的研究对象都是呈线性关系的相关变量。线性回归分析将相关变量区分为自变量和依变量，侧重于寻求它们之间的联系形式——建立线性回归方程；复相关分析不区分自变量和依变量，侧重于揭示它们之间的联系程度——计算出复相关系数。两种分析所进行的假设检验都是回答依变量 y 与 m 个自变量间是否存在线性关系，二者的检验是等价的，即复相关系数显著，线性回归关系也显著；复相关系数不显著，线性回归关系也不显著。由于利用查表法对复相关系数进行假设检验十分简便，因此在实际进行线性回归分析时，可用复相关系数假设检验代替线性回归关系假设检验，即可先计算出复相关系数 R 并进行假设检验，若复相关系数不显著，则不用建立线性回归方程；若复相关系数显著或极显著，再建立线性回归方程，此时所建立的线性回归方程代表的线性关系是真实的，如果拟合得好，即可用于预测、预报和控制。

第三节　偏相关分析

多个相关变量间的关系是复杂的，其中任两个相关变量间常常有不同程度的直线相关关系，但这种直线相关关系又夹杂了其他变量的影响。因此在多个相关变量关系的研究中，直线相关分析并不能真实反映两个相关变量间的关系。只有消除了其他变量的影响之后，研究两个变量间的相关性，才能真实地反映这两个变量间线性相关的性质与程度。偏相关分析就是在固定其他变量的条件下，研究某两个相关变量线性相关的性质与程度的统计分析方法。

一、偏相关系数的意义与计算

（一）偏相关系数的意义

在多个相关变量中，其他变量保持固定不变，指定的两个变量间的相关称为偏相关（partial correlation）。度量两个相关变量偏相关的性质与程度的统计量叫偏相关系数（partial correlation coefficient）。根据被固定的变量个数将偏相关系数分级，偏相关系数的级数等于被固定变量的个数。

当研究 2 个相关变量 x_1、x_2 的关系时，用直线相关系数 r_{12} 表示 x_1 与 x_2 线性相关的性质与程度。此时固定的变量个数为 0，所以直线相关系数 r_{12} 又叫作零级偏相关系数。

当研究 3 个相关变量 x_1、x_2、x_3 两两间的关系时，固定 x_3，x_1 与 x_2 的相关系数称为 x_1 与 x_2 的偏相关系数，记为 $r_{12\cdot3}$。类似地，还有偏相关系数 $r_{13\cdot2}$、$r_{23\cdot1}$。这 3 个偏相关系数固定的变量个数为 1，所以都叫作一级偏相关系数。

当研究 4 个相关变量 x_1、x_2、x_3、x_4 的关系时，须固定其中的 2 个变量，研究另外 2 个变量间的相关，即此时只有二级偏相关系数才能真实地反映两个相关变量间线性相关的性质与程度。二级偏相关系数共有 $C_4^2=6$ 个，即 $r_{12\cdot34}$、$r_{13\cdot24}$、$r_{14\cdot23}$、$r_{23\cdot14}$、$r_{24\cdot13}$、$r_{34\cdot12}$。

一般来说，当研究 M 个相关变量 x_1、x_2、…、x_M 两两间的关系时，只有固定其中的 $M-2$ 个变量，研究另外 2 个变量的相关才能真实地反映这两个相关变量间的相关关系，即此时只有 $M-2$ 级偏相关系数才能真实地反映这两个相关变量间线性相关的性质与程度。$M-2$ 级偏相关系数共有 $C_M^2=\frac{M(M-1)}{2}$ 个。x_i 与 x_j 的 $M-2$ 级偏相关系数记为 $r_{ij\cdot}$（i，$j=1$，2，…，M；$i\neq j$）。

在实际应用中，常将偏相关系数的级数省去，如果不加特别说明，偏相关系数就是指所研究问题的最高级偏相关系数。例如，当研究 M 个相关变量 x_1，x_2，…，x_M 两两间的关系时，如果不加特别说明，偏相关系数就是指 $M-2$ 级偏相关系数。

偏相关系数的取值范围为 $[-1,1]$，即 $-1\leqslant r_{ij\cdot}\leqslant 1$。

（二）偏相关系数的计算

1．一级偏相关系数的计算　设 3 个相关变量 x_1、x_2、x_3 共有 n 组观测数据（表 3-2）。

表 3-2　相关变量 x_1、x_2、x_3 在 n 个观测单位的观测值

x_1	x_2	x_3
x_{11}	x_{21}	x_{31}
x_{12}	x_{22}	x_{32}
⋮	⋮	⋮
x_{1n}	x_{2n}	x_{3n}

一级偏相关系数可由零级偏相关系数即直线相关系数计算，计算公式为

$$r_{12\cdot3}=\frac{r_{12}-r_{13}r_{23}}{\sqrt{(1-r_{13}^2)(1-r_{23}^2)}}$$

$$r_{13\cdot2}=\frac{r_{13}-r_{12}r_{32}}{\sqrt{(1-r_{12}^2)(1-r_{32}^2)}} \tag{3-8}$$

$$r_{23\cdot1}=\frac{r_{23}-r_{21}r_{31}}{\sqrt{(1-r_{21}^2)(1-r_{31}^2)}}$$

2．二级偏相关系数的计算 设 4 个变量 x_1、x_2、x_3、x_4 共有 n 组观测数据（表 3-3）。

表 3-3 相关变量 x_1、x_2、x_3、x_4 在 n 个观测单位的观测值

x_1	x_2	x_3	x_4
x_{11}	x_{21}	x_{31}	x_{41}
x_{12}	x_{22}	x_{32}	x_{42}
⋮	⋮	⋮	⋮
x_{1n}	x_{2n}	x_{3n}	x_{4n}

二级偏相关系数可由一级偏相关系数计算，计算公式为

$$r_{12\cdot34}=\frac{r_{12\cdot3}-r_{14\cdot3}r_{24\cdot3}}{\sqrt{(1-r_{14\cdot3}^2)(1-r_{24\cdot3}^2)}},\quad r_{13\cdot24}=\frac{r_{13\cdot2}-r_{14\cdot2}r_{34\cdot2}}{\sqrt{(1-r_{14\cdot2}^2)(1-r_{34\cdot2}^2)}}$$

$$r_{14\cdot23}=\frac{r_{14\cdot2}-r_{13\cdot2}r_{43\cdot2}}{\sqrt{(1-r_{13\cdot2}^2)(1-r_{43\cdot2}^2)}},\quad r_{23\cdot14}=\frac{r_{23\cdot1}-r_{24\cdot1}r_{34\cdot1}}{\sqrt{(1-r_{24\cdot1}^2)(1-r_{34\cdot1}^2)}} \tag{3-9}$$

$$r_{24\cdot13}=\frac{r_{24\cdot1}-r_{23\cdot1}r_{43\cdot1}}{\sqrt{(1-r_{23\cdot1}^2)(1-r_{43\cdot1}^2)}},\quad r_{34\cdot12}=\frac{r_{34\cdot1}-r_{32\cdot1}r_{42\cdot1}}{\sqrt{(1-r_{32\cdot1}^2)(1-r_{42\cdot1}^2)}}$$

3．偏相关系数的一般计算方法 设 M 个相关变量 x_1，x_2，…，x_M，共有 n 组观测数据（表 3-4）。

表 3-4 M 个相关变量在 n 个观测单位的观测值

x_1	x_2	…	x_M
x_{11}	x_{21}	…	x_{M1}
x_{12}	x_{22}	…	x_{M2}
⋮	⋮		⋮
x_{1n}	x_{2n}	…	x_{Mn}

$M-2$ 级偏相关系数的计算方法如下：

首先计算直线相关系数 r_{ij}：

$$r_{ij}=\frac{SP_{ij}}{\sqrt{SS_iSS_j}}\quad(i,\ j=1,\ 2,\ \cdots,\ M) \tag{3-10}$$

式中，$SP_{ij}=\sum(x_i-\overline{x}_i)(x_j-\overline{x}_j)$；$SS_i=\sum(x_i-\overline{x}_i)^2$；$SS_j=\sum(x_j-\overline{x}_j)^2$。

由直线相关系数 r_{ij} 组成相关系数矩阵 $\boldsymbol{r}$ 为

$$\boldsymbol{r}=\begin{bmatrix} r_{11} & r_{12} & \cdots & r_{1M} \\ r_{21} & r_{22} & \cdots & r_{2M} \\ \vdots & \vdots & & \vdots \\ r_{M1} & r_{M2} & \cdots & r_{MM} \end{bmatrix} \tag{3-11}$$

然后求相关系数矩阵 $\boldsymbol{r}$ 的逆矩阵 $\boldsymbol{C}$

$$\boldsymbol{C}=\boldsymbol{r}^{-1}=\begin{bmatrix} c_{11} & c_{12} & \cdots & c_{1M} \\ c_{21} & c_{22} & \cdots & c_{2M} \\ \vdots & \vdots & & \vdots \\ c_{M1} & c_{M2} & \cdots & c_{MM} \end{bmatrix} \tag{3-12}$$

则相关变量 x_i 与 x_j 的 $M-2$ 级偏相关系数 $r_{ij\cdot}$ 的计算公式为

$$r_{ij\cdot}=\frac{-c_{ij}}{\sqrt{c_{ii}c_{jj}}} \quad (i,\ j=1,\ 2,\ \cdots,\ M;\ i\neq j) \tag{3-13}$$

二、偏相关系数的假设检验

（一）t 检验法

设相关变量 x_i 与 x_j 的总体偏相关系数为$\rho_{ij\cdot}$，则对偏相关系数 $r_{ij\cdot}$ 进行假设检验的无效假设和备择假设为 H_0：$\rho_{ij\cdot}=0$；H_A：$\rho_{ij\cdot}\neq 0$。

对偏相关系数 $r_{ij\cdot}$ 进行 t 检验，统计量 $t_{ij\cdot}$ 的计算公式为

$$t_{ij\cdot}=\frac{r_{ij\cdot}}{s_{r_{ij\cdot}}} \tag{3-14}$$

统计量 $t_{ij\cdot}$ 服从 $df=n-M$ 的 t 分布。式中，$s_{r_{ij\cdot}}=\sqrt{\dfrac{1-r_{ij\cdot}^2}{n-M}}$ 为偏相关系数标准误（standard error of partial correlation coefficient）；n 为观测数据组数；M 为相关变量总个数。

（二）查表法

由 $df=n-M$ 及 $M=2$ 查附表 7，得 $r_{0.05}$ 和 $r_{0.01}$，将偏相关系数的绝对值$|r_{ij\cdot}|$与 $r_{0.05}$ 和 $r_{0.01}$ 进行比较，即可做出统计推断。

【例 3-3】 对**【例 2-1】**资料中冬季积雪期限（x_1，周）、每年化雪日期（x_2，以 2 月 1 日为 1）、二月份平均气温（x_3，℃）、三月份平均气温（x_4，℃）四个气象因子与二化螟第一代成虫发生总量（y，头）进行偏相关分析。

在**【例 3-1】**中，已算得变量 y、x_1、x_2、x_3、x_4 间的直线相关系数，表 3-1 的结果可表示为相关系数矩阵

$$\boldsymbol{r}=\begin{bmatrix} r_{11} & r_{12} & r_{13} & r_{14} & r_{10} \\ r_{21} & r_{22} & r_{23} & r_{24} & r_{20} \\ r_{31} & r_{32} & r_{33} & r_{34} & r_{30} \\ r_{41} & r_{42} & r_{43} & r_{44} & r_{40} \\ r_{01} & r_{02} & r_{03} & r_{04} & r_{00} \end{bmatrix}=\begin{bmatrix} 1 & 0.6971 & -0.6130 & -0.6634 & 0.5554 \\ 0.6971 & 1 & -0.5468 & -0.8761 & 0.5138 \\ -0.6130 & -0.5468 & 1 & 0.2655 & -0.6024 \\ -0.6634 & -0.8761 & 0.2655 & 1 & -0.5624 \\ 0.5554 & 0.5138 & -0.6024 & -0.5624 & 1 \end{bmatrix}$$

然后求得相关系数矩阵 $\boldsymbol{r}$ 的逆矩阵 $\boldsymbol{C}$ 为

$$\boldsymbol{C}=\boldsymbol{r}^{-1}=\begin{bmatrix} c_{11} & c_{12} & c_{13} & c_{14} & c_{10} \\ c_{21} & c_{22} & c_{23} & c_{24} & c_{20} \\ c_{31} & c_{32} & c_{33} & c_{34} & c_{30} \\ c_{41} & c_{42} & c_{43} & c_{44} & c_{40} \\ c_{01} & c_{02} & c_{03} & c_{04} & c_{00} \end{bmatrix}=\begin{bmatrix} 3.2602 & 1.8074 & 2.5929 & 3.5042 & 0.7934 \\ 1.8074 & 12.2958 & 6.8262 & 12.2197 & 3.6627 \\ 2.5929 & 6.8262 & 6.2223 & 7.8603 & 3.2218 \\ 3.5042 & 12.2197 & 7.8603 & 14.5980 & 4.7206 \\ 0.7934 & 3.6627 & 3.2218 & 4.7206 & 3.2731 \end{bmatrix}$$

由式（3-13）可以算得二化螟第一代成虫发生总量（y）与冬季积雪期限（x_1）、每年化雪日期（x_2）、二月份平均气温（x_3）、三月份平均气温（x_4）间的三级偏相关系数。

$$r_{01}.=\frac{-c_{01}}{\sqrt{c_{00}c_{11}}}=\frac{-0.7934}{\sqrt{3.2731\times3.2602}}=-0.2429$$

$$r_{02}.=\frac{-c_{02}}{\sqrt{c_{00}c_{22}}}=\frac{-3.6627}{\sqrt{3.2731\times12.2958}}=-0.5773$$

$$r_{03}.=\frac{-c_{03}}{\sqrt{c_{00}c_{33}}}=\frac{-3.2218}{\sqrt{3.2731\times6.2223}}=-0.7138^{*}$$

$$r_{04}.=\frac{-c_{04}}{\sqrt{c_{00}c_{44}}}=\frac{-4.7206}{\sqrt{3.2731\times14.5980}}=-0.6829^{*}$$

现在对上述三个二级偏相关系数进行 t 检验

$$t_{r_{01}.}=\frac{r_{01}.}{\sqrt{(1-r_{01}^2.)/(n-m)}}=\frac{-0.2429}{\sqrt{[1-(-0.2429)^2]/(13-5)}}=-0.708$$

$$t_{r_{02}.}=\frac{r_{02}.}{\sqrt{(1-r_{02}^2.)/(n-m)}}=\frac{-0.5773}{\sqrt{[1-(-0.5773)^2]/(13-5)}}=-2.000$$

$$t_{r_{03}.}=\frac{r_{03}.}{\sqrt{(1-r_{03}^2.)/(n-m)}}=\frac{-0.7138}{\sqrt{[1-(-0.7138)^2]/(13-5)}}=-2.883^{*}$$

$$t_{r_{04}.}=\frac{r_{04}.}{\sqrt{(1-r_{04}^2.)/(n-m)}}=\frac{-0.6829}{\sqrt{[1-(-0.6829)^2]/(13-5)}}=-2.644^{*}$$

由 $df=n-M=13-5=8$，查 t 值表得 $t_{0.05(8)}=2.306$、$t_{0.01(8)}=3.355$，因为 $t_{0.05(8)}<|t_{r_{03}.}|<t_{0.01(8)}$、$t_{0.05(8)}<|t_{r_{04}.}|<t_{0.01(8)}$，所以无效假设 H_0：$\rho_{03}.=0$ 和 H_0：$\rho_{04}.=0$ 成立的概率都介于 0.01 和 0.05 之间，偏相关系数 $r_{03}.$ 和 $r_{04}.$ 显著；而 $|t_{r_{01}.}|<t_{0.05(8)}$、$|t_{r_{02}.}|<t_{0.01(8)}$，所以无效假设 H_0：$\rho_{01}.=0$ 和 H_0：$\rho_{02}.=0$ 成立的概率均大于 0.05，偏相关系数 $r_{01}.$ 和 $r_{02}.$ 不显著。

如用查表法对上述 3 个二级偏相关系数进行假设检验，则由 $df=n-M=13-5=8$ 及 $M=2$，查附表 7 得 $r_{0.05}=0.632$、$r_{0.05}=0.765$，因为 $r_{0.05}<|t_{03}.|<t_{0.01}$、$r_{0.05}<|t_{04}.|<t_{0.01}$，而 $|t_{01}.|<t_{0.05}$、$|t_{02}.|<t_{0.05}$，所以偏相关系数 $r_{03}.$ 和 $r_{04}.$ 显著，$r_{01}.$ 和 $r_{02}.$ 不显著，这与 t 检验结果一致。

假设检验结果表明，二化螟第一代成虫发生总量（y）与二月份平均气温（x_2）、三月份平均气温（x_4）呈显著的负偏相关，而与冬季积雪期限（x_1）、每年化雪日期（x_2）的偏相关不显著。

三、偏相关分析与直线相关分析的区别

比较【例 3-1】和【例 3-3】的分析结果，我们看到直线相关系数 $r_{10}=0.5554^{*}$、$r_{20}=0.5138$、

$r_{30}=-0.6024^*$、$r_{40}=-0.5624^*$，在数值上分别与对应的二级偏相关系数 $r_{01}.=-0.2429$、$r_{02}.=-0.5773$、$r_{03}.=-0.7138^*$、$r_{04}.=-0.6829^*$是有差别的。经假设检验，直线相关系数 r_{10}、r_{30}、r_{40} 是极显著的，r_{20} 是不显著的，这与对应的三级偏相关系数的显著性也不完全一致。造成偏相关系数与直线相关系数在数值上有差别的原因就在于各变量间的相关性。

在多个相关变量的研究中，偏相关系数与对应的直线相关系数在数值上可能相差很大，甚至有时连符号都可能相反。此时，只有偏相关分析才能正确地评定任意两个相关变量间的线性相关的性质和程度，才能真正反映两变量间的本质联系。而直线相关分析则可能由于其他变量的影响，反映的两个相关变量间的关系只是非本质的表面联系，有时甚至可能完全是假象，所以是不可靠的。因此，对多变量资料进行相关分析时，应进行偏相关分析。

习　题

1. 简述相关系数的统计学意义及其假设检验的方法。
2. 简述直线相关分析与直线回归分析的主要区别与联系。
3. 简述复相关系数的统计学意义及其假设检验的方法。
4. 简述复相关分析与多元线性回归分析的主要区别与联系。
5. 简述偏相关系数的统计学意义及其假设检验的方法。
6. 简述偏相关分析与直线相关分析的主要区别。
7. 猪的瘦肉量是肉用型猪育种中的重要指标，而影响猪瘦肉量的性状主要是猪的眼肌面积、胴体长和膘厚等。设依变量 y 为瘦肉量（kg），自变量 x_1 为眼肌面积（cm^2），x_2 为胴体长（cm），x_3 为膘厚（cm）。根据三江猪育种组的 54 头杂种猪的实测数据资料，经过整理计算，得到如下统计量数据：$SS_1=846.2281$，$SS_2=745.6041$，$SS_3=13.8987$，$SP_{12}=40.6832$，$SP_{13}=-6.2594$，$SP_{23}=-45.1511$，$SP_{10}=114.4530$，$SP_{20}=76.2799$，$SP_{30}=-11.2966$，$SS_y=70.6617$。对 y、x_1、x_2、x_3 四个性状进行直线相关分析，并进行 y 对 x_1、x_2、x_3 三个性状间的偏相关分析。
8. 根据川农 16 号小麦的穗数（x_1，万/666.7m^2）、每穗粒数（x_2）、千粒重（x_3，g）、株高（x_4，cm）和产量（y，kg/666.7m^2）的 20 组实测数据，多元线性回归分析已计算得 $SS_R=169353.4501$，$SS_y=20084.2394$。请进行依变量 y 与自变量 x_1、x_2、x_3 和 x_4 间的复相关分析。

第四章 通 径 分 析

在研究多个相关变量间的线性关系时，除了可以采用多元线性回归分析和偏相关分析外，还可以采用通径分析（path analysis）。通径分析由 S. Wright（1921）提出，并经遗传育种工作者不断完善和改进。该方法在研究多个相关变量间关系时具有精确、直观等优点，在遗传育种工作中广泛应用于研究遗传相关、近交系数、亲缘系数、遗传力，确定综合选择指数、复合育种值，分析原因对结果的直接作用与间接作用等。

通径分析中的重要统计量就是通径系数。在统计学上，通径分析就是标准化变量的多元线性回归分析，通径系数就是标准化变量的偏回归系数，是一个没有单位的纯量，各自变量到依变量的通径系数反映了自变量对依变量直接作用的相对大小和性质。

第一节 通径系数与决定系数

一、通径、相关线与通径图

为直观起见，先讨论一个依变量、两个自变量的情况。设三个相关变量 y 与 x_1、x_2 间存在线性关系，y 为依变量（结果），x_1、x_2 为自变量（原因）且彼此相关，回归方程为

$$\hat{y}=b_0+b_1x_1+b_2x_2 \tag{4-1}$$

或

$$y=b_0+b_1x_1+b_2x_2+e \tag{4-2}$$

式中，e 为剩余项。

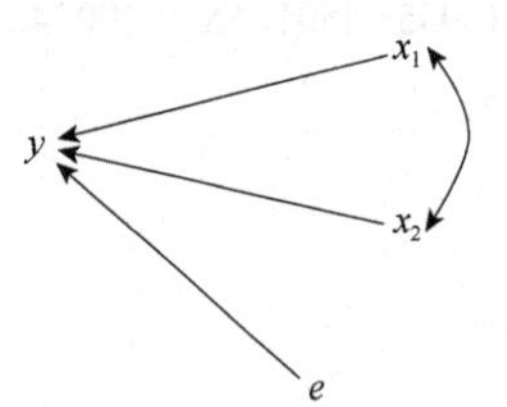

图 4-1 自变量 x_1、x_2 与依变量 y 的通径图

可用图 4-1 来表示此 3 个相关变量间的关系。

在图 4-1 中，单箭头线“→”表示变量间存在着因果关系，方向为由原因到结果，称为通径（path），也称为直接通径。双箭头线“↔”表示变量间存在着平行关系（互为因果），称为相关线（correlation line），一条相关线相当于两条尾端相联的通径。将包含两条或两条以上通径，也可以包含一条相关线的通径链称为间接通径。如图 4-1 所示，$x_1 \to y$ 为通径或直接通径，表示 x_1 对 y 的直接作用；$x_1 \leftrightarrow x_2 \to y$ 为间接通径，表示 x_1 通过 x_2 对 y 的间接作用。这种用来表示相关变量间因果关系与平行关系的箭形图称为通径图（path chart）。

二、通径系数

通径图可以直观形象地表达相关变量间的关系。在试验研究中，仅直观形象地表达相关变量间的关系还不够，还必须进一步用数量表示因果关系中原因对结果影响的相对重要程度与性质，用数量表示平行关系中变量间相关的相对重要程度与性质，也就是说还必须用数量

表示“通径”与“相关线”的相对重要程度与性质。

表示“通径”相对重要程度与性质的数量叫作通径系数（path coefficient）。其中，直接通径系数表示直接作用，间接通径系数表示间接作用。

表示“相关线”相对重要程度的数量叫作相关系数。

在第三章中介绍的相关系数是一个相对数，表达两个相关变量相关的性质与程度，正好与这里的相关系数所要求表达的意义相同，所以采用第三章中介绍的计算相关系数的公式计算这里的相关系数。下面介绍通径系数的定义与数学表达式。

设依变量 y 与自变量 x_1、x_2 间存在线性关系，回归方程为

$$\hat{y}=b_0+b_1x_1+b_2x_2$$

或

$$y=b_0+b_1x_1+b_2x_2+e \tag{4-3}$$

式中，e 为剩余项，$e=y-\hat{y}$，且 $\sum e=0$，$\overline{e}=0$；x_1、x_2 彼此相关。表示这三个相关变量间关系的通径图见图 4-1。

由于偏回归系数 b_1、b_2 是带有单位的，一般不能直接由 b_1、b_2 比较自变量 x_1、x_2（原因）对依变量 y（结果）影响的重要程度。为了能直接比较各自变量对依变量影响的重要程度，现将 y、x_1、x_2 三个变量及剩余项 e 进行标准化变换，使 y、x_1、x_2 和 e 变为不带单位的相对数。

由式（4-3）可得

$$\overline{y}=b_0+b_1\overline{x}_1+b_2\overline{x}_2 \tag{4-4}$$

式（4-3）与式（4-4）左右两端相减，得

$$y-\overline{y}=b_1(x_1-\overline{x}_1)+b_2(x_2-\overline{x}_2)+e \tag{4-5}$$

再将式（4-5）两端同除以 y 的标准差 s_0，并做相应的恒等变形，得

$$\frac{y-\overline{y}}{s_0}=b_1\frac{s_1}{s_0}\frac{x_1-\overline{x}_1}{s_1}+b_2\frac{s_2}{s_0}\frac{x_2-\overline{x}_2}{s_2}+\frac{s_e}{s_0}\frac{e}{s_e} \tag{4-6}$$

式中，s_1、s_2、s_e 分别为 x_1、x_2 与 e 的标准差。

$b_1\dfrac{s_1}{s_0}$、$b_2\dfrac{s_2}{s_0}$ 为变量 x_1、x_2 标准化后的偏回归系数，即标准偏回归系数，为不带单位的相对数，分别表示 x_1、x_2 对 y 影响的相对重要程度和性质；$\dfrac{s_e}{s_0}$ 表示剩余项 e 对 y 影响的相对重要程度。

定义 若依变量 y 与 x_1、x_2 间存在线性关系，回归方程为 $\hat{y}=b_0+b_1x_1+b_2x_2$ 或 $y=b_0+b_1x_1+b_2x_2+e$，则变量标准化后的偏回归系数 $b_1\dfrac{s_1}{s_0}$、$b_2\dfrac{s_2}{s_0}$ 分别称为原因 x_1、x_2 到结果 y 的通径系数，记为 $p_{0\cdot1}$、$p_{0\cdot2}$；而 $\dfrac{s_e}{s_0}$ 称为剩余项 e 到结果 y 的通径系数，记为 $p_{0\cdot e}$，即

$$p_{0\cdot1}=b_1\frac{s_1}{s_0}，\ p_{0\cdot2}=b_2\frac{s_2}{s_0}，\ p_{0\cdot e}=\frac{s_e}{s_0}$$

间接通径系数等于组成该间接通径的全部通径与相关线的系数的乘积。如图 4-2 所示，间接通径 $x_1\leftrightarrow x_2\rightarrow y$ 的系数为 $r_{12}p_{0\cdot2}$。

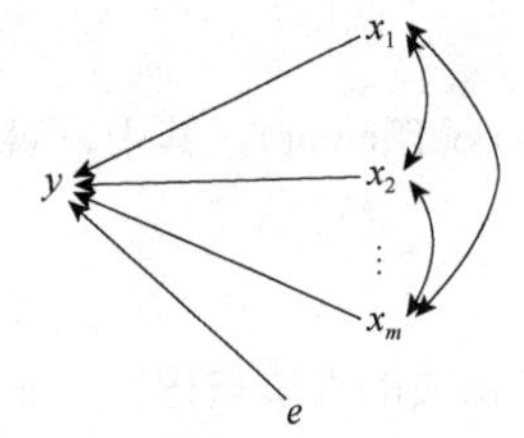

图 4-2 自变量 x_1，x_2，…，x_m 与依变量 y 的通径图

一般情况下，若依变量 y 与自变量 x_1，x_2，…，x_m 间存在线性关系，自变量两两相关，回归方程为

$$\hat{y}=b_0+b_1x_1+b_2x_2+\cdots+b_mx_m \tag{4-7}$$

或

$$y=b_0+b_1x_1+b_2x_2+\cdots+b_mx_m+e \tag{4-8}$$

其通径图如图 4-2 所示。则原因 x_i（i=1，2，…，m）与剩余项 e 到结果 y 的通径系数为 $p_{0\cdot i}=b_i\dfrac{s_i}{s_0}$（$i$=1，2，…，$m$），$p_{0\cdot e}=\dfrac{s_e}{s_0}$。

三、决定系数

通径系数的平方称为决定系数（determination coefficient）。

对于 $y=b_0+b_1x_1+b_2x_2+e$，原因 x_1、x_2 和剩余项 e 对结果 y 的决定系数分别记为 $d_{0\cdot 1}$、$d_{0\cdot 2}$、$d_{0\cdot e}$，即 $d_{0\cdot 1}=p_{0\cdot 1}^2=\left(b_1\dfrac{s_1}{s_0}\right)^2$，$d_{0\cdot 2}=p_{0\cdot 2}^2=\left(b_2\dfrac{s_2}{s_0}\right)^2$，$d_{0\cdot e}=p_{0\cdot e}^2=\left(\dfrac{s_e}{s_0}\right)^2$。

对于 $y=b_0+b_1x_1+b_2x_2+\cdots+b_mx_m+e$，原因 x_i（i=1，2，…，m）对结果 y 的决定系数记为 $d_{0\cdot i}$，即 $d_{0\cdot i}=p_{0\cdot i}^2=\left(b_i\dfrac{s_i}{s_0}\right)^2$（$i$=1，2，…，$m$）。剩余项 e 对结果的决定系数记为 $d_{0\cdot e}$，即 $d_{0\cdot e}=p_{0\cdot e}^2=\left(\dfrac{s_e}{s_0}\right)^2$。

决定系数表示原因（自变量）或剩余项对结果（依变量）的相对决定程度。

第二节 通径系数的性质

可以证明通径系数有如下 4 个重要性质。

性质 1 如果相关变量 y、x_1、x_2 间存在线性关系，其中 y 为依变量（结果）、x_1 和 x_2 为自变量（原因），且 x_1 与 x_2 彼此相关，回归方程为 $\hat{y}=b_0+b_1x_1+b_2x_2$ 或 $y=b_0+b_1x_1+b_2x_2+e$，通径图如图 4-1 所示。则

$$r_{10}=p_{0\cdot 1}+r_{12}p_{0\cdot 2} \tag{4-9}$$

$$r_{20}=p_{0\cdot 2}+r_{21}p_{0\cdot 1} \tag{4-10}$$

对于式（4-9）可以进行如下通径分析：由 x_1 到 y 有两条通径，第一条是直接通径 $x_1 \rightarrow y$，表示 x_1 对 y 的直接作用；第二条是间接通径 $x_1 \leftrightarrow x_2 \rightarrow y$，表示 x_1 通过与其相关的 x_2 对 y 的间接作用。因此，x_1 与 y 的相关系数 r_{10} 剖分为 x_1 对 y 直接作用与 x_1 通过 x_2 对 y 间接作用的代数和，即 x_1 与 y 的相关系数 r_{10} 等于 x_1 与 y 间的直接通径系数 $p_{0\cdot 1}$ 与间接通径系数 $r_{12}p_{0\cdot 2}$ 之和。

对于式（4-10）也可以进行同样的通径分析：由 x_2 到 y 有两条通径，第一条是直接通径 $x_2 \rightarrow y$，第二条是间接通径 $x_2 \leftrightarrow x_1 \rightarrow y$。$x_2$ 与 y 相关系数 r_{20} 剖分为 x_2 对 y 直接作用与 x_2 通过 x_1 对 y 间接作用的代数和，即 x_2 与 y 相关系数 r_{20} 等于 x_2 与 y 的直接通径系数 $p_{0\cdot 2}$ 与间接通径

系数 $r_{21}p_{0\cdot1}$ 之和。

对于式（4-9）与式（4-10），可以改写为

$$\begin{cases} p_{0\cdot1}+r_{12}p_{0\cdot2}=r_{10} \\ r_{21}p_{0\cdot1}+p_{0\cdot2}=r_{20} \end{cases} \tag{4-11}$$

式（4-11）为关于通径系数 $p_{0\cdot1}$、$p_{0\cdot2}$ 的正规方程组。写成矩阵形式为

$$\begin{bmatrix} 1 & r_{12} \\ r_{21} & 1 \end{bmatrix}\begin{bmatrix} p_{0\cdot1} \\ p_{0\cdot2} \end{bmatrix}=\begin{bmatrix} r_{10} \\ r_{20} \end{bmatrix} \tag{4-12}$$

如果相关系数 r_{12}、r_{10}、r_{20} 已计算出，则可以由式（4-11）或式（4-12）求出通径系数 $p_{0\cdot1}$ 和 $p_{0\cdot2}$。

一般情况下，若相关变量 y，x_1，x_2，…，x_m 间存在线性关系，其中 y 为依变量，x_1，x_2，…，x_m 为自变量，且两两相关，回归方程为 $\hat{y}=b_0+b_1x_1+b_2x_2+\cdots+b_mx_m$ 或 $y=b_0+b_1x_1+b_2x_2+\cdots+b_mx_m+e$，通径图如图 4-2 所示。则

$$\begin{array}{ccccccccc} r_{10} & = & p_{0\cdot1} & + & r_{12}p_{0\cdot2} & + & \cdots & + & r_{1m}p_{0\cdot m} \\ r_{20} & = & r_{21}p_{0\cdot1} & + & p_{0\cdot2} & + & \cdots & + & r_{2m}p_{0\cdot m} \\ \vdots & & \vdots & & \vdots & & & & \vdots \\ r_{m0} & = & r_{m1}p_{0\cdot1} & + & r_{m2}p_{0\cdot2} & + & \cdots & + & p_{0\cdot m} \end{array} \tag{4-13}$$

式（4-13）说明，x_i（$i=1$，2，…，m）与 y 的相关系数 r_{i0} 剖分为 x_i 对 y 的直接作用与间接作用的代数和，即 x_i 与 y 的相关系数 r_{i0} 等于 x_i 到 y 的直接通径系数与 x_i 通过与其相关的各个 x_j（$j=1$，2，…，m；$j\neq i$）对 y 的所有间接通径系数之和。

将式（4-13）写成关于各通径系数 $p_{0\cdot1}$、$p_{0\cdot2}$、…、$p_{0\cdot m}$ 的正规方程组为

$$\begin{cases} p_{0\cdot1} + r_{12}p_{0\cdot2} + \cdots + r_{1m}p_{0\cdot m} = r_{10} \\ r_{21}p_{0\cdot1} + p_{0\cdot2} + \cdots + r_{2m}p_{0\cdot m} = r_{20} \\ \quad\vdots \\ r_{m1}p_{0\cdot1} + r_{m2}p_{0\cdot2} + \cdots + p_{0\cdot m} = r_{m0} \end{cases} \tag{4-14}$$

式（4-14）写成矩阵形式为

$$\begin{bmatrix} 1 & r_{12} & \cdots & r_{1m} \\ r_{21} & 1 & \cdots & r_{2m} \\ \vdots & \vdots & & \vdots \\ r_{m1} & r_{m2} & \cdots & 1 \end{bmatrix}\begin{bmatrix} p_{0\cdot1} \\ p_{0\cdot2} \\ \vdots \\ p_{0\cdot m} \end{bmatrix}=\begin{bmatrix} r_{10} \\ r_{20} \\ \vdots \\ r_{m0} \end{bmatrix} \tag{4-15}$$

如果相关系数 r_{ij}、r_{i0}（i，$j=1$，2，…，m）已经算出，则可以由式（4-14）或式（4-15）求通径系数 $p_{0\cdot i}$。

性质 1 有两个主要用途：一是利用相关系数求通径系数；二是将原因（自变量）与结果（依变量）的相关系数剖分为直接通径系数与间接通径系数的代数和，从而进行原因对结果的直接作用、间接作用的分析，这在农业科学研究中是具有实际应用价值的。

性质 2 如果依变量 y 与自变量 x_1、x_2 间存在线性关系，且 x_1、x_2 彼此相关（图 4-1），则原因 x_1、x_2 与剩余项 e 对结果 y 的决定系数 $d_{0\cdot1}$、$d_{0\cdot2}$、$d_{0\cdot e}$ 与 x_1 到 y 的通径系数 $p_{0\cdot1}$、x_2 到 y 的通径系数 $p_{0\cdot2}$ 同 x_1、x_2 间的相关系数 r_{12} 乘积的两倍之和为 1，即

$$d_{0\cdot1}+d_{0\cdot2}+d_{0\cdot e}+2p_{0\cdot1}r_{12}p_{0\cdot2}=1 \tag{4-16}$$

在式（4-16）中，$2p_{0\cdot1}r_{12}p_{0\cdot2}$ 表示两个相关原因 x_1、x_2 共同对结果 y 的相对决定程度，称为相关原因 x_1、x_2 共同对结果 y 的决定系数，记作 $d_{0\cdot12}$，即 $d_{0\cdot12}=2p_{0\cdot1}r_{12}p_{0\cdot2}$。

因此，式（4-16）可以改写为

$$d_{0\cdot1}+d_{0\cdot2}+d_{0\cdot12}+d_{0\cdot e}=1 \tag{4-17}$$

即当一个结果的两个原因相关时，两个原因对结果的决定系数加上相关原因共同对结果的决定系数与剩余项对结果的决定系数之和等于 1。

根据式（4-17），可以计算出剩余项对结果的决定系数 $d_{0\cdot e}$ 与通径系数 $p_{0\cdot e}$

$$d_{0\cdot e}=1-(d_{0\cdot1}+d_{0\cdot2}+d_{0\cdot12}) \tag{4-18}$$

$$p_{0\cdot e}=\sqrt{d_{0\cdot e}} \tag{4-19}$$

一般情况下，如果依变量 y 与自变量 x_1，x_2，…，x_m 间存在线性关系，且自变量两两相关（图 4-2），则原因 x_1，x_2，…，x_m 分别对结果 y 的决定系数与每两个相关原因共同对结果 y 的决定系数及剩余项对结果 y 的决定系数之和为 1，即

$$d_{0\cdot1}+d_{0\cdot2}+\cdots+d_{0\cdot m}+d_{0\cdot12}+d_{0\cdot13}+\cdots+d_{0\cdot(m-1)m}+d_{0\cdot e}=1$$

或简写为

$$\sum_{i=1}^{m}d_{0\cdot i}+\sum_{\substack{i=1\\i<j}}^{m}\sum_{j=1}^{m}d_{0\cdot ij}+d_{0\cdot e}=1 \tag{4-20}$$

根据式（4-20），可以计算出剩余项对结果的决定系数 $d_{0\cdot e}$ 与通径系数 $p_{0\cdot e}$。

$$d_{0\cdot e}=1-\left(\sum_{i=1}^{m}d_{0\cdot i}+\sum_{\substack{i=1\\i<j}}^{m}\sum_{j=1}^{m}d_{0\cdot ij}\right) \tag{4-21}$$

$$p_{0\cdot e}=\sqrt{d_{0\cdot e}} \tag{4-22}$$

根据式（4-21）的计算结果，如果 $d_{0\cdot e}$ 的数值较大，说明可能还有对结果影响较大的原因未被考虑到，这在通径分析时应予以注意。

性质 2 的主要用途是利用各决定系数绝对值的大小来分析各个原因及两两相关原因对结果的相对决定程度的大小，这是通径分析中进行决定程度分析的依据。此外，性质 2 也为计算 $d_{0\cdot e}$、$p_{0\cdot e}$ 提供了简便方法。

性质 3 如果依变量 y 与自变量 x_1，x_2，…，x_m 间存在线性关系，且自变量两两相关（图 4-2），回归方程为 $\hat{y}=b_0+b_1x_1+b_2x_2+\cdots+b_mx_m$ 或 $y=b_0+b_1x_1+b_2x_2+\cdots+b_mx_m+e$。则

$$R^2=p_{0\cdot1}r_{10}+p_{0\cdot2}r_{20}+\cdots+p_{0\cdot m}r_{m0} \tag{4-23}$$

简写为

$$R^2-\sum_{i=1}^{m}p_{0\cdot i}r_{i0}$$

并且

$$R^2=\sum_{i=1}^{m}d_{0\cdot i}+\sum_{\substack{i=1\\i<j}}^{m}\sum_{j=1}^{m}d_{0\cdot ij} \tag{4-24}$$

$$d_{0 \cdot e}=1-R^2 \tag{4-25}$$

$$p_{0 \cdot e}=\sqrt{d_{0 \cdot e}}=\sqrt{1-R^2} \tag{4-26}$$

式（4-23）～式（4-26）中 R^2 为依变量 y 与自变量 x_1，x_2，…，x_m 的相关指数，即标准化变量的多元线性回归分析中的回归平方和。

根据式（4-14）及两相关原因共同对结果的决定系数的计算公式，可以导出如下结果：

$$\begin{aligned} p_{0 \cdot 1}r_{10}&=d_{0 \cdot 1}+\frac{1}{2}d_{0 \cdot 12}+\frac{1}{2}d_{0 \cdot 13}+\cdots+\frac{1}{2}d_{0 \cdot 1m} \\ p_{0 \cdot 2}r_{20}&=d_{0 \cdot 2}+\frac{1}{2}d_{0 \cdot 21}+\frac{1}{2}d_{0 \cdot 23}+\cdots+\frac{1}{2}d_{0 \cdot 2m} \\ &\vdots \\ p_{0 \cdot m}r_{m0}&=d_{0 \cdot m}+\frac{1}{2}d_{0 \cdot m1}+\frac{1}{2}d_{0 \cdot m3}+\cdots+\frac{1}{2}d_{0 \cdot m(m-1)} \end{aligned} \tag{4-27}$$

于是，根据式（4-23），我们将 $p_{0 \cdot 1}r_{10}$，$p_{0 \cdot 2}r_{20}$，…，$p_{0 \cdot m}r_{m0}$ 分别称为自变量 x_1，x_2，…，x_m 对回归方程估测可靠程度 R^2 的总贡献。

性质 3 的主要用途是在通径分析中进行各原因对回归方程估测可靠程度 R^2 的总贡献分析。

性质 4　如果结果 y_1 与结果 y_2 有 m 个共同原因 x_1，x_2，…，x_m，且 x_1，x_2，…，x_m 间两两相关，y_1、y_2 分别与 x_1，x_2，…，x_m 间存在线性关系（图 4-3），则

$$r_{y_1y_2}=\sum_{i=1}^{m}p_{y_1 \cdot x_i}p_{y_2 \cdot x_i}+\sum_{\substack{i=1 \\ i \neq j}}^{m}\sum_{j=1}^{m}p_{y_1 \cdot x_i}r_{x_ix_j}p_{y_2 \cdot x_j} \tag{4-28}$$

性质 4 在植物和动物遗传育种的理论研究上有着十分重要的应用，利用它可以计算任意两个结果间的相关系数。

例如，结果 y_1 和结果 y_2 有共同的原因 x_1、x_2，且 x_1 与 x_2 相关，y_1、y_2 分别与 x_1、x_2 存在线性关系（图 4-4），那么，结果 y_1 与结果 y_2 的相关系数为

$$r_{y_1y_2}=p_{y_1 \cdot x_1}p_{y_2 \cdot x_1}+p_{y_1 \cdot x_2}p_{y_2 \cdot x_2}+p_{y_1 \cdot x_1}r_{x_1x_2}p_{y_2 \cdot x_2}+p_{y_1 \cdot x_2}r_{x_2x_1}p_{y_2 \cdot x_1}$$

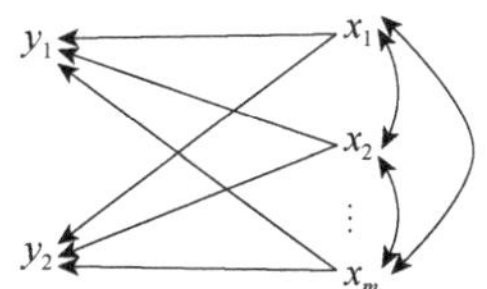

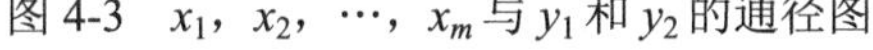
图 4-3　x_1，x_2，…，x_m 与 y_1 和 y_2 的通径图

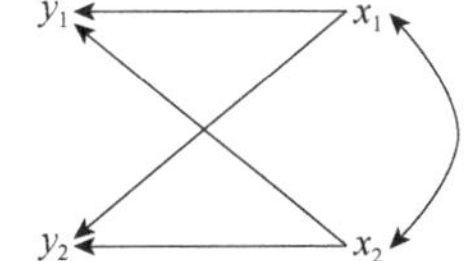

图 4-4　x_1，x_2 与 y_1 和 y_2 的通径图

能否正确地找出连接变量间的全部通径链是利用通径分析计算变量间相关系数的关键。确定通径链有如下几条原则。

原则 1　通径链的方向只能先退后进，决不能先进后退。例如，在图 4-5 中，y_1 与 y_2 间只有一条正确的通径链，即 $y_1 \leftarrow x_2 \rightarrow y_2$。通径链 $x_1 \leftarrow y_1 \rightarrow x_2$ 是错误的。

原则 2　通径链可以是连续后退或连续前进，也可以是先连续后退再连续前进，中途仅改变一次方向。例如，在图 4-6 中，y_1 与 y_2 间的通径链 $y_1 \leftarrow x_1 \leftarrow x_2 \leftarrow x_3 \rightarrow x_4 \rightarrow y_2$ 是正确的，而 $y_1 \leftarrow x_1 \leftarrow x_2 \leftarrow x_3 \rightarrow x_4 \leftarrow x_5 \rightarrow y_2$ 则是错误的。

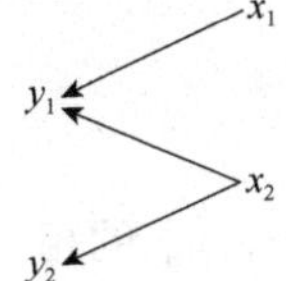

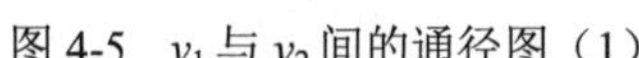

图 4-5　y_1 与 y_2 间的通径图（1）

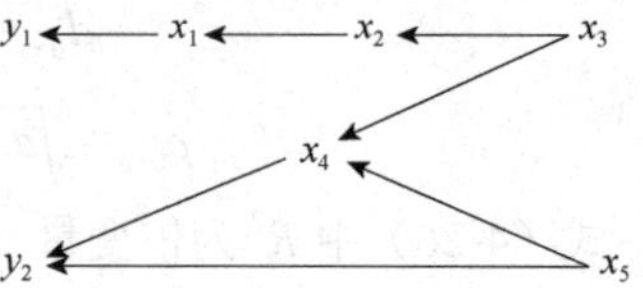

图 4-6　y_1 与 y_2 间的通径图（2）

原则 3　一条相关线相当于两条尾端相连的通径，它意味着一次方向的改变。因此，①邻近的通径链须以尾端与一相关线相连；②一条通径链中最多只能包含一条相关线；③不同的通径链可以重复通过同一条相关线。例如，在图 4-7 中，y_1 与 y_2 间的通径链有四条：$y_1 \leftarrow x_1 \rightarrow y_2$，$y_1 \leftarrow x_2 \rightarrow y_2$，$y_1 \leftarrow x_1 \leftrightarrow x_2 \rightarrow y_2$，$y_1 \leftarrow x_2 \leftrightarrow x_1 \rightarrow y_2$。

原则 4　在确定连接两个变量的所有通径链中，应避免重复。例如，在图 4-8 中，x_2 是连接 y_1 与 y_2 的直接原因，x_4 与 x_5 是通过 x_2 而影响 y_1 与 y_2 的间接原因。因此，$y_1 \leftarrow x_2 \rightarrow y_2$ 这条通径链已包含 y_1 与 y_2 间相关的全部原因，即 $r_{y_1y_2}=p_{y_1 \cdot x_2}p_{y_2 \cdot x_2}$。如果认为连接 y_1 与 y_2 的通径链共有五条：一条是经过直接原因 x_2 的通径链，另四条是经过间接原因 x_4 与 x_5 的通径链 $y_1 \leftarrow x_2 \leftarrow x_4 \leftrightarrow x_5 \rightarrow x_2 \rightarrow y_2$，$y_1 \leftarrow x_2 \leftarrow x_5 \leftrightarrow x_4 \rightarrow x_2 \rightarrow y_2$，$y_1 \leftarrow x_2 \leftarrow x_4 \rightarrow x_2 \rightarrow y_2$，$y_1 \leftarrow x_2 \leftarrow x_5 \rightarrow x_2 \rightarrow y_2$ 就错了。因为

$$
\begin{aligned}
r_{y_1y_2} &= p_{y_1 \cdot x_2}p_{y_2 \cdot x_2} + p_{y_1 \cdot x_2}p_{x_2 \cdot x_4}r_{45}p_{x_2 \cdot x_5}p_{y_2 \cdot x_2} + p_{y_1 \cdot x_2}p_{x_2 \cdot x_5}r_{54}p_{x_2 \cdot x_4}p_{y_2 \cdot x_2} \\
&\quad + p_{y_1 \cdot x_2}p_{x_2 \cdot x_4}p_{x_4 \cdot x_2}p_{y_2 \cdot x_2} + p_{y_1 \cdot x_2}p_{x_2 \cdot x_5}p_{x_5 \cdot x_2}p_{y_2 \cdot x_2} \\
&= p_{y_1 \cdot x_2}p_{y_2 \cdot x_2}(1+2p_{x_2 \cdot x_4}r_{45}p_{x_2 \cdot x_5}+p^2_{x_2 \cdot x_4}+p^2_{x_2 \cdot x_5}) \\
&= 2p_{y_1 \cdot x_2}p_{y_2 \cdot x_2}
\end{aligned}
$$

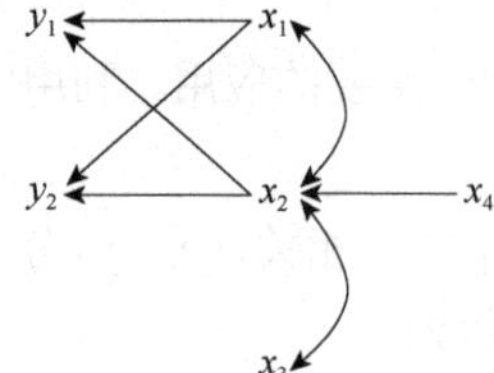

图 4-7　y_1 与 y_2 间的通径图（3）

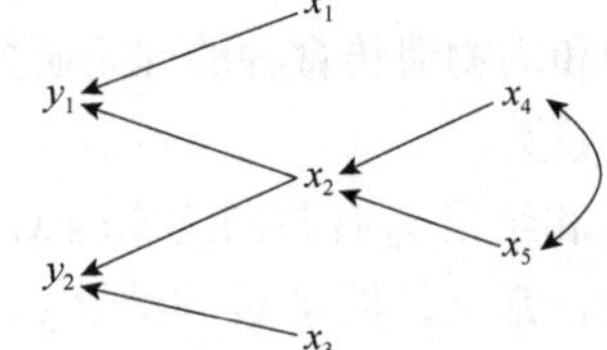

图 4-8　y_1 与 y_2 间的通径图（4）

由此可见，在连接两个变量的所有通径链中，通过共同原因的通径链已包含与这共同原因相关联的间接原因的通径链。因此，对图 4-8 进行通径分析时，或者利用直接原因 x_2 而不利用间接原因 x_4 与 x_5；或者利用间接原因 x_4 与 x_5，而不利用直接原因 x_2。但决不能直接原因 x_2 与间接原因 x_4 与 x_5 同时利用，否则就重复了。当然，利用直接原因 x_2 简单得多且不容易出错。

我们引入“通径节”这一概念来归纳确定通径链的上述四条原则。定义通径节为通径链中通径间或通径与相关线间的连接部位。上述四条原则可归纳为：一条通径链中各通径或相关线在通径节可以首尾相连或尾首相连，可以有一次尾尾相连，决不容许首首相连，各通径节只能被通过一次。

注意，通径系数除性质 2 外其余性质不再涉及误差项，主要是为了适应遗传育种理论研究的需要（特别是性质 4 在遗传育种的理论研究上有着十分重要的应用），而在遗传育种理论研究中，容易确定父（或母）到子（或女）的通径系数为 1/2，不必由变量标准化的偏回归系数去计算。但在进行性状相关的通径分析时（依据性质 1），则应考虑误差项。

第三节 标准化变量间线性关系及通径系数的假设检验

通径分析是标准化变量的多元线性回归分析。通径分析的假设检验包括线性回归方程的假设检验、通径系数的假设检验、通径系数差异的假设检验、两次通径分析相应通径系数差异的假设检验 4 个内容。

设依变量 y 与自变量 x_1，x_2，…，x_m 间存在线性关系，自变量两两相关。y 与 x_1，x_2，…，x_m 共有 n 组实际观测数据。m 元线性回归方程为

$$\hat{y}=b_0+b_1x_1+b_2x_2+\cdots+b_mx_m \tag{4-29}$$

现对 y，x_1，x_2，…，x_m 分别进行标准化变换

$$y'=\frac{y-\bar{y}}{s_0},\quad x_i'=\frac{x_i-\bar{x}_i}{s_i}\quad (i=1,\ 2,\ \cdots,\ m) \tag{4-30}$$

式中，$s_0=\sqrt{\dfrac{\sum(y-\bar{y})^2}{n-1}}$；$s_i=\sqrt{\dfrac{\sum(x_i-\bar{x}_i)^2}{n-1}}$。

标准化变量的 m 元线性回归方程为

$$\hat{y}'=b_1'x_1'+b_2'x_2'+\cdots+b_m'x_m' \tag{4-31}$$

式中，$b_i'=b_i\dfrac{s_i}{s_0}$（$i=1$，2，…，m）为标准化变量的偏回归系数即通径系数。

令 $p_{0\cdot i}=b_i'$，则式（4-31）可改写为

$$\hat{y}'=p_{0\cdot 1}x_1'+p_{0\cdot 2}x_2'+\cdots+p_{0\cdot m}x_m' \tag{4-32}$$

式（4-32）也为标准化变量的 m 元线性回归方程。

关于通径系数 $p_{0\cdot 1}$、$p_{0\cdot 2}$、…、$p_{0\cdot m}$ 的正规方程组为

$$\begin{bmatrix} 1 & r_{12} & \cdots & r_{1m} \\ r_{21} & 1 & \cdots & r_{2m} \\ \vdots & \vdots & & \vdots \\ r_{m1} & r_{m2} & \cdots & 1 \end{bmatrix}\begin{bmatrix} p_{0\cdot 1} \\ p_{0\cdot 2} \\ \vdots \\ p_{0\cdot m} \end{bmatrix}=\begin{bmatrix} r_{10} \\ r_{20} \\ \vdots \\ r_{m0} \end{bmatrix}$$

一、标准化变量间线性关系的假设检验

由于进行通径分析的前提是 y 与 x_1，x_2，…，x_m 间存在显著的线性关系，因此需要对回归方程即式（4-31）进行假设检验。如果回归方程不显著，意味着 y 与 x_1，x_2，…，x_m 间不存在显著的线性关系，则不必继续进行通径分析。

采用 F 检验法检验回归方程的显著性。对于标准化变量的回归方程式（4-31），总平方和 $SS_{y'}$ 可以剖分为回归平方和 $SS_{R'}$ 与离回归平方和 $SS_{r'}$ 两部分，即

$$SS_{y'}=SS_{R'}+SS_{r'} \tag{4-33}$$

总自由度 $df_{y'}$ 可剖分为回归自由度 $df_{R'}$ 与离回归自由度 $df_{r'}$ 两部分，即

$$df_{y'}=df_{R'}+df_{r'} \tag{4-34}$$

可以证明根据式（4-30）进行标准化变换，

$$SS_{y'}=1, \ df_{y'}=n-1$$

$$SS_{R'}=\sum_{i=1}^{m} p_{0\cdot i} r_{i0}=R^2, \ df_{R'}=m$$

$$SS_{r'}=SS_{y'}-SS_{R'}=1-R^2, \ df_{r'}=n-m-1$$

由统计量 F 对回归方程（4-31）进行假设检验。

$$F=\frac{SS_{R'}/m}{SS_{r'}/(n-m-1)}=\frac{R^2/m}{(1-R^2)/(n-m-1)} \tag{4-35}$$

统计量 F 服从 $df_1=m$、$df_2=n-m-1$ 的 F 分布。

二、通径系数的假设检验

对第 i 个自变量 x_i 对依变量 y 的通径系数进行假设检验，可以采用 F 检验或 t 检验。

（一）F 检验

由统计量 F 检验通径系数 $p_{0\cdot i}$（$i=1, 2, \cdots, m$）是否显著。

$$F=\frac{p_{0\cdot i}^2/c_{ii}}{SS_{r'}/(n-m-1)} \tag{4-36}$$

统计量 F 服从 $df_1=1$、$df_2=n-m-1$ 的 F 分布。式中，c_{ii} 为相关系数矩阵 $\boldsymbol{R}$ 的逆矩阵 $\boldsymbol{R}^{-1}=\boldsymbol{C}$ 中主对角线上的元素。

（二）t 检验

由统计量 t 检验通径系数 $p_{0\cdot i}$（$i=1, 2, \cdots, m$）是否显著。

$$t=\frac{p_{0\cdot i}}{s_{p_{0\cdot i}}} \tag{4-37}$$

统计量 t 服从 $df=n-m-1$ 的 t 分布。式中，$s_{p_{0\cdot i}}$ 为通径系数标准误（standard error of path coefficient），其计算公式为

$$s_{p_{0\cdot i}}=\sqrt{\frac{c_{ii}SS_{r'}}{n-m-1}} \tag{4-38}$$

注意，这里介绍的 F 检验与 t 检验等价，通径系数假设检验时，可任选其一。

三、通径系数差异的假设检验

由于通径系数为不带单位的相对数，因此可以进行一次通径分析中的两个通径系数差异假设检验。

（一）F 检验

由统计量检验通径系数 $p_{0\cdot i}$ 与 $p_{0\cdot j}$（$i, j=1, 2, \cdots, m$; $i \neq j$）之间的差异是否显著。

$$F=\frac{(p_{0\cdot i}-p_{0\cdot j})^2/(c_{ii}+c_{jj}-c_{ij})}{SS_{r'}/(n-m-1)} \tag{4-39}$$

统计量 F 服从 $df_1=1$、$df_2=n-m-1$ 的 F 分布。式中，c_{ii}、c_{jj}、c_{ij} 为相关系数矩阵 $\boldsymbol{R}$ 的逆矩阵 $\boldsymbol{R}^{-1}=\boldsymbol{C}$ 的元素。

（二）t 检验

由统计量 t 检验通径系数 $p_{0\cdot i}$ 与 $p_{0\cdot j}$（i，$j=1$，2，…，m；$i\neq j$）间的差异是否显著。

$$t=\frac{p_{0\cdot i}-p_{0\cdot j}}{s_{p_{0\cdot i}-p_{0\cdot j}}} \tag{4-40}$$

统计量 t 服从 $df=n-m-1$ 的 t 分布。式中，$s_{p_{0\cdot i}-p_{0\cdot j}}$ 称为通径系数差数标准误，其计算公式为

$$s_{p_{0\cdot i}-p_{0\cdot j}}=\sqrt{\frac{(c_{ii}+c_{jj}-2c_{ij})SS_{r'}}{n-m-1}} \tag{4-41}$$

注意，这里介绍的 F 检验与 t 检验也是等价的。

四、两次通径分析相应通径系数的比较

设两次通径分析有关数据与结果如表 4-1 所示。

表 4-1　两次通径分析的基本信息及有关统计数

通径分析	自变量个数	观测值组数	通径系数	离回归平方和	离回归均方	高斯乘数
第一次通径分析	m_1	n_1	$p_{0\cdot i(1)}$	$SS_{r'(1)}$	$MS_{r'(1)}$	$c_{ii(1)}$
第二次通径分析	m_2	n_2	$p_{0\cdot i(2)}$	$SS_{r'(2)}$	$MS_{r'(2)}$	$c_{jj(2)}$

注：$i=1$，2，…，m_1；$j=1$，2，…，m_2

（一）方差的齐性检验

首先检验两次通径分析剩余项方差的齐性，这里应用两尾 F 检验。由统计量 F 检验 $MS_{r'(1)}$ 与 $MS_{r'(2)}$ 差异是否显著。

$$F=\frac{MS_{r'(1)}}{MS_{r'(2)}}=\frac{SS_{r'(1)}/(n_1-m_1-1)}{SS_{r'(2)}/(n_2-m_2-1)} \tag{4-42}$$

统计量 F 服从 $df_1=n_1-m_1-1$、$df_2=n_2-m_2-1$ 的 F 分布。

注意：在式（4-42）中，应将较大的均方放在分子。

（二）两次通径分析相应通径系数差异的假设检验

如果 $MS_{r'(1)}$ 与 $MS_{r'(2)}$ 差异不显著，则再采用 F 检验或与其等价的 t 检验进行两次通径分析相应通径系数的差异假设检验。

1．F 检验　由统计量 F 检验两次通径分析相应通径系数 $p_{0\cdot i(1)}$ 与 $p_{0\cdot j(2)}$ 差异是否显著。

$$F=\frac{(p_{0\cdot i(1)}-p_{0\cdot j(2)})^2/(c_{ii(1)}+c_{jj(2)})}{[SS_{r'(1)}+SS_{r'(2)}]/[(n_1-m_1-1)+(n_2-m_2-1)]} \tag{4-43}$$

统计量 F 服从 $df_1=1$、$df_2=(n_1-m_1-1)+(n_2-m_2-1)$ 的 F 分布。

2．t 检验　由统计量 t 检验两次通径分析相应通径系数 $p_{0\cdot i(1)}$ 与 $p_{0\cdot j(2)}$ 差异是否显著。

$$t=\frac{p_{0\cdot i(1)}-p_{0\cdot j(2)}}{s_{p_{0\cdot i(1)}-p_{0\cdot j(2)}}} \tag{4-44}$$

统计量 F 服从 $df=(n_1-m_1-1)+(n_2-m_2-1)$ 的 t 分布。式中，$s_{p_{0\cdot i(1)}-p_{0\cdot j(2)}}$ 为两次通径分析的通径系数差异标准误，其计算公式为

$$s_{p_{0\cdot i(1)}-p_{0\cdot j(2)}}=\sqrt{\frac{[c_{ii(1)}+c_{jj(2)}][SS_{r'(1)}+SS_{r'(2)}]}{(n_1-m_1-1)+(n_2-m_2-1)}} \tag{4-45}$$

第四节　实 例 分 析

【例 4-1】 奶牛第一胎产奶量是奶牛的重要育种目标，由于奶牛的一个产奶周期较长（305d），如果能从奶牛的初期性状中找到影响奶牛 305d 产奶量的主要因素，这对保证早期选种的准确性、加速奶牛的育种工作有其重要意义。某奶牛场观察记载了 273 头黑白花奶牛的一胎 305d 产奶量（y，kg），最高日产天数（x_1，d），最高月产（x_2，kg），90d 产奶量（x_3，kg），最高日产（x_4，kg）5 个性状。试进行通径分析。

1．计算性状间的相关系数　由 273 组实测数据（略）计算得性状间相关系数并进行假设检验，如表 4-2 所示。

表 4-2　5 个性状间的相关系数

性状	最高月产 x_2	90d 产奶量 x_3	最高日产 x_4	一胎 305d 产奶量 y
最高日产天数 x_1	0.1320*	0.0903	0.0864	0.2026**
最高月产 x_2		0.9573**	0.9274**	0.7644**
90d 产奶量 x_3			0.9239**	0.7981**
最高日产 x_4				0.7561**

注：$r_{0.05(271)}=0.120$，$r_{0.01(271)}=0.158$

2．计算各通径系数　关于通径系数 $p_{0\cdot1}$、$p_{0\cdot2}$、$p_{0\cdot3}$、$p_{0\cdot4}$ 的正规方程组为

$$\begin{cases}p_{0\cdot1}+0.1320p_{0\cdot2}+0.0903p_{0\cdot3}+0.0864p_{0\cdot4}=0.2026\\0.1320p_{0\cdot1}+p_{0\cdot2}+0.9573p_{0\cdot3}+0.9274p_{0\cdot4}=0.7644\\0.0903p_{0\cdot1}+0.9573p_{0\cdot2}+p_{0\cdot3}+0.9239p_{0\cdot4}=0.7981\\0.0864p_{0\cdot1}+0.9274p_{0\cdot2}+0.9239p_{0\cdot3}+p_{0\cdot4}=0.7561\end{cases}$$

写成矩阵形式为

$$\begin{bmatrix}1&0.1320&0.0903&0.0864\\0.1320&1&0.9573&0.9274\\0.0903&0.9573&1&0.9239\\0.0864&0.9274&0.9239&1\end{bmatrix}\begin{bmatrix}p_{0\cdot1}\\p_{0\cdot2}\\p_{0\cdot3}\\p_{0\cdot4}\end{bmatrix}=\begin{bmatrix}0.2026\\0.7644\\0.7981\\0.7561\end{bmatrix}$$

求得正规方程组系数矩阵即相关系数矩阵 $\boldsymbol{R}$ 的逆矩阵 $\boldsymbol{R}^{-1}=\boldsymbol{C}$ 如下

$$\boldsymbol{C}=\boldsymbol{R}^{-1}=\begin{bmatrix}c_{11}&c_{12}&c_{13}&c_{14}\\c_{21}&c_{22}&c_{23}&c_{24}\\c_{31}&c_{32}&c_{33}&c_{34}\\c_{41}&c_{42}&c_{43}&c_{44}\end{bmatrix}=\begin{bmatrix}1.0377&-0.6530&0.3738&0.1706\\-0.6530&14.4930&-9.8975&-4.2407\\0.3738&-9.8975&13.5934&-3.4124\\0.1706&-4.2407&-3.4124&8.0710\end{bmatrix}$$

于是，求得各通径系数为

$$\begin{bmatrix} p_{0\cdot1} \\ p_{0\cdot2} \\ p_{0\cdot3} \\ p_{0\cdot4} \end{bmatrix}=\begin{bmatrix} 1.0377 & -0.6530 & 0.3738 & 0.1706 \\ -0.6530 & 14.4930 & -9.8975 & -4.2407 \\ 0.3738 & -9.8975 & 13.5934 & -3.4124 \\ 0.1706 & -4.2407 & -3.4124 & 8.0710 \end{bmatrix}\begin{bmatrix} 0.2026 \\ 0.7644 \\ 0.7981 \\ 0.7561 \end{bmatrix}=\begin{bmatrix} 0.1384 \\ -0.1590 \\ 0.7791 \\ 0.1719 \end{bmatrix}$$

即 $p_{0\cdot1}=0.1384$，$p_{0\cdot2}=-0.1590$，$p_{0\cdot3}=0.7791$，$p_{0\cdot4}=0.1719$。

3．假设检验

（1）线性关系假设检验——F 检验　　因为

$$\begin{aligned}SS_{R'}&=p_{0\cdot1}r_{10}+p_{0\cdot2}r_{20}+p_{0\cdot3}r_{30}+p_{0\cdot4}r_{40}\\&=0.1384\times0.2026+(-0.1590)\times0.7644+0.7791\times0.7981+0.1719\times0.7561\\&=0.6583\end{aligned}$$

$$SS_{r'}=1-SS_{R'}=1-0.6583=0.3417$$

而

$$df_{R'}=m=4,\quad df_{r'}=n-m-1=273-4-1=268$$

所以

$$F=\frac{SS_{R'}/m}{SS_{r'}/(n-m-1)}=\frac{0.6583/4}{0.3417/268}=129.08^{**}$$

因为$F_{0.01(4,\ 268)}=3.390$，$F>F_{0.01(4,\ 268)}$，$p<0.01$，表明一胎 305d 产奶量 y 与最高日产天数 x_1、最高月产 x_2、90d 产奶量 x_3、最高日产 x_4 间存在极显著的线性关系，可以对 y 与 x_1、x_2、x_3、x_4 进行通径分析。

又因为 $d_{0\cdot e}=1-SS_{R'}=1-R^2=SS_{r'}=0.3417$，所以 $p_{0\cdot e}=\sqrt{d_{0\cdot e}}=\sqrt{0.3417}=0.5846$。

（2）通径系数假设检验——F 检验　　根据式（4-36），分别计算检验通径系数 $p_{0\cdot1}$、$p_{0\cdot2}$、$p_{0\cdot3}$、$p_{0\cdot4}$ 的 F 值，得

$$F_1=\frac{p_{0\cdot1}^2/c_{11}}{SS_{r'}/(n-m-1)}=\frac{0.1384^2/1.0377}{0.3417/(273-4-1)}=14.4774^{**}$$

$$F_2=\frac{p_{0\cdot2}^2/c_{22}}{SS_{r'}/(n-m-1)}=\frac{(-0.1590)^2/14.4930}{0.3417/(273-4-1)}=1.3681$$

$$F_3=\frac{p_{0\cdot3}^2/c_{33}}{SS_{r'}/(n-m-1)}=\frac{0.7791^2/13.5934}{0.3417/(273-4-1)}=35.0226^{**}$$

$$F_4=\frac{p_{0\cdot4}^2/c_{44}}{SS_{r'}/(n-m-1)}=\frac{0.1719^2/8.0710}{0.3417/(273-4-1)}=2.8715$$

由 $df_1=1$、$df_2=n-m-1=268$ 得临界 F 值，$F_{0.05}=3.88$，$F_{0.01}=6.73$，因 $F_1>F_{0.01}$、$F_3>F_{0.01}$，而 $F_2<F_{0.05}$、$F_4<F_{0.05}$，表明通径系数 $p_{0\cdot1}$ 和 $p_{0\cdot3}$ 极显著，而 $p_{0\cdot2}$ 和 $p_{0\cdot4}$ 不显著。

（3）通径系数差异假设检验——t 检验　　应用 t 检验法检验 4 个通径系数两两之间的差异显著性。先根据式（4-41）分别算得各通径系数差异标准误如下：

$$s_{p_{0\cdot1}-p_{0\cdot2}}=\sqrt{\frac{(c_{11}+c_{22}-2c_{12})SS_{r'}}{n-m-1}}=\sqrt{\frac{[1.0377+14.4930-2\times(-0.6530)]\times0.3417}{273-4-1}}=0.1465$$

$$s_{p_{0\cdot1}-p_{0\cdot3}}=\sqrt{\frac{(c_{11}+c_{33}-2c_{13})SS_{r'}}{n-m-1}}=\sqrt{\frac{(1.0377+13.5934-2\times0.3738)\times0.3417}{273-4-1}}=0.1330$$

$$s_{p_{0\cdot1}-p_{0\cdot4}}=\sqrt{\frac{(c_{11}+c_{44}-2c_{14})SS_{r'}}{n-m-1}}=\sqrt{\frac{(1.0377+8.0710-2\times0.1706)\times0.3417}{273-4-1}}=0.1057$$

$$s_{p_{0\cdot2}-p_{0\cdot3}}=\sqrt{\frac{(c_{22}+c_{33}-2c_{23})SS_{r'}}{n-m-1}}=\sqrt{\frac{[14.4930+13.5934-2\times(-9.8975)]\times0.3417}{273-4-1}}=0.2471$$

$$s_{p_{0\cdot2}-p_{0\cdot4}}=\sqrt{\frac{(c_{22}+c_{44}-2c_{24})SS_{r'}}{n-m-1}}=\sqrt{\frac{[14.4930+8.0710-2\times(-4.2407)]\times0.3417}{273-4-1}}=0.1990$$

$$s_{p_{0\cdot3}-p_{0\cdot4}}=\sqrt{\frac{(c_{33}+c_{44}-2c_{34})SS_{r'}}{n-m-1}}=\sqrt{\frac{[13.5934+8.0710-2\times(-3.4124)]\times0.3417}{273-4-1}}=0.1906$$

根据式（4-40）算得各 t 值如下：

$$t_{12}=\frac{p_{0\cdot1}-p_{0\cdot2}}{s_{p_{0\cdot1}-p_{0\cdot2}}}=\frac{0.1384-(-0.1590)}{0.1465}=2.030^{*}$$

$$t_{13}=\frac{p_{0\cdot1}-p_{0\cdot3}}{s_{p_{0\cdot1}-p_{0\cdot3}}}=\frac{0.1384-0.7791}{0.1330}=-4.817^{**}$$

$$t_{14}=\frac{p_{0\cdot1}-p_{0\cdot4}}{s_{p_{0\cdot1}-p_{0\cdot4}}}=\frac{0.1384-0.1719}{0.1057}=-0.317$$

$$t_{23}=\frac{p_{0\cdot2}-p_{0\cdot3}}{s_{p_{0\cdot2}-p_{0\cdot3}}}=\frac{(-0.1590)-0.7791}{0.2471}=-3.796^{**}$$

$$t_{24}=\frac{p_{0\cdot2}-p_{0\cdot4}}{s_{p_{0\cdot2}-p_{0\cdot4}}}=\frac{(-0.1590)-0.1719}{0.1990}=-1.663$$

$$t_{34}=\frac{p_{0\cdot3}-p_{0\cdot4}}{s_{p_{0\cdot3}-p_{0\cdot4}}}=\frac{0.7791-0.1719}{0.1906}=3.186^{**}$$

由 $df=n-m-1=268$ 得 $t_{0.05}=1.969$、$t_{0.01}=2.594$。因为 $t_{0.05}<t_{12}<t_{0.01}$，表明 $p_{0\cdot1}$ 与 $p_{0\cdot2}$ 差异显著；$|t_{13}|$、$|t_{23}|$、$|t_{34}|$ 均大于 $t_{0.01}$，表明 $p_{0\cdot3}$ 与 $p_{0\cdot1}$、$p_{0\cdot2}$、$p_{0\cdot4}$ 的差异都极显著；而 $|t_{14}|$、$|t_{24}|$ 都小于 $t_{0.05}$，表明 $p_{0\cdot4}$ 与 $p_{0\cdot1}$、$p_{0\cdot2}$ 差异都不显著。

4．绘制通径图 根据变量间的关系绘制统计图，在每条通径或相关线上填写通径系数或相关系数（图 4-9）。

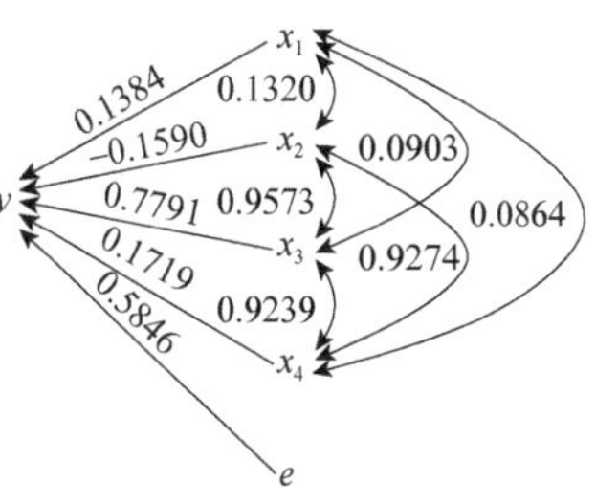

图 4-9 通径图

5．进行原因对结果的直接作用与间接作用分析 根据性质 1，可以将自变量（原因）x_1、x_2、x_3、x_4 与依变量（结果）y 的相关系数剖分为直接作用与间接作用的代数和，结果见表 4-3。

表 4-3 直接作用与间接作用分析

性状	相关系数 r_{i0}	直接作用 $p_{0\cdot i}$	间接作用				
			总的间接作用	其中通过			
				x_1	x_2	x_3	x_4
x_1	0.2026	0.1384	0.0643		−0.0210	0.0704	0.0149
x_2	0.7644	−0.1590	0.9235	0.0183		0.7458	0.1594
x_3	0.7981	0.7791	0.0191	0.0125	−0.1522		0.1588
x_4	0.7561	0.1719	0.5843	0.0120	−0.1475	0.7198	

6．进行决定程度分析 各决定系数为

$$d_{0\cdot1}=p_{0\cdot1}^2=0.1384^2=0.0192,\quad d_{0\cdot2}=p_{0\cdot2}^2=(-0.1590)^2=0.0253$$

$$d_{0\cdot3}=p_{0\cdot3}^2=0.7791^2=0.6070,\quad d_{0\cdot4}=p_{0\cdot4}^2=0.1719^2=0.0295$$

$$d_{0\cdot e}=SS_{r'}=0.3417$$

$$d_{0\cdot12}=2p_{0\cdot1}r_{12}p_{0\cdot2}=2\times0.1384\times0.1320\times(-0.1590)=-0.0058$$

$$d_{0\cdot13}=2p_{0\cdot1}r_{13}p_{0\cdot3}=2\times0.1384\times0.0903\times0.7791=0.0195$$

$$d_{0\cdot14}=2p_{0\cdot1}r_{14}p_{0\cdot4}=2\times0.1384\times0.0864\times0.1719=0.0041$$

$$d_{0\cdot23}=2p_{0\cdot2}r_{23}p_{0\cdot3}=2\times(-0.1590)\times0.9573\times0.7791=-0.2372$$

$$d_{0\cdot24}=2p_{0\cdot2}r_{24}p_{0\cdot4}=2\times(-0.1590)\times0.9274\times0.1719=-0.0507$$

$$d_{0\cdot34}=2p_{0\cdot3}r_{34}p_{0\cdot4}=2\times0.7791\times0.9239\times0.1719=0.2475$$

按绝对值大小将决定系数进行排列：$d_{0\cdot3}=0.6070$，$d_{0\cdot e}=0.3417$，$d_{0\cdot34}=0.2475$，$d_{0\cdot23}=-0.2372$，$d_{0\cdot24}=-0.0507$，$d_{0\cdot4}=0.0295$，$d_{0\cdot2}=0.0253$，$d_{0\cdot13}=0.0195$，$d_{0\cdot1}=0.0192$，$d_{0\cdot12}=-0.0058$，$d_{0\cdot14}=0.0041$。结果表明，x_3 对 y 的相对决定程度最大；其次是剩余项 e，可能是观测值误差较大或者可能还有对一胎 305d 产奶量影响较大的性状或因素未考虑到。

7．进行各自变量对回归方程估测可靠程度 R^2 总贡献分析 先计算各 $p_{0\cdot i}r_{i0}$，得

$$p_{0\cdot1}r_{10}=0.1384\times0.2026=0.0280,\quad p_{0\cdot2}r_{20}=(-0.1590)\times0.7644=-0.1215$$

$$p_{0\cdot3}r_{30}=0.7791\times0.7981=0.6218，\quad p_{0\cdot4}r_{40}=0.1719\times0.7561=0.1300$$

因为$|p_{0\cdot3}r_{30}|>|p_{0\cdot4}r_{40}|>|p_{0\cdot2}r_{20}|>|p_{0\cdot1}r_{10}|$，说明自变量$x_3$对$R^2$的总贡献为0.6218，居各自变量对$R^2$总贡献之首。

由上述分析可以得出如下结论。

1）一胎305d产奶量y与最高日产天数x_1、最高月产x_2、90d产奶量x_3、最高日产x_4间的线性关系极显著，但其相关指数$R^2=SS_{R'}=0.6583$，若用y与x_1、x_2、x_3、x_4间的线性回归方程来估测y，其可靠程度仅为65.83%；而剩余项对一胎305d产奶量y的相对决定程度为0.3417，其绝对值在各决定系数中居第二，表明可能还有对一胎305d产奶量影响较大的性状或因素未被考虑到。

2）x_1、x_2、x_3、x_4对y的直接作用分别为：$p_{0\cdot1}=0.1384$，$p_{0\cdot2}=-0.1590$，$p_{0\cdot3}=0.7791$，$p_{0\cdot4}=0.1719$。其中$p_{0\cdot2}$、$p_{0\cdot4}$不显著，$p_{0\cdot1}$、$p_{0\cdot3}$极显著；但$p_{0\cdot3}$极显著地高于$p_{0\cdot1}$、$p_{0\cdot2}$、$p_{0\cdot4}$，表明4个性状中，最高日产天数x_1和90d产奶量x_3对一胎305d产奶量y有极显著的直接作用；而90d产奶量x_3又极显著地高于其他3个性状对一胎305d产奶量y的直接作用，由此说明90d产奶量是影响一胎305d产奶量的最重要的早期性状。

3）从表4-3看到，x_3对y的直接作用最大，$p_{0\cdot3}=0.7791$，x_3通过x_1、x_2、x_4对y的间接作用之和为0.0191，其绝对值较小。x_1也具有类似的特性。表明x_3、x_1对y的作用主要为直接作用，而x_2、x_4对y的作用主要为间接作用。

4）90d产奶量x_3与最高日产x_4共同对一胎305d产奶量y的相对决定程度为0.2475，其绝对值在各决定系数中居第3；且x_4对R^2的总贡献中居第2，说明在注意90d产奶量x_3的同时，还应注意最高日产x_4这一早期产奶性状，若二者皆高，则一胎305d产奶量很可能也是高的，由于$r_{34}=0.9239^{**}$，x_3与x_4为极显著正相关，两个性状同向增减，易于实现两个性状都高。

5）90d产奶量x_3与最高月产x_2共同对一胎305d产奶量y的相对决定程度为-0.2372，之所以是负的，是因为$p_{0\cdot2}=-0.1590$，即x_2对y的直接作用是负的。但是$r_{23}=0.9573^{**}$，即x_2与x_3为极显著正相关，x_3高（这是我们所希望的），一般说来x_2也高（这是我们所不希望的）。所以当注意了90d产奶量x_3这一性状后，还应尽量兼顾最高月产x_2不要太高，否则会影响一胎305d产奶量。

因此，为了选取一胎305d产奶量高的奶牛，就所考虑的4个早期性状而言，应选取90d产奶量高、最高日产量高而最高月产奶量适中的奶牛；此外，还应进一步寻找对奶牛一胎305d产奶量影响较大的另外的性状或因素。

习　题

1．什么是通径系数？

2．怎样计算和检验通径系数？

3．通径分析的基本步骤有哪些？

4．通径系数有哪些重要性质？它们的主要用途是什么？

5．为了研究玉米每穗粒重y（依变量）与其构成因子：行粒数x_1、百粒重x_2和穗行数x_3（x_1、x_2、x_3为自变量）之间的关系，通过田间试验，获得30组观测数据，已算得各相关变量的简单相关系数如下：$r_{12}=0.1566$，$r_{13}=-0.3455$，$r_{23}=-0.4539$，$r_{10}=0.6996$，$r_{20}=0.6382$，$r_{30}=-0.1834$。进行通径分析。

第五章　正交设计与分析

单因素或两因素试验考察的因素少，试验设计、实施与分析都比较简单。但在农学、生物学试验研究中，常常需要同时考察3个或3个以上的试验因素，若进行全面试验，由于水平组合数多，试验的规模大，往往因受人力、物力、财力、试验地等试验条件的限制而难以实施。希望寻求一种既可以考查较多的因素、水平组合数又不是很多的试验设计方法。正交设计就是这样一种设计方法。

第一节　正交设计原理和方法

正交设计（orthogonal design）是利用正交表安排多因素试验方案、分析试验结果的一种设计方法。它从多因素试验的全部水平组合中挑选部分有代表性的水平组合进行试验，通过对这部分水平组合试验结果的分析了解全面试验的情况，找出最优水平组合。

例如，研究氮、磷、钾肥施用量对某品种小麦产量的影响，氮肥施用量A有3个水平：A_1、A_2、A_3；磷肥施用量B有3个水平：B_1、B_2、B_3；钾肥施用量C有3个水平：C_1、C_2、C_3。这是一个3因素、每个因素3个水平的试验，简记为3^3试验，全部水平组合有$3^3=27$个。如果对全部27个水平组合都进行试验，即进行全面试验，可以分析各个因素的主效应、简单效应、交互作用，选出最优水平组合，这是全面试验的优点。但全面试验包含的水平组合数多，常常难以实施。

若试验的主要目的是寻求最优水平组合，则可利用正交设计来安排试验方案。正交设计的基本特点是，用部分试验来代替全面试验，通过对部分试验结果的分析，了解全面试验的情况。正因为正交试验是用部分试验来代替全面试验，它不可能像全面试验那样对各个因素的主效应、简单效应、交互作用一一分析；且当试验因素之间存在交互作用时，有可能出现试验因素与交互作用混杂。虽然正交设计有这些不足，但它能通过部分试验找到最优水平组合，因而仍受科技工作者青睐。

例如，对于上述3^3试验，若不考虑试验因素之间的交互作用，利用正交表L_9（3^4）安排的试验方案仅包含9个水平组合，能反映试验方案包含27个水平组合的全面试验的情况，找出氮、磷、钾肥施用量的最优水平组合。

一、正交设计原理

对于上述3^3试验，全面试验方案包含3个因素的全部27个水平组合，试验方案如表5-1所示。这27个水平组合就是3维因子空间中一个立方体上的27个点，如图5-1所示。这27个点均匀分布在立方体上：每个平面上有9个点，每两个平面的交线上有3个点。

表 5-1　3^3 试验的全面试验方案

		C_1	C_2	C_3
A_1	B_1	$A_1B_1C_1$	$A_1B_1C_2$	$A_1B_1C_3$
	B_2	$A_1B_2C_1$	$A_1B_2C_2$	$A_1B_2C_3$
	B_3	$A_1B_3C_1$	$A_1B_3C_2$	$A_1B_3C_3$
A_2	B_1	$A_2B_1C_1$	$A_2B_1C_2$	$A_2B_1C_3$
	B_2	$A_2B_2C_1$	$A_2B_2C_2$	$A_2B_2C_3$
	B_3	$A_2B_3C_1$	$A_2B_3C_2$	$A_2B_3C_3$
A_3	B_1	$A_3B_1C_1$	$A_3B_1C_2$	$A_3B_1C_3$
	B_2	$A_3B_2C_1$	$A_3B_2C_2$	$A_3B_2C_3$
	B_3	$A_3B_3C_1$	$A_3B_3C_2$	$A_3B_3C_3$

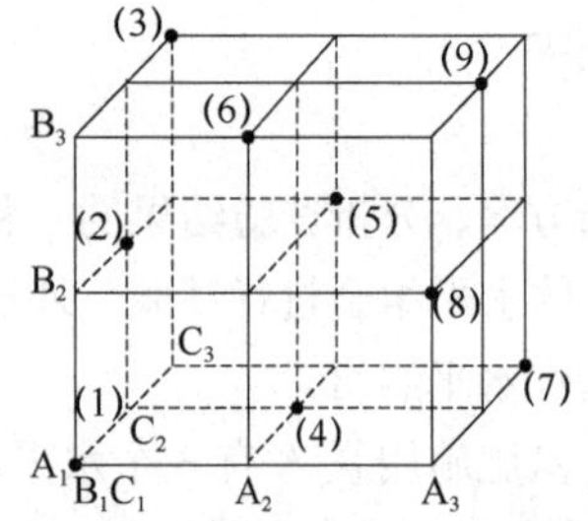

图 5-1　3 因素每个因素 3 水平正交试验点的均衡分布图

3 因素每个因素 3 水平的全面试验水平组合数为 $3^3=27$，4 因素每个因素 3 水平的全面试验水平组合数为 $3^4=81$，5 因素每个因素 3 水平的全面试验水平组合数为 $3^5=243$。正交设计就是从全面试验点（水平组合）中挑选出有代表性的部分试验点（水平组合）进行试验。图 5-1 中带括号的 9 个试验点，就是利用正交表 L_9（3^4）从 27 个试验点中挑选出来的 9 个试验点，即

（1）$A_1B_1C_1$　（2）$A_1B_2C_2$　（3）$A_1B_3C_3$
（4）$A_2B_1C_2$　（5）$A_2B_2C_3$　（6）$A_2B_3C_1$
（7）$A_3B_1C_3$　（8）$A_3B_2C_1$　（9）$A_3B_3C_2$

选择的 9 个试验点，仅是全面试验 27 个试验点的 1/3。从图 5-1 中可以看到，9 个试验点在立方体中分布是均衡的：在立方体的每个平面上有 3 个试验点，每两个平面的交线上有 1 个试验点。9 个试验点均衡地分布于整个立方体内，有很强的代表性，能够比较全面地反映 27 个全面试验点的基本情况。

二、正交表及其特性

（一）正交表

正交设计安排试验方案、分析试验结果都要利用正交表（orthogonal table）。下面对正交表及其特性做一介绍。表 5-2 是正交表 L_8（2^7），其中“L”表示这是一张正交表；L 右下角的数字“8”表示该正交表有 8 个横行，用这张正交表安排的试验方案包含 8 个处理（水平组合）；括号内的底数“2”表示因素的水平数，括号内 2 的指数“7”表示该正交表有 7 列，最多可以安排 7 个因素。也就是说，用正交表 L_8（2^7）安排试验方案包含 8 个处理，最多可以安排 7 个 2 水平因素。

常用的正交表已由数学工作者制订出来，供进行正交设计时选用。2 水平正交表除 L_8（2^7）外，还有 L_4（2^3）、L_{12}（2^{11}）等；3 水平正交表有 L_9（3^4）、L_{27}（3^{13}）等（详见附表 9 及有关参考书）。

表 5-2　L_8（2^7）正交表

处理	列号						
	1	2	3	4	5	6	7
1	1	1	1	1	1	1	1
2	1	1	1	2	2	2	2
3	1	2	2	1	1	2	2
4	1	2	2	2	2	1	1
5	2	1	2	1	2	1	2
6	2	1	2	2	1	2	1
7	2	2	1	1	2	2	1
8	2	2	1	2	1	1	2

（二）正交表的特性

任何一张正交表都有以下两个特性。

1）任意一列中不同数字出现的次数相同。例如，正交表 L_8（2^7）的任意一列中不同数字只有 1 和 2，它们各出现 4 次；正交表 L_9（3^4）的任意一列中不同数字只有 1、2、3，它们各出现 3 次。

2）任意两列同一横行所组成的数字对出现的次数相同。例如，正交表 L_8（2^7）的任意两列同一横行所组成的数字对（1，1）、（1，2）、（2，1）、（2，2）各出现两次；正交表 L_9（3^4）的任意两列同一横行所组成的数字对（1，1）、（1，2）、（1，3）、（2，1）、（2，2）、（2，3）、（3，1）、（3，2）、（3，3）各出现 1 次，即每个因素的一个水平与另一因素的各个水平搭配次数相同，表明正交表任意两列各个数字之间的搭配是均匀的。

根据以上两个特性，用正交表安排的试验方案，具有均衡分散和整齐可比的特点。所谓均衡分散是指用正交表挑选出来的各因素水平组合在各因素全部水平组合中的分布是均匀的，如图 5-1 所示。整齐可比是指每一个因素的各水平间具有可比性。因为正交表中每一因素的任一水平下都均衡地包含着另外因素的各个水平，当比较某因素的不同水平时，其他因素的效应都彼此抵消。例如，在 A、B、C 3 个因素中，A 因素的 3 个水平 A_1、A_2、A_3 条件下各有 B、C 的 3 个不同水平，即

	B_1C_1		B_1C_2		B_1C_3
A_1	B_2C_2	A_2	B_2C_3	A_3	B_2C_1
	B_3C_3		B_3C_1		B_3C_2

在这 9 个水平组合中，A 因素各水平下包括了 B、C 因素的 3 个水平，虽然搭配方式不同，但 B、C 皆处于同等地位，当比较 A 因素的不同水平时，B 因素不同水平的效应相互抵消，C 因素不同水平的效应也相互抵消。所以 A 因素 3 个水平间具有可比性。同样，B、C 因素 3 个水平间也具有可比性。

（三）正交表的类别

1. 相同水平正交表　各列中出现的最大数字相同的正交表称为相同水平正交表。例如，L_4（2^3）、L_8（2^7）、L_{12}（2^{11}）等各列中最大数字为 2，称为两水平正交表；L_9（3^4）、

L_{27}（3^{13}）等各列中最大数字为 3，称为 3 水平正交表。

2. 混合水平正交表　各列中出现的最大数字不完全相同的正交表称为混合水平正交表。例如，L_8（4×2^4）中有 1 列最大数字为 4，有 4 列最大数字为 2，是混合水平正交表。用正交表 L_8（4×2^4）安排试验方案包含 8 个处理，最多可以安排 1 个 4 水平因素和 4 个 2 水平因素。又如，L_{16}（$4^4\times2^3$）、L_{16}（4×2^{12}）等都是混合水平正交表。

三、正交设计方法

下面结合实际例子介绍正交设计方法。

【例 5-1】 为了解培养温度（高、中、低）、菌系（甲、乙、丙）、培养时间（长、中、短）对根瘤菌生长的影响，进行培养试验，据以往经验，三因素间无明显交互作用，目的在于考察三因素的主效并筛选最佳组合，选用正交表 L_9（3^4）安排试验方案。

利用正交设计安排试验方案一般有以下 4 个步骤。

（一）挑因素选水平列出因素水平表

影响试验结果的因素很多，不可能把所有影响因素通过一次试验都予以研究，只能根据试验目的和经验，挑选几个对试验指标影响最大、有较大经济意义而又了解不够清楚的因素来研究。同时还应根据专业知识和经验，确定各因素适宜的水平，列出因素水平表。**【例 5-1】** 的因素水平表如表 5-3 所示。

表 5-3　培养温度、菌系、培养时间三因素试验因素水平表

水平	因素		
	培养温度 A	菌系 B	培养时间 C
1	高（A_1）	甲（B_1）	长（C_1）
2	中（A_2）	乙（B_2）	中（C_2）
3	低（A_3）	丙（B_3）	短（C_3）

注意，在因素水平表中，以数量级别划分水平的因素的各水平最好不要全按由小到大或全按由大到小排列，以免在试验方案中出现无实际意义的水平组合。

（二）选用合适的正交表

选定了因素及其水平后，根据因素、水平及需要考察的交互作用的多少选择合适的正交表。选用正交表的原则是：既要能安排下试验的全部因素（包括需要考察的交互作用），又要使部分水平组合数（处理数）尽可能地少。一般情况下，试验因素的水平数应等于正交表记号中括号内的底数。因素的个数（包括需要考察的交互作用），选用相同水平正交表时，应不大于正交表记号中括号内的指数；选用混合水平正交表时，应不大于正交表记号中括号内的指数之和。各因素及交互作用的自由度之和应小于所选正交表的总自由度，使正交表安排因素及交互作用后留有空列，以估计试验误差。若各因素及交互作用的自由度之和等于所选正交表的总自由度，即正交表安排因素及交互作用后未留有空列，可采用有重复正交试验来估计试验误差。

此例有 3 个 3 水平因素，若不考察因素之间的交互作用，则各因素自由度之和为因素个数×（水平数−1）=3×（3−1）=6，小于正交表 L_9（3^4）的总自由度 9−1=8，故可以选用正交表 L_9（3^4）来安排试验方案；若要考察因素之间的交互作用，则应选用正交表 L_{27}（3^{13}）来安排试验方案，此时所安排的试验方案实际上是全面试验方案。

（三）表头设计

所谓表头设计，就是把试验因素和要考察的因素之间的交互作用分别安排在正交表表头的适当列上。在不考察因素之间的交互作用时，各因素可随机安排在各列上；若要考察因素之间的交互作用，就应按该正交表的交互作用列表安排各个因素及要考察的因素之间的交互作用。此例不考察因素之间的交互作用，可将培养温度（A）、菌系（B）和培养时间（C）3 个因素依次安排在正交表 L_9（3^4）的第 1、2、3 列上，第 4 列为空列，表头设计见表 5-4。

表 5-4　表头设计

列号	1	2	3	4
因素	A	B	C	空

（四）列出试验方案

把正交表中安排因素各列（不包含欲考察的交互作用列）中的每个数字依次换成该因素的实际水平，就得到一个正交试验方案。表 5-5 就是**【例 5-1】**的正交试验方案。

表 5-5　正交试验方案

处理	因素		
	培养温度 A 1 列	菌系 B 2 列	培养时间 C 3 列
1	高（1）	甲（1）	长（1）
2	高（1）	乙（2）	中（2）
3	高（1）	丙（3）	短（3）
4	中（2）	甲（1）	中（2）
5	中（2）	乙（2）	短（3）
6	中（2）	丙（3）	长（1）
7	低（3）	甲（1）	短（3）
8	低（3）	乙（2）	长（1）
9	低（3）	丙（3）	中（2）

根据表 5-5，处理 1 是 $A_1B_1C_1$，即培养温度高、菌系甲、培养时间长；处理 2 是 $A_1B_2C_2$，即培养温度高、菌系乙、培养时间中……处理 9 是 $A_3B_3C_2$，即培养温度低、菌系丙、培养时间中。

第二节　正交设计试验资料的方差分析

根据正交试验方案进行试验，若各处理都只有一个观测值，则称为单个观测值正交试验资料；若各处理都有两个或两个以上观测值，则称为有重复观测值正交试验资料。下面分别介绍单个观测值和有重复观测正交试验资料的方差分析。

一、单个观测值正交试验资料的方差分析

【例 5-2】 对**【例 5-1】**用正交表 L_9（3^4）安排试验方案后，各处理只进行一次试验，每 10 视野根瘤菌计数结果及其分析列在表 5-6，对试验结果进行方差分析。

表 5-6　正交试验结果计算表

处理	因素			每 10 视野根瘤菌数
	培养温度 A 1 列	菌系 B 2 列	培养时间 C 3 列	
1	1	1	1	980（x_1）
2	1	2	2	900（x_2）
3	1	3	3	1135（x_3）
4	2	1	2	905（x_4）
5	2	2	3	880（x_5）
6	2	3	1	1110（x_6）
7	3	1	3	805（x_7）
8	3	2	1	775（x_8）
9	3	3	2	1036（x_9）
T_{i1}	3015	2690	2865	8526（$T.$）
T_{i2}	2895	2555	2841	
T_{i3}	2616	3281	2820	
$\bar{x}_{i1}$	1005.00	896.67	955.00	
$\bar{x}_{i2}$	965.00	851.67	947.00	
$\bar{x}_{i3}$	872.00	1093.67	940.00	

该试验的 9 个观测值总变异由 A 因素水平间变异、B 因素水平间变异、C 因素水平间变异及误差四部分组成，进行方差分析时平方和与自由度的分解式为

$$\begin{aligned} SS_T &= SS_A + SS_B + SS_C + SS_e \\ df_T &= df_A + df_B + df_C + df_e \end{aligned} \tag{5-1}$$

试验处理数记为 n；A、B、C 因素的水平数记为 a、b、c；A、B、C 因素各水平重复数记为 r_a、r_b、r_c。本例，$n=9$、$a=b=c=3$、$r_a=r_b=r_c=3$。表 5-6 中，T_{ij}（i=A，B，C；j=1，2，3）为 i 因素第 j 水平试验指标（每 10 视野根瘤菌数）之和，例如：

A 因素第 1 水平试验指标之和 $T_{A1}=x_1+x_2+x_3=980+900+1135=3015$

A 因素第 2 水平试验指标之和 $T_{A2}=x_4+x_5+x_6=905+880+1110=2895$

A 因素第 3 水平试验指标之和 $T_{A3}=x_7+x_8+x_9=805+775+1036=2616$

B 因素第 1 水平试验指标之和 $T_{B1}=x_1+x_4+x_7=980+905+805=2690$

B 因素第 2 水平试验指标之和 $T_{B2}=x_2+x_5+x_8=900+880+775=2555$

B 因素第 3 水平试验指标之和 $T_{B3}=x_3+x_6+x_9=1135+1110+1036=3281$

同样可求得 C 因素各水平试验指标之和 T_{C1}、T_{C2}、T_{C3}。

$T_{\cdot}$为 9 个处理的试验指标（每 10 视野根瘤菌数）之和，$T_{\cdot}=x_1+x_2+\cdots+x_9=980+900+\cdots+1036=8526$。

$\bar{x}_{ij}$（i=A，B，C；j=1，2，3）为 i 因素第 j 水平试验指标的平均数，例如：

A 因素第 1 水平试验指标的平均数 $\bar{x}_{A1}=\dfrac{T_{A1}}{r_a}=\dfrac{3015}{3}=1005.00$

A 因素第 2 水平试验指标的平均数 $\bar{x}_{A2}=\dfrac{T_{A2}}{r_a}=\dfrac{2895}{3}=965.00$

A 因素第 3 水平试验指标的平均数 $\bar{x}_{A3}=\dfrac{T_{A3}}{r_a}=\dfrac{2616}{3}=872.00$

同样可求得 B、C 因素各水平试验指标的平均数 $\bar{x}_{B1}$、$\bar{x}_{B2}$、$\bar{x}_{B3}$；$\bar{x}_{C1}$、$\bar{x}_{C2}$、$\bar{x}_{C3}$。

1．计算各项平方和与自由度

矫正数 $C=\dfrac{T_{\cdot}^2}{n}=\dfrac{8526^2}{9}=8076964.00$

总平方和 $SS_T=\sum_{i=1}^{n}x_i^2-C=(980^2+900^2+\cdots+1036^2)-8076964.00=129132.00$

总自由度 $df_T=n-1=9-1=8$

A 因素平方和 $SS_A=\dfrac{1}{r_a}\sum_{j=1}^{a}T_{A_j}^2-C=\dfrac{3015^2+2895^2+2616^2}{3}-8076964.00=27938.00$

A 因素自由度 $df_A=a-1=3-1=2$

B 因素平方和 $SS_B=\dfrac{1}{r_b}\sum_{j=1}^{b}T_{B_j}^2-C=\dfrac{2690^2+2555^2+3281^2}{3}-8076964.00=99398.00$

B 因素自由度 $df_B=b-1=3-1=2$

C 因素平方和 $SS_C=\dfrac{1}{r_c}\sum_{j=1}^{c}T_{C_j}^2-C=\dfrac{2865^2+2841^2+2820^2}{3}-8076964.00=338.00$

C 因素自由度 $df_C=c-1=3-1=2$

误差平方和 $SS_e=SS_T-SS_A-SS_B-SS_C=129132.00-27938.00-99398.00-338.00=1458.00$

误差自由度 $df_e=df_T-df_A-df_B-df_C=8-2-2-2=2$

2．列出方差分析表（表 5-7），进行 *F* 检验

表 5-7　方差分析表

变异来源	*SS*	*df*	*MS*	*F*
培养温度 A	27938.00	2	13969.00	19.16*
菌系 B	99398.00	2	49699.00	68.17*
培养时间 C	338.00	2	169.00	<1
误差	1458.00	2	729.00	
总变异	129132.00	8		

注：$F_{0.05(2,\ 2)}=19.00$，$F_{0.01(2,\ 2)}=99.00$

因为培养温度（A）和菌系（B）的 F 均介于$F_{0.05(2,\ 2)}$与$F_{0.01(2,\ 2)}$之间、$0.01<p<0.05$，培

养时间（C）的 $F<F_{0.05(2,\ 2)}$、$p>0.05$，表明每 10 视野细菌数在培养温度（A）和菌系（B）的各水平间差异显著，而培养时间（C）的各水平间差异不显著。

3．多重比较 下面进行培养温度（A）和菌系（B）各水平平均数的多重比较，采用 *SSR* 法。本例选用相同水平正交表 L_9（3^4）安排的试验方案，A、B、C 因素各水平重复数相同，即 $r_a=r_b=r_c=3$，它们的平均数标准误相同，即 $s_{\bar{x}_A}=s_{\bar{x}_B}=s_{\bar{x}_C}$。平均数标准误 $s_{\bar{x}_A}$、$s_{\bar{x}_B}$、$s_{\bar{x}_C}$ 的计算公式为

$$s_{\bar{x}_A}=s_{\bar{x}_B}=s_{\bar{x}_C}=\sqrt{\frac{MS_e}{3}} \tag{5-2}$$

所以培养温度（A）和菌系（B）各水平的均数标准误 $s_{\bar{x}_A}$和 $s_{\bar{x}_B}$ 为

$$s_{\bar{x}_A}=s_{\bar{x}_B}=\sqrt{\frac{MS_e}{3}}=\sqrt{\frac{729}{3}}=15.5885$$

根据 $df_e=2$，秩次距 $k=2$、3 查附表 6，得 $\alpha=0.05$、$\alpha=0.01$ 的各个 *SSR* 值，乘以 $s_{\bar{x}_A}$或 $s_{\bar{x}_B}$，计算出各个最小显著极差 *LSR*。*SSR* 值与 *LSR* 值列于表 5-8。

表 5-8 *SSR* 值与 *LSR* 值

df_e	秩次距 k	$SSR_{0.05}$	$SSR_{0.01}$	$LSR_{0.05}$	$LSR_{0.01}$
2	2	6.09	14	94.934	218.239
	3	6.09	14	94.934	218.239

培养温度（A）和菌系（B）各水平间的多重比较结果见表 5-9。结果表明，高培养温度（A_1）每 10 视野根瘤菌数的平均数显著高于低培养温度（A_3），而与中培养温度（A_2）差异不显著。菌系丙（B_3）每 10 视野细菌数的平均数显著高于菌系乙（B_2），而与菌系甲（B_1）差异不显著。

表 5-9 培养温度（A）和菌系（B）各水平间的多重比较表（*SSR* 法）

培养温度（A）	每 10 视野根瘤菌数平均数 $\bar{x}_{A_j}$	显著性		菌系（B）	每 10 视野根瘤菌数平均数 $\bar{x}_{B_j}$	显著性	
		0.05	0.01			0.05	0.01
高	1005.00	*a*	*A*	丙	1093.67	*a*	*A*
中	965.00	*ab*	*A*	甲	896.67	*ab*	*A*
低	872.00	*b*	*A*	乙	851.67	*b*	*A*

由于培养时间（C）各水平间差异不显著，不必对其进行多重比较。此时，可从表 5-9 中选择平均数大的水平 A_1、B_3 与 C_1 组合成最优水平组合 $A_1B_3C_1$，该水平组合不在试验方案中。

注意：若选用混合水平正交表安排的试验，各因素水平的重复数不完全相同，它们的平均数标准误应分别计算。下面举一例说明。

【例 5-3】 有一早稻 3 因素试验，A 因素为品种，有 A_1、A_2、A_3、A_4 4 个水平；B 因素为栽培密度，有 B_1、B_2 2 个水平；C 因素为施氮量，有 C_1、C_2 2 个水平。因素水平表见表 5-10。选用正交表 L_8（4×2^4）安排试验方案，A、B、C 3 个因素依次安排在 L_8（4×2^4）的 1、2、5 列上。试验方案及 8 个处理的产量（kg/小区，小区计产面积 33.3m^2）见表 5-11。对试验资料进行方差分析。

表 5-10　早稻品种、密度、施氮量 3 因素试验因素水平表

水平	因素		
	品种 A	密度 B	施氮量 C
1	A_1	B_1	C_1
2	A_2	B_2	C_2
3	A_3		
4	A_4		

表 5-11　早稻品种、密度、施氮量 3 因素正交试验方案及结果计算表

处理	因素			产量 x_i/（kg/小区）
	A 1 列	B 2 列	C 5 列	
1	A_1（1）	B_1（1）	C_1（1）	17（x_1）
2	A_1（1）	B_2（2）	C_2（2）	19（x_2）
3	A_2（2）	B_1（1）	C_2（2）	26（x_3）
4	A_2（2）	B_2（2）	C_1（1）	25（x_4）
5	A_3（3）	B_1（1）	C_2（2）	16（x_5）
6	A_3（3）	B_2（2）	C_1（1）	14（x_6）
7	A_4（4）	B_1（1）	C_1（1）	24（x_7）
8	A_4（4）	B_2（2）	C_2（2）	28（x_8）
T_{i1}	36	83	80	169（$T_.$）
T_{i2}	51	86	89	
T_{i3}	30			
T_{i4}	52			
$\bar{x}_{i1}$	18.00	20.75	20.00	
$\bar{x}_{i2}$	25.50	21.50	22.25	
$\bar{x}_{i3}$	15.00			
$\bar{x}_{i4}$	26.00			

本例，处理数 $n=8$；A、B、C 3 个因素的水平数 $a=4$，$b=c=2$；3 个因素各水平的重复次数 $r_a=2$，$r_b=r_c=4$。试验观测值的总变异由因素 A、B、C 水平间变异和误差 4 部分组成，进行方差分析时平方和与自由度的分解式为

$$\begin{aligned} SS_T &= SS_A + SS_B + SS_C + SS_e \\ df_T &= df_A + df_B + df_C + df_e \end{aligned} \tag{5-3}$$

表 5-11 中，T_{ij}（i=A、B、C；对于 A 因素 $j=1$、2、3、4，对于 B、C 因素，$j=1$、2）为 i 因素第 j 水平试验指标之和，$T_.$ 为 8 个处理的试验指标之和。计算方法同**【例 5-1】**，例如：

A 因素第 1 水平试验指标之和 $T_{A1}=x_1+x_2=17+19=36$

A 因素第 2 水平试验指标之和 $T_{A2}=x_3+x_4=26+25=51$

A 因素第 3 水平试验指标之和 $T_{A3}=x_5+x_6=16+14=30$

A 因素第 4 水平试验指标之和 $T_{A4}=x_7+x_8=24+28=52$

B 因素第 1 水平试验指标之和 $T_{B1}=x_1+x_3+x_5+x_7=17+26+16+24=83$

B 因素第 2 水平试验指标之和 $T_{B2}=x_2+x_4+x_6+x_8=19+25+14+28=86$

同样可求得 C 因素各水平试验指标之和 T_{C1}、T_{C2}。

$$T_{\cdot}=x_1+x_2+\cdots+x_8=17+19+\cdots+28=169$$

$\bar{x}_{ij}$ 为 i 因素第 j 水平试验指标的平均数，例如：

A 因素第 1 水平的平均数 $\bar{x}_{A1}=T_{A1}/r_a=36/2=18.00$

A 因素第 2 水平的平均数 $\bar{x}_{A2}=T_{A2}/r_a=51/2=25.50$

A 因素第 3 水平的平均数 $\bar{x}_{A3}=T_{A3}/r_a=30/2=15.00$

A 因素第 4 水平的平均数 $\bar{x}_{A4}=T_{A4}/r_a=52/2=26.00$

B 因素第 1 水平的平均数 $\bar{x}_{B1}=T_{B1}/r_b=83/4=20.75$

B 因素第 2 水平的平均数 $\bar{x}_{B2}=T_{B2}/r_b=86/4=21.50$

同样可求得 C 因素各水平试验指标的平均数 $\bar{x}_{C1}$、$\bar{x}_{C2}$。

1．计算各项平方和与自由度

矫正数 $C=\dfrac{T_{\cdot}^2}{n}=\dfrac{169^2}{8}=3570.125$

总平方和 $SS_T=\sum\limits_{i=1}^{8}x_i^2-C=(17^2+19^2+\cdots+28^2)-3570.125=192.875$

总自由度 $df_T=n-1=8-1=7$

A 因素平方和 $SS_A=\dfrac{1}{r_a}\sum\limits_{j=1}^{a}T_{Aj}^2-C=\dfrac{36^2+51^2+30^2+52^2}{2}-3570.125=180.375$

A 因素自由度 $df_A=a-1=4-1=3$

B 因素平方和 $SS_B=\dfrac{1}{r_b}\sum\limits_{j=1}^{b}T_{Bj}^2-C=\dfrac{83^2+86^2}{4}-3570.125=1.125$

B 因素自由度 $df_B=b-1=2-1=1$

C 因素平方和 $SS_C=\dfrac{1}{r_c}\sum\limits_{j=1}^{c}T_{Cj}^2-C=\dfrac{80^2+89^2}{4}-3570.125=10.125$

C 因素自由度 $df_C=c-1=2-1=1$

误差平方和 $SS_e=SS_T-SS_A-SS_B-SS_C=192.875-180.375-1.125-10.125=1.250$

误差自由度 $df_e=df_T-df_A-df_B-df_C=7-3-1-1=2$

2．列出方差分析表（表 5-12），进行 *F* 检验

表 5-12　方差分析表

变异来源	*SS*	*df*	*MS*	*F*
品种 A	180.375	3	60.125	96.20*
密度 B	1.125	1	1.125	1.80
施氮量 C	10.125	1	10.125	16.20
误差	1.250	2	0.625	
总变异	192.875	7		

注：$F_{0.05(3,2)}=19.16$，$F_{0.01(3,2)}=99.17$；$F_{0.05(1,2)}=18.51$

因为品种（A）的 F 介于 $F_{0.05(3,\ 2)}$ 与 $F_{0.01(3,\ 2)}$ 之间、$0.01<p<0.05$，密度（B）的 F 及施氮量（C）的 $F<F_{0.05(2,\ 2)}$、$p>0.05$，表明品种（A）各水平平均产量差异显著；密度（B）、施氮量（C）各水平平均产量差异不显著。

3. 多重比较 下面进行品种（A）各水平平均数的多重比较，采用 *SSR* 法。品种（A）各水平的平均数标准误 $s_{\bar{x}_{Aj}}$ 为

$$s_{\bar{x}_{Aj}}=\sqrt{\frac{MS_e}{r_a}} \tag{5-4}$$

$$=\sqrt{\frac{0.625}{2}}=0.559$$

根据 $df_e=2$，秩次距 $k=2$、3、4，由附表 6 查 $\alpha=0.05$、$\alpha=0.01$ 的 *SSR* 值分别均为 6.09、14.0，乘以平均数标准误 $s_{\bar{x}_{Aj}}=0.559$ 得

$$LSR_{0.05(2,\ 2)}=LSR_{0.05(2,\ 3)}=LSR_{0.05(2,\ 4)}=6.09\times0.559=3.40$$

$$LSR_{0.01(2,\ 2)}=LSR_{0.01(2,\ 3)}=LSR_{0.01(2,\ 4)}=14.0\times0.559=7.83$$

品种（A）各水平平均数的多重比较见表 5-13。结果表明，早稻品种 A_4 的平均产量极显著高于早稻品种 A_3、A_1 的平均产量，与早稻品种 A_2 的平均产量差异不显著；早稻品种 A_2 的平均产量极显著或显著高于早稻品种 A_3、A_1 的平均产量；早稻品种 A_3、A_1 的平均产量差异不显著。最优水平为早稻品种 A_4。

表 5-13 不同早稻品种平均产量多重比较表（*SSR* 法）

品种	平均数 $\bar{x}_{Aj}$ / (kg/33.3m^2)	显著性	
		0.05	0.01
A_4	26.0	a	A
A_2	25.5	a	AB
A_1	18.0	b	BC
A_3	15.0	b	C

因为密度（B）、施氮量（C）对产量的影响不显著，所以不必对密度（B）、施氮量（C）各水平平均数进行多重比较。此时，可从表 5-11 中选择平均数大的水平 B_2、C_2 与 A_4 组合成最优水平组合 $A_4B_2C_2$。所得到的最优水平组合 $A_4B_2C_2$ 在试验方案中，即处理 8。处理 8 的平均产量是 8 个处理的最高者，也就是说早稻品种 A_4、密度 B_2、施氮量 C_2 相组合可望获得高产。

上述单个观测值正交试验资料的方差分析，其误差是由“空列”来估计的。然而“空列”并不“空”，实际上是被未考察的试验因素之间的交互作用所占据。这种误差既包含试验误差，也包含试验因素之间的交互作用，称为模型误差。如果试验因素之间不存在交互作用，将模型误差作为试验误差是可行的；如果试验因素之间存在交互作用，将模型误差作为试验误差会夸大试验误差，有可能掩盖考察因素的显著性。这时，试验误差应通过重复试验值来估计。所以，进行正交试验最好能有 2 次或 2 次以上的重复。正交试验的重复可采用完全随机设计或随机区组设计。

二、有重复观测值正交试验资料的方差分析

【例 5-4】 为了研究 3 种生长素（Ⅰ、Ⅱ、Ⅲ）在 3 种不同光照（自然光、自然光加人

工光照、人工光照）下对 3 个小麦品种（早熟、中熟、晚熟）产量的影响，采用正交设计安排试验方案。试验重复 2 次，随机区组设计。9 个处理在两个区组的产量见表 5-14。对试验资料进行方差分析。

表 5-14 生长素、光照、小麦品种三因素试验因素水平表

水平	因素		
	生长素 A	光照 B	品种 C
1	Ⅰ（A_1）	自然光（B_1）	早熟（C_1）
2	Ⅱ（A_2）	自然光加人工光照（B_2）	中熟（C_2）
3	Ⅲ（A_3）	人工光照（B_3）	晚熟（C_3）

根据表 5-15，处理 1 是 $A_1B_1C_1$，即生长素Ⅰ、自然光、早熟品种；处理 2 是 $A_1B_2C_2$，即生长素Ⅰ、自然光加人工光照、中熟品种……处理 9 是 $A_3B_3C_2$，即生长素Ⅲ、人工光照、中熟品种。

表 5-15 正交试验方案

处理	因素		
	A 1 列	B 2 列	C 3 列
1	生长素Ⅰ（1）	自然光（1）	早熟（1）
2	生长素Ⅰ（1）	自然光加人工光照（2）	中熟（2）
3	生长素Ⅰ（1）	人工光照（3）	晚熟（3）
4	生长素Ⅱ（2）	自然光（1）	中熟（2）
5	生长素Ⅱ（2）	自然光加人工光照（2）	晚熟（3）
6	生长素Ⅱ（2）	人工光照（3）	早熟（1）
7	生长素Ⅲ（3）	自然光（1）	晚熟（3）
8	生长素Ⅲ（3）	自然光加人工光照（2）	早熟（1）
9	生长素Ⅲ（3）	人工光照（3）	中熟（2）

生长素、光照小表品种正交试验方案及结果见表 5-16。

表 5-16 生长素、光照、小麦品种正交试验方案及结果计算表

处理	因素			产量 x_{ij} /（kg/666.7m^2）		合计 $x_{i.}$	平均 $\overline{x}_{i.}$
	A 1 列	B 2 列	C 3 列	区组Ⅰ	区组Ⅱ		
1	生长素Ⅰ（1）	自然光（1）	早熟（1）	299.0	276.5	575.5	287.75
2	生长素Ⅰ（1）	自然光加人工光照（2）	中熟（2）	259.0	239.0	498.0	249.00
3	生长素Ⅰ（1）	人工光照（3）	晚熟（3）	376.5	371.5	748.0	374.00
4	生长素Ⅱ（2）	自然光（1）	中熟（2）	261.5	269.0	530.5	265.25
5	生长素Ⅱ（2）	自然光加人工光照（2）	晚熟（3）	249.0	269.0	518.0	259.00
6	生长素Ⅱ（2）	人工光照（3）	早熟（1）	364.0	359.0	723.0	361.50
7	生长素Ⅲ（3）	自然光（1）	晚熟（3）	261.5	169.0	430.5	215.25
8	生长素Ⅲ（3）	自然光加人工光照（2）	早熟（1）	196.5	149.0	345.5	172.75
9	生长素Ⅲ（3）	人工光照（3）	中熟（2）	326.5	304.0	630.5	315.25

续表

处理	因素			产量 x_{ij} / (kg/666.7m^2)		合计 $x_{i\cdot}$	平均 $\bar{x}_{i\cdot}$
	A 1 列	B 2 列	C 3 列	区组 Ⅰ	区组 Ⅱ		
T_{i1}	1821.5	1536.5	1644.0	$x_{\cdot 1}=$	$x_{\cdot 2}=$	$x_{\cdot\cdot}=$	
T_{i2}	1771.5	1361.5	1659.0	2593.5	2406.0	4999.5	
T_{i3}	1406.5	2101.5	1696.5				
$\bar{x}_{i1}$	303.58	256.08	274.00				
$\bar{x}_{i2}$	295.25	226.92	276.50				
$\bar{x}_{i3}$	234.42	350.25	282.75				

试验的重复数（区组数）记为 r。n、a、b、c、r_a、r_b、r_c 的意义同上。此例 $n=9$、$r=2$、$a=b=c=3$、$r_a=r_b=r_c=3$。

对于有重复且重复采用随机区组设计的正交试验，总变异可以划分为处理间变异、区组间变异和误差 3 部分；处理间变异可进一步划分为 A 因素、B 因素、C 因素水平间变异与模型误差 4 部分。此时，平方和与自由度的分解式为

$$SS_T=SS_t+SS_R+SS_{e_2}$$
$$df_T=df_t+df_R+df_{e_2}$$

而

$$SS_t=SS_{\text{A}}+SS_{\text{B}}+SS_{\text{C}}+SS_{e_1}$$
$$df_t=df_{\text{A}}+df_{\text{B}}+df_{\text{C}}+df_{e_1}$$

于是对有重复且重复采用随机区组设计的正交试验结果进行方差分析时，平方和与自由度的分解式为

$$\begin{aligned}SS_T&=SS_{\text{A}}+SS_{\text{B}}+SS_{\text{C}}+SS_R+SS_{e_1}+SS_{e_2}\\df_T&=df_{\text{A}}+df_{\text{B}}+df_{\text{C}}+df_R+df_{e_1}+df_{e_2}\end{aligned} \tag{5-5}$$

式中，SS_R 为区组平方和；SS_{e_1}为模型误差平方和；SS_{e_2}为试验误差平方和；SS_t 为处理平方和；df_R、df_{e_1}、df_{e_2}、df_t 为相应自由度。

1．计算各项平方和与自由度

矫正数 $C=\dfrac{T_{\cdot\cdot}^2}{nr}=\dfrac{4999.5^2}{9\times 2}=1388611.125$

总平方和 $SS_T=\sum\limits_{i=1}^{n}\sum\limits_{j=1}^{r}x_{ij}^2-C=(299.0^2+259.0^2+\cdots+304.0^2)-1388611.125=74465.625$

总自由度 $df_T=nr-1=9\times 2-1=17$

区组平方和 $SS_R=\dfrac{1}{n}\sum\limits_{j=1}^{r}x_{\cdot j}^2-C=\dfrac{2593.5^2+2406.0^2}{9}-1388611.125=1953.125$

区组自由度 $df_R=r-1=2-1=1$

处理平方和 $SS_t=\dfrac{1}{r}\sum\limits_{i=1}^{n}x_{i\cdot}^2-C=\dfrac{575.5^2+498.0^2+\cdots+630.5^2}{2}-1388611.125=68100.000$

处理自由度 $df_t=n-1=9-1=8$

A 因素平方和 $SS_A=\frac{1}{r_a r}\sum_{l=1}^{a}x_{Al}^2-C=\frac{1821.5^2+1771.5^2+1406.5^2}{3\times2}-1388611.125=17108.333$

A 因素自由度 $df_A=a-1=3-1=2$

B 因素平方和 $SS_B=\frac{1}{r_b r}\sum_{l=1}^{b}x_{Bl}^2-C=\frac{1536.5^2+1361.5^2+2101.5^2}{3\times2}-1388611.125=49858.333$

B 因素自由度 $df_B=b-1=3-1=2$

C 因素平方和 $SS_C=\frac{1}{r_c r}\sum_{l=1}^{c}x_{Cl}^2-C=\frac{1644.0^2+1659.0^2+1696.5^2}{3\times2}-1388611.125=243.750$

C 因素自由度 $df_C=c-1=3-1=2$

模型误差平方和 $SS_{e_1}=SS_t-SS_A-SS_B-SS_C=68100.000-17108.333-49858.333-243.750$
$=889.584$

模型误差自由度 $df_{e_1}=df_t-df_A-df_B-df_C=8-2-2-2=2$

试验误差平方和 $SS_{e_2}=SS_T-SS_R-SS_t=74465.650-1953.125-68100.000=4412.525$

试验误差自由度 $df_{e_2}=df_T-df_R-df_t=17-1-8=8$

2．列出方差分析表（表 5-17），进行 *F* 检验

表 5-17　随机区组设计有重复观测值正交试验资料方差分析表

变异来源	*SS*	*df*	*MS*	*F*
区组	1953.125	1	1953.125	—
A	17108.333	2	8554.167	16.134**
B	49858.333	2	24929.167	47.017**
C	243.750	2	121.875	<1
模型误差 e_1	889.584	2	444.792	<1
试验误差 e_2	4412.525	8	551.566	
合并误差	5302.109	10	530.211	
总变异	74465.650	17		

注：$F_{0.01(2,10)}=7.56$，$F_{0.05(2,10)}=4.10$；$F_{0.05(2,8)}=4.46$

首先对模型误差方差 $\sigma_{e_1}^2$ 是否大于试验误差方差 $\sigma_{e_2}^2$ 做假设检验。无效假设 H_0：$\sigma_{e_1}^2=\sigma_{e_2}^2$；备择假设 H_A：$\sigma_{e_1}^2>\sigma_{e_2}^2$。进行一尾 *F* 检验，$F=MS_{e_1}/MS_{e_2}$。

若经 *F* 检验模型误差方差 $\sigma_{e_1}^2$ 与试验误差方差 $\sigma_{e_2}^2$ 差异不显著，可以认为 $\sigma_{e_1}^2=\sigma_{e_2}^2$，可将 MS_{e_1} 与 MS_{e_2} 的平方和与自由度分别合并，计算出合并误差均方，用合并误差均方进行 *F* 检验与多重比较，以提高分析的精确度。若经 *F* 检验模型误差方差 $\sigma_{e_1}^2$ 显著大于试验误差方差 $\sigma_{e_2}^2$，说明试验因素之间交互作用显著，此时只能用试验误差均方 MS_{e_2} 进行 *F* 检验与多重比较。

本例，$F=MS_{e_1}/MS_{e_2}$，所以 $F<1$，此时不用查临界 *F* 值即可判断 $p>0.05$，表明模型误差方差 $\sigma_{e_1}^2$ 与试验误差方差 $\sigma_{e_2}^2$ 差异不显著，可以认为 $\sigma_{e_1}^2=\sigma_{e_2}^2$，可将 MS_{e_1} 与 MS_{e_2} 的平方和与自由度分别合并，计算出合并误差均方，用合并误差均方进行 *F* 检验与多重比较。

因为生长素（A）及光照（B）的 $F>F_{0.01(2,10)}$、$p<0.01$，品种（C）的 $F<F_{0.05(2,10)}$、$p>0.05$，表明生长素（A）、光照（B）各水平平均产量差异极显著；品种（C）各水平平均产量差异不显著。因而还须进行生长素（A）、光照（B）各水平平均数的多重比较。

3．多重比较　有重复观测值正交试验资料 F 检验显著后的多重比较分两种情况。

1）若模型误差方差 $\sigma_{e_1}^2$ 显著大于试验误差方差 $\sigma_{e_2}^2$，说明试验因素之间交互作用显著，各因素所在列有可能出现交互作用的混杂。此时各试验因素水平之间的差异已不能真正反映因素的主效应，因而进行各因素水平平均数的多重比较无多大实际意义，但应进行各处理平均数的多重比较，以寻求最佳处理，即最优水平组合。进行各处理平均数多重比较时选用试验误差均方 MS_{e_2}。模型误差方差 $\sigma_{e_1}^2$ 显著大于试验误差方差 $\sigma_{e_2}^2$，还应进一步试验，以分析因素之间的交互作用。

2）若模型误差方差 $\sigma_{e_1}^2$ 与试验误差方差 $\sigma_{e_2}^2$ 差异不显著，说明试验因素之间交互作用不显著，各因素所在列有可能未出现交互作用的混杂。此时各因素水平平均数的差异能反映因素的主效应，因而进行各因素水平平均数的多重比较有实际意义，并从各因素水平平均数的多重比较中选出各因素的最优水平相组合，得到最优水平组合。进行各因素水平平均数的多重比较时，用合并误差均方 $MS_e=(SS_{e_1}+SS_{e_2})/(df_{e_1}+df_{e_2})$。此时不必进行各处理平均数的多重比较。

本例模型误差方差 $\sigma_{e_1}^2$ 与试验误差方差 $\sigma_{e_2}^2$ 差异不显著，可以认为 $\sigma_{e_1}^2$ 与 $\sigma_{e_2}^2$ 相同，说明试验因素之间交互作用不显著，且用合并误差均方进行 F 检验，生长素（A）、光照（B）各水平平均产量差异极显著。下面对生长素（A）、光照（B）各水平平均产量进行多重比较。

A．因素 A、B 各水平平均数的多重比较。采用 SSR 法，因为标准误 $s_{\bar{x}_A}$、$s_{\bar{x}_B}$ 为

$$s_{\bar{x}_A}=s_{\bar{x}_B}=\sqrt{\frac{MS_e}{r_a r}}=\sqrt{\frac{MS_e}{r_b r}}=\sqrt{\frac{530.211}{3\times2}}=9.40$$

根据 $df_e=10$，秩次距 $k=2$、3 查附表 6，得 $\alpha=0.05$、$\alpha=0.01$ 的各个 SSR 值，乘以标准误 $s_{\bar{x}_A}=s_{\bar{x}_B}=9.40$ 计算出各个最小显著极差 LSR。SSR 值与 LSR 值列于表 5-18。

表 5-18　*SSR* 值与 *LSR* 值表

df_e	秩次距 k	$SSR_{0.05}$	$SSR_{0.01}$	$LSR_{0.05}$	$LSR_{0.01}$
10	2	3.15	4.48	29.61	42.11
	3	3.30	4.73	31.02	44.46

因素 A、B 各水平平均数的多重比较见表 5-19 和表 5-20。结果表明，A_1、A_2 的平均产量极显著高于 A_3，A_1、A_2 的平均产量差异不显著；B_3 的平均产量极显著高于 B_1、B_2，B_1、B_2 的平均产量差异不显著。A、B 因素的最优水平为 A_1、B_3。品种 C 对小麦产量的影响不显著，最优水平可选平均产量高的 C_3。于是最优水平组合为 $A_1B_3C_3$。所得到的最优水平组合 $A_1B_3C_3$ 在试验方案中，即处理 3。处理 3 小麦的平均产量是 9 个处理的最高者。也就是说生长素 I、人工光照、晚熟小麦品种相组合可望获得高产。

本例模型误差方差 $\sigma_{e_1}^2$ 与试验误差方差 $\sigma_{e_2}^2$ 差异不显著，不必进行各处理平均数的多重比较。为了让读者了解各处理平均数多重比较的方法，下面对各处理平均数进行多重比较。

表 5-19　A 因素各水平平均数多重比较表

A 因素	平均数 $\bar{x}_{Al}$ /（kg/666.7m^2）	显著性	
		0.05	0.01
A_1	303.58	a	A
A_2	295.25	a	A
A_3	234.42	b	B

表 5-20　B 因素各水平平均数多重比较表

B 因素	平均数 $\bar{x}_{Bl}$ /（kg/666.7m^2）	显著性	
		0.05	0.01
B_3	350.25	a	A
B_1	256.08	b	B
B_2	226.92	b	B

B．各处理平均数的多重比较采用 *LSD* 法。因为

$$s_{\bar{x}_{i.}-\bar{x}_{j.}}=\sqrt{\frac{2MS_e}{r}}=\sqrt{\frac{2\times 530.211}{2}}=23.026$$

根据 df_e=10 查附表 1，得 $t_{0.05(10)}=2.228$、$t_{0.01(10)}=3.169$，于是 *LSD* 值为

$$LSD_{0.05}=t_{0.05(10)}\ s_{\bar{x}_{i.}-\bar{x}_{j.}}=2.228\times 23.026=51.30$$

$$LSD_{0.01}=t_{0.01(10)}\ s_{\bar{x}_{i.}-\bar{x}_{j.}}=3.169\times 23.026=72.97$$

各处理平均数多重比较见表 5-21。各处理平均数多重比较结果表明，处理 3 的平均产量除与处理 6 差异不显著外，显著或极显著高于其余 7 个处理，最优水平组合为处理 3，即 $A_1B_3C_3$。

表 5-21　各处理平均数多重比较表

处理	平均数 $\bar{x}_{i.}$ /（kg/666.7m^2）	显著性	
		0.05	0.01
3	374.00	a	A
6	361.50	ab	A
9	315.25	bc	AB
1	287.75	cd	BC
4	265.25	cde	BC
5	259.00	de	BC
2	249.00	de	BC
7	215.25	ef	CD
8	172.75	f	D

第三节　因素间有交互作用的正交设计及其试验资料的方差分析

既考察因素主效应又考察因素之间交互作用的正交设计，除表头设计和结果分析与前面介绍的略有不同外，其他基本相同。

【例 5-5】 某抗生素发酵培养基配方试验，考察的 3 个因素 A、B、C 为组成培养基的 3 种成分，各有 2 个水平，除考察 3 个因素 A、B、C 的主效应外，还考察因素 A 与 B、B 与 C 的交互作用 A×B、B×C。安排一个正交试验方案并对试验结果进行分析。

（一）选用正交表，做表头设计

由于本试验需要考察3个两水平因素和2个交互作用，各项自由度之和为3×（2−1）+2×（2−1）×（2−1）=5，因此可选用正交表 $L_8(2^7)$ 来安排试验方案。此时须利用 $L_8(2^7)$ 二列间交互作用列表（表5-22）安排各因素和交互作用做表头设计。

表5-22 $L_8(2^7)$ 二列间交互作用列表

列号	1	2	3	4	5	6	7
1	（1）	3	2	5	4	7	6
2		（2）	1	6	7	4	5
3			（3）	7	6	5	4
4				（4）	1	2	3
5					（5）	3	2
6						（6）	1

若将A因素放在第1列，B因素放在第2列，查表5-22，第1列（A因素所在列，即表5-22的第1行）与第2列（B因素所在列，即表5-22的第2列）交叉处的数字是3，意思是指第1列与第2列的交互作用列是第3列，于是将A与B的交互作用A×B放在第3列。这样第3列不能再安排其他因素，以免出现交互作用“混杂”。然后将C因素放在第4列，查表5-22，第2列（B因素所在列，即表5-22的第2行）与第4列（C因素所在列，即表5-22的第4列）交叉处的数字是6，意思是指第2列与第4列的交互作用列是第6列，于是将B与C的交互作用B×C放在第6列，余下列为空列，表头设计见表5-23。

表5-23 表头设计

列号	1	2	3	4	5	6	7
因素	A	B	A×B	C	空	B×C	空

（二）列出试验方案

根据表头设计，把正交表中安排A、B、C因素的各列（不包含交互作用列和空列）中的数字“1”“2”换成各因素的具体水平即得试验方案，见表5-24。

表5-24 试验方案表

处理	因素		
	A（1）	B（2）	C（3）
1	A_1（1）	B_1（1）	C_1（1）
2	A_1（1）	B_1（1）	C_2（2）
3	A_1（1）	B_2（2）	C_1（1）
4	A_1（1）	B_2（2）	C_2（2）
5	A_2（2）	B_1（1）	C_1（1）
6	A_2（2）	B_1（1）	C_2（2）
7	A_2（2）	B_2（2）	C_1（1）
8	A_2（2）	B_2（2）	C_2（2）

（三）试验资料的方差分析

按表 5-24 所列试验方案进行试验，试验结果见表 5-25。

表 5-25　有交互作用正交试验结果计算表

处理	因素					x_i/ %[a]
	A	B	A×B	C	B×C	
1	1	1	1	1	1	55（x_1）
2	1	1	1	2	2	38（x_2）
3	1	2	2	1	2	97（x_3）
4	1	2	2	2	1	89（x_4）
5	2	1	2	1	1	122（x_5）
6	2	1	2	2	2	124（x_6）
7	2	2	1	1	2	79（x_7）
8	2	2	1	2	1	61（x_8）
T_{i1}	279	339	233	353	327	665（$T_.$）
T_{i2}	386	326	432	312	338	
$\bar{x}_{i1}$	69.75	84.75		88.25		
$\bar{x}_{i2}$	96.50	81.50		78.00		

a. 以对照为 100 计

表 5-25 中，T_{ij}、$\bar{x}_{ij}$（i=A、B、A×B、C、B×C，j=1、2）、$T_.$ 计算方法同前。n、a、b、c、r_a、r_b、r_c 的意义同前，此例 $n=8$、$a=b=c=2$、$r_a=r_b=r_c=4$。

此例为单个观测值正交试验，总变异划分为 A 因素、B 因素、C 因素水平间变异、交互作用 A×B、B×C 变异与误差 6 部分，平方和与自由度分解式为

$$\begin{aligned} SS_T &= SS_A + SS_B + SS_C + SS_{A\times B} + SS_{B\times C} + SS_e \\ df_T &= df_A + df_B + df_C + df_{A\times B} + df_{B\times C} + df_e \end{aligned} \tag{5-6}$$

1. 计算各项平方和与自由度

矫正数 $C=\dfrac{T_.^2}{n}=\dfrac{665^2}{8}=55278.125$

总平方和 $SS_T=\sum_{i=1}^{n}x_i^2-C=(55^2+38^2+\cdots+61^2)-55278.125=6742.875$

总自由度 $df_T=n-1=8-1=7$

A 因素平方和 $SS_A=\dfrac{1}{r_a}\sum_{j=1}^{a}T_{A_j}^2-C=\dfrac{279^2+386^2}{4}-55278.125=1431.125$

A 因素自由度 $df_A=a-1=2-1=1$

B 因素平方和 $SS_B=\dfrac{1}{r_b}\sum_{j=1}^{b}T_{B_j}^2-C=\dfrac{339^2+326^2}{4}-55278.125=21.125$

B 因素自由度 $df_B=b-1=2-1=1$

C 因素平方和 $SS_C=\dfrac{1}{r_c}\sum_{j=1}^{c}T_{C_j}^2-C=\dfrac{353^2+312^2}{4}-55278.125=210.125$

C 因素自由度 $df_C = c-1 = 2-1 = 1$

A×B 平方和 $SS_{A\times B} = \frac{1}{r_{a\times b}}\sum_{j=1}^{a\times b} T_{A\times B,j}^2 - C = \frac{233^2+432^2}{4} - 55278.125 = 4950.125$

（$a\times b$、$r_{a\times b}$ 为交互作用 A×B 所在列的水平数与各水平的重复数）

A×B 自由度 $df_{A\times B} = (a-1)(b-1) = (2-1)\times(2-1) = 1$

B×C 平方和 $SS_{B\times C} = \frac{1}{r_{b\times c}}\sum_{j=1}^{b\times c} T_{B\times C,j}^2 - C = \frac{327^2+338^2}{4} - 55278.125 = 15.125$

（$b\times c$、$r_{b\times c}$ 为交互作用 B×C 所在列的水平数与各水平的重复数）

B×C 自由度 $df_{B\times C} = (b-1)(c-1) = (2-1)\times(2-1) = 1$

误差平方和 $SS_e = SS_T - SS_A - SS_B - SS_C - SS_{A\times B} - SS_{B\times C} = 6742.875 - 1431.125 - 21.125 - 210.125 - 4950.125 - 15.125 = 115.250$

误差自由度 $df_e = df_T - df_A - df_B - df_C - df_{A\times B} - df_{B\times C} = 7-1-1-1-1-1 = 2$

2．列出方差分析表（表 5-26），进行 *F* 检验

表 5-26　方差分析表

变异来源	*SS*	*df*	*MS*	*F*
A	1431.125	1	1431.125	24.84*
B	21.125	1	21.125	<1
C	210.125	1	210.125	3.65
A×B	4950.125	1	4950.125	85.90*
B×C	15.125	1	15.125	<1
误差	115.250	2	57.625	
总变异	6742.875	7		

注：$F_{0.05(1,2)} = 18.51$，$F_{0.01(1,2)} = 98.49$

因为 A 因素及 A×B 的 F 介于 $F_{0.05(1,2)}$ 与 $F_{0.01(1,2)}$ 之间、$0.01 < p < 0.05$，B、C 因素及 B×C 的 $F < F_{0.05(1,2)}$、$p > 0.05$，表明 A 因素各水平平均数差异显著，B、C 因素各水平平均数差异不显著，交互作用 A×B 显著，交互作用 A×B 显著，交互作用 B×C 不显著。因为交互作用 A×B 显著，须对 A 因素与 B 因素的水平组合平均数进行多重比较，以选出 A 因素与 B 因素的最优水平组合。

3．多重比较　　下面进行 A 因素与 B 因素各水平组合平均数的多重比较，采用 *SSR* 法。先计算出 A 因素与 B 因素各水平组合的平均数。

A_1B_1 水平组合的平均数 $\bar{x}_{11} = (55+38)/2 = 46.5$

A_1B_2 水平组合的平均数 $\bar{x}_{12} = (97+89)/2 = 93.0$

A_2B_1 水平组合的平均数 $\bar{x}_{21} = (122+124)/2 = 123.0$

A_2B_2 水平组合的平均数 $\bar{x}_{22} = (79+61)/2 = 70.0$

因为 A 因素与 B 因素水平组合的平均数标准误 $s_{\bar{x}_{ij}} = \sqrt{\frac{MS_e}{2}} = \sqrt{\frac{57.625}{2}} = 5.37$，根据 $df_e = 2$，秩次距 $k = 2$、3、4 查附表 6，$\alpha = 0.05$、$\alpha = 0.01$ 的 *SSR* 值分别为 6.09、14.0，乘以标准误 $s_{\bar{x}_{ij}} = 5.37$ 得

$$LSR_{0.05(2,\ 2)}=LSR_{0.05(2,\ 3)}=LSR_{0.05(2,\ 4)}=32.70$$
$$LSR_{0.01(2,\ 2)}=LSR_{0.01(2,\ 3)}=LSR_{0.01(2,\ 4)}=75.18$$

A 因素与 B 因素各水平组合平均数的多重比较见表 5-27。结果表明，A_2B_1 的平均数极显著高于 A_1B_1、显著高于 A_2B_2；A_1B_2 的平均数显著高于 A_1B_1，其余各水平组合平均数两两差异不显著。最优水平组合为 A_2B_1（此为未合并误差的多重比较结果）。

表 5-27　A 因素与 B 因素各水平组合平均数多重比较表

水平组合	平均数 $\bar{x}_{ij}$	显著性		显著性	
		0.05	0.01	0.05	0.01
A_2B_1	123.00	a	A	(a)	(A)
A_1B_2	93.00	ab	AB	(b)	(B)
A_2B_2	70.00	bc	AB	(c)	(BC)
A_1B_1	46.50	c	B	(d)	(C)

注：括号内为合并误差的多重比较结果

从以上分析可知，A 因素取 A_2，B 因素取 B_1，若 C 因素取 C_1，则本次试验的最优水平组合为 $A_2B_1C_1$。

注意：此例因 $df_e=2$，F 检验与多重比较的灵敏度低。为了提高检验的灵敏度，可将 $F<1$ 的 SS_B、df_B，$SS_{B\times C}$、$df_{B\times C}$ 合并到 SS_e、df_e 中，得合并的误差均方，再用合并误差均方进行 F 检验（表 5-28）与多重比较（表 5-27）。

表 5-28　合并误差方差分析表

变异来源	SS	df	MS	F
A	1431.125	1	1431.125	37.79**
C	210.125	1	210.125	5.55
A×B	4950.125	1	4950.125	130.70**
合并误差	151.500	4	37.875	
总变异	6742.875	7		

注：$F_{0.05(1,\ 4)}=7.71$，$F_{0.01(1,\ 4)}=21.20$

因为 A 因素及 A×B 的 $F>F_{0.01(1,\ 4)}$、$p<0.01$，C 因素的 $F<F_{0.05(1,\ 4)}$、$p>0.05$，表明 A 因素各水平平均数差异极显著，交互作用 A×B 极显著，C 因素各水平平均数差异不显著。

此时 A 因素与 B 因素水平组合的平均数标准误 $s_{\bar{x}_{ij}}=\sqrt{\dfrac{MS_e}{2}}=\sqrt{\dfrac{37.875}{2}}=4.35$，根据 $df_e=4$，秩次距 $k=2$、3、4 查附表 6，得 $\alpha=0.05$、$\alpha=0.01$ 的各个 SSR 值，乘以标准误 $s_{\bar{x}_{ij}}=4.35$ 计算出各个最小显著极差 LSR。SSR 值与 LSR 值列于表 5-29。

表 5-29　*SSR* 值与 *LSR* 值表

df_e	秩次距 k	$SSR_{0.05}$	$SSR_{0.01}$	$LSR_{0.05}$	$LSR_{0.01}$
4	2	3.93	6.51	17.10	28.32
	3	4.01	6.80	17.44	29.58
	4	4.02	6.90	17.49	30.02

利用合并误差均方进行的多重比较结果列于表 5-27 的括号内。结果表明，A_2B_1 的平均数极显著高于 A_1B_1、A_2B_2、A_1B_2；A_1B_1、A_2B_2、A_1B_2 的平均数两两差异显著或极显著。A_2B_1 为最优水平组合。显然合并误差的多重比较的灵敏度高于未合并误差的多重比较。

习　题

1．什么叫正交设计？正交表有何特性？

2．简述用正交设计安排试验方案的步骤。

3．某水稻栽培试验选择了 3 个水稻优良品种（A）：二九矮、高二矮、窄叶青，3 种密度（B，万苗/666.7m^2）：15、20、25；3 种施氮量（C，kg/666.7m^2）：3、5、8。

1）列出因素水平表。

2）如果把因素 A、B、C 放在正交表 L_9（3^4）的第 1、2、3 列上，列出试验方案。

3）9 个处理的产量（kg/666.7m^2）依次为 340.0，422.5，439.0，360.0，492.5，439.0，392.0，363.5，462.5。对试验结果进行方差分析，确定最优水平组合。

4．水稻模式化栽培试验，秧龄 A、密度 B、施氮量 C、灭虫次数 D 分别有 2 个水平，正交设计、试验方案及结果列于表 5-30。对试验结果进行方差分析，确定最优水平组合。

表 5-30　水稻模式化栽培正交试验方案及试验结果

处理	因素				产量 x_i/（kg/666.7m^2）
	秧龄 A/d 1 列	密度 B/（万苗/666.7m^2） 2 列	施氮量 C/（kg/666.7m^2） 4 列	灭虫次数 D/次 7 列	
1	30（1）	15（1）	5.0（1）	2（1）	300.0
2	30（1）	15（1）	7.5（2）	3（2）	320.0
3	30（1）	20（2）	5.0（1）	3（2）	307.5
4	30（1）	20（2）	7.5（2）	2（1）	305.0
5	40（2）	15（1）	5.0（1）	3（2）	340.0
6	40（2）	15（1）	7.5（2）	2（1）	375.0
7	40（2）	20（2）	5.0（1）	2（1）	345.0
8	40（2）	20（2）	7.5（2）	3（2）	355.0

5．有一水稻栽培正交试验，因素水平如表 5-31 所示。

表 5-31　因素水平表

水平	因素			
	品种 A	秧龄 B/d	密度 C /（万苗/666.7m^2）	施肥量 D /（kg/666.7m^2）
1	九州 1 号	30	18	5
2	改良新品种	40	23	7

1）将因素 A、B、C、D 放在正交表 L_8（2^7）的第 1、2、4、7 列上，列出试验方案。

2）8 个处理的产量（kg/666.7m^2）依次为 250，380，220，260，380，520，320，400。对试验结果进行方差分析，确定最优水平组合。

6．为了探讨花生锈病药剂防治的效果，进行了药剂种类 A、浓度 B、剂量 C 3 因素试验，各有 3 个水平，选用正交表 L_9（3^4）安排试验方案。试验重复 2 次，随机区组设计。正交试验方案及试验结果（产量，kg/小区，小区面积 133.3m²）列于表 5-32。对试验结果进行方差分析。

表 5-32　花生锈病药剂防治正交试验方案及结果表

处理	因素			产量 x_{ij} /（kg/小区）	
	A 1 列	B 2 列	C 3 列	区组Ⅰ	区组Ⅱ
1	百菌清（1）	高（1）	80（1）	28.0	28.5
2	百菌清（1）	中（2）	100（2）	35.0	34.8
3	百菌清（1）	低（3）	120（3）	32.2	32.5
4	敌锈灵（2）	高（1）	100（2）	33.0	33.2
5	敌锈灵（2）	中（2）	120（3）	27.4	27.0
6	敌锈灵（2）	低（3）	80（1）	31.8	32.0
7	波尔多（3）	高（1）	120（3）	34.2	34.5
8	波尔多（3）	中（2）	80（1）	22.5	23.0
9	波尔多（3）	低（3）	100（2）	29.4	30.0

第六章　回归的正交设计与分析

古典回归分析只能对已收集到的数据做被动分析，对如何安排试验很少提出合理的要求，对所得的回归方程的精度也很少研究。古典回归分析常常以增加试验次数来提高分析的精度，但这种试验次数的增加却是盲目的，不是通过合理的试验方案安排以较少的试验数据来获得充分的信息，试验效率较低。

随着科学技术和生产的发展，特别是由于寻求最佳工艺和配方，寻求最佳农艺措施及建立各种生产过程的数学模型的需要，人们越来越希望主动地把试验的安排、数据的处理和回归方程的精度统一加以考虑和研究，以较小的试验规模建立计算比较简单、精度较高、统计性质较好的回归方程。回归设计与分析便是在这种思想指导下于 20 世纪 50 年代初由正交试验法与回归分析相结合而产生的，发展至今其内容已相当丰富。回归设计按类型分为回归的正交设计、旋转设计、最优设计、均匀设计及混料设计等；按次数分为一次回归设计、二次回归设计等。

第一节　一次回归正交设计与分析

一次回归正交设计（orthogonal design by linear regression）是利用回归正交设计原理建立依变量 y 关于 m 个自变量 Z_1，Z_2，…，Z_m 的一次回归方程

$$\hat{y}=b_0+b_1Z_1+b_2Z_2+\cdots+b_mZ_m \tag{6-1}$$

或带有交互作用项 Z_iZ_j 的回归方程

$$\hat{y}=b_0+\sum_{j=1}^{m}b_jZ_m+\sum_{\substack{i=1\\i<j}}^{m}\sum_{j=1}^{m}b_{ij}Z_iZ_j \tag{6-2}$$

的回归设计与分析方法。

一、确定试验因素及其下水平和上水平

根据试验目的选择 m 个与试验指标 y（依变量）有关的试验因素（即自变量）Z_j，分别用 Z_{j1} 和 Z_{j2}（$Z_{j1}<Z_{j2}$）表示 Z_j 的下水平和上水平。

$$Z_{j0}=\frac{1}{2}(Z_{j1}+Z_{j2}),\quad \Delta_j=\frac{1}{2}(Z_{j2}-Z_{j1}) \tag{6-3}$$

分别称为因素 Z_j 的零水平与变化间隔。

二、对因素水平进行编码

为了消除试验因素单位的影响，应先对各因素的水平进行编码（coding）。所谓编码，就是对 Z_j 做如下线性变换：

$$x_{j\alpha}=\frac{Z_{j\alpha}-Z_{j0}}{\Delta_j} \quad (\alpha=0, 1, 2; \ j=1, 2, \cdots, m) \tag{6-4}$$

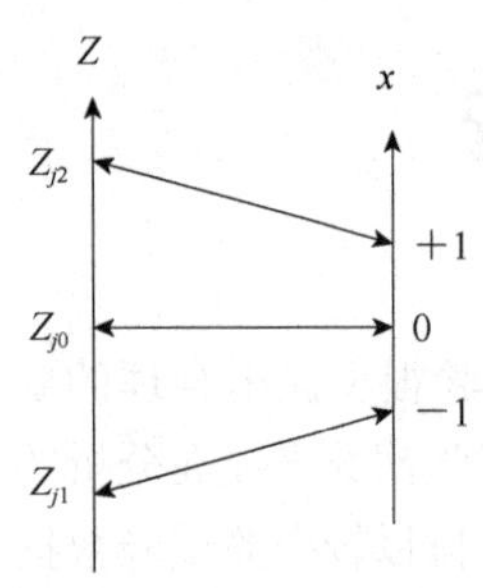

图 6-1　无量纲线性变换

通过编码，将 Z_{j1}、Z_{j0} 和 Z_{j2} 分别变为－1、0 和 1，即 $x_{j1}=-1$、$x_{j0}=0$、$x_{j2}=+1$。这种变换如图 6-1 所示，具体编码表见表 6-1。Z_j 为实际试验因素，也称为实际变量；x_j 为编码因素，也称为编码变量（$j=1, 2, \cdots, m$）。

在对各因素的水平进行编码后，y 对 $Z_1, Z_2, \cdots, Z_m$ 的回归问题就转化为 y 对 $x_1, x_2, \cdots, x_m$ 的回归问题，即在以 $Z_1, Z_2, \cdots, Z_m$ 为坐标轴的因子空间中选择适当的试验点（experiment spots）的回归设计问题就转化为在以 $x_1, x_2, \cdots, x_m$ 为坐标轴的因子空间中选择适当试验点的回归设计问题。

表 6-1　因素水平编码表

名称	编码 x_j	Z_1	Z_2	…	Z_m
下水平	−1	Z_{11}	Z_{21}	…	Z_{m1}
上水平	1	Z_{12}	Z_{22}	…	Z_{m2}
零水平	0	Z_{10}	Z_{20}	…	Z_{m0}
变化间隔	Δ_j	Δ_1	Δ_2	…	Δ_m

一次回归正交设计建立的关于编码变量 x_j 的一次多元回归方程为

$$\hat{y}=b_0+b_1x_1+b_2x_2+\cdots+b_mx_m \tag{6-5}$$

或

$$\hat{y}=b_0+\sum_{j=1}^{m}b_jx_j+\sum_{\substack{i=1\\i<j}}^{m}\sum_{j=1}^{m}b_{ij}x_ix_j \tag{6-6}$$

三、选择合适的正交表列出编码因素的试验方案（试验设计）

根据因素（自变量）的多少选择合适的 2 水平正交表，安排试验并实施，以获得观测值 y。如果安排 2 个因素，选用正交表 L_4（2^3）安排试验；若安排 3 个因素，选用正交表 L_8（2^7）安排试验等。

例如，有 3 个因素 x_1、x_2、x_3（已编码），选用正交表 L_8（2^7）安排试验，将 3 个因素分别放在正交表 L_8（2^7）的第 1、2、4 列上，并把 1、2、4 列中的“1”与“2”分别改为“+1”与“−1”，这便得到编码因素的试验方案（experiment scheme），即试验设计。然后将每个因素的编码水平代换为相应因素的实际水平，就得到试验实施方案，见表 6-2。

表 6-2　三因素一次回归正交设计与实施方案

处理号	试验设计			实施方案		
	x_1	x_2	x_3	Z_1	Z_2	Z_3
1	1	1	1	Z_{12}	Z_{22}	Z_{32}
2	1	1	−1	Z_{12}	Z_{22}	Z_{31}
3	1	−1	1	Z_{12}	Z_{21}	Z_{32}

续表

处理号	试验设计			实施方案		
	x_1	x_2	x_3	Z_1	Z_2	Z_3
4	1	−1	−1	Z_{12}	Z_{21}	Z_{31}
5	−1	1	1	Z_{11}	Z_{22}	Z_{32}
6	−1	1	−1	Z_{11}	Z_{22}	Z_{31}
7	−1	−1	1	Z_{11}	Z_{21}	Z_{32}
8	−1	−1	−1	Z_{11}	Z_{21}	Z_{31}

这样安排的试验方案具有正交性（orthogonalty）：各列元素之和为 0，任两列对应元素乘积之和为 0，即

$$\sum_{\alpha} x_{j\alpha}=0$$

$$\sum_{\alpha} x_{i\alpha} x_{j\alpha}=0 \quad (i \neq j)$$

−1，0，+1 不仅表示因素的状态，还表示变量 x_j 的取值。

四、一次回归分析

根椐试验实施方案进行试验，获得试验指标的观测值 y_α（$\alpha=1, 2, \cdots, n$）。三因素一次回归正交设计（$n=8$）与试验结果见表 6-3。

表 6-3　三因素一次回归正交设计与试验结果表

处理号	x_1	x_2	x_3	Y
1	1	1	1	y_1
2	1	1	−1	y_2
3	1	−1	1	y_3
4	1	−1	−1	y_4
5	−1	1	1	y_5
6	−1	1	−1	y_6
7	−1	−1	1	y_7
8	−1	−1	−1	y_8

（一）回归数学模型及参数的最小二乘估计

三因素一次回归正交设计不考虑因素间的互作时，其数学模型为

$$y_\alpha=\beta_0+\beta_1 x_{1\alpha}+\beta_2 x_{2\alpha}+\beta_3 x_{3\alpha}+\varepsilon_\alpha \tag{6-7}$$

考虑互作时，其数学模型为

$$y_\alpha=\beta_0+\beta_1 x_{1\alpha}+\beta_2 x_{2\alpha}+\beta_3 x_{3\alpha}+\beta_{12} x_{1\alpha} x_{2\alpha}+\beta_{13} x_{1\alpha} x_{3\alpha}+\beta_{23} x_{2\alpha} x_{3\alpha}+\varepsilon_\alpha \tag{6-8}$$

如果选用的正交表有 n 个试验点，那么就有 $y_1, y_2, \cdots, y_n$ 共 n 个试验指标观测值。例如，表 6-2 中，安排试验的正交表为 $L_8(2^7)$，则 $n=8$，此时，数学模型（6-7）的数据结构式如下：

$$
\begin{aligned}
y_1&=\beta_0+\beta_1+\beta_2+\beta_3+\varepsilon_1\\
y_2&=\beta_0+\beta_1+\beta_2-\beta_3+\varepsilon_2\\
y_3&=\beta_0+\beta_1-\beta_2+\beta_3+\varepsilon_3\\
y_4&=\beta_0+\beta_1-\beta_2-\beta_3+\varepsilon_4\\
y_5&=\beta_0-\beta_1+\beta_2+\beta_3+\varepsilon_5\\
y_6&=\beta_0-\beta_1+\beta_2-\beta_3+\varepsilon_6\\
y_7&=\beta_0-\beta_1-\beta_2+\beta_3+\varepsilon_7\\
y_8&=\beta_0-\beta_1-\beta_2-\beta_3+\varepsilon_8
\end{aligned}
\tag{6-9}
$$

数学模型（6-8）的数据结构式如下：

$$
\begin{aligned}
y_1&=\beta_0+\beta_1+\beta_2+\beta_3+\beta_{12}+\beta_{13}+\beta_{23}+\varepsilon_1\\
y_2&=\beta_0+\beta_1+\beta_2-\beta_3+\beta_{12}-\beta_{13}-\beta_{23}+\varepsilon_2\\
y_3&=\beta_0+\beta_1-\beta_2+\beta_3-\beta_{12}+\beta_{13}-\beta_{23}+\varepsilon_3\\
y_4&=\beta_0+\beta_1-\beta_2-\beta_3-\beta_{12}+\beta_{13}+\beta_{23}+\varepsilon_4\\
y_5&=\beta_0-\beta_1+\beta_2+\beta_3-\beta_{12}-\beta_{13}+\beta_{23}+\varepsilon_5\\
y_6&=\beta_0-\beta_1+\beta_2-\beta_3-\beta_{12}+\beta_{13}-\beta_{23}+\varepsilon_6\\
y_7&=\beta_0-\beta_1-\beta_2+\beta_3+\beta_{12}-\beta_{13}-\beta_{23}+\varepsilon_7\\
y_8&=\beta_0-\beta_1-\beta_2-\beta_3+\beta_{12}+\beta_{13}+\beta_{23}+\varepsilon_8
\end{aligned}
\tag{6-10}
$$

矩阵形式为

$$\boldsymbol{Y}=\boldsymbol{X}\boldsymbol{\beta}+\boldsymbol{\varepsilon}$$

式中，$\boldsymbol{X}$ 为结构矩阵（或设计矩阵）；$\boldsymbol{\beta}$ 为待估计参数列向量；$\boldsymbol{Y}$ 为观测值列向量。

例如，式（6-10）的结构矩阵

$$
\boldsymbol{X}=\begin{bmatrix}
1 & 1 & 1 & 1 & 1 & 1 & 1\\
1 & 1 & 1 & -1 & 1 & -1 & -1\\
1 & 1 & -1 & 1 & -1 & 1 & -1\\
1 & 1 & -1 & -1 & -1 & -1 & 1\\
1 & -1 & 1 & 1 & -1 & -1 & 1\\
1 & -1 & 1 & -1 & -1 & 1 & -1\\
1 & -1 & -1 & 1 & 1 & -1 & -1\\
1 & -1 & -1 & -1 & 1 & 1 & 1
\end{bmatrix}
$$

结构矩阵 $\boldsymbol{X}$ 中除第 1 列外各列元素之和为 0，任两列对应元素乘积之和为 0。待估计参数列向量 $\boldsymbol{\beta}=(\beta_0,\ \beta_1,\ \beta_2,\ \beta_3,\ \beta_{12},\ \beta_{13},\ \beta_{23})'$。观测值列向量 $\boldsymbol{Y}=(y_1,\ y_2,\ \cdots,\ y_8)'$。

根据最小二乘原理，计算一次回归方程参数估计值的正规方程组为

$$\boldsymbol{Ab}=\boldsymbol{B}\tag{6-11}$$

式中，$\boldsymbol{b}=(b_0,\ b_1,\ b_2,\ b_3,\ b_{12},\ b_{13},\ b_{23})'$，为参数估计值列向量；$\boldsymbol{A}$ 为正规方程组的系数矩阵；$\boldsymbol{B}$ 为右端元列向量。

$$A=X'X=\begin{bmatrix}8 & 0 & \cdots & 0\\0 & 8 & \cdots & 0\\\vdots & \vdots & & \vdots\\0 & 0 & \cdots & 8\end{bmatrix}=diag\,(8,\ 8,\ \cdots,\ 8),\ B=X'Y=\begin{bmatrix}\sum y_\alpha\\\sum x_{1\alpha}y_\alpha\\\sum x_{2\alpha}y_\alpha\\\sum x_{3\alpha}y_\alpha\\\sum x_{1\alpha}x_{2\alpha}y_\alpha\\\sum x_{1\alpha}x_{3\alpha}y_\alpha\\\sum x_{2\alpha}x_{3\alpha}y_\alpha\end{bmatrix}=\begin{bmatrix}B_0\\B_1\\B_2\\B_3\\B_{12}\\B_{13}\\B_{23}\end{bmatrix}$$

设系数矩阵 $\boldsymbol{A}$ 的逆矩阵（inverse matrix）为 $\boldsymbol{C}$ 矩阵，即 $\boldsymbol{A}^{-1}=\boldsymbol{C}$，则

$$C=A^{-1}=\begin{bmatrix}1/8 & 0 & \cdots & 0\\0 & 1/8 & \cdots & 0\\\vdots & \vdots & & \vdots\\0 & 0 & \cdots & 1/8\end{bmatrix}=diag\,(1/8,\ 1/8,\ \cdots,\ 1/8)$$

矩阵 $\boldsymbol{C}$ 为对角矩阵，即 $c_{ii}\neq 0$、$c_{ij}=0$（$i\neq j$），表明一次回归方程的参数估计值 b_0、b_1、b_2、b_3、b_{12}、b_{13}、b_{23} 两两间相互独立。

故

$$b=A^{-1}B=CB \tag{6-12}$$

即

$$b_0=\frac{B_0}{8},\ b_1=\frac{B_1}{8},\ b_2=\frac{B_2}{8},\ b_3=\frac{B_3}{8},\ b_{12}=\frac{B_{12}}{8},\ b_{13}=\frac{B_{13}}{8},\ b_{23}=\frac{B_{23}}{8} \tag{6-13}$$

注意，在引入交互作用后，回归方程不再是线性的，但交互作用项 x_ix_j 的回归系数 b_{ij} 的计算完全同线性项 x_j 一样，这是因为交互作用同其他因素一样，正好占了正交表上的一列，正交表中任两列都具有正交性。

上述一次回归方程参数估计值的计算可列表进行，见表 6-4。表 6-4 中的最后两行分别记载了各偏回归系数 b_j（包括 b_{ij}）和各偏回归平方和 Q_j（包括 Q_{ij}）。从而可求得式（6-5）或式（6-6）所列的回归方程。

表 6-4　三因素一次回归正交设计结构矩阵与结果计算表

试验号	x_0	x_1	x_2	x_3	x_1x_1	x_1x_3	x_2x_3	试验结果
1	1	1	1	1	1	1	1	y_1
2	1	1	1	−1	1	−1	−1	y_2
3	1	1	−1	1	−1	1	−1	y_3
4	1	1	−1	−1	−1	−1	1	y_4
5	1	−1	1	1	−1	−1	1	y_5
6	1	−1	1	−1	−1	1	−1	y_6
7	1	−1	−1	1	1	−1	−1	y_7
8	1	−1	−1	−1	1	1	1	y_8
$B_j=\sum x_{\alpha j}y_\alpha$	B_0	B_1	B_2	B_3	B_{12}	B_{13}	B_{23}	
$d_j=\sum x_{\alpha j}^2$	8	8	8	8	8	8	8	
$b_j=\dfrac{B_j}{d_j}$	b_0	b_1	b_2	b_3	b_{12}	b_{13}	b_{23}	
$Q_j=\dfrac{B_j^2}{d_j}$	—	Q_1	Q_2	Q_3	Q_{12}	Q_{13}	Q_{23}	

（二）回归方程及偏回归系数的假设检验

1．回归方程的假设检验　在一次回归正交设计下，$d_j=\sum x_{\alpha j}^2=n$。因素的一次项及互作项偏回归平方和 Q_j、Q_{ij} 及自由度 df_j、df_{ij} 由式（6-14）计算：

$$\begin{cases} Q_j=b_jB_j=\dfrac{B_j^2}{n}=nb_j^2 \\ Q_{ij}=b_{ij}B_{ij}=\dfrac{B_{ij}^2}{n}=nb_{ij}^2 \\ df_j=df_{ij}=1 \end{cases} \tag{6-14}$$

在一次回归正交设计下，由于偏回归系数两两间相互独立，因而回归平方和 SS_R 等于各偏回归平方和之和，回归自由度 df_R 为各偏回归自由度之和。即

$$\begin{cases} SS_R=\sum\limits_{j=1}^{m}Q_j+\sum\limits_{\substack{i=1\\i<j}}^{m}\sum\limits_{j=1}^{m}Q_{ij} \\ df_R=\sum\limits_{j=1}^{m}df_j+\sum\limits_{\substack{i=1\\i<j}}^{m}\sum\limits_{j=1}^{m}df_{ij}=\dfrac{m(m+1)}{2} \end{cases} \tag{6-15}$$

剩余平方 SS_r 及剩余自由度 df_r 为

$$\begin{cases} SS_r=SS_y-SS_R \\ df_r=df_y-df_R=(n-1)-m(m+1)/2 \end{cases} \tag{6-16}$$

式中，$SS_y=\sum\limits_{\alpha}y_\alpha^2-\dfrac{\left(\sum\limits_{\alpha}y_\alpha\right)^2}{n}$，$df_y=n-1$。

于是，

$$F_R=\frac{MS_R}{MS_r}=\frac{SS_R/df_R}{SS_r/df_r} \tag{6-17}$$

统计量 F_R 服从 $df_1=df_R$、$df_2=df_r$ 的 F 分布。

2．偏回归系数的假设检验　由式（6-14）和式（6-16）可构建统计量 F_j 和 F_{ij} 分别对因素的一次项偏回归系数和互作项偏回归系数进行假设检验。

$$\begin{cases} F_j=\dfrac{MS_j}{MS_r}=\dfrac{Q_j}{MS_r} \\ F_{ij}=\dfrac{MS_{ij}}{MS_r}=\dfrac{Q_{ij}}{MS_r} \end{cases} \tag{6-18}$$

统计量 F_j 和统计量 F_{ij} 都服从 $df_1=1$、$df_2=df_r$ 的 F 分布。

由式（6-14）可知，各项偏回归平方和分别与 b_j 或 b_{ij} 的平方成正比，即 b_j 或 b_{ij} 的绝对值越大，Q_j 或 Q_{ij} 也就越大。这就说明在由回归正交设计所求得的回归方程中，偏回归系数绝对值的大小表示了对应变量（因素或互作）作用的大小，其符号反映了这种作用的性质。

在检验过程中，若某些因素或互作项的偏回归系数不显著，则这些因素或互作项可以从回归方程剔除，此时不影响其他回归系数的数值。将被剔除项的偏回归平方和、自由度并入

剩余平方和与自由度，并进行有关检验。

（三）回归方程的失拟性检验

为了分析经 F 检验结果为显著的一次回归方程（这里包括有交互作用的情况）在被研究区域内的失拟性，可通过在零水平（Z_{10}，Z_{20}，…，Z_{n0}）处，即零水平试验点所安排的重复试验值估计真正的试验误差，进而检验所建立的回归方程的失拟性。零水平试验点一般重复 2～6 次。三因素一次回归正交设计（零水平试验点重复 3 次）结构矩阵与结果计算如表 6-5 所示。

表 6-5　三因素一次回归正交设计（零水平试验点重复 3 次）结构矩阵与结果计算表

试验号	x_0	x_1	x_2	x_3	x_1x_2	x_1x_3	x_2x_3	试验结果
1	1	1	1	1	1	1	1	y_1
2	1	1	1	−1	1	−1	−1	y_2
3	1	1	−1	1	−1	1	−1	y_3
4	1	1	−1	−1	−1	−1	1	y_4
5	1	−1	1	1	−1	−1	1	y_5
6	1	−1	1	−1	−1	1	−1	y_6
7	1	−1	−1	1	1	−1	−1	y_7
8	1	−1	−1	−1	1	1	1	y_8
9	1	0	0	0	0	0	0	y_9
10	1	0	0	0	0	0	0	y_{10}
11	1	0	0	0	0	0	0	y_{11}
$B_j=\sum x_{\alpha j}y_\alpha$	B_0	B_1	B_2	B_3	B_{12}	B_{13}	B_{23}	
$d_j=\sum x_{\alpha j}^2$	11	8	8	8	8	8	8	
$b_j=\dfrac{B_j}{d_j}$	b_0	b_1	b_2	b_3	b_{12}	b_{13}	b_{23}	
$Q_j=\dfrac{B_j^2}{d_j}$	—	Q_1	Q_2	Q_3	Q_{12}	Q_{13}	Q_{23}	

设在零水平试验点安排了 n_0 次重复试验，试验指标的观测值分别为 y_{01}，y_{02}，…，y_{0n_0}，利用这 n_0 个重复观测值可以计算出纯误差平方和及相应的自由度，即

$$\begin{cases} SS_e=\sum_{i=1}^{n_0}(y_{0i}-\bar{y}_0)^2=\sum y_{0i}^2-\dfrac{\left(\sum y_{0i}\right)^2}{n_0} \\ df_e=n_0-1 \end{cases} \tag{6-19}$$

此时，SS_r-SS_e 反映除各 x_j 的一次项（考虑互作时，还包括有关一级互作）以外的其他因素（包括别的因素和各 x_j 的高次项以及试验误差等）所引起的变异，是回归方程所未能拟合的部分，为失拟平方和 SS_{Lf}，失拟自由度记为 df_{Lf}。

SS_{Lf} 和 df_{Lf} 的计算公式如下：

$$\begin{cases} SS_{Lf}=SS_r-SS_e \\ df_{Lf}=df_r-df_e \end{cases} \tag{6-20}$$

总平方和与自由度的划分式为

$$\begin{cases} SS_y = SS_R + SS_r = SS_R + SS_{Lf} + SS_e \\ df_y = df_R + df_r = df_R + df_{Lf} + df_e \end{cases} \tag{6-21}$$

式中，$SS_y=\sum_{\alpha=1}^{N}y_\alpha^2-\frac{\left(\sum_{\alpha=1}^{N}y_\alpha\right)^2}{N}$，$N=n+n_0$，$df_y=n+n_0-1=N-1$；$SS_R$ 及 df_R 与式（6-15）相同；$SS_r=SS_y-SS_R$，$df_r=df_y-df_R$。

失拟性 F 检验公式为

$$F_{Lf}=\frac{MS_{Lf}}{MS_e}=\frac{SS_{Lf}/df_{Lf}}{SS_e/df_e} \tag{6-22}$$

统计量 F_{Lf} 服从 $df_1=df_{Lf}$、$df_2=df_e$ 的 F 分布。

当 F_{Lf} 不显著时，可以认为失拟部分的变异是由试验误差造成的，这时由

$$F_R=\frac{SS_R/df_R}{SS_r/df_r}\quad (df_1=df_R,\ df_2=df_r)$$

检验回归方程的显著性。若 F_R 显著，说明回归方程是显著的，而且拟合得好；若 F_{Lf}、F_R 均显著，则说明尽管回归方程显著，但拟合得不好，还有其他因素的影响，需查明原因，进一步改进回归模型。

【例 6-1】 为了研究小麦高产栽培技术，选择影响小麦产量的 3 个主要因素：水分状况、追施氮肥量和密度，试验指标为产量 y（kg/小区）。进行一次回归正交设计并分析。

（1）列出因素水平编码表（表 6-6）

表 6-6　因素水平编码表

名称	编码 x_j	水分状况 Z_1/%*	追施氮肥量 Z_2/（kg/小区）	密度 Z_3/（万株/小区）
上水平	1	95	40	65
下水平	−1	75	20	45
零水平	0	85	30	55
变化间隔	Δ_j	10	10	10

*为全生育期土壤湿度占田间持水量的百分比

各因素水平编码按式（6-4）进行。例如，水分状况 Z_1 的上、下水平为 95 和 75，则 $Z_{01}=\frac{95+75}{2}=85$，$\Delta_1=\frac{95-75}{2}=10$。当 $Z_{21}=95$ 时，对应的 $x_{21}=\frac{95-85}{10}=1$；当 $Z_{11}=75$ 时，对应的 $x_{11}=\frac{75-85}{10}=-1$；当 $Z_{01}=85$ 时，对应的 $x_{01}=\frac{85-85}{10}=0$。

（2）列出试验方案并实施　试验要求考察 3 个因素及两两因素间的交互作用，并且需要对失拟性进行检验，因而选择正交表 $L_8(2^7)$ 安排试验，零水平试验点重复 2 次。回归正交设计试验方案与试验结果见表 6-7。

表 6-7　三因素一次回归正交设计试验方案与结果表

试验号	因素			产量 y/（kg/小区）
	水分状况 x_1（Z_1）	追施氮肥量 x_2（Z_2）	密度 x_3（Z_3）	
1	1（95）	1（40）	1（65）	2.1
2	1（95）	1（40）	−1（45）	2.3
3	1（95）	−1（20）	1（65）	3.3
4	1（95）	−1（20）	−1（45）	4.0
5	−1（75）	1（40）	1（65）	5.0
6	−1（75）	1（40）	−1（45）	5.6
7	−1（75）	−1（20）	1（65）	6.9
8	−1（75）	−1（20）	−1（45）	7.8
9	0（85）	0（30）	0（55）	4.5
10	0（85）	0（30）	0（55）	4.3

（3）计算回归系数及偏回归平方和　见表 6-8。

表 6-8　三因素一次回归正交设计结构矩阵与结果计算表

试验号	x_0	x_1	x_2	x_3	x_1x_2	x_1x_3	x_2x_3	y
1	1	1	1	1	1	1	1	2.1
2	1	1	1	−1	1	−1	−1	2.3
3	1	1	−1	1	−1	1	−1	3.3
4	1	1	−1	−1	−1	−1	1	4.0
5	1	−1	1	1	−1	−1	1	5.0
6	1	−1	1	−1	−1	1	−1	5.6
7	1	−1	−1	1	1	−1	−1	6.9
8	1	−1	−1	−1	1	1	1	7.8
9	1	0	0	0	0	0	0	4.5
10	1	0	0	0	0	0	0	4.3
$B_j=\sum x_{\alpha j}y_\alpha$	45.8	−13.6	−7.0	−2.4	1.2	0.6	0.8	
$d_j=\sum x_{\alpha j}^2$	10	8	8	8	8	8	8	
$b_j=B_j/d_j$	4.58	−1.70	−0.88	−0.30	0.15	0.075	0.10	
$Q_j=B_j^2/d_j$	—	23.12	6.13	0.72	0.18	0.045	0.08	

注：表中 B_j，d_j，b_j，Q_j 包括了下标为 ij 的相应内容，d_j 表示矩阵 $\boldsymbol{A}$ 对角线上的元素

回归方程为

$$\hat{y}=4.58-1.70x_1-0.88x_2-0.30x_3+0.15x_1x_2+0.075x_1x_3+0.10x_2x_3$$

（4）失拟性检验与回归关系显著性检验　各项平方和与自由度计算如下：

$$SS_y=\sum_{\alpha=1}^{10}y_\alpha^2-\frac{\left(\sum_{\alpha=1}^{10}y_\alpha\right)^2}{10}=240.14-\frac{45.8^2}{10}=30.376，\ df_y=10-1=9$$

$$SS_R=23.12+6.13+0.72+0.18+0.045+0.08=30.275，\ df_R=6$$

$$SS_r=SS_y-SS_R=30.376-30.275=0.101，\ df_r=10-1-6=3$$

$$SS_e=\left(4.5-\frac{4.5+4.3}{2}\right)^2+\left(4.3-\frac{4.5+4.3}{2}\right)^2=0.02,\quad df_e=n_0-1=2-1=1$$

$$SS_{Lf}=SS_r-SS_e=0.101-0.02=0.081,\quad df_{Lf}=df_r-df_e=3-1=2$$

将以上计算结果列入方差分析表（表 6-9）。

表 6-9　方差分析表

变异来源	SS	df	MS	F
回归	30.275	6	5.046	146.910**
x_1	23.120	1	23.120	680.000**
x_2	6.130	1	6.130	18.294**
x_3	0.720	1	0.720	21.176*
x_1x_2	0.180	1	0.180	5.249
x_1x_3	0.045	1	0.045	1.324
x_2x_3	0.080	1	0.080	2.353
剩余	0.101	3	0.034	
失拟	0.081	2	0.041	2.025
纯误	0.020	1	0.020	
总变异	30.376	9		

注：$F_{0.05(1,\ 2)}=200$；$F_{0.01(6,\ 3)}=8.94$；$F_{0.05(1,\ 3)}=10.13$，$F_{0.01(1,\ 3)}=34.12$

检验结果表明：失拟性不显著；水分状况和追施氮肥量对产量的影响极显著，密度对产量的影响显著，两两因素间的交互作用不显著；产量与 3 个因素（含两两因素间的交互作用）之间的回归关系极显著。

（5）将回归方程中的编码变量 x_j 还原为实际变量 Z_j　由式（6-4）得

$$x_1=\frac{Z_1-Z_{01}}{\Delta_1}=\frac{Z_1-85}{10},\quad x_2=\frac{Z_2-Z_{02}}{\Delta_2}=\frac{Z_2-30}{10},\quad x_3=\frac{Z_3-Z_{03}}{\Delta_3}=\frac{Z_3-55}{10}$$

代入回归方程得

$$\hat{y}=4.58-1.70\times\left(\frac{Z_1-85}{10}\right)-0.88\times\left(\frac{Z_2-30}{10}\right)-0.30\times\left(\frac{Z_3-55}{10}\right)+0.15\times\left(\frac{Z_1-85}{10}\right)\left(\frac{Z_2-30}{10}\right)$$
$$+0.075\times\left(\frac{Z_1-85}{10}\right)\left(\frac{Z_3-55}{10}\right)+0.10\times\left(\frac{Z_2-30}{10}\right)\left(\frac{Z_3-55}{10}\right)$$

经整理得 $\hat{y}=25.28875-0.12920Z_1-0.27050Z_2+0.00375Z_3+0.00150Z_1Z_2-0.00075Z_1Z_3+0.00100Z_2Z_3$。

第二节　二次回归正交设计与分析

在应用一次回归方程描述某个实际问题时，如果经统计检验发现一次回归方程不合适，就需要用二次或更高次回归方程描述。在生物和农业科学研究中用二次回归方程描述某个过程变量间的关系较多。

一、二次回归组合设计

当有 m 自变量时，二次回归方程的数学模型为

$$y=\beta_0+\sum_{j=1}^{m}\beta_j x_j+\sum_{\substack{i=1\\i<j}}^{m}\sum_{j=1}^{m}\beta_{ij}x_i x_j+\sum_{j=1}^{m}\beta_{jj}x_j^2+\varepsilon \tag{6-23}$$

回归方程为

$$\hat{y}=b_0+\sum_{j=1}^{m}b_j x_j+\sum_{\substack{i=1\\i<j}}^{m}\sum_{j=1}^{m}b_{ij}x_i x_j+\sum_{j=1}^{m}b_{jj}x_j^2 \tag{6-24}$$

要获得这样 m 个自变量的二次回归方程，需确定 $q=1+m+C_m^2+m=(m+2)(m+1)/2=C_{m+2}^2$ 个系数，因而试验点数 N 应不少于 q，这样才能保证剩余自由度不小于零；且要求每个因素（自变量）至少要取 3 个水平。m 个 3 水平的因素（自变量），全面试验（overall experiment）点数为 3^m。随着因素（自变量）个数 m 的增加，全面试验点数在急剧增加，试验规模也迅速扩大，以至于试验无法实施，如 $m=4$ 时，全面试点数为 $3^4=81$。为了解决这一问题，20 世纪 50 年代 Box 提出了组合设计。

组合设计（composite design）是指在参试因子空间中选择几类不同特点的试验点，适当组合而形成试验方案。二次回归正交组合设计一般由下面 3 类试验点组合而成。

（1）2 水平因素全面试验点或其部分实施点　这些点的每一个坐标，都分别取 1 或－1；这种试验点的个数记为 n_c。当这些点为 2 水平因素全面试验点时，$n_c=2^m$；当这些点为 2 水平因素全面试验点的部分实施（partly executed）（1/2 或 1/4 实施等）点时，$n_c=2^{m-1}$ 或 $n_c=2^{m-2}$。

（2）轴点　这些点都在坐标轴上，且与坐标原点的距离都为γ，即这些点只有一个坐标值取γ或$-\gamma$，而其余坐标值都取零。这些点在坐标图上通常都用星号标出，故又称为星号点。其中γ称为轴臂或星号臂，γ根据正交性或旋转性的要求来确定。这些点的个数为 $2m$，记为 n_γ。

（3）原点　又称中心点，即各自变量都取零的点，中心试验点可做一次，也可做多次，其试验次数记为 n_0。为了能对二次回归方程进行失拟性检验，往往需要对中心点安排多次试验。

上述 3 种类型试验点个数的和，就是组合设计的总试验点数 N，即

$$N=n_c+n_\gamma+n_0 \tag{6-25}$$

图 6-2 和图 6-3 表示 $m=2$ 和 $m=3$ 情况下 N 个试验点在因子空间中的分布。

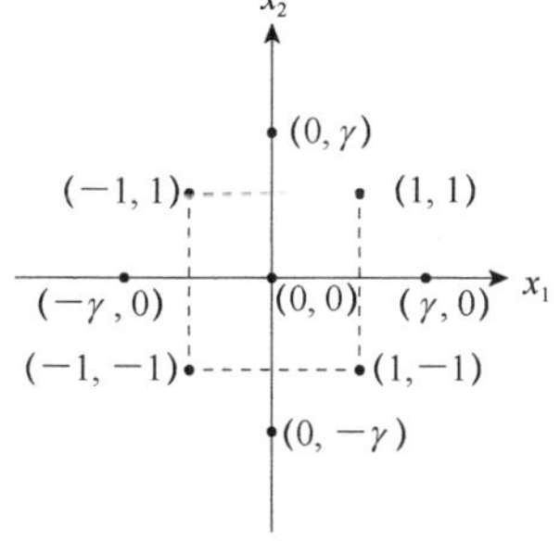

图 6-2　$m=2$ 的 N 个试验点分布图

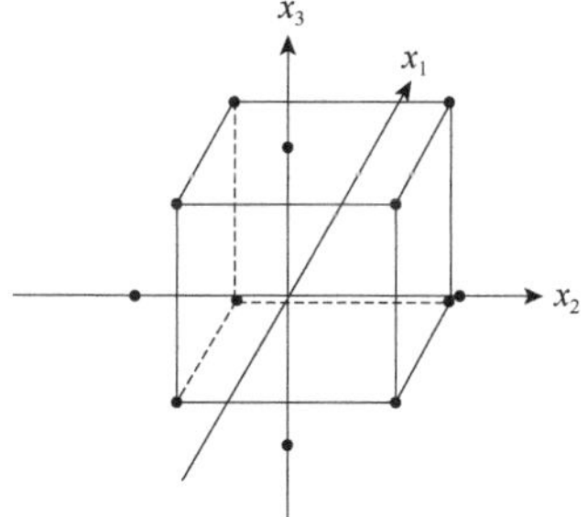

图 6-3　$m=3$ 的 N 个试验点分布图

当 $m=2$ 时，组合设计（$n_0=1$）由 $N=9$ 个试验点组成：

	x_1	x_2	
1	（ 1	1）	这 4（即 2^2）个点为 2 个 2 水平因素的全面试验点
2	（ 1	−1）	
3	（−1	1）	
4	（−1	−1）	
5	（ γ	0）	这 4 个试验点在 x_1 和 x_2 轴上，即星号点
6	（$-\gamma$	0）	
7	（ 0	γ）	
8	（ 0	$-\gamma$）	
9	（ 0	0）	由 x_1 和 x_2 的零水平组成的中心试验点

当 $m=3$ 时，组合设计（$n_0=1$）由 $N=15$ 个试验点组成：

	x_1	x_2	x_3	
1	（ 1	1	1）	这 8（即 2^3）个试验点为 3 个 2 水平因素的全面试验点
2	（ 1	1	−1）	
3	（ 1	−1	1）	
4	（ 1	−1	−1）	
5	（−1	1	1）	
6	（−1	1	−1）	
7	（−1	−1	1）	
8	（−1	−1	−1）	
9	（ γ	0	1）	这 6 个试验点在 x_1、x_2、x_3 轴上，即星号点
10	（$-\gamma$	0	0）	
11	（ 0	γ	0）	
12	（ 0	$-\gamma$	0）	
13	（ 0	0	γ）	
14	（ 0	0	$-\gamma$）	
15	（ 0	0	0）	由 x_1、x_2、x_3 的零水平组成的中心试验点

二次回归组合设计的试验点数，如表 6-10 所示。

表 6-10　二次回归组合设计试验点数

因素数 m	选用正交表	表头设计	n_c	$n_\gamma=2m$	n_0	N	q
2	L_4（2^3）	1、2 列	$2^2=4$	2×2=4	1	9	6
3	L_8（2^7）	1、2、4 列	$2^3=8$	2×3=6	1	15	10
4	L_{16}（2^{15}）	1、2、4、8 列	$2^4=16$	2×4=8	1	25	15
5	L_{32}（2^{31}）	1、2、4、8、16 列	$2^5=32$	2×5=10	1	43	21
5（1/2 实施）	L_{16}（2^{15}）	1、2、4、8、15 列	$2^{5-1}=16$	2×5=10	1	27	21

可以看出，组合设计具有以下优点：①大大地减少了试验点数，因素越多，2 水平试验点采用部分实施时试验点数减少得越多。②组合设计的试验点在因子空间中的分布是

较均匀的。③组合设计还便于在一次回归的基础上实施。若一次回归不显著，可以在原先的 n_c 个（2 水平因素全面试验或部分实施的）试验点基础上，补充一些中心点与星号点试验，即可求得二次回归方程。

二、正交性的实现

为了使二次回归组合设计成为正交设计，也就是使设计的结构矩阵具有正交性，必须做到如下几点。

（一）选择适当的 2 水平正交表，做好表头设计

例如，在 $m=3$ 的情况下，应选用正交表 $L_8(2^7)$，并将 x_1、x_2、x_3 分别安排在第 1、2、4 列上。

三因素二次回归组合设计的结构矩阵（$n_0=1$）如表 6-11 所示。

表 6-11　三因素二次回归组合设计的结构矩阵（$n_0=1$）

试验号	x_0	x_1	x_2	x_3	x_1x_2	x_1x_3	x_2x_3	x_1^2	x_2^2	x_3^2
1	1	1	1	1	1	1	1	1	1	1
2	1	1	1	−1	1	−1	−1	1	1	1
3	1	1	−1	1	−1	1	−1	1	1	1
4	1	1	−1	−1	−1	−1	1	1	1	1
5	1	−1	1	1	−1	−1	1	1	1	1
6	1	−1	1	−1	−1	1	−1	1	1	1
7	1	−1	−1	1	1	−1	−1	1	1	1
8	1	−1	−1	−1	1	1	1	1	1	1
9	1	γ	0	0	0	0	0	γ^2	0	0
10	1	$-\gamma$	0	0	0	0	0	γ^2	0	0
11	1	0	γ	0	0	0	0	0	γ^2	0
12	1	0	$-\gamma$	0	0	0	0	0	γ^2	0
13	1	0	0	γ	0	0	0	0	0	γ^2
14	1	0	0	$-\gamma$	0	0	0	0	0	γ^2
15	1	0	0	0	0	0	0	0	0	0

可以看出，表 6-11 的结构矩阵不具有正交性。这是因为：

$$\sum_{\alpha} x_{\alpha j}^2 = m_c + 2\gamma^2 \neq 0$$

$$\sum_{\alpha} x_{\alpha 0} x_{\alpha j}^2 = m_c + 2\gamma^2 \neq 0$$

$$\sum_{\alpha} x_{\alpha i}^2 x_{\alpha j}^2 = m_c \neq 0$$

（二）为了使组合设计具有正交性，必须使（$\boldsymbol{X'X}$）$^{-1}$ 为对角阵

1. 由 m、n_0 确定 γ　根据试验因素数 m 可知，2 水平试验点数 $n_c=2^m$（全面实施）或 $n_c=2^{m-1}$（1/2 部分实施），星号点数 $n_\gamma=2m$，若中心点重复数为 n_0，则试验点总数为 $N=n_c+$

$n_\gamma+n_0$。要使二次回归组合设计满足正交性，须满足 $(n_c+2\gamma^2)^2=n_cN$，则 $\gamma=\left(\frac{\sqrt{n_cN}-n_c}{2}\right)^{\frac{1}{2}}$，$\gamma$ 值表见表 6-12。

表 6-12　γ 值表

n_0	m							
	2	3	4	5（1/2 实施）	5	6（1/2 实施）	6	7（1/2 实施）
1	1.00000	1.21541	1.41421	1.54671	1.59601	1.72443	1.76064	1.88488
2	1.07809	1.28719	1.48258	1.60717	1.66183	1.78419	1.82402	1.94347
3	1.14744	1.35313	1.54671	1.66443	1.72443	1.84139	1.88488	2.00000
4	1.21000	1.41421	1.60717	1.71885	1.78419	1.89629	1.94347	2.05464
5	1.26710	1.47119	1.66443	1.77074	1.84139	1.94910	2.00000	2.10754
6	1.31972	1.52465	1.71885	1.82036	1.89629	2.00000	2.05464	2.15884
7	1.36857	1.57504	1.77074	1.86792	1.94910	2.04915	2.10754	2.20866
8	1.41421	1.62273	1.82036	1.91361	2.00000	2.09668	2.15884	2.25709
9	1.45709	1.66803	1.86792	1.95759	2.04915	2.14272	2.20866	2.30424
10	1.49755	1.71120	1.91361	2.00000	2.09668	2.18738	2.25709	2.35018
11	1.53587	1.75245	1.95759	2.04096	2.14272	2.23073	2.30424	2.39498

2．对平方项 x_j^2 列的元素中心化　即用 $x'_{\alpha j}$ 代替 $x_{\alpha j}^2$：

$$x'_{\alpha j}=x_{\alpha j}^2-\frac{\sum_{\alpha}x_{\alpha j}^2}{N}$$

例如，$m=3$，$n_0=3$，查表 6-12 得，$\gamma=1.35313$，$N=17$，$\gamma^2=1.83096$，

$$\sum x_{\alpha j}^2=n_c+2\gamma^2=8+2\times1.83096$$

$$x'_{\alpha j}=x_{\alpha j}^2-\frac{8+2\times1.83096}{17}=x_{\alpha j}^2-0.686$$

三因素二次回归正交组合设计的结构矩阵（$n_0=3$）见表 6-13。

表 6-13　三因素二次回归正交组合设计的结构矩阵（$n_0=3$）

试验号	x_0	x_1	x_2	x_3	x_1x_2	x_1x_3	x_2x_3	x'_1	x'_2	x'_3
1	1	1	1	1	1	1	1	0.314	0.314	0.314
2	1	1	1	−1	1	−1	−1	0.314	0.314	0.314
3	1	1	−1	1	−1	1	−1	0.314	0.314	0.314
4	1	1	−1	−1	−1	−1	1	0.314	0.314	0.314
5	1	−1	1	1	−1	−1	1	0.314	0.314	0.314
6	1	−1	1	−1	−1	1	−1	0.314	0.314	0.314
7	1	−1	−1	1	1	−1	−1	0.314	0.314	0.314
8	1	−1	−1	−1	1	1	1	0.314	0.314	0.314
9	1	1.35313	0	0	0	0	0	1.14496	−0.686	−0.686
10	1	−1.35313	0	0	0	0	0	1.14496	−0.686	−0.686

续表

试验号	x_0	x_1	x_2	x_3	x_1x_2	x_1x_3	x_2x_3	x_1'	x_2'	x_3'
11	1	0	1.35313	0	0	0	0	−0.686	1.14496	−0.686
12	1	0	−1.35313	0	0	0	0	−0.686	1.14496	−0.686
13	1	0	0	1.35313	0	0	0	−0.686	−0.686	1.14496
14	1	0	0	−1.35313	0	0	0	−0.686	−0.686	1.14496
15	1	0	0	0	0	0	0	−0.686	−0.686	−0.686
16	1	0	0	0	0	0	0	−0.686	−0.686	−0.686
17	1	0	0	0	0	0	0	−0.686	−0.686	−0.686

类似地，可以做出四因素、五因素等的二次回归正交组合设计的结构矩阵。

三、二次回归正交组合设计与统计分析

进行二次回归正交组合设计和统计分析的步骤如下。

（一）确定试验因素及其上水平和下水平

设有 m 个试验因素 Z_1，Z_2，…，Z_m，因素 Z_j 的上、下水平分别为 Z_{2j}、Z_{1j}，零水平为

$$Z_{0j}=\frac{Z_{1j}+Z_{2j}}{2}$$

（二）将因素水平编码

从表 6-12 由 m、n_0 查出使此组合设计具有正交性的星号臂γ，将因素水平编码：

$$x_j=\frac{Z_j-Z_{0j}}{\varDelta_j}$$

式中，$\varDelta_j$ 为变化间隔。具体编码方法有两种。

方法Ⅰ 将因素 Z_j 的上、下水平 Z_{2j}、Z_{1j} 编码为γ、$-\gamma$，进而算出编码为 1、−1 的实际水平（表 6-14）。此时，

$$\gamma=\frac{Z_{2j}-Z_{0j}}{\varDelta_j},\quad \varDelta_j=\frac{Z_{2j}-Z_{0j}}{\gamma}$$

因为

$$x_j=\frac{Z_j-Z_{0j}}{\varDelta_j},\quad Z_j=Z_{0j}+x_j\varDelta_j$$

所以，

$$Z_{(x_j=1)\,j}=Z_{0j}+\varDelta_j,\quad Z_{(x_j=-1)\,j}=Z_{0j}-\varDelta_j$$

表 6-14 因素水平编码表（方法Ⅰ）

x_j	因素			
	Z_1	Z_2	…	Z_m
γ	Z_{21}	Z_{22}	…	Z_{2m}

续表

x_j	因素			
	Z_1	Z_2	…	Z_m
1	$Z_{01}+\Delta_1$	$Z_{02}+\Delta_2$	…	$Z_{0m}+\Delta_m$
0	Z_{01}	Z_{02}	…	Z_{0m}
−1	$Z_{01}-\Delta_1$	$Z_{02}-\Delta_2$	…	$Z_{0m}-\Delta_m$
$-\gamma$	Z_{11}	Z_{12}	…	Z_{1m}

方法Ⅱ　将因素 Z_j 的上、下水平 Z_{2j}、Z_{1j} 编码为 1、−1，进而算出γ、$-\gamma$实际水平（表 6-15）。此时，

$$1=\frac{Z_{2j}-Z_{0j}}{\Delta_j},\ \Delta_j=Z_{2j}-Z_{0j}=Z_{2j}-\frac{Z_{2j}+Z_{1j}}{2}=\frac{Z_{2j}-Z_{1j}}{2}$$

因为

$$x_j=\frac{Z_j-Z_{0j}}{\Delta_j},\ Z_j=Z_{0j}+x_j\Delta_j$$

所以，

$$Z_{(x_j=\gamma)j}=Z_{0j}+\gamma\Delta_j,\ Z_{(x_j=-\gamma)j}=Z_{0j}-\gamma\Delta_j$$

表 6-15　因素水平编码表（方法Ⅱ）

x_j	因素			
	Z_1	Z_2	…	Z_m
γ	$Z_{01}+\gamma\Delta_1$	$Z_{02}+\gamma\Delta_2$	…	$Z_{0m}+\gamma\Delta_m$
1	Z_{21}	Z_{22}	…	Z_{2m}
0	Z_{01}	Z_{02}	…	Z_{0m}
−1	Z_{11}	Z_{12}	…	Z_{1m}
$-\gamma$	$Z_{01}-\gamma\Delta_1$	$Z_{02}-\gamma\Delta_2$	…	$Z_{0m}-\gamma\Delta_m$

注意，当采用方法Ⅱ将因素水平编码时，$-\gamma$对应的实际水平要有意义，一般不能为负数。

（三）列出二次回归正交组合设计结构矩阵，确定实施方案

首先选择适当的 2 水平正交表做好表头设计。例如，对于 $m=3$、$n_c=2^3$、$n_0=3$ 的情况，表 6-13 列出了二次回归正交组合设计结构矩阵（注意，x_j^2 列的元素已中心化），表中的 x_1、x_2、x_3 所在的列组成了编码因素的试验方案，即试验设计；将试验设计各因素编码水平换为实际水平即得实施方案（对于田间试验，通常还要根据小区面积进一步换算，得到小区实施方案）。

（四）回归系数的计算与检验

若由 m、n_0 根据表 6-12 查得γ，且 x_j^2 列的元素已中心化，即为正交组合设计，计算与检验方法同一次回归正交设计。

先求出 $\boldsymbol{B}=\sum xy$，$\boldsymbol{d}=\sum x^2$，$\boldsymbol{b}=\boldsymbol{B}/\boldsymbol{d}$，$\boldsymbol{Q}=\boldsymbol{bB}=\boldsymbol{B}^2/\boldsymbol{d}$。

这些计算都可在“二次回归正交组合设计结构矩阵与结果计算表”上进行，这时回归方程为

$$\hat{y}=b_0'+\sum_{j=1}^{m}b_jx_j+\sum_{\substack{i=1\\i<j}}^{m}\sum_{j=1}^{m}b_{ij}x_ix_j+\sum_{j=1}^{m}b_{jj}x_j' \tag{6-26}$$

经显著性检验剔出作用不显著的项后，将 $x_j'=x_j^2-\sum x_j^2/N$ 代入，得

$$\hat{y}=b_0+\sum_{j=1}^{m}b_jx_j+\sum_{\substack{i=1\\i<j}}^{m}\sum_{j=1}^{m}b_{ij}x_ix_j+\sum_{j=1}^{m}b_{jj}x_j^2$$

式中，$b_0=\bar{y}-\frac{\sum\limits_{\alpha}x_{\alpha j}^2}{N}\sum\limits_{j=1}^{m}b_{jj}$。

再将 $x_j=\frac{Z_j-Z_{0j}}{\Delta_j}$ 代入，得到关于 Z_1，Z_2，…，Z_m 的二次回归方程。

【例 6-2】 用二次回归正交组合设计分析茶叶出汁率与影响出汁率各因素的关系。经初步试验知道，影响出汁率的主要因素有榨汁压力 P，加压速度 R，物料量 W，榨汁时间 t；各因素对出汁率的影响不是简单的线性关系，而且各因素间存在不同程度的交互作用，故用二次回归正交组合设计安排试验，以建立出汁率与各因素的回归方程。

（1）根据初步试验确定各因素下、上水平　榨汁压力 P（at*）：5、8；加压速度 R（at/s）：1、8；物料量 W（g）：100、400；榨汁时间 t（min）：2、4。

（2）因素水平编码　由 $m=4$、$n_0=3$，根据表 6-12，选用 $\gamma=1.54671$。设 4 个实际因素分别为 Z_1（P）、Z_2（R）、Z_3（W）和 Z_4（t），相应编码因素为 x_1、x_2、x_3 和 x_4。采用方法Ⅰ进行因素水平编码，因素水平编码表见表 6-16。

表 6-16　因素水平编码表（方法Ⅰ）

x_j	Z_1（P）	Z_2（R）	Z_3（W）	Z_4（t）
1.54671（γ）	8	8	400	4
1	7.47	6.76	347	3.646
0	6.5	4.5	250	3
−1	5.53	2.24	153	2.354
−1.54671（$-\gamma$）	5	1	100	2
Δ_j	0.97	2.26	97	0.646

（3）列出试验实施方案　将 x_1、x_2、x_3、x_4 依次安排在正交表 $L_{16}(2^{15})$ 的第 1、2、4、8 列上，将列中的数字 1 保留、数字 2 改写为−1；加入 8 个星号点和 3 个中心点获得四因素二次回归正交组合设计；将试验设计中的编码水平换成相应的实际水平，即得试验实施方案，见表 6-17。

* at（工程大气压）为非国际单位，1at=98066.5Pa

表 6-17　四因素二次回归正交组合设计及实施方案

试验号	试验设计				实施方案			
	x_1	x_2	x_3	x_4	Z_1（P）	Z_2（R）	Z_3（W）	Z_4（t）
1	1	1	1	1	7.47	6.76	347	3.646
2	1	1	1	−1	7.47	6.76	347	2.354
3	1	1	−1	1	7.47	6.76	153	3.646
4	1	1	−1	−1	7.47	6.76	153	2.354
5	1	−1	1	1	7.47	2.24	347	3.646
6	1	−1	1	−1	7.47	2.24	347	2.354
7	1	−1	−1	1	7.47	2.24	153	3.646
8	1	−1	−1	−1	7.47	2.24	153	2.354
9	−1	1	1	1	5.53	6.76	347	3.646
10	−1	1	1	−1	5.53	6.76	347	2.354
11	−1	1	−1	1	5.53	6.76	153	3.646
12	−1	1	−1	−1	5.53	6.76	153	2.354
13	−1	−1	1	1	5.53	2.24	347	3.646
14	−1	−1	1	−1	5.53	2.24	347	2.354
15	−1	−1	−1	1	5.53	2.24	153	3.646
16	−1	−1	−1	−1	5.53	2.24	153	2.354
17	1.54671	0	0	0	8	4.5	250	3
18	−1.54671	0	0	0	5	4.5	250	3
19	0	1.54671	0	0	6.5	8	250	3
20	0	−1.54671	0	0	6.5	1	250	3
21	0	0	1.54671	0	6.5	4.5	400	3
22	0	0	−1.54671	0	6.5	4.5	100	3
23	0	0	0	1.54671	6.5	4.5	250	4
24	0	0	0	−1.54671	6.5	4.5	250	2
25	0	0	0	0	6.5	4.5	250	3
26	0	0	0	0	6.5	4.5	250	3
27	0	0	0	0	6.5	4.5	250	3

（4）试验结果与统计分析　　试验结果及计算见表 6-18。

回归关系方差分析表见表 6-19。其中：

总平方和 $SS_y=\sum_{\alpha=1}^{N}y_\alpha^2-\frac{\left(\sum_{\alpha=1}^{N}y_\alpha\right)^2}{N}=56751.7538-\frac{1235.1^2}{27}=252.790$

总自由度 $df_y-N-1=27-1=26$

回归平方和 $SS_R=\sum Q_j=14.065+3.290+\cdots+0.379=223.984$

回归自由度 $df_R=C_{m+2}^2-1=C_{4+2}^2-1=14$

剩余平方和 $SS_r=SS_y-SS_R=252.790-223.984=28.806$

剩余自由度 $df_r=df_y-df_R=26-14=12$

表 6-18　四因素二次回归正交组合设计结构矩阵及试验结果计算表

试验号	x_0	x_1	x_2	x_3	x_4	x_1x_2	x_1x_3	x_1x_4	x_2x_3	x_2x_4	x_3x_4	x_1'	x_2'	x_3'	x_4'	y_a
1	1	1	1	1	1	1	1	1	1	1	1	0.23	0.23	0.23	0.23	43.26
2	1	1	1	1	−1	1	1	−1	1	−1	−1	0.23	0.23	0.23	0.23	39.60
3	1	1	1	−1	1	1	−1	1	−1	1	−1	0.23	0.23	0.23	0.23	48.73
4	1	1	1	−1	−1	1	−1	−1	−1	−1	1	0.23	0.23	0.23	0.23	48.73
5	1	1	−1	1	1	−1	1	1	−1	−1	1	0.23	0.23	0.23	0.23	47.26
6	1	1	−1	1	−1	−1	1	−1	−1	1	−1	0.23	0.23	0.23	0.23	42.97
7	1	1	−1	−1	1	−1	−1	1	1	−1	−1	0.23	0.23	0.23	0.23	50.73
8	1	1	−1	−1	−1	−1	−1	−1	1	1	1	0.23	0.23	0.23	0.23	45.33
9	1	−1	1	1	1	−1	−1	−1	1	1	1	0.23	0.23	0.23	0.23	41.86
10	1	−1	1	1	−1	−1	−1	1	1	−1	−1	0.23	0.23	0.23	0.23	40.11
11	1	−1	1	−1	1	−1	1	−1	−1	1	−1	0.23	0.23	0.23	0.23	49.40
12	1	−1	1	−1	−1	−1	1	1	−1	−1	1	0.23	0.23	0.23	0.23	45.73
13	1	−1	−1	1	1	1	−1	−1	−1	−1	1	0.23	0.23	0.23	0.23	45.83
14	1	−1	−1	1	−1	1	−1	1	−1	1	−1	0.23	0.23	0.23	0.23	40.06
15	1	−1	−1	−1	1	1	1	−1	1	−1	−1	0.23	0.23	0.23	0.23	46.40
16	1	−1	−1	−1	−1	1	1	1	1	1	1	0.23	0.23	0.23	0.23	45.13
17	1	1.54671	0	0	0	0	0	0	0	0	0	1.623	−0.77	−0.77	−0.77	48.72
18	1	−1.54671	0	0	0	0	0	0	0	0	0	1.623	−0.77	−0.77	−0.77	45.48
19	1	0	1.54671	0	0	0	0	0	0	0	0	−0.77	1.623	−0.77	−0.77	46.24
20	1	0	−1.54671	0	0	0	0	0	0	0	0	−0.77	1.623	−0.77	−0.77	47.52
21	1	0	0	1.54671	0	0	0	0	0	0	0	−0.77	−0.77	1.623	−0.77	42.53

续表

试验号	x_0	x_1	x_2	x_3	x_4	x_1x_2	x_1x_3	x_1x_4	x_2x_3	x_2x_4	x_3x_4	x_1'	x_2'	x_3'	x_4'	y_a
22	1	0	0	−1.54671	0	0	0	0	0	0	0	−0.77	−0.77	1.623	−0.77	43.20
23	1	0	0	0	1.54671	0	0	0	0	0	0	−0.77	−0.77	−0.77	1.623	49.28
24	1	0	0	0	−1.54671	0	0	0	0	0	0	−0.77	−0.77	−0.77	1.623	45.92
25	1	0	0	0	0	0	0	0	0	0	0	−0.77	−0.77	−0.77	−0.77	48.08
26	1	0	0	0	0	0	0	0	0	0	0	−0.77	−0.77	−0.77	−0.77	48.94
27	1	0	0	0	0	0	0	0	0	0	0	−0.77	−0.77	−0.77	−0.77	48.06
B_j	1235.1	17.10	−8.27	−40.27	31.01	−5.65	−1.63	0.89	−16.29	−7.65	5.13	−4.476	−5.529	−24.745	−2.083	
d_j	27	20.79	20.79	20.79	20.79	16	16	16	16	16	16	11.45	11.45	11.45	11.45	
b_j	45.744	0.823	−0.398	−1.937	1.492	−0.353	−0.102	0.056	−1.018	−0.478	0.321	−0.391	−0.483	−2.161	−0.182	
Q_j	—	14.065	3.290	78.000	46.254	1.995	0.166	0.050	16.585	3.658	1.645	1.750	2.670	53.477	0.379	

表 6-19　回归关系方差析表

变异来源	SS	df	MS	F
x_1	14.065	1	14.065	5.858^{*}
x_2	3.290	1	3.290	1.370
x_3	78.000	1	78.000	32.486^{**}
x_4	46.254	1	46.254	19.264^{**}
x_1x_2	1.995	1	1.995	<1
x_1x_3	0.166	1	0.166	<1
x_1x_4	0.050	1	0.050	<1
x_2x_3	16.585	1	16.585	6.908^{*}
x_2x_4	3.658	1	3.658	1.524
x_3x_4	1.645	1	1.645	<1
x_1'	1.750	1	1.750	<1
x_2'	2.670	1	2.670	1.112
x_3'	53.477	1	53.477	22.273^{**}
x_4'	0.379	1	0.379	<1
回归	223.984	14	15.999	6.663^{**}
剩余	28.806	12	2.401	
失拟	28.301	10	2.830	11.186
纯误	0.505	2	0.253	
总变异	252.790	26		

注：$F_{0.25(1,\ 12)}=1.46$，$F_{0.05(1,\ 12)}=4.75$，$F_{0.01(1,\ 12)}=9.33$；$F_{0.01(14,\ 12)}=4.05$；$F_{0.05(10,\ 2)}=19.40$

纯误差平方和 $SS_e=\sum_{i=1}^{n_0}y_{0i}^2-\dfrac{\left(\sum_{i=1}^{n_0}y_{0i}\right)^2}{n_0}=7016.5736-\dfrac{145.08^2}{3}=0.505$

纯误差自由度 $df_e=n_0-1=3-1=2$

失拟平方和 $SS_{Lf}=SS_r-SS_e=28.806-0.505=28.301$

失拟自由度 $df_{Lf}=df_r-df_e=12-2=10$

检验结果表明，失拟性不显著，回归关系极显著。

在回归正交设计试验结果的分析中，可将显著水平放宽到 0.25。也就是说当某因素在显著水平 0.25 上显著时，就不将其从回归方程剔除。在回归正交试验中，第一次方差分析往往因为剩余自由度偏小而影响了检验的灵敏度，并且由于回归正交设计具有正交性，保证了回归系数间相互独立，因此我们可以将在显著水平 0.25 上不显著因素（或者互作）剔除，将其平方和与自由度并入剩余项，进行第二次方差分析，以提高检验的灵敏度。本例第二次方差分析结果见表 6-20。

（5）回归方程　回归方程（已将在显著水平 0.25 上不显著因素、互作剔除）为 $\hat{y}=45.744+0.823x_1-1.937x_3+1.492x_4-1.018x_2x_3-0.478x_2x_4-2.161x_3'$。

将 $x_3'=x_3^2-0.77$，$x_1=\dfrac{Z_1-6.5}{0.97}$，$x_2=\dfrac{Z_2-4.5}{2.26}$，$x_3=\dfrac{Z_3-250}{97}$，$x_4=\dfrac{Z_4-3}{0.646}$ 代入回归方程得到用实际因素 Z_j 表示的回归方程 $\hat{y}=15.954+0.848Z_1+2.413Z_2+0.116Z_3+3.783Z_4-0.004644Z_2Z_3-0.327Z_2Z_4-0.0002297Z_3^2$。

表 6-20　回归关系的第二次方差分析表

变异来源	*SS*	*df*	*MS*	*F*
回归	212.039	6	35.340	17.341**
x_1	14.065	1	14.065	6.901*
x_3	78.000	1	78.000	38.273**
x_4	46.254	1	46.254	22.696**
x_2x_3	16.585	1	16.585	8.138*
x_2x_4	3.658	1	3.658	1.795
x_3'	53.477	1	53.477	26.240**
剩余	40.751	20	2.038	
失拟	40.246	18	2.236	8.838
纯误	0.505	2	0.253	
总变异	252.790	26		

注：$F_{0.01(6,\ 20)}=3.87$；$F_{0.25(1,\ 20)}=1.40$，$F_{0.05(1,\ 20)}=4.35$，$F_{0.01(1,\ 20)}=8.10$；$F_{0.05(18,\ 2)}=19.44$

第三节　Box-Behnken 设计与分析

响应曲面设计是试验设计的一种，最早由英国统计学家费歇尔（R. A. Fisher）在 1935 年提出，是使用频率最高的试验设计方法之一。最常用的响应面分析方法有两种，即 Center Composite Design（CCD）和 Box Behnken Design（BBD）。

BBD 由 Box 和 Behnken 在 1960 年提出，是由因子设计与不完全集区设计结合而成的适应响应曲面设计的三水平设计。BBD 非常重要的特性是以较少的试验次数，去估计一阶、二阶与交互作用项，并且在因素数相同的情况下，BBD 的试验次数要比中心组合设计（CCD）的次数少，所以更经济，可称为具有更高效率的响应曲面设计法。BBD 的优点是每个因素只有三水平（0、1、−1），所以试验规模较小。其中 0 是每个试验因素 0 水平的编码值，+1、−1 分别是其上水平和下水平的编码值，见图 6-4。

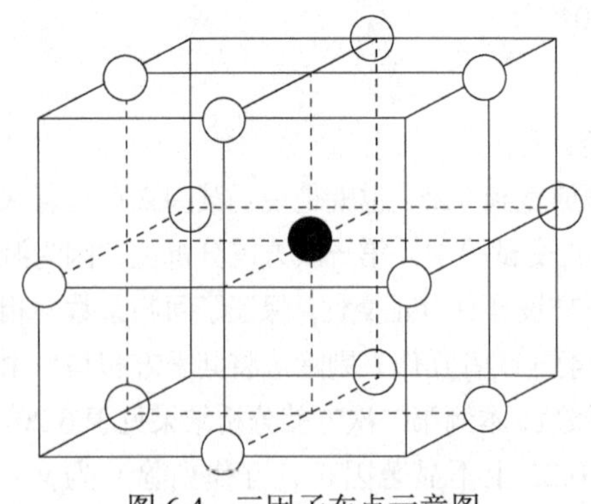

图 6-4　三因子布点示意图

中心点数 $n_0=3$ 的 BBD 试验设计，三因素试验的试验点数为 15，见表 6-21，四因素试验的试验点数为 27，五因素试验的试验点数为 46。试验因素增多，试验点数迅速增多，当因素数为 3 时，BBD 是十分经济的；因素数大于 5 时，一般不再使用 BBD。

【例 6-3】 闫克玉和高远翔优化槐米总黄酮的提取工艺参数，以提取时间（Z_1，h）、乙醇浓度（Z_2，%）、液料比（Z_3，g/ml）为试验因素，以槐米总黄酮提取率为试验指标（y，%），因素水平编码表见表 6-22，采用 BBD 设计，中心点重复 5 次，试验设计、试验方案及各处理的总黄酮提取率（%）见表 6-23。

表 6-21　三因素 BBD 试验设计表

序号	x_1	x_2	x_3	序号	x_1	x_2	x_3
1	−1	−1	0	9	0	−1	−1
2	1	−1	0	10	0	1	−1
3	−1	1	0	11	0	−1	1
4	1	1	0	12	0	1	1
5	−1	0	−1	13	0	0	0
6	1	0	−1	14	0	0	0
7	−1	0	1	15	0	0	0
8	1	0	1				

拟合二次多项式回归方程，得到总黄酮提取率与 x_1、x_2 和 x_3 的三元二次回归方程：$\hat{y}=17.5180-0.1150x_1+0.7650x_2-0.2725x_3+0.0950x_1x_2+0.0250x_1x_3-0.1750x_2x_3-0.0890x_1^2+1.4010x_2^2+0.4060x_3^2$。

表 6-22　试验因素及其水平编码表

x_j	提取时间 Z_1/h	乙醇浓度 Z_2/%	料液比 Z_3/（g/ml）
1	3	75	40
0	2	60	30
−1	1	45	20
Δ_j	1	15	10

表 6-23　三因素 BBD 试验设计、试验方案及总黄酮提取率

处理编号	试验设计			试验方案			总黄酮提取率 y/%
	x_1	x_2	x_3	Z_1/h	Z_2/%	Z_3/（g/ml）	
1	1	−1	0	3	45	30	18.34
2	0	0	0	2	60	30	17.40
3	0	0	0	2	60	30	17.43
4	−1	1	0	1	75	30	19.13
5	0	1	−1	2	75	20	20.60
6	−1	−1	0	1	45	30	17.99
7	1	0	−1	3	60	20	17.62
8	1	1	0	3	75	30	19.86
9	0	−1	−1	2	45	20	18.52
10	1	0	1	3	60	40	17.05
11	0	0	0	2	60	30	17.56
12	0	0	0	2	60	30	17.48
13	0	0	0	2	60	30	17.72
14	0	−1	1	2	45	40	18.40
15	−1	0	1	1	60	40	18.00
16	0	1	1	2	75	40	19.78
17	−1	0	−1	1	60	20	18.67

对拟合的三元二次回归方程进行失拟性检验、假设检验，结果见表 6-24。由表 6-24 可知，失拟性检验达到极显著，表明三元二次回归模型选择不够恰当，在后续研究中可能需要改善模型。此时 $\hat{\sigma}^2=MS_e$，利用 F 检验法对回归方程、偏回归系数进行假设检验时，应以误差均方 MS_e 为分母。

拟合的三元二次回归方程极显著（$F=100.134$，$F_{0.01(9,\ 4)}=14.66$，$F>F_{0.01(9,\ 4)}$），表明槐米总黄酮提取率与 x_1、x_2 和 x_3 间的二次关系极显著存在。该回归方程的相关指数 $R^2=\dfrac{SS_R}{SS_y}=0.9167$，表明利用该回归方程来预测槐米总黄酮提取率，可靠程度达 91.67%。

在 0.10 水平上，除偏回归系数 b_{12}、b_{13} 和 b_{11} 不显著外，其余都显著。因为平方项偏回归系数间存在相关，且与常数项存在相关性，只能剔除不显著的一次项和互作项，本例可以剔除不显著的 x_1x_2 和 x_1x_3，得到新的二次回归方程 $\hat{y}=17.5180-0.1150x_1+0.7650x_2-0.2725x_3-0.1750x_2x_3-0.0890x_1^2+1.4010x_2^2+0.4060x_3^2$。对新的二次回归方程需要进行假设检验，此处略。

表 6-24　回归方程失拟性检验和假设检验结果表

变异来源	平方和	自由度	均方	F
回归	14.7795	9	1.6422	100.134**
x_1	0.1058	1	0.1058	6.451 (*)
x_2	4.6818	1	4.6818	285.476**
x_3	0.5941	1	0.5941	36.223**
x_1x_2	0.0361	1	0.0361	2.201
x_1x_3	0.0025	1	0.0025	0.152
x_2x_3	0.1225	1	0.1225	7.470 (*)
x_1^2	0.0334	1	0.0334	2.034
x_2^2	8.2644	1	8.2644	503.928**
x_3^2	0.6940	1	0.6940	42.320**
剩余	1.3427	7	0.1918	
失拟	1.2771	3	0.4257	25.957**
纯误	0.0657	4	0.0164	
总变异	16.1222	16		

注：$F_{0.01(3,\ 4)}=16.69$；$F_{0.01(9,\ 4)}=14.66$；$F_{0.10(1,\ 4)}=4.54$，$F_{0.05(1,\ 4)}=7.71$，$F_{0.01(1,\ 4)}=21.20$

（*）表示 0.10 水平上显著

第四节　“3414”设计与分析

“3414”方案设计为二次回归 D-最优设计（参见第八章）肥料试验设计，吸收了回归最优设计处理少、效率高的优点，是目前国内外应用较为广泛的肥料效应田间试验方案。“3414”是指氮、磷、钾 3 个因素，每个因素设置 4 个水平，共 14 个水平组合（处理）。每个试验因素 4 个水平的含义：0 水平指不施肥，2 水平指当地最佳施肥量，1 水平＝2 水平×0.5（该水平为欠量施肥水平），3 水平＝2 水平×1.5（该水平为过量施肥水平），见表 6-25。

表 6-25　“3414”试验设计方案

处理号	x_1	x_2	x_3	处理号	x_1	x_2	x_3
1	0	0	0	8	2	2	0
2	0	2	2	9	2	2	1
3	1	2	2	10	2	2	3
4	2	0	2	11	3	2	2
5	2	1	2	12	1	1	2
6	2	2	2	13	1	2	1
7	2	3	2	14	2	1	1

“3414”试验结果资料的统计分析主要内容包括回归分析和专业化分析。回归分析的主要内容包括回归方程的建立、回归方程的 F 检验、回归方程中回归系数的检验。其主要目的是建立产量与施肥量之间的二次回归方程，然后通过方程确定最大施肥量与最佳施肥量，根据施肥量预测产量。运用“3414”完全实施方案的 14 个处理，可以采用三元二次肥料效应模型进行拟合，得出最佳施肥配方，所采用的方程为 $\hat{y}=b_0+b_1Z_1+b_2Z_2+b_3Z_3+b_{12}Z_1Z_2+b_{13}Z_1Z_3+b_{23}Z_2Z_3+b_{11}Z_1^2+b_{22}Z_2^2+b_{33}Z_3^2$，建立 N、P、K 三个因素与产量的三元二次回归方程。

当然，也可以根据试验结果的部分实施方案（或选择完全实施方案的部分处理）建立某一个或某两个因素与产量的一元二次或二元二次回归方程，还可以进行建立土壤养分丰缺指标体系、计算肥料利用率、比较不同模型、推荐肥料施用量等专业化分析。

【例 6-4】 为了寻找油菜品种浔油 10 号在特定条件下的适宜施肥量，安排了一个“3414”试验，纯氮施用量设置的 4 个水平分别为 0kg/hm^2、180kg/hm^2、360kg/hm^2 和 540kg/hm^2，P_2O_5 施用量设置的 4 个水平分别为 0kg/hm^2、90kg/hm^2、180kg/hm^2 和 360kg/hm^2，K_2O 施用量设置的 4 个水平分别为 0kg/hm^2、75kg/hm^2、150kg/hm^2 和 225kg/hm^2，试验处理及其产量结果见表 6-26。

表 6-26　“3414”试验的处理水平与产量

处理编号	氮（N）Z_1/（kg/hm^2）	磷（P_2O_5）Z_2/（kg/hm^2）	钾（K_2O_5）Z_3/（kg/hm^2）	产量/（DW kg/hm^2）
1	0	0	0	441.0
2	0	180	150	495.0
3	180	180	150	1768.5
4	360	0	150	1696.5
5	360	90	150	2020.5
6	360	180	150	2034.0
7	360	360	150	1936.5
8	360	180	0	2047.5
9	360	180	75	2116.5
10	360	180	225	1917.0
11	540	180	150	2098.5
12	180	90	150	1822.5
13	180	180	75	1762.5
14	360	90	75	1933.5

进行多元线性回归和拟合，得各参数的估计值及其假设检验结果（表 6-26），则产量的

三元二次回归方程为 $\hat{y}$=450.1301+4.7791Z_1+2.2464Z_2+7.3108Z_3+0.0161Z_1Z_2+0.0018Z_1Z_3−0.0244Z_2Z_3−0.0096Z_1^2−0.0105Z_2^2−0.0181Z_3^2。式中，Z_2、Z_1Z_3、Z_2Z_3 三项的偏回归系数在 0.10 水平上不显著（表 6-27）。

表 6-27　回归参数的估计及 *t* 检验结果表

参数	估计值	标准误	t
β_0	450.1301	105.499	4.270
β_1	4.7791	1.178	4.060*
β_2	2.2464	2.065	1.090
β_3	7.3108	2.827	2.590(*)
β_{12}	0.0161	0.006	2.690(*)
β_{13}	0.0018	0.007	0.250
β_{23}	−0.0244	0.014	−1.700
β_{11}	−0.0096	0.001	−7.180**
β_{22}	−0.0105	0.003	−3.640*
β_{33}	−0.0181	0.008	−2.350(*)

注：$t_{0.10(4)}$=2.132，$t_{0.05(4)}$=2.776，$t_{0.01(4)}$=4.604

上述二次回归方程经 F 检验（表 6-28），结果表明油菜品种浔油 10 号的产量与氮肥、磷肥和钾肥施用量间存在极显著的二次回归关系。该回归方程的相关指数 $R^2=\dfrac{SS_R}{SS_y}$=0.9884，表明用拟合的二次回归方程来预测油菜品种浔油 10 号的产量，可靠程度达到 98.84%。

表 6-28　回归方程假设检验的方差分析表

变异来源	df	SS	MS	F
回归	9	3834578	0.9884	37.88**
剩余	4	44989	11247	
总变异	13	3879567		

注：$F_{0.01(9,\ 4)}$=14.66

习　题

1. 回答下列问题：

1）回归正交设计为什么要借助编码来实现？

2）二次回归正交组合设计中确定γ的依据是什么？

2. 火鸡人工受精试验，研究输精间隔天数、输精量和输精时刻对火鸡受精率的影响。分别用 Z_1、Z_2、Z_3 表示输精间隔天数、输精量和输精时刻，因素水平编码表如表 6-29 所示。

表 6-29　因素水平编码表

名称	编码 x_j	输精间隔 Z_1/d	输精量 Z_2/ml	输精时刻 Z_3/h
上水平	1	14	0.0500	21.00
下水平	−1	7	0.0250	15.00
零水平	0	10	0.0375	18.00
间隔	Δ_j	3.5	0.0125	3.00

1）用一次回归正交设计确定本试验的实施方案［将 x_1、x_2、x_3 安排在 L_8（2^7）表的第 1、2、4 列上］。

2）本试验在 9 个试验点上进行试验，其中零水平试验点重复 4 次。试验指标 y 是受精率（%），共有 12 个测定值如下：75.9，73.8，90.8，72.1，89.7，88.6，95.7，94.4，83.0，85.9，90.6，89.2。

上述数据排列顺序与由 1）确定的试验设计试验号顺序一致，后 4 个数据为零水平试验结果。求出回归方程，并对方程和回归系数的显著性进行检验（注意，在建立回归方程及显著性检验之前，应对试验指标 y 进行反正弦变换，即 $y'=\sin^{-1}\sqrt{y}$）。

3．研究氮（N）、磷（P_2O_5）、钾（K_2O）对玉米产量的影响。已知施氮、磷、钾肥的下水平和上水平依次为：N，0kg/单位面积、17kg/单位面积；P_2O_5，0kg/单位面积、7kg/单位面积；K_2O，0kg/单位面积、18kg/单位面积。采用三因素二次回归正交组合设计。

1）写出它们的因素水平编码表并制定试验方案（用方法 I 编码）。

2）若根据设计的试验结果（kg/单位面积）分别为 588，567，503，482，556，512，508，484，522，486，563，509，550，522，553，551，554。计算回归系数，并对回归方程进行统计分析。

4．研究氮肥、磷肥、钾肥施用量对某水稻品种产量的影响，某地常规施肥水平分别为 10kg/666.67m^2、6kg/666.67m^2、9kg/666.67m^2，各肥料施肥量分别设置三个水平即常规施肥水平、常规施肥水平基础上增加 20%、常规施肥水平基础上减少 20%，采用 Box-Behnken 设计。请拟定一个试验方案。

5．研究氮肥、磷肥、钾肥施用量对一季中稻产量的影响，某地常规施肥水平分别为 15kg/666.67m^2、8kg/666.67m^2、12kg/666.67m^2，采用“3414”试验设计。请拟定一个试验方案。

第七章　回归的旋转设计与分析

二次回归正交设计具有试验规模小、计算简便和避免了回归系数间的相关性等优点。然而，它与一般回归分析一样，试验点在因子空间的位置不同（各因素所取水平不同），对应的各个预测值 $\hat{y}$ 的方差也就不相同，致使设计在各个方向上不能提供等精度的估计，因此不能对不同试验点预测值之间进行直接比较，不易寻找最优区域。为克服这一缺点，本章介绍回归的旋转设计（rotatable design）与分析。

第一节　旋转性、旋转设计与旋转性条件

一、旋转性

对回归方程 $\hat{y}=b_0+b_1x_1+\cdots+b_mx_m$，可用预测值方差来评价其精确度（precision），即

$$D(\hat{y})=D(b_0)+\sum_{j=1}^{m}D(b_j)x_j^2+2\sum_{\substack{i=1\\i<j}}^{m}\sum_{j=1}^{m}cov(b_i,b_j)x_ix_j$$

可见，$D(\hat{y})$ 与试验点 $x=(x_1, x_2, \cdots, x_m)$ 在空间的位置有关，且与 $D(b_j)$ 和 $cov(b_i, b_j)$ 有关，从而与结构矩阵有关。

设用一次回归正交设计所求得的回归方程为 $\hat{y}=b_0+b_1x_1+\cdots+b_mx_m$，一次回归正交设计的系数矩阵 $\boldsymbol{A}$ 及其逆矩阵 $\boldsymbol{C}$ 为

$$\boldsymbol{A}=\boldsymbol{X}'\boldsymbol{X}=\begin{bmatrix}N&0&\cdots&0\\0&n&\cdots&0\\\vdots&\vdots&&\vdots\\0&0&\cdots&n\end{bmatrix},\quad \boldsymbol{C}=(\boldsymbol{X}'\boldsymbol{X})^{-1}=\begin{bmatrix}\frac{1}{N}&0&\cdots&0\\0&\frac{1}{n}&\cdots&0\\\vdots&\vdots&&\vdots\\0&0&\cdots&\frac{1}{n}\end{bmatrix}$$

于是，一次回归正交设计所得回归系数的方差和协方差分别为

$$D(b_0)=\frac{1}{N}\sigma^2,\quad D(b_j)=\frac{1}{n}\sigma^2$$

$$cov(b_i,\ b_j)=0\quad (i,\ j=0,\ 1,\ 2,\ \cdots,\ m;\ i\neq j)$$

所得一次回归方程预测值 $\hat{y}$ 的方差为

$$D(\hat{y})=D(b_0)+\sum_{j=1}^{m}D(b_j)x_j^2=\frac{\sigma^2}{n}\left(\frac{n}{N}+\sum_{j=1}^{m}x_j^2\right)=\frac{\sigma^2}{n}\left(\frac{n}{N}+\rho^2\right)\tag{7-1}$$

式中，σ^2 为误差方差；$\sum_{j=1}^{m}x_j^2=\rho^2$ 是 m 维编码空间内的一个球面，球心在原点，半径为 ρ。

式（7-1）表明，位于同一球面上的点的预测值 $\hat{y}$ 的方差是相等的。这个性质称为旋转性（rotatability），当利用具有旋转性的回归方程进行预测时，对于同一球面上的点可直接比较其预测值的好坏，从而容易找出预测值相对较优的区域。

二、旋转设计

凡与试验中心点距离相等的球面上各点回归方程预测值 $\hat{y}$ 的方差相等的回归设计称为旋转设计。

显然，一次回归正交设计具有旋转性。一般二次回归正交组合设计不具有旋转性。

回归旋转设计，一方面基本保持了回归正交设计的优点，即试验次数较少，计算简便，且部分地消除了回归系数间的相关性，另一方面能使二次回归设计具有旋转性。回归的旋转设计使所得回归方程具有了旋转性，这样既有助于克服多元线性回归及二次回归正交组合设计中回归预测值 $\hat{y}$ 的方差依赖于试验点在因子空间的位置这个缺点，又可以简单地用 ρ 的大小表示回归预测值误差的大小，ρ 小（试验点距离中心近）误差小，ρ 大（距离中心远）误差大。

三、旋转性条件

下面我们从 3 个自变量的二次回归方程着手来说明这个问题。

对于 $m=3$，二次回归数据结构式是

$$y_\alpha=\beta_0+\beta_1x_{\alpha1}+\beta_2x_{\alpha2}+\beta_3x_{\alpha3}+\beta_{12}x_{\alpha1}x_{\alpha2}+\beta_{13}x_{\alpha1}x_{\alpha3}+\beta_{23}x_{\alpha2}x_{\alpha3}+\beta_{11}x_{\alpha1}^2+\beta_{22}x_{\alpha2}^2+\beta_{33}x_{\alpha3}^2+\varepsilon_\alpha$$

共有 $C_{m+2}^2=C_{3+2}^2=10$ 个待估计参数。

结构矩阵为

$$\boldsymbol{X}=\begin{bmatrix} 1 & x_{11} & x_{12} & x_{13} & x_{11}x_{12} & x_{11}x_{13} & x_{12}x_{13} & x_{11}^2 & x_{12}^2 & x_{13}^2 \\ 1 & x_{21} & x_{22} & x_{23} & x_{21}x_{22} & x_{21}x_{23} & x_{22}x_{23} & x_{21}^2 & x_{22}^2 & x_{23}^2 \\ \vdots & \vdots & \vdots & \vdots & \vdots & \vdots & \vdots & \vdots & \vdots & \vdots \\ 1 & x_{N1} & x_{N2} & x_{N3} & x_{N1}x_{N2} & x_{N1}x_{N3} & x_{N2}x_{N3} & x_{N1}^2 & x_{N2}^2 & x_{N3}^2 \end{bmatrix}$$

对应的信息矩阵（系数矩阵）$\boldsymbol{A}$ 为

$$\boldsymbol{A}=\boldsymbol{X}'\boldsymbol{X}=\begin{bmatrix} N & \sum x_{\alpha1} & \sum x_{\alpha2} & \sum x_{\alpha3} & \sum x_{\alpha1}x_{\alpha2} & \sum x_{\alpha1}x_{\alpha3} & \sum x_{\alpha2}x_{\alpha3} & \sum x_{\alpha1}^2 & \sum x_{\alpha2}^2 & \sum x_{\alpha3}^2 \\ & \sum x_{\alpha1}^2 & \sum x_{\alpha1}x_{\alpha2} & \sum x_{\alpha1}x_{\alpha3} & \sum x_{\alpha1}^2x_{\alpha2} & \sum x_{\alpha1}^2x_{\alpha3} & \sum x_{\alpha1}x_{\alpha2}x_{\alpha3} & \sum x_{\alpha1}^3 & \sum x_{\alpha1}x_{\alpha2}^2 & \sum x_{\alpha1}x_{\alpha3}^2 \\ & & \sum x_{\alpha2}^2 & \sum x_{\alpha2}x_{\alpha3} & \sum x_{\alpha1}x_{\alpha2}^2 & \sum x_{\alpha1}x_{\alpha2}x_{\alpha3} & \sum x_{\alpha2}^2x_{\alpha3} & \sum x_{\alpha1}^2x_{\alpha2} & \sum x_{\alpha2}^3 & \sum x_{\alpha2}x_{\alpha3}^2 \\ & & & \sum x_{\alpha3}^2 & \sum x_{\alpha1}x_{\alpha2}x_{\alpha3} & \sum x_{\alpha1}x_{\alpha3}^2 & \sum x_{\alpha2}x_{\alpha3}^2 & \sum x_{\alpha1}^2x_{\alpha3} & \sum x_{\alpha2}^2x_{\alpha3} & \sum x_{\alpha3}^3 \\ & & & & \sum x_{\alpha1}^2x_{\alpha2}^2 & \sum x_{\alpha1}^2x_{\alpha2}x_{\alpha3} & \sum x_{\alpha1}x_{\alpha2}^2x_{\alpha3} & \sum x_{\alpha1}^3x_{\alpha2} & \sum x_{\alpha1}x_{\alpha2}^3 & \sum x_{\alpha1}x_{\alpha2}x_{\alpha3}^2 \\ & & & & & \sum x_{\alpha1}^2x_{\alpha3}^2 & \sum x_{\alpha1}x_{\alpha2}x_{\alpha3}^2 & \sum x_{\alpha1}^3x_{\alpha3} & \sum x_{\alpha1}x_{\alpha2}^2x_{\alpha3} & \sum x_{\alpha1}x_{\alpha3}^3 \\ & & & & & & \sum x_{\alpha2}^2x_{\alpha3}^2 & \sum x_{\alpha1}^2x_{\alpha2}x_{\alpha3} & \sum x_{\alpha2}^3x_{\alpha3} & \sum x_{\alpha2}x_{\alpha3}^3 \\ & & & & & & & \sum x_{\alpha1}^4 & \sum x_{\alpha1}^2x_{\alpha2}^2 & \sum x_{\alpha1}^2x_{\alpha3}^2 \\ & & & & & & & & \sum x_{\alpha2}^4 & \sum x_{\alpha2}^2x_{\alpha3}^2 \\ & & & & & & & & & \sum x_{\alpha3}^4 \end{bmatrix}$$

由此可见，在三元二次回归中，信息矩阵 $\boldsymbol{A}$ 中元素的一般形式是

$$\sum_{\alpha} x_{\alpha1}^{a_1}x_{\alpha2}^{a_2}x_{\alpha3}^{a_3} \tag{7-2}$$

式中，指数 a_1、a_2、a_3 分别可取 0、1、2、3、4 等非负整数，但是这些指数的和不能超过 4，即 $0\leqslant a_1+a_2+a_3\leqslant 4$。

例如，当 $a_1=a_2=a_3=0$ 时，式（7-2）就是矩阵 **A** 的第 1 行第 1 列上的元素 N。仔细观察，还可把系数矩阵 **A** 的元素分为两类：一类元素，它的所有指数 a_1、a_2、a_3 都是偶数或零；另一类元素，它的所有指数 a_1、a_2、a_3 中至少有一个奇数。

在一般的 m 元 d 次回归中，共有 C_{m+d}^{d} 项，对应的信息矩阵 **A** 是 C_{m+d}^{d} 阶对称方阵，**A** 的元素的一般形式为

$$\sum_{\alpha} x_{\alpha 1}^{a_1} x_{\alpha 2}^{a_2} x_{\alpha 3}^{a_3} \cdots x_{\alpha m}^{a_m}$$

式中，指数 a_1，a_2，…，a_m 分别可取 0，1，2，…，$2d$ 等非负整数，且满足 $0 \leqslant a_1+a_2+\cdots+a_m \leqslant 2d$。**A** 的元素也可类似地分为两类。在旋转设计中，对这两类元素的值的要求，归纳成著名的 G. E. P. Box 旋转定理。

定理 m 元 d 次回归设计满足旋转性的充要条件是其对应的信息矩阵 **A** 的元素

$$\sum x_{\alpha 1}^{a_1} x_{\alpha 2}^{a_2} x_{\alpha 3}^{a_3} \cdots x_{\alpha m}^{a_m} = \begin{cases} \lambda_a \dfrac{N \prod\limits_{j=1}^{m} a_j\,!}{2^{\frac{a}{2}} \prod\limits_{j=1}^{m} \left(\dfrac{a_j}{2}\right)!} & \text{当所有}a_j\text{皆为偶数或零时} \\ 0 & \text{当所有}a_j\text{中至少有一个奇数时} \end{cases} \tag{7-3}$$

式中，指数 a_1，a_2，…，a_m 是如上所述的非负整数；N为试验点总数；$a=a_1+a_2+\cdots+a_m$；λ_a 为待定参数，它的下标 a 一定是偶数，约定$\lambda_0=1$。

这个定理说明旋转设计信息矩阵 **A** 的具体结构，它也是旋转设计的基本要求，我们称之为旋转性条件（rotatability conditions）。

第二节　一次回归旋转设计

为了便于理解，先讨论三元一次回归旋转设计，此时，数据结构式为

$$y_\alpha=\beta_0+\beta_1 x_{\alpha 1}+\beta_2 x_{\alpha 2}+\cdots+\beta_m x_{\alpha m}+\varepsilon_\alpha \quad (\alpha=1,\ 2,\ \cdots,\ N)$$

结构矩阵 **X** 和信息矩阵 **A** 分别为

$$\boldsymbol{X}=\begin{bmatrix} 1 & x_{11} & x_{12} & x_{13} \\ 1 & x_{21} & x_{22} & x_{23} \\ \vdots & \vdots & \vdots & \vdots \\ 1 & x_{N1} & x_{N2} & x_{N3} \end{bmatrix}$$

$$\boldsymbol{A}=\boldsymbol{X}'\boldsymbol{X}=\begin{bmatrix} N & \sum x_{\alpha 1} & \sum x_{\alpha 2} & \sum x_{\alpha 3} \\ & \sum x_{\alpha 1}^2 & \sum x_{\alpha 1}x_{\alpha 2} & \sum x_{\alpha 1}x_{\alpha 3} \\ & & \sum x_{\alpha 2}^2 & \sum x_{\alpha 2}x_{\alpha 3} \\ & & & \sum x_{\alpha 3}^2 \end{bmatrix}$$

根据式（7-3），计算得

$$N=\sum x_{\alpha 1}^{0}x_{\alpha 2}^{0}x_{\alpha 3}^{0}=\lambda_0\frac{N0!0!0!}{2^0\left(\frac{0}{2}\right)!\left(\frac{0}{2}\right)!\left(\frac{0}{2}\right)!}=\lambda_0 N=N$$

（$a=0+0+0=0$，表明约定$\lambda_0=1$是合理的）

$$\sum x_{\alpha 1}^{2}=\sum x_{\alpha 1}^{2}x_{\alpha 2}^{0}x_{\alpha 3}^{0}=\lambda_2\frac{N2!0!0!}{2^{\frac{2}{2}}\left(\frac{2}{2}\right)!\left(\frac{0}{2}\right)!\left(\frac{0}{2}\right)!}=\lambda_2 N\quad(a=2+0+0=2)$$

$$\sum x_{\alpha 2}^{2}=\sum x_{\alpha 1}^{0}x_{\alpha 2}^{2}x_{\alpha 3}^{0}=\lambda_2 N\quad(a=0+2+0=2)$$

$$\sum x_{\alpha 3}^{2}=\sum x_{\alpha 1}^{0}x_{\alpha 2}^{0}x_{\alpha 3}^{2}=\lambda_2 N\quad(a=0+0+2=2)$$

矩阵$\boldsymbol{A}$中其他元素为0，故三元一次回归旋转设计信息矩阵

$$\boldsymbol{A}=\begin{bmatrix}N&&&\\&\lambda_2 N&&\\&&\lambda_2 N&\\&&&\lambda_2 N\end{bmatrix}$$

当$\lambda_2=1$时，

$$\boldsymbol{A}=\begin{bmatrix}N&&&\\&N&&\\&&N&\\&&&N\end{bmatrix}$$

表明，一次回归正交设计也就是$\lambda_2=1$时的一次回归旋转设计。

第三节　二次回归旋转设计

一、二次回归旋转设计条件

当$m=3$、$d=2$时的信息矩阵$\boldsymbol{A}$见前，其中

$$\sum x_{\alpha 1}^{2}=\sum x_{\alpha 2}^{2}=\sum x_{\alpha 3}^{2}=\lambda_2\frac{N2!0!0!}{2^{\frac{2}{2}}\left(\frac{2}{2}\right)!\left(\frac{0}{2}\right)!\left(\frac{0}{2}\right)!}=\lambda_2 N\quad(a=2+0+0=2)$$

$$\sum x_{\alpha 1}^{4}=\sum x_{\alpha 2}^{4}=\sum x_{\alpha 3}^{4}=\lambda_4\frac{N4!0!0!}{2^{\frac{4}{2}}\left(\frac{4}{2}\right)!\left(\frac{0}{2}\right)!\left(\frac{0}{2}\right)!}=3\lambda_4 N\quad(a=4+0+0=4)$$

$$\sum x_{\alpha 1}^{2}x_{\alpha 2}^{2}=\sum x_{\alpha 1}^{2}x_{\alpha 3}^{2}=\sum x_{\alpha 2}^{2}x_{\alpha 3}^{2}=\lambda_4\frac{N2!2!0!}{2^{\frac{4}{2}}\left(\frac{2}{2}\right)!\left(\frac{2}{2}\right)!\left(\frac{0}{2}\right)!}=\lambda_4 N\quad(a=2+2+0=4)$$

所以三元二次回归旋转设计的信息矩阵$\boldsymbol{A}$的元素有如下特点（三元二次回归旋转性条件）：

$$\sum_{\alpha} x_{\alpha j}^{2}=\lambda_2 N,\quad \sum_{\alpha} x_{\alpha j}^{4}=3\sum_{\alpha} x_{\alpha i}^{2}x_{\alpha j}^{2}=3\lambda_4 N\quad(i,\ j=1,\ 2,\ 3)$$

A 的其他元素皆为 0，于是

$$\frac{1}{N}\boldsymbol{A}=\frac{1}{N}(\boldsymbol{X}'\boldsymbol{X})=\begin{array}{c} \begin{matrix} 0 & 1 & 2 & 3 & 12 & 13 & 23 & 11 & 22 & 33 \end{matrix} \\ \left[\begin{matrix} 1 & & & & & & & \lambda_2 & \lambda_2 & \lambda_2 \\ & \lambda_2 & & & & & & & & \\ & & \lambda_2 & & & & & & & \\ & & & \lambda_2 & & & & & & \\ & & & & \lambda_4 & & & & & \\ & & & & & \lambda_4 & & & & \\ & & & & & & \lambda_4 & & & \\ \lambda_2 & & & & & & & 3\lambda_4 & \lambda_4 & \lambda_4 \\ \lambda_2 & & & & & & & \lambda_4 & 3\lambda_4 & \lambda_4 \\ \lambda_2 & & & & & & & \lambda_4 & \lambda_4 & 3\lambda_4 \end{matrix}\right] \end{array}\begin{matrix} 0 \\ 1 \\ 2 \\ 3 \\ 12 \\ 13 \\ 23 \\ 11 \\ 22 \\ 33 \end{matrix}$$

式中，λ_2、λ_4 待定。

一般，m 元二次回归旋转设计的信息矩阵 **A** 的元素有如下特点（m 元二次回归旋转性条件）：

$$\sum_{\alpha} x_{\alpha j}^2=\lambda_2 N,\ \sum_{\alpha} x_{\alpha j}^4=3\sum_{\alpha} x_{\alpha i}^2 x_{\alpha j}^2=3\lambda_4 N \quad (i,\ j=1,\ 2,\ \cdots,\ m) \tag{7-4}$$

这时，二次旋转设计信息矩阵 **A** 有如下形式（其中空白处为零）：

$$\frac{1}{N}\boldsymbol{A}=\frac{1}{N}(\boldsymbol{X}'\boldsymbol{X})=\begin{array}{c} \begin{matrix} 0 & 1 & 2 & \cdots & m & 12 & 13 & \cdots & (m-1)m & 11 & 22 & \cdots & mm \end{matrix} \\ \left[\begin{matrix} 1 & & & & & & & & & \lambda_2 & \lambda_2 & \cdots & \lambda_2 \\ & \lambda_2 & & & & & & & & & & & \\ & & \lambda_2 & & & & & & & & & & \\ & & & \ddots & & & & & & & & & \\ & & & & \lambda_2 & & & & & & & & \\ & & & & & \lambda_4 & & & & & & & \\ & & & & & & \lambda_4 & & & & & & \\ & & & & & & & \ddots & & & & & \\ & & & & & & & & \lambda_4 & & & & \\ \lambda_2 & & & & & & & & & 3\lambda_4 & \lambda_4 & \cdots & \lambda_4 \\ \lambda_2 & & & & & & & & & \lambda_4 & 3\lambda_4 & \cdots & \lambda_4 \\ \vdots & & & & & & & & & \vdots & \vdots & & \vdots \\ \lambda_2 & & & & & & & & & \lambda_4 & \lambda_4 & \cdots & 3\lambda_4 \end{matrix}\right] \end{array}\begin{matrix} 0 \\ 1 \\ 2 \\ \vdots \\ m \\ 12 \\ 13 \\ \vdots \\ (m-1)m \\ 11 \\ 22 \\ \vdots \\ mm \end{matrix}$$

经计算，有

$$\frac{1}{N}|\boldsymbol{A}|=\lambda_2^m \lambda_4^l[(m+2)\lambda_4-m\lambda_2^2](2\lambda_4)^{m-1}$$

式中，$l=C_m^2$。由此可见，要使 $|\boldsymbol{A}|\neq 0$，即矩阵 **A** 为非退化的，必须要有

$$\frac{\lambda_4}{\lambda_2^2}\neq\frac{m}{m+2} \tag{7-5}$$

式（7-5）称为 m 元二次旋转设计的非退化条件（non-degenerative conditions）。

下面将讨论如何设计才能满足旋转性条件（7-4）和非退化条件（7-5）。

1．非退化性的实现　可以证明只要 N 个试验点至少分布在两个半径不等的球面上就可以满足非退化条件（7-5），最简单的情况是把 N 个试验点分布在两个或三个球面上。

2．旋转性的实现　在组合设计中，N 个试验点（$N=n_c+n_\gamma+n_0$）分布在 3 个球面上。其中，n_c 个点分布在半径为 $\rho_c=\sqrt{m}$ 的球面上；$n_\gamma=2m$ 个点分布在半径为 $\rho_\gamma=\gamma$ 的球面上；n_0 个点集中在半径 $\rho_0=0$ 的球面上。

因此，二次回归组合设计总是满足非退化条件（7-5）的，通过调整星号臂 γ 的值可以使组合设计满足旋转性条件（7-4）。

二、星号臂 γ 值的确定

在组合设计中，$\sum\limits_{\alpha}x_{\alpha j}=\sum\limits_{\alpha}x_{\alpha i}x_{\alpha j}=\sum\limits_{\alpha}x_{\alpha i}^2x_{\alpha j}=0$，而偶次方元素 $\sum\limits_{\alpha}x_{\alpha j}^2=n_c+2\gamma^2$，$\sum\limits_{\alpha}x_{\alpha j}^4=n_c+2\gamma^4$，$\sum\limits_{\alpha}x_{\alpha i}^2x_{\alpha j}^2=n_c$ 都不为零，为了满足旋转性条件（7-4），令 $\sum\limits_{\alpha}x_{\alpha j}^4=3\sum\limits_{\alpha}x_{\alpha i}^2x_{\alpha j}^2$。

在 $n_c=2^m$（全实施）的情况下，要使 $\sum\limits_{\alpha}x_{\alpha j}^4=3\sum\limits_{\alpha}x_{\alpha i}^2x_{\alpha j}^2$ 成立，则 $2^m+2\gamma^4=3\times2^m$，整理得

$$\gamma=2^{\frac{m}{4}} \tag{7-6}$$

类似地，对于 $n_c=2^{m-1}$ 和 $n_c=2^{m-2}$（1/2 或 1/4 部分实施），分别计算可得

$$\gamma=2^{\frac{m-1}{4}} \text{ 和 } \gamma=2^{\frac{m-2}{4}} \tag{7-7}$$

由式（7-6）或式（7-7）算出的常用的 γ 和 γ^2 值列于表 7-1。从表 7-1 上对全面试验（或其部分实施）点所位于的球面半径 $\rho_c=\sqrt{m}$ 和星号点所位于的球面半径 $\rho_\gamma=\gamma$ 进行比较发现，在某些情况下有 $\rho_c=\rho_\gamma$ 或 $\rho_c\approx\rho_\gamma$。在这两种情况下（特别在 $m<5$ 的情况下），n_c 个全面试验（或其部分实施）点与 n_γ 个星号点分布或近似分布在同一个球面上，这时就必须增加中心试验点，以避免退化，而在其他情况下，即使在中心点不做试验，也不会引起信息矩阵 $\boldsymbol{A}$ 退化。

表 7-1　二次回归旋转组合设计中常用 γ 值表

m	n_c	n_γ	$\rho_c=\sqrt{m}$	$\rho_\gamma=\gamma$	γ^2
2	4	4	1.41421	1.41421	2.00000
3	8	6	1.73205	1.68179	2.82843
4	16	8	2.00000	2.00000	4.00000
5（1/2 实施）	16	10	2.23607	2.00000	4.00000
5	32	10	2.23607	2.37841	5.65685
6（1/2 实施）	32	12	2.44949	2.37841	5.65685
6	64	12	2.44949	2.82843	8.00000
7（1/2 实施）	64	14	2.64575	2.82843	8.00000
7（1/4 实施）	32	14	2.64575	2.37841	5.65685
7	128	14	2.64575	3.36359	11.31371
8（1/2 实施）	128	16	2.82843	3.36359	11.31371
8（1/4 实施）	64	16	2.82843	2.82843	8.00000
8	256	16	2.82843	4.00000	16.00000

三、中心点重复数 n_0 的确定

二次回归旋转组合设计具有同一球面预测值 $\hat{y}$ 的方差相等的优点，但 b_0 与 b_{jj}，b_{ii} 与 b_{jj} 间存在相关性。通过适当地选取 n_0，能使二次旋转组合设计具有更好的统计性质。

1．使二次回归旋转组合设计具有正交性

（1）使二次回归旋转组合设计具有几乎正交性　所谓几乎正交性（near orthogonality）是除 b_0 与 b_{jj} 相关外，其他参数估计值之间不存在相关，此处，就是要解决 b_{ii} 与 b_{jj} 之间的相关问题。由 cov（b_{ii}，b_{jj}）=0 来确定 N，进而确定 n_0。表 7-2 提供了进行二次回归几乎正交旋转组合设计的各种参数。

表 7-2　二次回归几乎正交旋转组合设计的参数表

方案号	二次回归旋转组合设计参数			N	$n_0=N-n_c-2m$
	m	n_c	γ		
1	2	4	1.41421	16	8
2	3	8	1.68179	23	9
3	4	16	2.00000	36	12
4	5	32	2.00000	59	17
5	6	64	2.37841	100	24
6	7	128	2.37841	177	35
7	8	256	2.82843	324	52
8	5（1/2 实施）	16	2.82843	36	10
9	6（1/2 实施）	32	2.37841	59	15
10	7（1/2 实施）	64	3.36359	100	22
11	8（1/2 实施）	128	3.36359	177	33
12	8（1/4 实施）	64	2.82843	100	20

例如，对 $m=3$ 的情况，可选 $n_0=9$ 来进行二次回归几乎正交旋转组合设计。三因素二次回归几乎正交旋转组合设计结构矩阵如表 7-3 所示。

表 7-3　三因素二次回归几乎正交旋转组合设计结构矩阵

试验号	x_0	x_1	x_2	x_3	x_1x_2	x_1x_3	x_2x_3	x_1^2	x_2^2	x_3^2
1	1	1	1	1	1	1	1	1	1	1
2	1	1	1	−1	1	−1	−1	1	1	1
3	1	1	−1	1	−1	1	−1	1	1	1
4	1	1	−1	−1	−1	−1	1	1	1	1
5	1	−1	1	1	−1	−1	1	1	1	1
6	1	−1	1	−1	−1	1	−1	1	1	1
7	1	−1	−1	1	1	−1	−1	1	1	1
8	1	−1	−1	−1	1	1	1	1	1	1
9	1	1.68179	0	0	0	0	0	2.82843	0	0
10	1	−1.68179	0	0	0	0	0	2.82843	0	0

续表

试验号	x_0	x_1	x_2	x_3	x_1x_2	x_1x_3	x_2x_3	x_1^2	x_2^2	x_3^2
11	1	0	1.68179	0	0	0	0	0	2.82843	0
12	1	0	−1.68179	0	0	0	0	0	2.82843	0
13	1	0	0	1.68179	0	0	0	0	0	2.82843
14	1	0	0	−1.68179	0	0	0	0	0	2.82843
15	1	0	0	0	0	0	0	0	0	0
16	1	0	0	0	0	0	0	0	0	0
17	1	0	0	0	0	0	0	0	0	0
18	1	0	0	0	0	0	0	0	0	0
19	1	0	0	0	0	0	0	0	0	0
20	1	0	0	0	0	0	0	0	0	0
21	1	0	0	0	0	0	0	0	0	0
22	1	0	0	0	0	0	0	0	0	0
23	1	0	0	0	0	0	0	0	0	0

（2）使几乎正交成为完全正交　　使几乎正交成为完全正交，即解决 b_0 与 b_{jj} 相关的问题。对平方项列的元素施行中心化变换，即令 $x'_{\alpha j}=x_{\alpha j}^2-\frac{1}{N}\sum_{\alpha}x_{\alpha j}^2$ 便可消除 b_0 与 b_{jj} 之间的相关，进而获得二次回归正交旋转组合设计结构矩阵。

例如，对于 $m=3$，$d=2$，因为 $\frac{1}{N}\sum_{\alpha}x_{\alpha j}^2=\frac{1}{23}\times(8+2\times2.82843)=0.59378$，所以 $x'_{\alpha j}=x_{\alpha j}^2-0.59378$。

三因素二次回归正交旋转组合设计结构矩阵如表 7-4 所示。

表 7-4　三因素二次回归正交旋转组合设计结构矩阵

试验号	x_0	x_1	x_2	x_3	x_1x_2	x_1x_3	x_2x_3	x'_1	x'_2	x'_3
1	1	1	1	1	1	1	1	0.40622	0.40622	0.40622
2	1	1	1	−1	1	−1	−1	0.40622	0.40622	0.40622
3	1	1	−1	1	−1	1	−1	0.40622	0.40622	0.40622
4	1	1	−1	−1	−1	−1	1	0.40622	0.40622	0.40622
5	1	−1	1	1	−1	−1	1	0.40622	0.40622	0.40622
6	1	−1	1	−1	−1	1	−1	0.40622	0.40622	0.40622
7	1	−1	−1	1	1	−1	−1	0.40622	0.40622	0.40622
8	1	−1	−1	−1	1	1	1	0.40622	0.40622	0.40622
9	1	1.68179	0	0	0	0	0	2.23465	−0.59378	−0.59378
10	1	−1.68179	0	0	0	0	0	2.23465	−0.59378	−0.59378
11	1	0	1.68179	0	0	0	0	−0.59378	2.23465	−0.59378
12	1	0	−1.68179	0	0	0	0	−0.59378	2.23465	−0.59378
13	1	0	0	1.68179	0	0	0	−0.59378	−0.59378	2.23465
14	1	0	0	−1.68179	0	0	0	−0.59378	−0.59378	2.23465
15	1	0	0	0	0	0	0	−0.59378	−0.59378	−0.59378

续表

试验号	x_0	x_1	x_2	x_3	x_1x_2	x_1x_3	x_2x_3	x_1'	x_2'	x_3'
16	1	0	0	0	0	0	0	−0.59378	−0.59378	−0.59378
17	1	0	0	0	0	0	0	−0.59378	−0.59378	−0.59378
18	1	0	0	0	0	0	0	−0.59378	−0.59378	−0.59378
19	1	0	0	0	0	0	0	−0.59378	−0.59378	−0.59378
20	1	0	0	0	0	0	0	−0.59378	−0.59378	−0.59378
21	1	0	0	0	0	0	0	−0.59378	−0.59378	−0.59378
22	1	0	0	0	0	0	0	−0.59378	−0.59378	−0.59378
23	1	0	0	0	0	0	0	−0.59378	−0.59378	−0.59378

2. 使二次回归旋转组合设计具有通用性 二次回归旋转组合设计，具有同一球面上各试验点的预测值 $\hat{y}$ 的方差相等的优点，但它还存在不同半径球面上各试验点的预测值 $\hat{y}$ 的方差不等的缺点。为了解决这一问题，提出了回归设计的通用性（generality）问题。所谓通用性是指各试验点与中心的距离 ρ 为 $0<\rho<1$，其预测值 $\hat{y}$ 的方差基本相等。具有通用性的设计称为通用设计（common design），也称等精度设计（equal precision design）。同时具有旋转性与通用性的组合设计称为通用旋转组合设计（common rotation design）。

表 7-5 提供了进行二次回归通用旋转组合设计的各种参数。

表 7-5 二次回归通用旋转组合设计参数表

方案号	二次回归旋转组合设计参数			N	n_0（$N-n_c-2m$）
	m	n_c	γ		
1	2	4	1.41421	13	5
2	3	8	1.68179	20	6
3	4	16	2.00000	31	7
4	5	32	2.00000	52	10
5	6	64	2.37841	92	16
6	7	128	2.37841	163	21
7	8	256	2.82843	305	33
8	5（1/2 实施）	16	2.82843	32	6
9	6（1/2 实施）	32	2.37841	53	9
10	7（1/2 实施）	64	3.36359	92	14
11	8（1/2 实施）	128	3.36359	165	21
12	8（1/4 实施）	64	2.82843	93	13

此处的 n_0 比二次回归几乎正交旋转组合设计的 n_0 小。

表 7-6 是三因素二次回归通用旋转组合设计结构矩阵。

表 7-6 三因素二次回归通用旋转组合设计结构矩阵

试验号	x_0	x_1	x_2	x_3	x_1x_2	x_1x_3	x_2x_3	x_1^2	x_2^2	x_3^2
1	1	1	1	1	1	1	1	1	1	1
2	1	1	1	−1	1	−1	−1	1	1	1
3	1	1	−1	1	−1	1	−1	1	1	1

续表

试验号	x_0	x_1	x_2	x_3	x_1x_2	x_1x_3	x_2x_3	x_1^2	x_2^2	x_3^2
4	1	1	−1	−1	−1	−1	1	1	1	1
5	1	−1	1	1	−1	−1	1	1	1	1
6	1	−1	1	−1	−1	1	−1	1	1	1
7	1	−1	−1	1	1	−1	−1	1	1	1
8	1	−1	−1	−1	1	1	1	1	1	1
9	1	1.68179	0	0	0	0	0	2.82843	0	0
10	1	−1.68179	0	0	0	0	0	2.82843	0	0
11	1	0	1.68179	0	0	0	0	0	2.82843	0
12	1	0	−1.68179	0	0	0	0	0	2.82843	0
13	1	0	0	1.68179	0	0	0	0	0	2.82843
14	1	0	0	−1.68179	0	0	0	0	0	2.82843
15	1	0	0	0	0	0	0	0	0	0
16	1	0	0	0	0	0	0	0	0	0
17	1	0	0	0	0	0	0	0	0	0
18	1	0	0	0	0	0	0	0	0	0
19	1	0	0	0	0	0	0	0	0	0
20	1	0	0	0	0	0	0	0	0	0

在二次回归通用旋转组合设计中，常数项 b_0 与平方项偏回归系数 b_{jj}，平方项偏回归系数 b_{ii} 与 b_{jj}（$i \neq j$）间还存在着相关，所以说通用旋转组合设计是损失了部分正交性而达到了单位球内基本一致精度的要求。

综上所述，m 元二次回归旋转组合设计包括：二次回归几乎正交旋转组合设计、二次回归正交旋转组合设计和二次回归通用旋转组合设计。组合设计保证了非退化性，γ 的选择保证了旋转性，n_0 的选择保证了通用性或几乎正交性，在几乎正交的基础上将平方项 x_j^2 列的元素中心化保证了几乎正交成为完全正交。

简而言之，旋转组合设计使预测值 $\hat{y}$ 有等距等方差的性质；正交旋转组合设计消除了各参数估计值间的相关性；通用旋转组合设计以损失部分正交性为代价保证了预测值 $\hat{y}$ 在单位球内基本等方差。

第四节　二次回归旋转组合设计与分析

二次回归旋转组合设计的统计分析方法，因该设计是具有正交性、几乎正交性还是通用性而有所不同。下面先介绍分析的基本步骤与有关计算公式，而后通过实例介绍各种分析方法。

一、基本步骤与公式

1．因素水平编码　设有 m 个因素 Z_1，Z_2，…，Z_m，其中第 j 个因素的上、下水平分别为 Z_{2j}、Z_{1j}（$j=1$，2，…，m），由此计算零水平，$Z_{0j}=(Z_{2j}+Z_{1j})/2$。根据旋转性的要求查表 7-1 确定 γ 值，然后利用前面介绍的方法Ⅰ或方法Ⅱ编制因素水平编码表。

2．列出试验实施方案　编码因素的试验方案即试验设计包含 $N=n_c+n_\gamma+n_0$ 个试验点。将编码因素试验方案的编码水平换成相应的实际水平即得试验实施方案。试验结果记为 y_α（$\alpha=1, 2, \cdots, N$）。

3．计算回归系数 二次回归正交旋转组合设计参数估计值的计算同二次回归正交组合设计，可在结构矩阵与结果表上直接进行。

二次回归通用旋转组合设计与几乎正交旋转组合设计回归系数的计算如下。

对于二次回归组合设计，$(\boldsymbol{X}'\boldsymbol{X})^{-1}$ 可表示为

$$\boldsymbol{A}^{-1}=(\boldsymbol{X}'\boldsymbol{X})^{-1}=\begin{array}{c} \begin{matrix} 0 & 11 & 22 & \cdots & mm & 1 & 2 & \cdots & m & 12 & 13 & \cdots & (m-1)m \end{matrix} \\ \left[\begin{matrix} K & E & E & \cdots & E & & & & & & & & \\ E & F & G & \cdots & G & & & & & & & & \\ E & G & F & \cdots & G & & & & & & & & \\ \vdots & \vdots & \vdots & & \vdots & & & & & & & & \\ E & G & G & \cdots & F & & & & & & & & \\ & & & & & e^{-1} & & & & & & & \\ & & & & & & e^{-1} & & & & & & \\ & & & & & & & \ddots & & & & & \\ & & & & & & & & e^{-1} & & & & \\ & & & & & & & & & n_c^{-1} & & & \\ & & & & & & & & & & n_c^{-1} & & \\ & & & & & & & & & & & \ddots & \\ & & & & & & & & & & & & n_c^{-1} \end{matrix}\right] \begin{matrix} 0 \\ 11 \\ 22 \\ \vdots \\ mm \\ 1 \\ 2 \\ \vdots \\ m \\ 12 \\ 13 \\ \vdots \\ (m-1)m \end{matrix} \end{array}$$

对于二次回归通用（$G\neq0$，$E\neq0$）与几乎正交（$G=0$，$E\neq0$）旋转组合设计则有

$$\begin{bmatrix} b_0 \\ b_{11} \\ b_{22} \\ \vdots \\ b_{mm} \\ b_1 \\ \vdots \\ b_m \\ b_{12} \\ \vdots \\ b_{m-1,m} \end{bmatrix}=\begin{bmatrix} K & E & E & \cdots & E & & & & & & \\ E & F & G & \cdots & G & & & & & & \\ E & G & F & \cdots & G & & & & & & \\ \vdots & \vdots & \vdots & & \vdots & & & & & & \\ E & G & G & \cdots & F & & & & & & \\ & & & & & e^{-1} & & & & & \\ & & & & & & \ddots & & & & \\ & & & & & & & e^{-1} & & & \\ & & & & & & & & n_c^{-1} & & \\ & & & & & & & & & \ddots & \\ & & & & & & & & & & n_c^{-1} \end{bmatrix}\begin{bmatrix} B_0 \\ B_{11} \\ B_{22} \\ \vdots \\ B_{mm} \\ B_1 \\ \vdots \\ B_m \\ B_{12} \\ \vdots \\ B_{m-1,m} \end{bmatrix}$$

式中，

$$B_0=\sum_\alpha y_\alpha,\ B_{jj}=\sum_\alpha x_{\alpha j}^2 y_\alpha,\ B_{ij}=\sum_\alpha x_{\alpha i}x_{\alpha j}y_\alpha,\ B_j=\sum_\alpha x_{\alpha j}y_\alpha$$

即

$$\begin{cases} b_0=KB_0+E\sum B_{jj} & (j=1, 2, \cdots, m) \\ b_j=e^{-1}B_j & (j=1, 2, \cdots, m) \\ b_{ij}=n_c^{-1}B_{ij} & (i, j=1, 2, \cdots, m;\ i<j) \\ b_{jj}=(F-G)B_{jj}+G\sum B_{jj}+EB_0 & (j=1, 2, \cdots, m) \end{cases} \tag{7-8}$$

式中，K、E、F、G、e^{-1}、n_c^{-1}的值可查表 7-7。横线上方数值用于通用旋转组合设计，横线下方数值用于几乎正交旋转组合设计。

表 7-7　计算参数估计值的有关参数表

m	γ	n_0	N	K	E	e^{-1}	n_c^{-1}	$F-G$	G	F
2	1.41421	$\frac{5}{8}$	$\frac{13}{16}$	$\frac{0.20000}{0.12500}$	$\frac{-0.10000}{-0.06250}$	0.12500	0.25000	0.12500	$\frac{0.01875}{0.00000}$	$\frac{0.14375}{0.12500}$
3	1.68179	$\frac{6}{9}$	$\frac{20}{23}$	$\frac{0.16634}{0.11097}$	$\frac{-0.05679}{-0.03789}$	0.07322	0.12500	0.06250	$\frac{0.00689}{0.00044}$	$\frac{0.06939}{0.06294}$
4	2.00000	$\frac{7}{12}$	$\frac{31}{36}$	$\frac{0.14286}{0.08333}$	$\frac{-0.03571}{-0.02083}$	0.04167	0.06250	0.03125	$\frac{0.00372}{0.00000}$	$\frac{0.03497}{0.03125}$
5	2.37841	$\frac{10}{17}$	$\frac{52}{59}$	$\frac{0.09878}{0.05839}$	$\frac{-0.01910}{-0.01129}$	0.02309	0.03125	0.01563	$\frac{0.00146}{-0.00005}$	$\frac{0.01709}{0.01558}$
6	2.82834	$\frac{16}{24}$	$\frac{92}{100}$	$\frac{0.06911}{0.03929}$	$\frac{-0.00907}{-0.00614}$	0.01250	0.01563	0.00768	$\frac{0.00077}{0.00000}$	$\frac{0.00845}{0.00768}$
7	3.36359	$\frac{21}{35}$	$\frac{163}{177}$	$\frac{0.03979}{0.02555}$	$\frac{-0.00520}{-0.00284}$	0.00664	0.00781	0.00390	$\frac{0.00025}{0.000003}$	$\frac{0.00415}{0.00391}$
8	4.00000	$\frac{33}{52}$	$\frac{305}{324}$	$\frac{0.02183}{0.01543}$	$\frac{-0.00246}{-0.00174}$	0.00347	0.00391	0.00195	$\frac{0.00008}{0.00000}$	$\frac{0.00203}{0.00195}$
$5\left(\frac{1}{2}\text{实施}\right)$	2.00000	$\frac{6}{10}$	$\frac{32}{36}$	$\frac{0.15909}{0.09722}$	$\frac{-0.03409}{-0.02083}$	0.04167	0.06250	0.03125	$\frac{0.00284}{0.00000}$	$\frac{0.03409}{0.03125}$
$6\left(\frac{1}{2}\text{实施}\right)$	2.37841	$\frac{9}{15}$	$\frac{53}{59}$	$\frac{0.11075}{0.06654}$	$\frac{-0.01874}{-0.01126}$	0.02309	0.03125	0.01563	$\frac{0.00122}{-0.00005}$	$\frac{0.01684}{0.01558}$
$7\left(\frac{1}{2}\text{实施}\right)$	2.82843	$\frac{14}{22}$	$\frac{92}{100}$	$\frac{0.07031}{0.04500}$	$\frac{-0.00977}{-0.00625}$	0.01250	0.01563	0.00781	$\frac{0.00049}{0.00000}$	$\frac{0.00830}{0.00781}$
$8\left(\frac{1}{4}\text{实施}\right)$	2.82843	$\frac{13}{20}$	$\frac{93}{100}$	$\frac{0.07692}{0.05000}$	$\frac{-0.00962}{-0.00625}$	0.01250	0.01563	0.00781	$\frac{0.00042}{0.00000}$	$\frac{0.00823}{0.00781}$

4．回归方程显著性检验　对于正交旋转组合设计，

$$\begin{cases} SS_y=\sum_{\alpha} y_\alpha^2-\dfrac{\left(\sum_{\alpha} y_\alpha\right)^2}{N} \\ df_y=N-1 \end{cases}$$

$$\begin{cases} SS_R=\sum_{i=1}^{m} Q_j+\sum_{\substack{i=1\\i<j}}^{m}\sum_{j=1}^{m} Q_{ij}+\sum_{j=1}^{m} Q_{jj} \\ df_R=\mathrm{C}_{m+2}^{2}-1 \end{cases}$$

$$\begin{cases}SS_r=SS_y-SS_R\\df_r=df_y-df_R\end{cases}$$

对于通用、几乎正交旋转组合设计，

$$\begin{cases}SS_y=\sum_{\alpha}y_{\alpha}^2-\dfrac{\left(\sum_{\alpha}y_{\alpha}\right)^2}{N}\\df_y=N-1\end{cases}$$

$$\begin{cases}SS_r=\sum_{\alpha}y_{\alpha}^2-b_0B_0-\sum_{j=1}^{m}b_jB_j-\sum_{i<j}\sum b_{ij}B_{ij}-\sum_{j-1}^{m}b_{jj}B_{jj}\\df_r=N-C_{m+2}^2\end{cases}\tag{7-9}$$

$$\begin{cases}SS_R=SS_y-SS_r\\df_R=df_y-df_r=C_{m+2}^2-1\end{cases}$$

注意，对于通用、几乎正交旋转组合设计是先计算剩余平方和 SS_r，然后计算回归平方和 SS_R。

纯误平方和及其自由度为

$$\begin{cases}SS_e=\sum_{i=1}^{n_0}y_{0i}^2-\dfrac{\left(\sum_{i=1}^{n_0}y_{0i}\right)^2}{n_0}\\df_e=n_0-1\end{cases}$$

失拟平方和及其自由度为

$$\begin{cases}SS_{Lf}=SS_r-SS_e\\df_{Lf}=df_r-df_e=N-C_{m+2}^2-n_0+1\end{cases}$$

用统计量

$$F_{Lf}=\frac{MS_{Lf}}{MS_e}=\frac{SS_{Lf}/df_{Lf}}{SS_e/df_e}\quad(df_1=df_{Lf},\ df_2=df_e)$$

进行失拟性的检验。如果用 F_{Lf} 不显著，可进一步用统计量

$$F_R=\frac{MS_R}{MS_r}=\frac{SS_R/df_R}{SS_r/df_r}\quad(df_1=df_R,\ df_2=df_r)$$

对回归方程进行检验。

如果失拟性检验是显著的，则需进一步考察原因，改进二次回归模型。

5．偏回归系数显著性检验　二次回归正交旋转组合设计的各偏回归系数的显著性检验与二次回归正交组合设计的方法相同，即

$$F_j=\frac{Q_j}{MS_r},\ F_{ij}=\frac{Q_{ij}}{MS_r},\ F_{jj}=\frac{Q_{jj}}{MS_r}$$

各偏回归系数的显著性检验也可用 t 检验（见本节**【例 7-2】**）。

对于通用、几乎正交旋转组合设计，回归方程中各偏回归系数的显著性检验可用 t 检验

（或 F 检验）。此时，因各偏回归系数（包括常数项 b_0）的方差分别为

$$D(b_0)=K\sigma^2,\ D(b_j)=e^{-1}\sigma^2$$
$$D(b_{ij})=n_c^{-1}\sigma^2,\ D(b_{jj})=F\sigma^2 \tag{7-10}$$

所以，

$$t_0=\frac{b_0}{s_{b_0}}=\frac{b_0}{\sqrt{K\hat{\sigma}^2}},\ t_j=\frac{b_j}{s_{b_j}}=\frac{b_j}{\sqrt{e^{-1}\hat{\sigma}^2}}$$
$$t_{ij}=\frac{b_{ij}}{s_{b_{ij}}}=\frac{b_{ij}}{\sqrt{n_c^{-1}\hat{\sigma}^2}},\ t_{jj}=\frac{b_{jj}}{s_{b_{jj}}}=\frac{b_{jj}}{\sqrt{F\hat{\sigma}^2}} \tag{7-11}$$

或

$$F_j=\frac{b_j^2/e^{-1}}{\hat{\sigma}^2},\ F_{ij}=\frac{b_{ij}^2/n_c^{-1}}{\hat{\sigma}^2},\ F_{jj}=\frac{b_{jj}^2/F}{\hat{\sigma}^2} \tag{7-12}$$

当 F_{Lf} 不显著时，$\hat{\sigma}^2=MS_r$，$df=df_r=N-C_{m+2}^2$；当 F_{Lf} 显著时，$\hat{\sigma}^2=MS_e$，$df=df_e=n_0-1$。

二、实例分析

【例 7-1】 试验研究葛仙米藻胆蛋白的提取工艺，在 4℃条件下，选取磷酸缓冲液 pH（Z_1）、盐浓度（Z_2，mol/L）、浸提时间（Z_3，h）为试验指标，以藻胆蛋白得率（y，%）为试验指标，采用二次回归几乎正交旋转组合设计，对藻胆蛋白得率与三个提取工艺条件间进行二次回归分析。

（1）因素水平编码　根据专业要求，Z_1、Z_2、Z_3 的上、下水平分别取：10.0、4.0；0.40、0.00；6.0、1.0。查表 7-2 可知，$\gamma=1.68179$。分别对三个试验因素进行编码（表 7-8）。

表 7-8　因素水平编码表（方法Ⅰ）

编码值 x_j	磷酸缓冲液 pH Z_1	盐浓度 Z_2/（mol/L）	浸提时间 Z_3/h
γ（1.68179）	10.0	0.40	6.0
1	8.8	0.32	5.0
0	7.0	0.20	3.5
−1	5.2	0.08	2.0
$-\gamma$（−1.68179）	4.0	0.00	1.0
Δ_j	1.8	0.12	1.5

表中，$x_j=\dfrac{Z_j-Z_{0j}}{\Delta_j}$；$Z_j=Z_{0j}+x_j\Delta_j$；$Z_{(x_j=\gamma)j}=Z_{0j}+\gamma\Delta_j$，$Z_{(x_j=-\gamma)j}=Z_{0j}-\gamma\Delta_j$。

（2）列出试验实施方案　由表 7-2 查得，$n_c=8$，$2m=6$，$n_0=9$，$N=n_c+2m+n_0=23$。试验设计与实施方案见表 7-9，结构矩阵与试验结果计算见表 7-10。

（3）求出常数项 b_0 及各偏回归系数　先求出 B_0，B_j，B_{ij}，B_{jj}（i，$j=1$，2，3），见表 7-10 最后一行，以及 $T=\sum B_{jj}=232.149$。

表 7-9　试验设计与实施方案

试验号	试验设计			实施方案		
	x_1	x_2	x_3	Z_1	Z_2	Z_3
1	1	1	1	8.8	0.32	5
2	1	1	−1	8.8	0.32	2
3	1	−1	1	8.8	0.08	5
4	1	−1	−1	8.8	0.08	2
5	−1	1	1	5.2	0.32	5
6	−1	1	−1	5.2	0.32	2
7	−1	−1	1	5.2	0.08	5
8	−1	−1	−1	5.2	0.08	2
9	1.68179	0	0	10	0.2	3.5
10	−1.68179	0	0	4	0.2	3.5
11	0	1.68179	0	7	0.4	3.5
12	0	−1.68179	0	7	0	3.5
13	0	0	1.68179	7	0.2	6
14	0	0	−1.68179	7	0.2	1
15	0	0	0	7	0.2	3.5
16	0	0	0	7	0.2	3.5
17	0	0	0	7	0.2	3.5
18	0	0	0	7	0.2	3.5
19	0	0	0	7	0.2	3.5
20	0	0	0	7	0.2	3.5
21	0	0	0	7	0.2	3.5
22	0	0	0	7	0.2	3.5
23	0	0	0	7	0.2	3.5

表 7-10　三因素二次回归几乎正交旋转组合设计结构矩阵与试验结果计算表

试验号	x_0	x_1	x_2	x_3	x_1x_2	x_1x_3	x_2x_3	x_1^2	x_2^2	x_3^2	y_a/%
1	1	1	1	1	1	1	1	1	1	1	6.450
2	1	1	1	−1	1	−1	−1	1	1	1	5.890
3	1	1	−1	1	−1	1	−1	1	1	1	6.350
4	1	1	−1	−1	−1	−1	1	1	1	1	5.575
5	1	−1	1	1	−1	−1	1	1	1	1	5.895
6	1	−1	1	−1	−1	1	−1	1	1	1	5.220
7	1	−1	−1	1	1	−1	−1	1	1	1	5.610
8	1	−1	−1	−1	1	1	1	1	1	1	4.050
9	1	1.68179	0	0	0	0	0	2.82843	0	0	6.130
10	1	−1.68179	0	0	0	0	0	2.82843	0	0	4.150
11	1	0	1.68179	0	0	0	0	0	2.82843	0	6.350
12	1	0	−1.68179	0	0	0	0	0	2.82843	0	5.290
13	1	0	0	1.68179	0	0	0	0	0	2.82843	7.000

续表

试验号	x_0	x_1	x_2	x_3	x_1x_2	x_1x_3	x_2x_3	x_1^2	x_2^2	x_3^2	y_a/%
14	1	0	0	−1.68179	0	0	0	0	0	2.82843	5.390
15	1	0	0	0	0	0	0	0	0	0	6.980
16	1	0	0	0	0	0	0	0	0	0	6.730
17	1	0	0	0	0	0	0	0	0	0	6.870
18	1	0	0	0	0	0	0	0	0	0	6.550
19	1	0	0	0	0	0	0	0	0	0	6.950
20	1	0	0	0	0	0	0	0	0	0	6.650
21	1	0	0	0	0	0	0	0	0	0	7.000
22	1	0	0	0	0	0	0	0	0	0	6.900
23	1	0	0	0	0	0	0	0	0	0	6.750
B_j	140.730	6.820	3.653	6.278	−1.040	−0.900	−1.100	74.116	77.963	80.084	

查表 7-7（横线下方）得

$$K=0.11097,\ E=-0.03789,\ e^{-1}=0.07322,\ n_c^{-1}=0.12500,$$

$$F-G=0.06250,\ G=0.00044,\ F=0.06294$$

于是，

$$T=\sum_{j=1}^{m}B_{jj}=74.116+77.963+80.084=232.163$$

$$b_0=KB_0+ET=0.11097\times140.730-0.03789\times232.163=6.820$$

$$b_1=e^{-1}B_1=0.07322\times6.820=0.499$$

$$b_2=e^{-1}B_2=0.07322\times3.653=0.267$$

$$b_3=e^{-1}B_3=0.07322\times6.278=0.460$$

$$b_{12}=n_c^{-1}B_{12}=0.12500\times(-1.04)=-0.130$$

$$b_{13}=n_c^{-1}B_{13}=0.12500\times(-0.900)=-0.113$$

$$b_{23}=n_c^{-1}B_{23}=0.12500\times(-1.100)=-0.138$$

$$b_{11}=(F-G)B_{11}+GT+EB_0$$
$$=0.06250\times74.112+0.00044\times232.163-0.03789\times140.730$$
$$=-0.598$$

$$b_{22}=(F-G)B_{22}+GT+EB_0$$
$$=0.06250\times77.958+0.00044\times232.163-0.03789\times140.730$$
$$=-0.358$$

$$b_{33}=(F-G)B_{33}+GT+EB_0$$
$$=0.06250\times80.079+0.00044\times232.163-0.03789\times140.730$$
$$=-0.225$$

得回归方程为 $\hat{y}=6.820+0.499x_1+0.267x_2+0.460x_3-0.130x_1x_2-0.113x_1x_3-0.138x_2x_3-0.598x_2^2-0.358x_2^2-0.225x_3^2$。

（4）回归方程的失拟性检验及假设检验　因为

$$\begin{cases} SS_y=\sum_{\alpha=1}^{23}y_\alpha^2-\dfrac{\left(\sum_{\alpha=1}^{23}y_\alpha\right)^2}{N}=16.4560 \\ df_y=23-1=22 \end{cases}$$

$$\begin{cases} SS_r=\sum_{\alpha=1}^{23}y_\alpha^2-b_0B_0-\sum_{j=1}^{3}b_jB_j-\sum_{\substack{i=1\\i<j}}^{3}\sum_{j=1}^{3}b_{ij}B_{ij}-\sum_{j=1}^{3}b_{jj}B_{jj}=0.3585 \\ df_r=df_y-df_R=22-9=13 \end{cases}$$

$$\begin{cases} SS_R=SS_y-SS_r=16.0975 \\ df_R=df_y-df_e=13-8=5 \end{cases}$$

$$\begin{cases} SS_e=\sum_{\alpha=15}^{23}y_\alpha^2-\dfrac{\left(\sum_{\alpha=15}^{23}y_\alpha\right)^2}{n_0}=0.1986 \\ df_e=9-1=8 \end{cases}$$

$$\begin{cases} SS_{Lf}=SS_r-SS_e=0.1599 \\ df_{Lf}=df_r-df_e=5 \end{cases}$$

方差分析（表 7-11），对回归方程进行失拟性检验和假设检验。

表 7-11　方差分析表

变异来源	SS	df	MS	F
回归	16.0975	9	1.7886	64.86**
剩余	0.3585	13	0.0276	
失拟	0.1599	5	0.0320	1.29
纯误	0.1986	8	0.0248	
总变异	16.4560	22		

注：$F_{0.01(9,\ 13)}=4.19$；$F_{0.05(5,\ 8)}=3.69$

F 检验结果表明失拟性不显著，回归关系极显著，表明利用二次回归模型来拟合葛仙米藻胆蛋白得率是恰当的，葛仙米藻胆蛋白得率与磷酸缓冲液 pH、盐浓度和浸提时间之间存在极显著的二次回归关系。

（5）待估计参数的假设检验——t 检验　因为 $\hat{\sigma}^2=MS_r=0.02199$、$df=df_r=13$。所以，

$$t_0=\frac{b_0}{s_0}=\frac{6.820}{\sqrt{K\hat{\sigma}^2}}=123.289^{**}\qquad t_1=\frac{b_1}{s_{b_1}}=\frac{0.499}{\sqrt{e^{-1}\hat{\sigma}^2}}=11.113^{**}$$

$$t_2=\frac{b_2}{s_{b_2}}=\frac{0.267}{\sqrt{e^{-1}\hat{\sigma}^2}}=5.952^{**}\qquad t_3=\frac{b_3}{s_{b_3}}=\frac{0.460}{\sqrt{e^{-1}\hat{\sigma}^2}}=10.230^{**}$$

$$t_{12}=\frac{b_{12}}{s_{b_{12}}}=\frac{-0.130}{\sqrt{n_c^{-1}\hat{\sigma}^2}}=-2.214^{*}\qquad t_{13}=\frac{b_{13}}{s_{b_{13}}}=\frac{-0.113}{\sqrt{n_c^{-1}\hat{\sigma}^2}}=-1.916$$

$$t_{23}=\frac{b_{23}}{s_{b_{23}}}=\frac{-0.138}{\sqrt{n_c^{-1}\hat{\sigma}^2}}=-2.342^{*} \qquad t_{11}=\frac{b_{11}}{s_{b_{11}}}=\frac{-0.598}{\sqrt{F\hat{\sigma}^2}}=-14.365^{**}$$

$$t_{22}=\frac{b_{22}}{s_{b_{22}}}=\frac{-0.358}{\sqrt{F\hat{\sigma}^2}}=-8.593^{**} \qquad t_{33}=\frac{b_{33}}{s_{b_{33}}}=\frac{-0.225}{\sqrt{F\hat{\sigma}^2}}=-5.411^{**}$$

查自由度 $df=13$，显著水平 $\alpha=0.05$ 和 $\alpha=0.01$ 的临界 t 值，得 $t_{0.05(13)}=2.160$，$t_{0.01(13)}=3.012$，除偏回归系数 b_{13} 不显著外，其余偏回归系数都与 0 差异显著或极显著。将不显著乘积项 x_1x_3 剔除，得 $\hat{y}=6.820+0.499x_1+0.267x_2+0.460x_3-0.130x_1x_2-0.138x_2x_3-0.598x_1^2-0.358x_2^2-0.225x_3^2$。

注意，将不显著的一次项，乘积项 x_1x_3 剔除后，应重新进行回归方程及回归系数的显著性检验，此处略。

【例 7-2】 对**【例 7-1】**采用二次回归正交旋转组合设计建立因素与产量指标间的二次回归方程。

此时，因素水平编码、试验实施方案与**【例 7-1】**相同。关于试验结果的分析，只需将表 7-10 中平方项列的元素中心化为

$$x'_{\alpha j}=x_{\alpha j}^2-\frac{1}{23}\sum_{j=1}^{23}x_{\alpha j}^2=x_{\alpha j}^2-\frac{1}{23}\times 13.656=x_{\alpha j}^2-0.594$$

其余计算与二次回归正交设计相同，结构矩阵与试验结果计算见表 7-12。

拟合的回归方程为 $\hat{y}=6.118+0.499x_1+0.267x_2+0.460x_3-0.130x_1x_2-0.113x_1x_3-0.138x_2x_3-0.598x'_1-0.358x'_2-0.225x'_3$。

检验上述回归方程的显著性，先计算各项平方和与自由度。

$$SS_y=\sum_{\alpha=1}^{23}y_\alpha^2-\frac{1}{23}\left(\sum_{\alpha=1}^{23}y_\alpha\right)^2=16.4560$$

$$df_y=23-1=22$$

$$SS_R=\sum_{j=1}^{3}Q_j+\sum_{\substack{i=1\\i<j}}^{3}\sum_{j=1}^{3}Q_{ij}+\sum_{j=1}^{3}Q'_j=3.4058+0.9770+\cdots+0.7923=16.1409$$

$$df_R=9$$

$$SS_r=SS_y-SS_R=16.4560-16.1409=0.3151$$

$$df_r=df_y-df_R=22-9=13$$

$$SS_e=\sum_{\alpha=15}^{23}y_\alpha^2-\frac{1}{9}\left(\sum_{\alpha=15}^{23}y_\alpha\right)^2=0.1986$$

$$df_e=9-1=8$$

$$SS_{Lf}=SS_r-SS_e=0.3151-0.1986=0.1165$$

$$df_{Lf}=df_r-df_e=13-8=5$$

列出方差分析表（表 7-13），对回归方程的失拟性进行检验，结果为不显著，表明回归方程拟合的模型是恰当的。以剩余项均方作分母，对拟合的回归方程和偏回归系数进行假设检验，结果表明拟合的回归方程极显著，除偏回归系数 b_{13} 与 0 差异不显著外，其余偏回归系数与 0 间都差异显著或极显著。

表 7-12　三因素二次回归正交旋转组合设计结构矩阵及试验结果计算表

试验号	x_0	x_1	x_2	x_3	x_1x_2	x_1x_3	x_2x_3	x_1'	x_2'	x_3'	y_a
1	1	1	1	1	1	1	1	0.40622	0.40622	0.40622	6.450
2	1	1	1	−1	1	−1	−1	0.40622	0.40622	0.40622	5.890
3	1	1	−1	1	−1	1	−1	0.40622	0.40622	0.40622	6.350
4	1	1	−1	−1	−1	−1	1	0.40622	0.40622	0.40622	5.575
5	1	−1	1	1	−1	−1	1	0.40622	0.40622	0.40622	5.895
6	1	−1	1	−1	−1	1	−1	0.40622	0.40622	0.40622	5.220
7	1	−1	−1	1	1	−1	−1	0.40622	0.40622	0.40622	5.610
8	1	−1	−1	−1	1	1	1	0.40622	0.40622	0.40622	4.050
9	1	1.68179	0	0	0	0	0	2.23465	−0.59378	−0.59378	6.130
10	1	−1.68179	0	0	0	0	0	2.23465	−0.59378	−0.59378	4.150
11	1	0	1.68179	0	0	0	0	−0.59378	2.23465	−0.59378	6.350
12	1	0	−1.68179	0	0	0	0	−0.59378	2.23465	−0.59378	5.290
13	1	0	0	1.68179	0	0	0	−0.59378	−0.59378	2.23465	7.000
14	1	0	0	−1.68179	0	0	0	−0.59378	−0.59378	2.23465	5.390
15	1	0	0	0	0	0	0	−0.59378	−0.59378	−0.59378	6.980
16	1	0	0	0	0	0	0	−0.59378	−0.59378	−0.59378	6.730
17	1	0	0	0	0	0	0	−0.59378	−0.59378	−0.59378	6.870
18	1	0	0	0	0	0	0	−0.59378	−0.59378	−0.59378	6.550
19	1	0	0	0	0	0	0	−0.59378	−0.59378	−0.59378	6.950
20	1	0	0	0	0	0	0	−0.59378	−0.59378	−0.59378	6.650
21	1	0	0	0	0	0	0	−0.59378	−0.59378	−0.59378	7.000
22	1	0	0	0	0	0	0	−0.59378	−0.59378	−0.59378	6.900
23	1	0	0	0	0	0	0	−0.59378	−0.59378	−0.59378	6.750
$B=\sum xy$	140.730	6.820	3.653	6.278	−1.040	−0.900	−1.100	−9.482	−5.636	−3.515	
$d=\sum x^2$	23	13.6583	13.6853	13.6583	8	8	8	15.8871	15.8871	15.8871	
$b=B/d$	6.118	0.499	0.267	0.460	−0.130	−0.113	−0.138	−0.593	−0.358	−0.225	
$Q=B^2/d$		3.4058	0.9770	2.8857	0.1352	0.1013	0.1513	5.6747	2.0178	0.7923	

表 7-13　方差分析表

变异来源	SS	df	MS	F
回归	16.1409	9	1.7934	73.995**
x_1	3.4058	1	3.4058	140.519**
x_2	0.9970	1	0.9970	40.309**
x_3	2.8857	1	2.8857	119.060**
x_1x_2	0.1352	1	0.1352	5.578*
x_1x_3	0.1013	1	0.1013	4.177
x_2x_3	0.1513	1	0.1513	6.240*
x_1'	5.6747	1	5.6747	234.131**
x_2'	2.0178	1	2.0178	83.250**
x_3'	0.7923	1	0.7923	32.690**
剩余	0.3151	13	0.0242	
失拟	0.1165	5	0.0233	0.938
纯误	0.1986	8	0.0248	
总变异	16.4560	22		

注：$F_{0.01(9,\ 13)}=4.19$；$F_{0.05(1,\ 13)}=4.67$，$F_{0.01(1,\ 13)}=9.07$；$F_{0.05(5,\ 9)}=3.69$

剔除不显著的项 x_1x_3，还原中心化项 x_1'、x_2'和 x_3'，得二次回归方程 $\hat{y}=6.820+0.499x_1+0.267x_2+0.460x_3-0.130x_1x_2-0.113x_1x_3-0.138x_2x_3-0.598x_1^2-0.358x_2^2-0.225x_3^2$。

【例 7-3】 为了优化从油茶饼提取茶皂素的工艺参数，以料液比（Z_1）、提取温度（Z_2，℃）和提取时间（Z_3，min）为试验因素，采用二次回归通用旋转组合设计，寻求最优提取条件。

本例，$m=3$，查表 7-2 得，$n_c=8$，$n_0=6$，$N=n_c+2m+n_0=20$，试验因素及水平编码见表 7-14。

表 7-14　因素水平编码表

编码	料液比 Z_1	提取温度 Z_2/℃	提取时间 Z_3/min
λ（1.68179）	1∶6	40	30
1	1∶7	45	40
0	1∶8	50	50
−1	1∶9	55	60
$-\lambda$（−1.68179）	1∶10	60	70
Δ_j	1	5	10

表中，$Z_{(x_j=\gamma)j}=Z_{0j}+\gamma\Delta_j$，$Z_{(x_j=-\gamma)j}=Z_{0j}-\gamma\Delta_j$，$\Delta_j=\dfrac{Z_{2j}-Z_{1j}}{2}$。

试验设计和试验结果见表 7-15。

表 7-15　油茶饼提取茶皂素条件的三因素二次回归通用旋转组合设计及试验结果

处理号	x_1	x_2	x_3	提取效率 y_a/%
1	1	1	1	76.67
2	1	1	−1	71.23

续表

处理号	x_1	x_2	x_3	提取效率 y_α/%
3	1	−1	1	75.02
4	1	−1	−1	67.60
5	−1	1	1	68.59
6	−1	1	−1	57.96
7	−1	−1	1	66.69
8	−1	−1	−1	51.36
9	−1.68179	0	0	67.27
10	1.68179	0	0	76.42
11	0	−1.68179	0	68.92
12	0	1.68179	0	74.44
13	0	0	−1.68179	53.09
14	0	0	1.68179	83.34
15	0	0	0	77.82
16	0	0	0	76.26
17	0	0	0	79.06
18	0	0	0	80.79
19	0	0	0	73.95
20	0	0	0	80.21

结构矩阵及结果计算见表 7-16。

表 7-16　三因素二次回归通用旋转组合设计结构矩阵及结果计算表

试验号	x_0	x_1	x_2	x_3	x_{12}	x_{13}	x_{23}	x_1^2	x_2^2	x_3^2	y_α
1	1	1	1	1	1	1	1	1	1	1	76.67
2	1	1	1	−1	1	−1	−1	1	1	1	71.23
3	1	1	−1	1	−1	1	−1	1	1	1	75.02
4	1	1	−1	−1	−1	−1	1	1	1	1	67.60
5	1	−1	1	1	−1	−1	1	1	1	1	68.59
6	1	−1	1	−1	−1	1	−1	1	1	1	57.96
7	1	−1	−1	1	1	−1	−1	1	1	1	66.69
8	1	−1	−1	−1	1	1	1	1	1	1	51.36
9	1	1.68179	0	0	0	0	0	2.82843	0	0	76.42
10	1	−1.68179	0	0	0	0	0	2.82843	0	0	67.27
11	1	0	1.68179	0	0	0	0	0	2.82843	0	74.44
12	1	0	−1.68179	0	0	0	0	0	2.82843	0	68.92
13	1	0	0	1.68179	0	0	0	0	0	2.82843	83.34
14	1	0	0	−1.68179	0	0	0	0	0	2.82843	53.09
15	1	0	0	0	0	0	0	0	0	0	77.82
16	1	0	0	0	0	0	0	0	0	0	76.26
17	1	0	0	0	0	0	0	0	0	0	79.06
18	1	0	0	0	0	0	0	0	0	0	80.79

续表

试验号	x_0	x_1	x_2	x_3	x_{12}	x_{13}	x_{23}	x_1^2	x_2^2	x_3^2	y_α
19	1	0	0	0	0	0	0	0	0	0	73.95
20	1	0	0	0	0	0	0	0	0	0	80.21
B_j	1426.69	61.32	23.06	89.69	−3.22	−13.10	−6.68	941.54	940.60	921.00	
	B_0	B_1	B_2	B_3	B_{12}	B_{13}	B_{23}	B_{11}	B_{22}	B_{33}	

计算 b_0 及各偏回归系数（注意，此时 b_0 与 b_{ii}，b_{ii} 与 b_{jj} 间相关），查表 7-7（横线上方）得

$$K=0.16634,\ E=-0.05679,\ e^{-1}=0.07322,\ m_c^{-1}=0.12500$$

$$F-G=0.0625,\ G=0.00689,\ F=0.06939$$

令 $T=\sum B_{jj}=B_{11}+B_{22}+B_{33}=941.54+940.60+921.00=2803.14$，由式（7-8）可得

$$b_0=KB_0+ET=0.16634\times1426.69-0.05679\times2803.14=78.1253$$

$$b_1=e^{-1}B_1=0.07322\times61.32=4.4899$$

$$b_2=e^{-1}B_2=0.07322\times23.06=1.6885$$

$$b_3=e^{-1}B_3=0.07322\times89.69=6.5671$$

$$b_{12}=n_c^{-1}B_{12}=0.12500\times(-3.22)=-0.4025$$

$$b_{13}=n_c^{-1}B_{13}=0.12500\times(-13.10)=-1.6375$$

$$b_{23}=n_c^{-1}B_{23}=0.12500\times(-6.68)=-0.8350$$

$$b_{11}=(F-G)B_{11}+GT+EB_0$$
$$=0.0625\times941.54+0.00689\times2803.14-0.05679\times1426.69=-2.8618$$

$$b_{22}=(F-G)B_{22}+GT+EB_0$$
$$=0.0625\times940.703+0.00689\times2803.14-0.05679\times1426.69=-2.9206$$

$$b_{33}=(F-G)B_{33}+GT+EB_0$$
$$=0.0625\times921.097+0.00689\times2803.14-0.05679\times1426.69=-4.1456$$

回归方程为

$$\hat{y}=78.1253+4.4899x_1+1.6885x_2+6.5671x_3-0.4025x_1x_2-1.6375x_1x_3-0.8350x_2x_3$$
$$-2.8618x_1^2-2.9206x_2^2-4.1456x_3^2$$

回归方程的显著性检验，先计算各项平方和与自由度：

$$\begin{cases}SS_y=\sum_{\alpha=1}^{20}y_\alpha^2-\dfrac{\left(\sum_{\alpha=1}^{20}y_\alpha\right)^2}{N}=103271.065-101772.218=1498.847\\ df_y=20-1=19\end{cases}$$

$$\begin{cases}SS_r=\sum_{\alpha=1}^{20}y_\alpha^2-\sum_{j=0}^{3}b_jB_j-\sum_{\substack{i=1\\i<j}}^{3}\sum_{j=1}^{3}b_{ij}B_{ij}-\sum_{j=1}^{3}b_{jj}B_{jj}\\ \quad=103271.065-112363.845-28.325-(-9259.713)=138.608\\ df_r=N-C_{m+2}^2=20-10=10\end{cases}$$

$$\begin{cases}SS_R=SS_y-SS_r=1498.847-138.608=1360.239\\ df_R=df_y-df_r=19-10=9\end{cases}$$

$$\begin{cases} SS_e=\sum_{\alpha=15}^{20} y_\alpha^2-\dfrac{\left(\sum_{\alpha=15}^{20} y_\alpha\right)^2}{n_0}=33.253 \\ df_e=6-1=5 \end{cases}$$

$$\begin{cases} SS_{Lf}=SS_r-SS_e=138.608-33.253=105.355 \\ df_{Lf}=df_r-df_e=10-5=5 \end{cases}$$

一次项 x_j、互作项 x_ix_j 和平方项 x_j^2 的偏回归平方和可分别由 $Q_j=\dfrac{b_j^2}{e^{-1}}$、$Q_{ij}=\dfrac{b_{ij}^2}{n_c^{-1}}$ 和 $Q_{jj}=\dfrac{b_{jj}^2}{F}$ 计算。例如，

$$Q_1=\frac{b_1^2}{e^{-1}}=\frac{(1.1899)^2}{0.07322}=275.324$$

$$Q_{12}=\frac{b_{12}^2}{n_c^{-1}}=\frac{(-0.4025)^2}{0.12500}=1.296$$

$$Q_{11}=\frac{b_{11}^2}{F}=\frac{(-2.8618)^2}{0.06939}=118.027$$

回归方程、偏回归系数及失拟性的假设检验结果列于表 7-17。

表 7-17　方差分析表

变异来源	SS	df	MS	F
回归	1360.239	9	151.138	10.90**
x_1	275.324	1	275.324	19.86**
x_2	38.938	1	38.938	2.81
x_3	589.003	1	589.003	42.49**
x_1x_2	1.296	1	1.296	<1
x_1x_3	21.451	1	21.451	1.55
x_2x_3	5.578	1	5.578	<1
x_1^2	118.027	1	118.027	8.52*
x_2^2	122.927	1	122.927	8.87*
x_3^2	247.673	1	247.673	17.87**
剩余	138.608	10	13.861	
失拟	157.355	5	31.471	4.73
纯误	33.253	5	6.651	
总变异	1498.847	19		

注：$F_{0.01(9,\ 10)}=4.94$；$F_{0.05(1,\ 10)}=4.96$，$F_{0.01(1,\ 10)}=10.04$；$F_{0.05(5,\ 5)}=5.05$

对于各偏回归系数的检验也可由式（7-11）进行 t 检验。经方差分析，失拟性不显著、回归关系极显著，说明二次回归方程拟合较好。

注意，二次回归通用旋转组合设计的 b_0 与 b_{ii}，b_{ii} 与 b_{jj} 间相关，可将不显著的一次项和互作项从方程中去掉，但不能将不显著的平方项从方程中去掉。如果将不显著的平方项从方

程中去掉，b_0与其余的平方项偏回归系数 b_{ii}将受到影响。

本例，将 $F<1$ 的一次项和互作项从回归方程中去掉而得到含酸量与各编码变量间的最优回归方程：

$$\hat{y}=78.1253+4.4899x_1+1.6885x_2+6.5671x_3-1.6375x_1x_3-2.8618x_1^2-2.9206x_2^2-4.1456x_3^2$$

第五节　二次回归组合设计的对数编码尺度

在二次回归正交或旋转组合设计中，星号臂γ的值有时为 1 或接近 1，这样虽然在二次回归组合设计中每个因素取 5 个水平（γ，1，0，-1，$-\gamma$），实际只有 3 个水平，或几乎变成 3 个水平。例如，在二次回归正交组合设计中，当因素数 m 为 2 或 3，且 $n_0=1$ 时，γ值分别为 1 与 1.2154；当 $m=2$，$n_0=2$ 时，$\gamma=1.07809$。另外，有些试验在试验因素水平低时，要求水平间隔密些、小些；在试验因素水平高时，要求水平间隔稀些、大些，亦即希望水平间距大小不同。某些微量元素、生长激素的试验，对因素水平的设置上就有这种要求。为了解决上述问题，以满足设计的要求，在试验设计中可采用对数尺度，在编码值 x_j保持不变的情况下，将试验水平间距拉开一些。例如，以 10 为底的常用对数尺度，以 e 为底的自然对数尺度，或以其他实数为底数的对数尺度。这就是说，要将 Z 编码为 x 改为将 Z 编码为 a^x（a 为对数的底数），即将编码值 x 与 Z 之实际水平相对应换为 a^x 与 Z 之实际水平相对应。现将几种可以考虑的对数编码尺度（对因素数 $m=3$，4）举例如下。

对于旋转组合设计，根据表 7-18，当 $m=3$、$\gamma=1.68179$ 时，普通编码为（1.68179，1，0，-1，-1.68179）；当 $m=4$、$\gamma=2$ 时，普通编码为（2，1，0，-1，-2）（表 7-19）。

表 7-18　三因素二次回归旋转组合设计编码值

普通尺度编码值 x	普通尺度编码值的指数函数值 a^x				
	10^x	e^x	5^x	2^x	1.5^x
$1.68179=\gamma$	48.084	5.376	14.985	3.209	1.978
1	10	2.718	5	2	1.5
0	1	1	1	1	1
-1	0.1	0.368	0.2	0.5	0.667
$-1.68179=-\gamma$	0.021	0.186	0.067	0.312	0.506

表 7-19　四因素二次回归旋转组合设计编码值

普通尺度编码值 x	普通尺度编码值的指数函数值 a^x				
	10^x	e^x	5^x	2^x	1.5^x
$2=\gamma$	100	7.389	25	4	2.25
1	10	2.718	5	2	1.5
0	1	1	1	1	1
-1	0.1	0.368	0.2	0.5	0.667
$-2=-\gamma$	0.01	0.135	0.04	0.25	0.444

从表 7-18 和表 7-19 看出，底数值越大，各个水平的间距就越大。实际应用中，如初次对某一农药进行试验，很难确定适当的浓度范围，故希望低浓度高浓度都有，且希望低浓度的水平间隔小，高浓度也有个别水平，这时可使用以常用对数尺度来编码，即 10^x 与 Z 的实际水平相对应，这样有利于找出大致的适用浓度。对于微量元素肥料试验，维生素、微量元素饲料添加剂试验，则常采用自然对数尺度来编码，即 e^x 与 Z 之实际水平相对应。

【例 7-4】 5 种微量元素肥料试验。这 5 种微量元素是 Zn、B、Fe、Mn、Cu，除 B 采用硼酸钠外，其他肥料均为硫酸盐。由于 Zn、Fe、Mn 三种肥料每单位面积施用 272 单位，就产生毒害；而 B、Cu 两种肥料为每单位面积施用 100 单位，也产生毒害，研究的重点放在低施肥范围内，故既希望在 272、100 处进行试验，看其毒害情况，更希望在低水平处多做些试验，探讨微量元素肥料效应。

我们选用自然对数编码尺度，即 e^x 与 Z 的实际水平相对应。试验设计采用 5 因素的 1/2 部分实施的通用旋转组合设计。其设计参数为

$$\gamma=2,\ N=n_c+n_\gamma+n_0=2^4+2\times5+6=32$$

已知 5 个编码值为 2，1，0，−1，−2；得 e^2，e^1，e^0，e^{-1}，e^{-2} 为 7.389，2.718，1，0.368，0.135。可用这 5 个数来求编码值的实际施肥水平。

对于 Zn、Fe、Mn 的上水平已知为 272，最大编码值为 7.389，于是将 272 编码为 7.389，编码值为 1 的实际水平即为变化间隔。所以

$$\Delta_1=\frac{272}{7.389}=36.811=\Delta_2=\Delta_3$$

对于 B、Cu，将上水平 100 编码为 7.389，编码值为 1 的实际水平即为变化间隔。所以

$$\Delta_4=\frac{100}{7.389}=13.534=\Delta_5$$

一般，将 Z_{2j} 编码为 e^γ，即 $\frac{Z_{2j}}{\Delta_j}=e^\gamma$，所以 $\Delta_j=\frac{Z_{2j}}{e^\gamma}$；现将 Z_j 编码为 e^{x_j}，有 $\Delta_j=\frac{Z_j}{e^{x_j}}$，所以

$$\begin{cases}Z_j=e^{x_j}\Delta_j\\ x_j=\ln Z_j-\ln\Delta_j\end{cases}\tag{7-13}$$

因为 $x_j=\ln Z_j-\ln\Delta_j$，即 x_j 由 $\ln Z_j$ 来表达，所以我们把这种编码尺度叫做以 e 为底的对数编码尺度，即自然对数编码尺度。

如，

$$\begin{aligned}
&Zn\quad && Z_{(x_1=2)1}=e^2\Delta_1=7.389\times36.811=272\\
&(Z_1)\quad && Z_{(x_1=1)1}=e^1\Delta_1=2.718\times36.811=100\\
& && Z_{(x_1=0)1}=e^0\Delta_1=1\times36.811=36.811\\
& && Z_{(x_1=-1)1}=e^{-1}\Delta_1=0.368\times36.811=13.5\\
& && Z_{(x_1=-2)1}=e^{-2}\Delta_1=0.135\times36.811=5
\end{aligned}$$

又如，

$$
\begin{aligned}
B \quad & Z_{(x_4=2)4}=e^2\Delta_4=7.389\times13.534=100 \\
(Z_4) \quad & Z_{(x_4=1)4}=e^1\Delta_4=2.718\times13.534=36.8 \\
& Z_{(x_4=0)4}=e^0\Delta_4=1\times13.534=13.534 \\
& Z_{(x_4=-1)4}=e^{-1}\Delta_4=0.368\times13.534=5 \\
& Z_{(x_4=-2)4}=e^{-2}\Delta_4=0.135\times13.534=1.8
\end{aligned}
$$

本例的因素水平编码表见表 7-20。

表 7-20　因素水平编码表（自然对数尺度）

编码值 x_j	e^{x_j}	Zn	Fe	Mn	B	Cu
$\gamma=2$	7.389	272	272	272	100	100
1	2.718	100	100	100	36.8	36.8
0	1	36.8	36.8	36.8	13.5	13.5
-1	0.368	13.5	13.5	13.5	5	5
$-\gamma=-2$	0.135	5	5	5	1.8	1.8

将各因素水平编码后即可根据设计要求制订具体的试验实施方案。本例，五因素二次回归通用旋转组合设计结构矩阵与结果计算如表 7-21 所示［将 x_1、x_2、x_3、x_4、x_5 分别安排在 L_{16}（2^{15}）表的 1、2、4、8、15 列上］。

$$T=B_{11}+B_{22}+\cdots+B_{55}=1696+1444+\cdots+1232=7368$$

表 7-21　五因素二次回归通用旋转组合设计结构矩阵与结果计算表（2 水平试验点 1/2 实施）

试验号	x_0	x_1	x_2	x_3	x_4	x_5	x_1x_2	x_1x_3	x_1x_4	x_1x_5	x_2x_3	x_2x_4	x_2x_5	x_3x_4	x_3x_5	x_4x_5	x_1^2	x_2^2	x_3^2	x_4^2	x_5^2	y_a
1	1	1	1	1	1	1	1	1	1	1	1	1	1	1	1	1	1	1	1	1	1	94
2	1	1	1	1	−1	−1	1	1	−1	−1	1	−1	−1	−1	−1	1	1	1	1	1	1	98
3	1	1	1	−1	1	−1	1	−1	1	−1	−1	1	−1	−1	1	−1	1	1	1	1	1	90
4	1	1	1	−1	−1	1	1	−1	−1	1	−1	−1	1	1	−1	−1	1	1	1	1	1	100
5	1	1	−1	1	1	−1	−1	1	1	−1	−1	−1	1	1	−1	−1	1	1	1	1	1	102
6	1	1	−1	1	−1	1	−1	1	−1	1	−1	1	−1	−1	1	−1	1	1	1	1	1	70
7	1	1	−1	−1	1	1	−1	−1	1	1	1	−1	−1	−1	−1	1	1	1	1	1	1	95
8	1	1	−1	−1	−1	−1	−1	−1	−1	−1	1	1	1	1	1	1	1	1	1	1	1	85
9	1	−1	1	1	1	−1	−1	−1	−1	1	1	1	−1	1	−1	−1	1	1	1	1	1	25
10	1	−1	1	1	−1	1	−1	−1	1	−1	1	−1	1	−1	1	−1	1	1	1	1	1	32
11	1	−1	1	−1	1	1	−1	1	−1	−1	−1	1	1	−1	−1	1	1	1	1	1	1	30
12	1	−1	1	−1	−1	−1	−1	1	1	1	−1	−1	−1	1	1	1	1	1	1	1	1	45
13	1	−1	−1	1	1	1	1	−1	−1	−1	−1	−1	−1	1	1	1	1	1	1	1	1	30
14	1	−1	−1	1	−1	−1	1	−1	1	1	−1	1	1	−1	−1	1	1	1	1	1	1	40
15	1	−1	−1	−1	1	−1	1	1	−1	1	1	−1	1	−1	1	−1	1	1	1	1	1	28
16	1	−1	−1	−1	−1	1	1	1	1	−1	1	1	−1	1	−1	−1	1	1	1	1	1	60
17	1	2	0	0	0	0	0	0	0	0	0	0	0	0	0	0	4	0	0	0	0	145

续表

试验号	x_0	x_1	x_2	x_3	x_4	x_5	x_1x_2	x_1x_3	x_1x_4	x_1x_5	x_2x_3	x_2x_4	x_2x_5	x_3x_4	x_3x_5	x_4x_5	x_1^2	x_2^2	x_3^2	x_4^2	x_5^2	y_α
18	1	−2	0	0	0	0	0	0	0	0	0	0	0	0	0	0	4	0	0	0	0	23
19	1	0	2	0	0	0	0	0	0	0	0	0	0	0	0	0	0	4	0	0	0	55
20	1	0	−2	0	0	0	0	0	0	0	0	0	0	0	0	0	0	4	0	0	0	50
21	1	0	0	2	0	0	0	0	0	0	0	0	0	0	0	0	0	0	4	0	0	53
22	1	0	0	−2	0	0	0	0	0	0	0	0	0	0	0	0	0	0	4	0	0	78
23	1	0	0	0	2	0	0	0	0	0	0	0	0	0	0	0	0	0	0	4	0	58
24	1	0	0	0	−2	0	0	0	0	0	0	0	0	0	0	0	0	0	0	4	0	48
25	1	0	0	0	0	2	0	0	0	0	0	0	0	0	0	0	0	0	0	0	4	20
26	1	0	0	0	0	−2	0	0	0	0	0	0	0	0	0	0	0	0	0	0	4	32
27	1	0	0	0	0	0	0	0	0	0	0	0	0	0	0	0	0	0	0	0	0	40
28	1	0	0	0	0	0	0	0	0	0	0	0	0	0	0	0	0	0	0	0	0	57
29	1	0	0	0	0	0	0	0	0	0	0	0	0	0	0	0	0	0	0	0	0	38
30	1	0	0	0	0	0	0	0	0	0	0	0	0	0	0	0	0	0	0	0	0	50
31	1	0	0	0	0	0	0	0	0	0	0	0	0	0	0	0	0	0	0	0	0	60
32	1	0	0	0	0	0	0	0	0	0	0	0	0	0	0	0	0	0	0	0	0	30
B_j	1861	688	14	−92	−16	−26	56	30	92	−30	10	−36	−2	58	−76	10	1696	1444	1548	1448	1232	

查表（横线上方）得

$$K=0.15909,\ E=-0.03409,\ e^{-1}=0.04167,\ n_c^{-1}=0.06250$$

$$F-G=0.03125,\ G=0.00284,\ F=0.03409$$

常数项 b_0 及各偏回归系数由式（7-8）计算，即

$$b_0=KB_0+ET$$

$$b_j=e^{-1}B_j \qquad (j=1, 2, \cdots, 5)$$

$$b_{ij}=n_c^{-1}B_{ij} \qquad (j=1, 2, \cdots, 5,\ i<j)$$

$$b_{jj}=(F-G)B_{jj}+GT+EB_0 \qquad (j=1, 2, \cdots, 5)$$

回归方程为 $\hat{y}=44.8914+28.6690x_1+0.5834x_2-3.8336x_3-0.6667x_4-1.0834x_5+3.5000x_1x_2+1.8750x_1x_3+5.7500x_1x_4-1.8750x_1x_5+0.6250x_2x_3-2.2500x_2x_4-0.1250x_2x_5+3.6250x_3x_4-4.7500x_3x_5+0.6250x_4x_5+10.4836x_1^2+2.6086x_2^2+5.8586x_3^2+2.7336x_4^2-4.0164x_5^2$。

回归方程及待估计参数的假设检验同前，这里从略。将

$$x_j=\ln Z_j-\ln 36.811 \quad (j=1, 2, 3)$$

$$x_j=\ln Z_j-\ln 13.534 \quad (j=4, 5)$$

代入方程可还原为关于实际变量 Z_j 的回归方程。

从上例可见，采用不同的编码尺度可使二次回归旋转组合设计具有更大的灵活性和实用性。对于二次回归正交组合设计也可采用不同的编码尺度。

习　题

1．为了防治苹果腐烂病，某研究以 GA_3（Z_1，mg/kg）、BA（Z_2，mg/kg）和多菌灵（Z_3，%）为试验因素，以腐烂病疤涂药两个月后新生皮的宽度为试验指标（y，cm），采用二次回归几乎正交旋转组合设计。GA_3 的下、上水平分别为 0mg/kg 和 200mg/kg；BA 的下、上水平分别为 0mg/kg 和 20mg/kg；

多菌灵的下、上水平分别为 0%和 10%。试验结果如表 7-22 所示。

表 7-22　苹果腐烂病防治的三因素二次回归几乎正交旋转组合设计及试验结果

试验号	试验设计			y/cm
	x_1	x_2	x_3	
1	1	1	1	0.344
2	1	1	−1	0.228
3	1	−1	1	0.200
4	1	−1	−1	0.274
5	−1	1	1	0.706
6	−1	1	−1	0.550
7	−1	−1	1	0.242
8	−1	−1	−1	0.372
9	1.68179	0	0	0.573
10	−1.68179	0	0	0.418
11	0	1.68179	0	0.746
12	0	−1.68179	0	0.148
13	0	0	1.68179	0.354
14	0	0	−1.68179	0.324
15	0	0	0	0.304
16	0	0	0	0.386
17	0	0	0	0.456
18	0	0	0	0.478
19	0	0	0	0.210
20	0	0	0	0.238
21	0	0	0	0.370
22	0	0	0	0.380
23	0	0	0	0.276

1）写出因素水平编码表（用方法 I 编码），并拟定试验方案。

2）以几乎正交方式拟合二次回归方程，并进行假设检验。

3）以完全正交方式拟合二次回归方程，并进行假设检验。

2．某鸡肉乳酸发酵试验，研究盐浓度（Z_1，%）、糖浓度（Z_2，%）、发酵温度（Z_3，℃）和发酵时间（Z_4，h）对鸡肉乳酸发酵产酸（y，%）的影响。盐浓度的下水平、上水平分别为 4%和 8%，糖浓度的下水平、上水平分别为 2%和 6%，发酵温度的下水平、上水平分别为 25℃和 37℃，发酵时间的下水平、上水平分别为 32h 和 48h，采用二次回归通用旋转组合设计。试验结果如表 7-23 所示。

表 7-23　鸡肉乳酸发酵条件的四因素二次回归通用旋转组合设计及试验结果

处理号	x_1	x_2	x_3	x_4	含酸量 y_α/%
1	1	1	1	1	0.654
2	1	1	1	−1	0.433

续表

处理号	x_1	x_2	x_3	x_4	含酸量 y_α/%
3	1	1	−1	1	0.538
4	1	1	−1	−1	0.321
5	1	−1	1	1	0.314
6	1	−1	1	−1	0.279
7	1	−1	−1	1	0.295
8	1	−1	−1	−1	0.242
9	−1	1	1	1	0.779
10	−1	1	1	−1	0.594
11	−1	1	−1	1	0.710
12	−1	1	−1	−1	0.529
13	−1	−1	1	1	0.481
14	−1	−1	1	−1	0.307
15	−1	−1	−1	1	0.328
16	−1	−1	−1	−1	0.291
17	2	0	0	0	0.125
18	−2	0	0	0	0.648
19	0	2	0	0	0.785
20	0	−2	0	0	0.213
21	0	0	2	0	0.429
22	0	0	−2	0	0.198
23	0	0	0	2	0.842
24	0	0	0	−2	0.486
25	0	0	0	0	0.797
26	0	0	0	0	0.709
27	0	0	0	0	0.759
28	0	0	0	0	0.694
29	0	0	0	0	0.728
30	0	0	0	0	0.738
31	0	0	0	0	0.746

1）写出因素水平编码表（用方法Ⅰ编码），并拟定试验方案。

2）拟合二次回归方程，并进行假设检验。

3．回答下列问题：

1）二次回归旋转组合设计中确定γ的依据是什么？如何确定中心点的重复数 n_0？

2）二次回归旋转组合设计中，如何实现几乎正交性、正交性、通用性？

3）在二次回归几乎正交、通用旋转组合设计中，哪些待估计参数间存在相关性？

第八章　均匀设计、最优设计与混料设计

第一节　均 匀 设 计

一、均匀设计的概念与特点

均匀设计（uniform design）是一种将试验点均匀地散布在试验范围内的科学的试验设计方法，适用于多因素、多水平的试验设计。均匀设计不仅可以大大减少试验点，而且仍能得到反映试验对象主要特征的试验结果，用较少的试验获得较多的信息。

例如，对于 3 个因素各有 5 个水平的试验，利用正交表 L_{25}（5^6）设计，试验方案包含 25 个水平组合，每个因素的每个水平都重复了 5 次。如果采用均匀设计，每个因素设置 5 个水平，每个水平只做 1 次试验，则同样的试验规模可将试验点分布得更加均匀。因此，均匀设计要求试验点的代表性更强。

均匀设计的最大优点是可以节省大量的试验工作量。例如，对于 4 个因素各有 6 个水平的试验，进行全面试验，共有 $6^4=1296$ 个水平组合；即使进行正交试验，也有 72 个水平组合。而采用均匀设计，只需 6 个水平组合，试验工作量大大减少。

均匀设计有以下几个特点。

第一，每个因素的每个水平只做 1 次试验。

第二，任意两个因素的试验点画在平面的格子（lattice）点上，每行每列有且只有 1 个试验点。例如，均匀设计表 U_6^*（6^6）的第 1 列和第 3 列组成的试验方案的试验点如图 8-1A 所示。

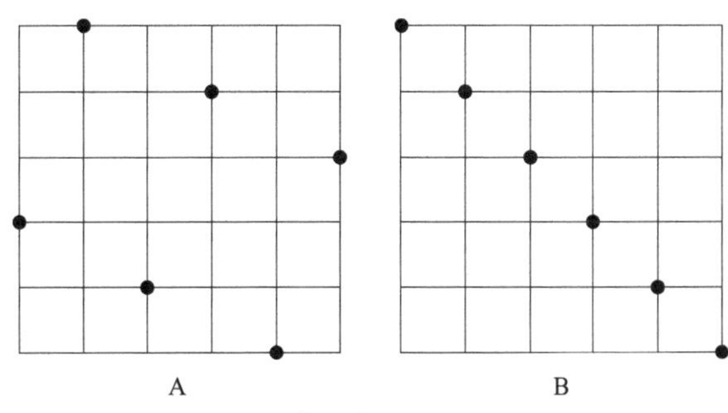

图 8-1　U_6^*（6^6）的两个平面格子

这两个特点反映了均匀设计安排试验的“均衡性”，即对每个因素的每个水平一视同仁。

第三，均匀设计所采用的均匀设计表的任意两列组成的试验方案一般并不等价。例如，表 U_6^*（6^6）的第 1、3 列和第 1、4 列组成的试验方案的试验点分别如图 8-1A 和图 8-1B 所示。可见，A 的点散布比较均匀，而 B 的均匀性就比 A 要差些。均匀设计表的这一性质和正交表有很大的不同，因此使用均匀设计一般不宜随意挑选列。每个均匀设计表都有一个附加的使用表，它指示我们如何从均匀设计表中选择适当的列来安排试验因素。进行均匀设计时，

只有遵循使用表的规定，才能达到较好的试验效果。例如，表 8-1 是均匀设计表 U_5（5^4）的使用表，它指示我们，若有两个因素，应选用 1、2 两列来安排试验；若有三个因素，则应选用 1、2、4 三列来安排试验。

表 8-1　U_5（5^4）的使用表

因素数	列号		
2	1	2	
3	1	2	4

第四，当试验因素的水平数增加时，水平组合数按水平数的增加而增加，水平组合数可以连续改变，这是其他试验设计所不具备的。例如，当水平数从 9 水平增加到 10 水平时，水平组合数也从 9 增加到 10。这个特点使均匀设计更便于使用。

第五，均匀设计表中各列的因素水平不能像正交表那样可以任意改变次序，而只能按照原来的顺序进行平滑，即将原来的最后一个水平与第一个水平连接起来，组成一个封闭圈；然后从任意一处开始确定为第一水平，并按一定的方向，依次排出第二水平、第三水平等。

二、均匀设计表

与正交设计类似，均匀设计也是通过一套精心设计的表格来进行试验设计的，这种表格称为均匀设计表，表 8-2 就是均匀设计表 U_7（7^6）。均匀设计表用 U_n（q^s）或 U_n^*（q^s）表示，其中 U 表示均匀设计表；n 表示该表的行数，即试验方案包含的水平组合数；s 表示该表的列数；q 表示每列中不同数字的个数，即每个因素的水平数。U 的右上角加"*"和不加"*"代表两种不同类型的均匀设计表。通常加"*"的均匀设计表有更好的均匀性，应优先选用。由于均匀设计表各列间的相关性，s 列的均匀设计表最多只能安排 $int\left(\frac{s}{2}\right)+1$ 个试验因素，这里 int（x）表示不超过 x 的最大整数。因此，表 8-2 最多可以安排 4 个 7 水平因素的试验，试验方案包含 7 个水平组合。

表 8-2　均匀设计表 U_7（7^6）

试验号	列号					
	1	2	3	4	5	6
1	1	2	3	4	5	6
2	2	4	6	1	3	5
3	3	6	2	5	1	4
4	4	1	5	2	6	3
5	5	3	1	6	4	2
6	6	5	4	3	2	1
7	7	7	7	7	7	7

为了节省篇幅，本书附表 10 仅列出试验次数 n 为奇数、$n \leqslant 23$ 且因素数 $s \leqslant 7$ 的均匀设计表及其相应的使用表，供使用时选择。对于试验次数 n 为偶数的均匀设计表，可以从试验次数为 $n+1$ 的表中划去最后一行而得到，而其使用表不变。

在科学研究和生产实践中，实际情况通常是千变万化的，在应用均匀设计时需要机动灵活。例如，某 3 因素试验，因素 A 和 B 有 3 个水平，因素 C 有 2 个水平，直接运用前面介绍的均匀设计表来安排这个试验是有困难的。这时，可以采用拟水平（dummy level）技术。若选用均匀设计表 $U_6^*(6^6)$，按使用表的推荐用 1、2、3 三列。将因素 A 和 B 放在前两列，因素 C 放在第 3 列，并将前两列的水平合并：{1，2} →1，{3，4} →2，{5，6} →3。同时，将第 3 列水平合并为 2 水平：{1，2，3} →1，{4，5，6} →2，于是得到设计表 8-3。

表 8-3　U_6（$3^2\times2^1$）拟水平均匀设计

试验号	因素		
	A	B	C
1	(1) 1	(2) 1	(3) 1
2	(2) 1	(4) 2	(6) 2
3	(3) 2	(6) 3	(2) 1
4	(4) 2	(1) 1	(5) 2
5	(5) 3	(3) 2	(1) 1
6	(6) 3	(5) 3	(4) 2

这是一个混合水平的均匀设计表 $U_6(3^2\times2^1)$，这个表具有很好的均匀性。A 列和 C 列、B 列和 C 列的两因素设计正好组成它们的全面试验，A 列和 B 列的两因素设计中没有重复试验。

但是，并不是每一次进行拟水平设计都有这么好的效果。例如，若要安排一个因素 A 和 B 有 5 水平、因素 C 有 2 水平的试验，采用均匀设计表 $U_{10}^*(10^{10})$。由使用表指示选用 1、5、7 列。对 1 列和 5 列采用拟水平技术，合并 {1，2} →1，…，{9，10} →5；对 7 列采用拟水平技术，合并 {1，2，3，4，5} →1，{6，7，8，9，10} →2，从而得到表 8-4 的试验方案。在该方案中，A 和 C 的两列，有两个（2，2），但没有（2，1），有两个（4，1），但没有（4，2），因此这个方案的均匀性不太好。

表 8-4　U_{10}（$5^2\times2^1$）拟水平均匀设计

试验号	因素		
	A	B	C
1	(1) 1	(5) 3	(7) 2
2	(2) 1	(10) 5	(3) 1
3	(3) 2	(4) 2	(10) 2
4	(4) 2	(9) 5	(6) 2
5	(5) 3	(3) 2	(2) 1
6	(6) 3	(8) 4	(9) 2
7	(7) 4	(2) 1	(5) 1
8	(8) 4	(7) 4	(1) 1
9	(9) 5	(1) 1	(8) 2
10	(10) 5	(6) 3	(4) 1

如果选用 $U_{10}^*(10^{10})$的 1、2、5 三列，用同样的拟水平技术，可获得表 8-5 列举的 U_{10}（$5^2\times2$）表，它有较好的均匀性。

表 8-5　U_{10}（$5^2 \times 2$）拟水平均匀设计

试验号	因素		
	A	B	C
1	(1) 1	(2) 1	(5) 1
2	(2) 1	(4) 2	(10) 2
3	(3) 2	(6) 3	(4) 1
4	(4) 2	(8) 4	(9) 2
5	(5) 3	(10) 5	(3) 1
6	(6) 3	(1) 1	(8) 2
7	(7) 4	(3) 2	(2) 1
8	(8) 4	(5) 3	(7) 2
9	(9) 5	(7) 4	(1) 1
10	(10) 5	(9) 5	(6) 2

在实际应用中采用拟水平时，可直接从《均匀设计与均匀设计表》（方开泰，1994）的附录Ⅱ中选用通过拟水平技术而生成的混合水平的均匀设计表来进行设计。

三、均匀设计方法

利用均匀设计表来安排试验，其基本步骤与正交设计类似，主要有以下几步。

首先，根据试验研究的目的，确定试验因素及其相应的水平。

其次，根据试验因素及其水平，选择适合该试验的均匀设计表。

最后，根据均匀设计表的使用表的指示，将各试验因素分别安排到适当的列上，并将各列中的数字换成相应因素的水平，获得试验方案。

下面用实例来说明均匀设计的具体方法。

【例 8-1】 有一玉米栽培试验，播种期（Z_1）设 3 月 5 日、3 月 10 日、3 月 15 日、3 月 20 日、3 月 25 日和 3 月 30 日共 6 个水平，分别表示为 5、10、15、20、25、30（以 2 月 28 日为零）；施肥量（Z_2）为每 666.67m^2 施农家肥（×100kg）2、3、4、5、6、7；种植密度（Z_3）为每 666.67m^2 种植（×1000 株）2.5、3.0、3.5、4.0、4.5、5.0。利用均匀设计表安排试验方案。

本例为 3 个因素各有 6 个水平的试验，试验次数为偶数。从本书附表 10 中选取均匀设计表 U_7（7^6），将表的最后一行去掉，得到均匀设计表 U_6^*（6^6）（表 8-6），而使用表不变。

表 8-6　均匀设计表 U_6^*（6^6）

试验号	列号					
	1	2	3	4	5	6
1	1	2	3	4	5	6
2	2	4	6	1	3	5
3	3	6	2	5	1	4
4	4	1	5	2	6	3
5	5	3	1	6	4	2
6	6	5	4	3	2	1

由使用表可知，当试验因素为 3 时，应选择 1、2、3 列安排试验。将 Z_1、Z_2、Z_3 分别放在 1、2、3 列上，同时将各列中的数字换成相应因素的水平，于是就得到了本例的试验方案，如表 8-7 所示（3 个空列未列出）。

表 8-7　$U_6^*(6^6)$ 表安排的玉米栽培试验方案及试验结果

试验号	试验设计			试验方案			小区产量/kg		
	x_2	x_p	x_3	Z_1	Z_2	Z_3	Ⅰ	Ⅱ	平均
1	1	2	3	5	3	3.5	26.12	24.00	25.06
2	2	4	6	10	5	5.0	18.93	18.43	18.68
3	3	6	2	15	7	3.0	24.46	23.98	24.22
4	4	1	5	20	2	4.5	20.38	22.54	21.46
5	5	3	1	25	4	2.5	19.17	21.91	20.54
6	6	5	4	30	6	4.0	23.81	23.67	23.74

按照这个试验方案进行试验，重复 2 次，采用随机区组设计，其小区（5.00m×6.67m）产量（kg）一并列入表 8-7。

在均匀设计表中，所有水平数为奇数的表，最后一次试验都是各因素的最高（或最低）水平相遇，如均匀设计表 $U_7(7^6)$ 的第 7 号试验就是所有因素的第 7 水平相遇。根据专业知识和实践经验，这样水平组合（即处理）的试验结果可以预料是很差的甚至是有危险的。此时可将因素的水平顺序进行平滑，即将原来的最后一个水平与第一个水平连接起来，组成一个封闭圈；然后从任意一处开始确定为第一水平，并按一定的方向，依次排出第二水平、第三水平……这样即可有效避开各因素高（或低）水平相遇可能产生的不良后果。

四、均匀设计试验资料的统计分析

由于均匀设计的每个因素水平较多，而试验次数又较少，因此均匀设计试验结果的统计分析不能采用一般的方差分析法。通常，试验研究主要有两个目的，一是揭示试验指标与试验因素之间的关系，二是寻求最佳的技术措施或最优的工艺条件。回归分析建立的回归方程可以同时达到这两个目的。因为均匀设计不具备“整齐可比”性，所以其试验结果的分析比较复杂，可以采用的方法很多，如线性回归模型、非线性回归模型、二次回归模型和逐步回归分析等。而回归分析，特别是逐步回归分析是对均匀设计试验结果进行统计分析的主要手段。

从【例 8-1】可以看到，在利用均匀设计表安排试验方案时，一般都不考虑试验因素间的交互作用。所以，在对试验结果进行统计分析时应该注意考虑各因素间的互作。

【例 8-2】 试对【例 8-1】的试验结果（表 8-7）进行统计分析。

首先，按照单因素随机区组试验结果进行方差分析（表 8-8），检验处理间的差异显著性。

表 8-8 【例 8-1】玉米栽培试验结果的方差分析

变异来源	SS	df	MS	F
区组	0.2296	1	0.2296	—
处理	60.5671	5	12.1134	7.25*
误差	8.3542	5	1.6708	
总变异	69.1509	11		

注：$F_{0.05(5,\ 5)}=5.05$，$F_{0.01(5,\ 5)}=10.97$

F 检验结果表明各处理间的差异显著，而区组间差异不显著。由于两个区组间的差异不显著，下面的回归分析采用两次重复的平均值。

其次，采用三元一次线性回归模型进行回归分析。其回归方程为

$$\hat{y}=b_0+b_1Z_1+b_2Z_2+b_3Z_3$$

将试验方案中的 Z_1、Z_2、Z_3 和试验结果代入回归方程，并用矩阵形式表示。$\boldsymbol{Y}$ 为依变量 y 的观测值列向量，$\boldsymbol{X}$ 为结构矩阵。

$$\boldsymbol{X}=\begin{bmatrix}1&5&3&3.5\\1&10&5&5.0\\1&15&7&3.0\\1&20&2&4.5\\1&25&4&2.5\\1&30&6&4.0\end{bmatrix},\quad \boldsymbol{Y}=\begin{bmatrix}25.06\\18.68\\24.22\\21.46\\20.54\\23.74\end{bmatrix}$$

待估计参数的计算过程和计算结果如下：

$$\boldsymbol{A}=\boldsymbol{X'X}=\begin{bmatrix}6&105&27&23\\105&2275&490&385\\27&490&139&100\\23&385&100&89\end{bmatrix}$$

$$\boldsymbol{C}=\boldsymbol{A}^{-1}=\begin{bmatrix}6.5034&-0.0490&-0.3163&-1.0816\\-0.0490&0.0024&-0.0020&0.0041\\-0.3163&-0.0020&0.0612&0.0204\\-1.0816&0.0041&0.0204&0.2449\end{bmatrix},\quad \boldsymbol{B}=\boldsymbol{X'Y}=\begin{bmatrix}133.70\\2330.30\\605.64\\496.65\end{bmatrix}$$

$$\boldsymbol{b}=\boldsymbol{CB}=\begin{bmatrix}26.5948\\-0.0506\\0.1671\\-1.1142\end{bmatrix}$$

于是可得回归方程

$$\hat{y}=26.5948-0.0506Z_1+0.1671Z_2-1.1143Z_3 \tag{8-1}$$

对回归方程（8-1）及其中的偏回归系数进行假设检验（表 8-9），结果表明，回归关系和 3 个偏回归系数都不显著，说明该回归方程并不可信。

表 8-9　回归方程（8-1）及其偏回归系数的 F 检验

变异来源	SS	df	MS	F
回归	6.4098	3	2.1366	0.18
b_1	1.0443	1	1.0443	0.09
b_2	0.4563	1	0.4563	0.04
b_3	5.0700	1	5.0700	0.42
离回归	23.8737	2	11.9369	
总变异	30.2835	5		

注：$F_{0.05(3,\ 2)}=19.16$；$F_{0.05(1,\ 2)}=18.51$

再次，对回归方程（8-1）中不显著的项进行剔除，先剔除偏回归平方和最小的 Z_2，新

的回归方程为

$$\hat{y}=27.4583-0.0450Z_1-1.1700Z_3 \tag{8-2}$$

回归方程（8-2）及 Z_1 和 Z_3 的偏回归系数仍不显著，F 值分别为 0.37、0.10 和 0.71，且 Z_1 的偏回归平方和最小。于是又剔除 Z_1，只保留 Z_3，得到回归方程：

$$\hat{y}=26.3333-1.0800Z_3 \tag{8-3}$$

回归方程（8-3）还是不显著（$F=0.81$）。因此，回归方程（8-2）和回归方程（8-3）也不可信。

由以上分析可知，采用三元一次线性回归模型估计的三个回归方程（8-1）、（8-2）、（8-3）都不能准确描述玉米产量与播种期、施肥量和种植密度之间的关系，应该考虑更高次的回归模型。

第四，采用三元二次回归模型进行回归分析。其回归方程为 $\hat{y}=b_0+b_1Z_1+b_2Z_2+b_3Z_3+b_{11}Z_1^2+b_{22}Z_2^2+b_{33}Z_3^2+b_{12}Z_1Z_2+b_{13}Z_1Z_3+b_{23}Z_2Z_3$。

一般地，若有 p 个试验因素，二次回归方程共有 C_{p+2}^2 个待估计参数，而均匀设计试验处理数较少，所得到的观测值数目常小于待估计参数的个数，因而采用一般的回归分析（最小二乘法）无法全部估计。但实践证明，通常 p 元二次回归模型中的回归系数并不同时都显著，因而在均匀设计试验结果的统计分析中可以采用逐步回归分析来建立回归方程。实际上，前面的三元一次线性回归模型的分析也可以采用逐步回归分析进行，分析结果完全相同。

本例有 3 个试验因素，三元二次回归方程包含 10 个待估计参数，而均匀设计试验又只有 6 个处理，即只有 6 个观测值，所以需要采用逐步回归分析来建立回归方程。通过分析，得到回归方程

$$\hat{y}=-16.0529-0.0506Z_1+0.1671Z_2+22.8750Z_3-3.1986Z_3^2 \tag{8-4}$$

对回归方程（8-4）及各偏回归系数进行假设检验（表 8-10），结果表明，回归关系和四个偏回归系数都达到显著或极显著水平，说明回归方程（8-4）能用于描述玉米产量与播种期、施肥量和种植密度之间的关系。

表 8-10　回归方程（8-4）及其偏回归系数的 F 检验

变异来源	SS	df	MS	F
回归	30.2818	4	7.5705	4379.60*
b_1	1.0443	1	1.0443	604.14*
b_2	0.4563	1	0.4563	263.98*
b_3	21.4875	1	21.4875	12430.81**
b_{33}	23.8720	1	23.8720	13810.25**
离回归	0.0017	1	0.0017	
总变异	30.2835	5		

注：$F_{0.05(4,1)}=225$，$F_{0.01(4,1)}=5625$；$F_{0.05(1,1)}=161$，$F_{0.01(1,1)}=4052$

最后，利用回归方程寻找最佳栽培措施。在回归方程（8-4）中，Z_1 和 Z_2 都只有一次项，与 y 呈线性关系；只有 Z_3 有二次项，在固定 Z_1 和 Z_2 时，y 与 Z_3 的关系为开口向下的抛物线，具有极大值。由回归方程（4-43）中 Z_1 和 Z_2 的偏回归系数分别是负值和正值可知，Z_1 应取最小值，Z_2 应取最大值，即在本试验范围内 $Z_1=5$、$Z_2=7$。此时，回归方程（8-4）

简化为

$$\hat{y}=-15.1362+22.8750Z_3-3.1986Z_3^2 \tag{8-5}$$

求回归方程（8-5）的极值，得 $Z_3=3.5758$ 时 $\hat{y}=25.7641$ 为极大值。该极大值在本试验范围内即最大值。因此，由回归方程（8-5）获得的最佳栽培措施为 $Z_1=5$、$Z_2=7$、$Z_3=3.5758$，即 3 月 5 日播种，每 $666.67m^2$ 施农家肥 700kg，密度为每 $666.67m^2$ 种植 3500～3600 株。

以上为均匀设计试验结果统计分析的一般步骤。应当指出的是，由于均匀设计试验次数，即水平组合数较少，最优工艺条件或最佳技术措施可能不在试验方案中，也可能出现在试验因素的水平边界上，甚至会超过试验范围。当发生这种情况时，一般应追加试验进行验证，必要时应扩大试验范围。在**【例 8-1】**中，由回归方程（8-5）获得的最佳栽培措施就是这种情况。因此，应追加 $Z_1=5$、$Z_2=7$、$Z_3=3.5758$ 的试验，而且还需要扩大播种期（Z_1）和农家肥施用量（Z_2）的试验范围进一步试验。

第二节　最优设计

对于一定的回归模型，在给定的因子空间的某一区域上，可以设计出多种试验方案，每个方案都存在它的最大误差方差。在这些试验方案中挑选出最大误差方差最小的方案，用它的试验结果估计的回归方程，其回归预测值与实际观测值的拟合程度最高，因而这种试验方案是最优的。最优设计（optimum design）就是从试验误差方差最小的基本目的出发，得出的一种试验设计方法。为了判断一种试验设计是不是最优设计，已经提出了很多优良性准则，如 D-优良性、G-优良性、E-优良性、U-优良性、A-优良性等。

一、D-最优设计原理

（一）回归模型与试验方案

1．回归模型　对于给定的 p 维欧氏因子空间区域 Φ 中的点 Ω，无论变量之间的回归关系如何，其回归模型的一般形式可表示为

$$y=\beta_1 f_1(\boldsymbol{x})+\beta_2 f_2(\boldsymbol{x})+\cdots+\beta_m f_m(\boldsymbol{x})+\varepsilon \tag{8-6}$$

式中，$\boldsymbol{x}$ 为自变量组成的 p 维向量（x_1，x_2，…，x_p）；$f_1(x)$，$f_2(x)$，…，$f_m(x)$ 都为连续函数；β_1，β_2，…，β_m 为 m 个需要估计的回归系数；ε 为随机误差、相互独立，且都服从 $N(0,\sigma^2)$。

若记

$$\boldsymbol{\beta}=\begin{bmatrix}\beta_1\\ \beta_2\\ \vdots\\ \beta_m\end{bmatrix},\ \boldsymbol{F}(\boldsymbol{x})=\begin{bmatrix}f_1(x)\\ f_2(x)\\ \vdots\\ f_m(x)\end{bmatrix}$$

回归模型（8-6）也可表示为

$$\boldsymbol{Y}=\boldsymbol{\beta}'\boldsymbol{F}(\boldsymbol{x})+\boldsymbol{\varepsilon} \tag{8-7}$$

若进行了 t 次试验，则模型（8-7）的结构矩阵 $\boldsymbol{X}$ 为

$$\boldsymbol{X}=\begin{bmatrix} F'(x_1) \\ F'(x_2) \\ \vdots \\ F'(x_t) \end{bmatrix}=\begin{bmatrix} f_1(x_1) & f_2(x_1) & \cdots & f_m(x_1) \\ f_1(x_2) & f_2(x_2) & \cdots & f_m(x_2) \\ \vdots & \vdots & & \vdots \\ f_1(x_t) & f_2(x_t) & \cdots & f_m(x_t) \end{bmatrix} \tag{8-8}$$

信息矩阵 $\boldsymbol{A}$ 为

$$\boldsymbol{A}=\boldsymbol{X'X}=\sum_{i=1}^{t}F(x_i)F'(x_i) \tag{8-9}$$

模型（8-6）包含了最常见的各种回归模型。例如，当 $f_1(x)$，$f_2(x)$，…，$f_m(x)$ 为一组幂函数时，若取 $p=2$，$m=6$，则

$$f_1(x_1, x_2)=1,\ f_2(x_1, x_2)=x_1,\ f_3(x_1, x_2)=x_2$$

$$f_4(x_1, x_2)=x_1^2,\ f_5(x_1, x_2)=x_2^2,\ f_6(x_1, x_2)=x_1x_2$$

模型（8-6）就是二元二次回归模型。

2．试验方案　假设试验在 p 维欧氏因子空间区域 Φ 中的一组点 x_1，x_2，…，x_t 上进行，每个点的试验重复次数分别为 n_1，n_2，…，n_t。这一组点及其对应的重复次数便构成一个试验方案，这种方案称为离散型方案（discrete scheme），用 $\boldsymbol{W}$ 表示。

$$\boldsymbol{W}=\begin{pmatrix} x_1 & x_2 & \cdots & x_t \\ n_1 & n_2 & \cdots & n_t \end{pmatrix} \tag{8-10}$$

式中，x_1，x_2，…，x_t 为方案 W 的谱点，$N=\sum_{i=1}^{t}n_i$。离散型方案的信息矩阵 $\boldsymbol{A}(\boldsymbol{W})$ 为

$$\begin{aligned}\boldsymbol{A}(\boldsymbol{W})&=\sum_{i=1}^{t}n_i\boldsymbol{F}(x_i)\boldsymbol{F}'(x_i)\\ &=\begin{bmatrix} \sum n_if_1^2(x_i) & \sum n_if_1(x_i)f_2(x_i) & \cdots & \sum n_if_1(x_i)f_m(x_i) \\ \sum n_if_2(x_i)f_1(x_i) & \sum n_if_2^2(x_i) & \cdots & \sum n_if_2(x_i)f_m(x_i) \\ \vdots & \vdots & & \vdots \\ \sum n_if_m(x_i)f_1(x_i) & \sum n_if_m(x_i)f_2(x_i) & \cdots & \sum n_if_m^2(x_i) \end{bmatrix}\end{aligned} \tag{8-11}$$

如果将离散型方案中每个点的重复次数用其与总次数的比值 $p_i=\dfrac{n_i}{N}$ 表示，且 p_i 可以在［0，1］中任意取值，这种方案称为连续型方案（continuous scheme），即

$$\boldsymbol{W}=\begin{pmatrix} x_1 & x_2 & \cdots & x_t \\ p_1 & p_2 & \cdots & p_t \end{pmatrix} \tag{8-12}$$

式中，p_i 为点 x_i 的测度，$\sum_{i=1}^{t}p_i=1$。连续型方案的信息矩阵 $\boldsymbol{A}(\boldsymbol{W})$ 为

$$\begin{aligned}\boldsymbol{A}(\boldsymbol{W})&=\sum_{i=1}^{t}p_i\boldsymbol{F}(x_i)\boldsymbol{F}'(x_i)\\ &=\begin{bmatrix} \sum p_if_1^2(x_i) & \sum p_if_1(x_i)f_2(x_i) & \cdots & \sum p_if_1(x_i)f_m(x_i) \\ \sum p_if_2(x_i)f_1(x_i) & \sum p_if_2^2(x_i) & \cdots & \sum p_if_2(x_i)f_m(x_i) \\ \vdots & \vdots & & \vdots \\ \sum p_if_m(x_i)f_1(x_i) & \sum p_if_m(x_i)f_2(x_i) & \cdots & \sum p_if_m^2(x_i) \end{bmatrix}\end{aligned} \tag{8-13}$$

（二）D-优良性与 G-优良性

1．D-优良性　为了确定一个试验方案是不是最优方案，必须给出判断最优性的标准。1943 年 Wald 提出了信息矩阵行列式最大值判别法，1959 年 Kiefer 称这种判别法为 D-最优性，又称为 D-优良性。

对于同一回归模型（8-6）的两个不同的试验方案 $\boldsymbol{W}_1$ 和 $\boldsymbol{W}_2$，如果方案 $\boldsymbol{W}_1$ 的信息矩阵行列式的值大于方案 $\boldsymbol{W}_2$ 的信息矩阵行列式的值，即 $|\boldsymbol{A}(\boldsymbol{W}_1)|>|\boldsymbol{A}(\boldsymbol{W}_2)|$，则认为在 D-优良性意义上，方案 $\boldsymbol{W}_1$ 比方案 $\boldsymbol{W}_2$ 优良。由于相关矩阵 $\boldsymbol{C}(\boldsymbol{W})$ 是信息矩阵 $\boldsymbol{A}(\boldsymbol{W})$ 的逆矩阵，$|\boldsymbol{A}(\boldsymbol{W})|\cdot|\boldsymbol{C}(\boldsymbol{W})|=1$，因此 $|\boldsymbol{A}(\boldsymbol{W}_1)|>|\boldsymbol{A}(\boldsymbol{W}_2)|$ 等价于 $|\boldsymbol{C}(\boldsymbol{W}_1)|<|\boldsymbol{C}(\boldsymbol{W}_2)|$。

【例 8-3】 设单因素试验的回归模型为

$$y=\beta_1+\beta_2 x+\varepsilon \quad (-1\leqslant x\leqslant 1)$$

试比较下列两个试验方案的 D-优良性。

$$\boldsymbol{W}_1=\begin{pmatrix} x_1=-1 & x_2=0 & x_3=1 \\ n_1=2 & n_2=2 & n_3=2 \end{pmatrix} \qquad \boldsymbol{W}_2=\begin{pmatrix} x_1=-1 & x_2=0 & x_3=1 \\ n_1=1 & n_2=2 & n_3=3 \end{pmatrix}$$

根据模型（8-6），此例 $p=1$，$m=2$，$f_1(x)=1$，$f_2(x)=x$，$\boldsymbol{F}'(x)=[f_1(x)\ f_2(x)]=[1\quad x]$，为离散型方案。根据式（8-11），对于试验方案 $\boldsymbol{W}_1$，信息矩阵为

$$\boldsymbol{A}(\boldsymbol{W}_1)=\sum_{i=1}^{3} n_i F(x_i)F'(x_i)=2\begin{bmatrix}1\\-1\end{bmatrix}[1\quad -1]+2\begin{bmatrix}1\\0\end{bmatrix}[1\quad 0]+2\begin{bmatrix}1\\1\end{bmatrix}[1\quad 1]=\begin{bmatrix}6 & 0\\0 & 4\end{bmatrix}$$

其行列式为

$$|\boldsymbol{A}(\boldsymbol{W}_1)|=\begin{vmatrix}6 & 0\\0 & 4\end{vmatrix}=24$$

$\boldsymbol{W}_1$ 的逆矩阵及其行列式分别为

$$\boldsymbol{C}(\boldsymbol{W}_1)=\begin{bmatrix}\frac{1}{6} & 0\\0 & \frac{1}{4}\end{bmatrix},\quad |\boldsymbol{C}(\boldsymbol{W}_1)|=\begin{vmatrix}\frac{1}{6} & 0\\0 & \frac{1}{4}\end{vmatrix}=\frac{1}{24}$$

对于试验方案 $\boldsymbol{W}_2$，相应的计算结果为

$$\boldsymbol{A}(\boldsymbol{W}_2)=\begin{bmatrix}6 & 2\\2 & 4\end{bmatrix},\quad |\boldsymbol{A}(\boldsymbol{W}_2)|=\begin{vmatrix}6 & 2\\2 & 4\end{vmatrix}=20$$

$$\boldsymbol{C}(\boldsymbol{W}_2)=\begin{bmatrix}\frac{2}{10} & -\frac{1}{10}\\-\frac{1}{10} & \frac{3}{10}\end{bmatrix},\quad |\boldsymbol{C}(\boldsymbol{W}_2)|=\begin{vmatrix}\frac{2}{10} & -\frac{1}{10}\\-\frac{1}{10} & \frac{3}{10}\end{vmatrix}=\frac{1}{20}$$

由于 $|\boldsymbol{A}(\boldsymbol{W}_1)|>|\boldsymbol{A}(\boldsymbol{W}_2)|$，$|\boldsymbol{C}(\boldsymbol{W}_1)|<|\boldsymbol{C}(\boldsymbol{W}_2)|$，因此在 *D*-优良性意义上，试验方案 $\boldsymbol{W}_1$ 优于 $\boldsymbol{W}_2$。

在给定的因子空间的某一区域 $\boldsymbol{\Phi}$ 上，可以设计出多种试验方案。所有方案中信息矩阵行列式最大的方案称为区域 $\boldsymbol{\Phi}$ 上的 D-最优方案，简称 D-最优方案。显然，D-最优方案是针对因子空间的某一区域而言的，对于不同的区域可能存在不同的 D-最优方案。

2．G-优良性　按照试验方案 $\boldsymbol{W}$ 进行试验，获得 N 个观测值 y_1，y_2，…，y_N，用最小

二乘法可以估计出回归模型（8-6）的回归系数 $\boldsymbol{\beta}$。若记 $\boldsymbol{\beta}$ 的估计值为 $\boldsymbol{b}$，则

$$\boldsymbol{b}=\hat{\boldsymbol{\beta}}=(\boldsymbol{X}'\boldsymbol{X})^{-1}\boldsymbol{X}'\boldsymbol{Y}=\boldsymbol{A}^{-1}(\boldsymbol{W})\boldsymbol{X}'\boldsymbol{Y}=\boldsymbol{C}(\boldsymbol{W})\boldsymbol{X}'\boldsymbol{Y} \tag{8-14}$$

式中，$\boldsymbol{b}=\begin{bmatrix} b_1 \\ b_2 \\ \vdots \\ b_m \end{bmatrix}$，$\boldsymbol{Y}=\begin{bmatrix} y_1 \\ y_2 \\ \vdots \\ y_N \end{bmatrix}$。

建立的回归方程为

$$\hat{y}=\boldsymbol{b}'\boldsymbol{F}(\boldsymbol{x}) \tag{8-15}$$

$\boldsymbol{b}$ 的方差协方差矩阵为

$$\boldsymbol{D}(\boldsymbol{b})=\sigma^2\boldsymbol{A}^{-1}(\boldsymbol{W})=\sigma^2\boldsymbol{C}(\boldsymbol{W}) \tag{8-16}$$

回归预测值 $\hat{y}(\boldsymbol{x},\boldsymbol{W})$ 的方差为

$$\boldsymbol{D}[\hat{y}(\boldsymbol{x},\boldsymbol{W})]=\boldsymbol{D}[\boldsymbol{b}'\boldsymbol{F}(\boldsymbol{x})]=\sigma^2\boldsymbol{F}'(x)\boldsymbol{A}^{-1}(\boldsymbol{W})\boldsymbol{F}(\boldsymbol{x})=\sigma^2\boldsymbol{F}'(\boldsymbol{x})\boldsymbol{C}(\boldsymbol{W})\boldsymbol{F}(\boldsymbol{x}) \tag{8-17}$$

当以 σ^2 为单位时，记回归预测值的方差 $\boldsymbol{D}[\hat{y}(\boldsymbol{x},\boldsymbol{W})]$ 为 $d(\boldsymbol{x},\boldsymbol{W})$，则

$$d(\boldsymbol{x},\boldsymbol{W})=F'(\boldsymbol{x})\boldsymbol{A}^{-1}(\boldsymbol{W})F(\boldsymbol{x})=F'(\boldsymbol{x})\boldsymbol{C}(\boldsymbol{W})F(\boldsymbol{x}) \tag{8-18}$$

对于给定的因子空间区域 $\boldsymbol{\Phi}$ 上的任意一个试验方案 $\boldsymbol{W}$，回归预测值的方差 $d(\boldsymbol{x},\boldsymbol{W})$ 在区域 $\boldsymbol{\Phi}$ 上总存在最大值 $\max\limits_{\boldsymbol{x}} d(\boldsymbol{x},\boldsymbol{W})$。若该区域上试验方案 $\boldsymbol{W}_1$ 的回归预测值的最大方差 $\max\limits_{\boldsymbol{x}} d(\boldsymbol{x},\boldsymbol{W}_1)$ 小于试验方案 $\boldsymbol{W}_2$ 的回归预测值的最大方差 $\max\limits_{\boldsymbol{x}} d(\boldsymbol{x},\boldsymbol{W}_2)$，即

$$\max_{\boldsymbol{x}} d(\boldsymbol{x},\boldsymbol{W}_1)<\max_{\boldsymbol{x}} d(\boldsymbol{x},\boldsymbol{W}_2) \tag{8-19}$$

则认为在 G-优良性意义上，方案 $\boldsymbol{W}_1$ 优于方案 $\boldsymbol{W}_2$。

【例 8-4】 试比较**【例 8-3】**中两个试验方案的 G-优良性。

对于试验方案 $\boldsymbol{W}_1$，由式（8-18）得

$$d(\boldsymbol{x},\boldsymbol{W}_1)=[1\quad x]\begin{bmatrix} \frac{1}{6} & 0 \\ 0 & \frac{1}{4} \end{bmatrix}\begin{bmatrix} 1 \\ x \end{bmatrix}=\frac{1}{12}(3x^2+2)$$

$3x^2+2$ 在区域 $-1\leqslant x\leqslant 1$ 上的最大值为 5，因而，

$$\max_x d(\boldsymbol{x},\boldsymbol{W}_1)=\max_x\left[\frac{1}{12}(3x^2+2)\right]=\frac{1}{12}\times 5=\frac{5}{12}$$

对于试验方案 $\boldsymbol{W}_2$，

$$d(\boldsymbol{x},\boldsymbol{W}_2)=[1\quad x]\begin{bmatrix} \frac{2}{10} & -\frac{1}{10} \\ -\frac{1}{10} & \frac{3}{10} \end{bmatrix}\begin{bmatrix} 1 \\ x \end{bmatrix}=\frac{1}{10}(3x^2-2x+2)$$

$3x^2-2x+2$ 在区域 $-1\leqslant x\leqslant 1$ 上的最大值为 7，因而，

$$\max_x d(\boldsymbol{x},\boldsymbol{W}_2)=\max_x\left[\frac{1}{10}(3x^2-2x+2)\right]=\frac{1}{10}\times 7=\frac{7}{10}$$

由于 $\max\limits_x d(\boldsymbol{x},\boldsymbol{W}_1)<\max\limits_x d(\boldsymbol{x},\boldsymbol{W}_2)$，因此在 G-优良性意义上，试验方案 $\boldsymbol{W}_1$ 优于 $\boldsymbol{W}_2$。

在给定的因子空间的某一区域 Φ 上，所有方案中回归预测值的最大方差最小的方案称为区域 Φ 上的 G-最优方案，简称 G-最优方案，也称为最大最小设计（maximin design）。

（三）等价定理

Kiefer 提出了一个重要的定理，称为等价定理：对于连续型方案，下面两个结论是相互等价的。

1．试验方案 $\boldsymbol{W}^*$ 是 D-最优方案，则有

$$|\boldsymbol{W}^*| = \max_{W} |\boldsymbol{A}(\boldsymbol{W})| \tag{8-20}$$

或

$$|\boldsymbol{C}(\boldsymbol{W}^*)| = \min_{W} |\boldsymbol{C}(\boldsymbol{W})| \tag{8-21}$$

2．试验方案 $\boldsymbol{W}^*$ 是 G-最优方案，则有

$$\max_{x} d(\boldsymbol{x},\ \boldsymbol{W}^*) = \min_{W} \max_{x} d(\boldsymbol{x},\ \boldsymbol{W}) = m \tag{8-22}$$

根据这一定理，可以构造和检验 D-最优方案。

【例 8-5】 设两因素试验的回归模型为

$$y=\beta_1+\beta_2 x_1+\beta_3 x_2+\varepsilon \quad (-1\leqslant x_j\leqslant 1,\ j=1,\ 2)$$

判断下列试验方案 $\boldsymbol{W}$ 是不是 D-最优方案。

$$\boldsymbol{W}=\begin{pmatrix} x_{11}=-1 & x_{12}=1 & x_{13}=-1 \\ x_{21}=-1 & x_{22}=-1 & x_{23}=1 \\ n_1=1 & n_2=1 & n_3=1 \end{pmatrix}$$

首先，将离散型方案 $\boldsymbol{W}$ 表示成连续型方案。

$$\boldsymbol{W}=\begin{pmatrix} x_{11}=-1 & x_{12}=1 & x_{13}=-1 \\ x_{21}=-1 & x_{22}=-1 & x_{23}=1 \\ p_1=\dfrac{1}{3} & p_2=\dfrac{1}{3} & p_3=\dfrac{1}{3} \end{pmatrix}$$

其次，计算各试验点回归预测值的方差。根据模型（8-6），此例 $p=2$，$m=3$，$f_1(x_1,\ x_2)=1$，$f_2(x_1,\ x_2)=x_1$，$f_3(x_1,\ x_2)=x_3$，$\boldsymbol{F}'(x_1,\ x_2)=(1\quad x_1\quad x_2)$。根据式（8-13），试验方案 $\boldsymbol{W}$ 的信息矩阵为

$$\boldsymbol{A}(\boldsymbol{W})=\sum_{i=1}^{3}p_i\boldsymbol{F}(x_{1i},x_{2i})\,\boldsymbol{F}'(x_{1i},x_{2i})=\sum_{i=1}^{3}p_i\begin{bmatrix}1\\ x_{1i}\\ x_{2i}\end{bmatrix}\begin{bmatrix}1 & x_{1i} & x_{2i}\end{bmatrix}$$

$$=\sum_{i=1}^{3}p_i\begin{bmatrix}1 & x_{1i} & x_{2i}\\ x_{1i} & x_{1i}^2 & x_{1i}x_{2i}\\ x_{2i} & x_{2i}x_{1i} & x_{2i}^2\end{bmatrix}=\frac{1}{3}\begin{bmatrix}3 & -1 & -1\\ -1 & 3 & -1\\ -1 & -1 & 3\end{bmatrix}$$

$\boldsymbol{A}$（$\boldsymbol{W}$）的逆矩阵为

$$\boldsymbol{C}(\boldsymbol{W})=\boldsymbol{A}^{-1}(\boldsymbol{W})=\frac{3}{4}\begin{bmatrix}2 & 1 & 1\\ 1 & 2 & 1\\ 1 & 1 & 2\end{bmatrix}$$

回归预测值的方差为

$$d(\boldsymbol{x},\ \boldsymbol{W})=\boldsymbol{F}'(\boldsymbol{x})\boldsymbol{C}(\boldsymbol{W})\boldsymbol{F}(\boldsymbol{x})=(1\quad x_1\quad x_2)\frac{3}{4}\begin{bmatrix}2&1&1\\1&2&1\\1&1&2\end{bmatrix}\begin{bmatrix}1\\x_1\\x_2\end{bmatrix}$$

$$=\frac{3}{2}(1+x_1+x_2+x_1^2+x_1x_2+x_2^2)$$

于是得到试验方案 $\boldsymbol{W}$ 的三个试验点回归预测值的方差分别为

$$d(x_1,\ \boldsymbol{W})=d(x_{11}=-1,\ x_{21}=-1,\ \boldsymbol{W})=3=m$$

$$d(x_2,\ \boldsymbol{W})=d(x_{12}=1,\ x_{22}=-1,\ \boldsymbol{W})=3=m$$

$$d(x_3,\ \boldsymbol{W})=d(x_{13}=-1,\ x_{23}=1,\ \boldsymbol{W})=3=m$$

最后，根据等价定理来判断。由于试验方案 $\boldsymbol{W}$ 的三个试验点回归预测值的方差均等于待定回归系数的个数 m，因此试验方案 $\boldsymbol{W}$ 在区域 $-1\leqslant x_j\leqslant 1$（$j=1$，2）上是 D-最优方案。

二、饱和 D-最优设计

在进行试验设计时，为了减小试验误差，提高试验的精确性，应尽可能选择最优的试验方案。另外，为了节省人力、物力和财力，也应尽量缩小试验规模，提高试验的效率。对于回归设计来说，效率最高的试验就是水平组合数（处理数）等于回归方程中需要估计的回归系数个数的试验。具有这种特点的试验设计称为饱和设计（saturated design）。由于饱和设计没有剩余自由度，因而不能估计误差。若要进行误差估计，饱和设计试验必须设置若干重复。

（一）一次饱和 D-最优设计及其统计分析

1．设计方法　对于一次回归模型

$$y=\beta_0+\beta_1x_1+\beta_2x_2+\cdots+\beta_px_p+\varepsilon\quad(-1\leqslant x_j\leqslant 1;\ j=1,\ 2,\ \cdots,\ p)\tag{8-23}$$

其待估计参数的个数 $m=p+1$。在 p 维立方体 $-1\leqslant x_j\leqslant 1$ 上，选取 $p+1$ 个各坐标为 -1 或 1 的顶点（apex）构成的设计就是一次饱和 D-最优设计。

当 $p=1$ 时，($x=1$) 和 ($x=-1$) 构成的设计为一次饱和 D-最优设计。

当 $p=2$ 时，正方形区域的 4 个顶点 ($x_1=1$，$x_2=1$)，($x_1=1$，$x_2=-1$)，($x_1=-1$，$x_2=1$) 和 ($x_1=-1$，$x_2=-1$) 中的任意 3 个都可构成一次饱和 D-最优设计。前面【例 8-5】就是一个 $p=2$ 的一次饱和 D-最优设计。

当 $p=3$ 时，立方体区域上有 2^{3-1} 个部分顶点构成一次饱和 D-最优设计。

当 $p=4$，5，6 时，一次饱和 D-最优设计见表 8-11。

表 8-11　$p=4$，5，6 的一次饱和 D-最优设计

试验号	$p=4$				$p=5$					$p=6$					
	x_1	x_2	x_3	x_4	x_1	x_2	x_3	x_4	x_5	x_1	x_2	x_3	x_4	x_5	x_6
1	1	−1	1	−1	1	1	1	1	1	−1	1	1	−1	−1	1
2	1	1	−1	1	1	−1	−1	1	−1	−1	−1	1	−1	−1	−1
3	−1	−1	1	1	1	1	1	−1	−1	−1	1	−1	1	1	−1

续表

试验号	p=4				p=5					p=6					
	x_1	x_2	x_3	x_4	x_1	x_2	x_3	x_4	x_5	x_1	x_2	x_3	x_4	x_5	x_6
4	−1	−1	−1	−1	−1	−1	1	−1	1	−1	−1	−1	1	−1	1
5	−1	1	1	−1	−1	1	1	1	−1	−1	−1	−1	−1	1	1
6					−1	1	−1	−1	1	1	1	−1	−1	−1	−1
7										1	−1	1	1	1	1

当$p=7$时，7维立方体区域上有2^{7-4}个部分顶点构成一次饱和D-最优设计。

一般地，当$m=p+1=2^q$（q为正整数）时，p个因素的一次饱和D-最优设计可以用2^p型的全因子试验的部分实施法给出。

2．统计分析 由于饱和设计试验结果的统计分析与其他回归设计基本相同，因此下面仅结合实例进行介绍。但需注意的是，饱和设计没有剩余自由度，对回归方程和回归系数的显著性检验在试验无重复和有重复时都与一般的回归分析方法有所不同。

【例 8-6】 在油菜再生研究中，应用$p=4$的一次饱和D-最优设计分析培养基中2,4-D（Z_1）、6-BA（Z_2）、GA_3（Z_3）和$AgNO_3$（Z_4）对再生频率的影响。试验方案和试验结果如表8-12所示。试进行统计分析。

表 8-12 油菜再生的一次饱和D-最优设计试验方案及试验结果

试验号（处理）	试验设计				试验方案				再生频率	
	x_1	x_2	x_3	x_4	Z_1	Z_2	Z_3	Z_4	y	$\hat{y}$
1	1	−1	1	−1	3.0	0.5	2	5	0.38	0.38
2	1	1	−1	1	3.0	1.0	1	6	0.45	0.45
3	−1	−1	1	1	1.0	0.5	2	6	0.27	0.27
4	−1	−1	−1	−1	1.0	0.5	1	5	0.35	0.35
5	−1	1	1	−1	1.0	1.0	2	5	0.25	0.25

本例的回归方程为

$$\hat{y}=b_0+b_1x_1+b_2x_2+b_3x_3+b_4x_4$$

将设计方案中的编码值和试验结果代入回归方程，并用矩阵形式表示。参数估计值的计算过程和计算结果如下：

$$\boldsymbol{X}=\begin{bmatrix}1 & 1 & -1 & 1 & -1\\ 1 & 1 & 1 & -1 & 1\\ 1 & -1 & -1 & 1 & 1\\ 1 & -1 & -1 & -1 & -1\\ 1 & -1 & 1 & 1 & -1\end{bmatrix},\quad \boldsymbol{Y}=\begin{bmatrix}0.38\\ 0.45\\ 0.27\\ 0.35\\ 0.25\end{bmatrix}$$

系数矩阵$\boldsymbol{A}$和右端元列向量$\boldsymbol{B}$为

$$\boldsymbol{A}=\boldsymbol{X}'\boldsymbol{X}=\begin{bmatrix}5 & -1 & -1 & 1 & -1\\ -1 & 5 & 1 & -1 & 1\\ -1 & 1 & 5 & -1 & 1\\ 1 & -1 & -1 & 5 & -1\\ -1 & 1 & 1 & -1 & 5\end{bmatrix},\quad \boldsymbol{B}=\boldsymbol{X}'\boldsymbol{Y}=\begin{bmatrix}1.70\\ -0.04\\ -0.30\\ 0.10\\ -0.26\end{bmatrix}$$

系数矩阵 $\boldsymbol{A}$ 的逆矩阵 $\boldsymbol{C}$ 为

$$\boldsymbol{C}=\boldsymbol{A}^{-1}=\frac{1}{36}\begin{bmatrix} 8 & 1 & 1 & -1 & 1 \\ 1 & 8 & -1 & 1 & -1 \\ 1 & -1 & 8 & 1 & -1 \\ -1 & 1 & 1 & 8 & 1 \\ 1 & -1 & -1 & 1 & 8 \end{bmatrix}$$

回归方程参数估计值向量 $\boldsymbol{b}$ 为

$$\boldsymbol{b}=\boldsymbol{CB}=\frac{1}{3}\begin{bmatrix} 1.075 \\ 0.170 \\ -0.025 \\ -0.125 \\ 0.005 \end{bmatrix}$$

于是可得用编码因素表示的回归方程

$$\hat{y}=\frac{1}{3}(1.075+0.170x_1-0.025x_2-0.125x_3+0.005x_4)$$

各处理的回归预测值列于表 8-12 的最后一列。由此可见，预测值与实际测察值完全吻合。

饱和设计试验无重复时不能对参数估计值进行假设检验，只能对回归方程进行近似检验。一般可采用控制点检验法，详见本章第三节。

为了应用方便，回归方程需用实际因素表示。由实际因素与编码因素的关系得：

$$Z_1=\frac{3.0+1.0}{2}+\frac{3.0-1.0}{2}x_1=2.0+x_1$$

$$Z_2=\frac{1.0+0.5}{2}+\frac{1.0-0.5}{2}x_2=0.75+0.25x_2$$

$$Z_3=\frac{2+1}{2}+\frac{2-1}{2}x_3=1.5+0.5x_3$$

$$Z_4=\frac{6+5}{2}+\frac{6-5}{2}x_1=5.5+0.5x_4$$

可得

$$x_1=Z_1-2,\ x_2=4Z_2-3,\ x_3=2Z_3-3,\ x_4=2Z_1-11$$

将其代入上述回归方程即得

$$\hat{y}=\frac{1}{3}(1.13+0.17Z_1-0.10Z_2-0.25Z_3+0.01Z_4)$$

（二）二次饱和 D-最优设计及其统计分析

1．设计方法　对于二次回归模型

$$y=\beta_0+\sum_{j=1}^{p}\beta_j x_j+\sum_{j=1}^{p}\beta_{jj}x_j^2+\sum_{\substack{j=1 \\ j<k}}^{p}\sum_{k=1}^{p}\beta_{jk}x_j x_k+\varepsilon \tag{8-24}$$

$$(-1\leqslant x_j\leqslant 1,\ -1\leqslant x_k\leqslant 1;\ j,\ k=1,\ 2,\ \cdots,\ p)$$

其待估计参数的个数$m=\frac{1}{2}(p+2)(p+1)$。Box 于 1971 年和 1972 年给出了 $p=2$ 和 $p=3$ 的二次饱和 D-最优设计，列于表 8-13。对于 $p\geq4$ 的二次饱和 D-最优设计，至今尚未解决。但 $p<7$ 的近似饱和 D-最优设计已给出，称最优混合设计。

表 8-13　$p=2$、3 的二次饱和 D-最优设计

试验号	$p=2$		$p=3$		
	x_1	x_2	x_1	x_2	x_3
1	−1	−1	−1	−1	−1
2	1	−1	1	−1	−1
3	−1	1	−1	1	−1
4	−0.1315	−0.1315	−1	−1	1
5	1	0.3945	−1	0.1925	0.1925
6	0.3945	1	0.1925	−1	0.1925
7			0.1925	0.1925	−1
8			−0.2912	1	1
9			1	−0.2912	1
10			1	1	−0.2912

【例 8-7】 为了研究小麦氮肥和磷肥施用量对产量影响的数量关系，计划每 666.67m^2 纯 N 施用量的下水平和上水平分别为 0kg 和 12.5kg，P_2O_5 施用量的下水平和上水平分别为 0kg 和 10kg。试采用二次饱和 D-最优设计安排试验方案。

此例 $p=2$。根据表 8-14 求得各编码因素与实际因素之间的关系：

$$Z_1=\frac{12.5+0}{2}+\frac{12.5-0}{2}x_1=6.25(1+x_1)$$

$$Z_2=\frac{10+0}{2}+\frac{10-0}{2}x_2=5(1+x_2)$$

编码值为−1 时，纯 N 施用量 $Z_1=0$，P_2O_5 施用量 $Z_2=0$。

编码值为 1 时，纯 N 施用量 $Z_1=12.5$，P_2O_5 施用量 $Z_2=10$。

编码值为−0.1315 时，纯 N 施用量 $Z_1=6.25\times(1-0.1315)=5.428$，$P_2O_5$ 施用量 $Z_2=5\times(1-0.1315)=4.343$。

编码值为 0.3945 时，纯 N 施用量 $Z_1=6.25\times(1+0.3945)=8.176$，$P_2O_5$ 施用量 $Z_2=5\times(1+0.3945)=6.973$。

由此可以获得本试验的试验方案如表 8-14 所示。

表 8-14　小麦施肥的二次饱和 D-最优设计试验方案和试验结果

试验号	试验设计		试验方案		试验结果（产量）/（kg/666.67m^2）			
（处理）	x_1	x_2	Z_1	Z_2	Ⅰ	Ⅱ	平均值	预测值
1	−1	−1	0	0	81.8	109.5	95.65	95.65
2	1	−1	12.5	0	58.0	74.5	66.25	66.25
3	−1	1	0	10	85.5	110.8	98.15	98.15
4	−0.1315	−0.1315	5.428	4.343	163.7	160.2	161.95	161.95
5	1	0.3945	12.5	6.972	231.3	231.3	231.30	231.30
6	0.3945	1	8.716	10	225.6	224.2	224.90	224.90

2．统计分析　下面结合实例介绍二次饱和 D-最优设计试验结果的统计分析方法。

【例 8-8】 按照**【例 8-7】**安排的试验方案进行试验，重复 2 次，随机区组设计，试验结果（产量，kg/666.67m^2）列入表 8-14。进行分析。

首先，按照单因素随机区组试验结果进行方差分析，检验处理间的差异显著性，见表 8-15，检验结果表明各处理间的差异显著，而区组间差异不显著。

表 8-15　小麦施肥试验结果的方差分析

变异来源	SS	df	MS	F
区组	347.7633	1	347.7633	—
处理	49879.4067	5	9975.8813	99.93**
误差	499.1567	5	99.8313	
总变异	50726.3267	11		

注：$F_{0.05(5,\ 5)}=5.05$，$F_{0.01(5,\ 5)}=10.97$

由于两个区组间的差异不显著，下面的回归分析采用两次重复的平均值。

其次，估计回归方程中的回归常数项和各项偏回归系数。本例的回归方程为

$$\hat{y}=b_0+b_1x_1+b_2x_2+b_{11}x_1^2+b_{22}x_2^2+b_{12}x_1x_2$$

将设计方案中的编码值和试验结果代入回归方程，并用矩阵形式表示。结构矩阵 $\boldsymbol{X}$ 和依变量观测值列向量 $\boldsymbol{Y}$ 为

$$\boldsymbol{X}=\begin{bmatrix}1 & -1 & -1 & 1 & 1 & 1\\ 1 & 1 & -1 & 1 & 1 & -1\\ 1 & -1 & 1 & 1 & 1 & -1\\ 1 & -0.1315 & -0.1315 & 0.0173 & 0.0173 & 0.0173\\ 1 & 1 & 0.3945 & 1 & 0.1556 & 0.3945\\ 1 & 0.3945 & 1 & 0.1556 & 1 & 0.3945\end{bmatrix},\quad \boldsymbol{Y}=\begin{bmatrix}95.65\\ 66.25\\ 98.15\\ 161.95\\ 231.30\\ 224.90\end{bmatrix}$$

回归方程估计值的正规方程组系数矩阵 $\boldsymbol{A}$ 和右端元列向量 $\boldsymbol{B}$ 为

$$\boldsymbol{A}=\boldsymbol{X'X}=\begin{bmatrix}6 & 0.2630 & 0.2630 & 4.1729 & 4.1729 & -0.1937\\ 0.2630 & 4.1729 & -0.1937 & 0.0591 & -0.4521 & -0.4521\\ 0.2630 & -0.1937 & 4.1729 & -0.4521 & 0.0591 & -0.4521\\ 4.1729 & 0.0591 & -0.4521 & 4.0245 & 3.3116 & -0.5438\\ 4.1729 & -0.4521 & 0.0591 & 3.3116 & 4.0245 & -0.5438\\ -0.1937 & -0.4521 & -0.4521 & -0.5438 & -0.5438 & 3.3116\end{bmatrix}$$

$$\boldsymbol{B}=\boldsymbol{X'Y}=\begin{bmatrix}878.2000\\ 171.1766\\ 231.1014\\ 529.1517\\ 523.7478\\ 114.0214\end{bmatrix}$$

系数矩阵 $\boldsymbol{A}$ 的逆矩阵 $\boldsymbol{C}$ 为

$$C=A^{-1}=\begin{bmatrix} 0.9631 & -0.1388 & -0.1388 & -0.5677 & -0.5677 & -0.1680 \\ -0.1388 & 0.2761 & 0.0261 & 0.0021 & 0.1814 & 0.0633 \\ -0.1388 & 0.0261 & 0.2761 & 0.1814 & 0.0021 & 0.0633 \\ -0.5677 & 0.0021 & 0.1814 & 1.1709 & -0.3603 & 0.1249 \\ -0.5677 & 0.1814 & 0.0021 & -0.3603 & 1.1709 & 0.1249 \\ -0.1680 & 0.0633 & 0.0633 & 0.1249 & 0.1249 & 0.3505 \end{bmatrix}$$

于是，回归方程中的参数估计值列向量 $\boldsymbol{b}$ 为

$$\boldsymbol{b}=\boldsymbol{CB}=\begin{bmatrix} 173.0365 \\ 34.7032 \\ 50.6532 \\ -11.2080 \\ -30.2254 \\ 49.4032 \end{bmatrix}$$

于是可得用编码因素表示的回归方程 $\hat{y}=173.0365+34.7032x_1+50.6532x_2-11.2080x_1^2-30.2254x_2^2+49.4032x_1x_2$。

再次，检验回归方程的显著性。虽然饱和设计没有剩余自由度，但如果试验安排一定的重复（2～3 次），则可由试验误差来检验回归方程和回归系数的显著性。

假设试验共有 k 个处理，重复 n 次，随机区组设计；第 j 区组中第 i 个处理的观测值为 y_{ij}，第 i 个处理的平均值为 $\overline{y}_i$，试验总的平均值为 $\overline{y}$，由回归方程估计的第 i 个处理的预测值为 $\hat{y}_i$。回归平方和及其自由度为

$$SS_R=n\sum_{i=1}^{k}(\hat{y}_i-\overline{y})^2,\quad df_R=m-1=k-1 \tag{8-25}$$

m 为回归系数的个数（在饱和设计试验中，$m=k$）。误差平方和及其自由度为

$$SS_e=\sum_{i=1}^{k}\sum_{j=1}^{n}(y_{ij}-\overline{y}_i)^2,\quad df_e=(k-1)(n-1) \tag{8-26}$$

于是可用

$$F=\frac{SS_R/df_R}{SS_e/df_e} \tag{8-27}$$

近似检验回归方程的显著性。

本例中，各处理的回归预测值列于表 8-14 的最后一列，回归平方和 SS_R、误差平方和 SS_e 和 F 值分别为

$$SS_R=49879.4067，df_R=5$$

$$SS_e=846.9200，df_e=5$$

$$F=58.90\ （F_{0.01(5,\ 5)}=10.97）$$

F 检验极显著，说明小麦产量与氮肥施用量和磷肥施用量间的二次回归方程极显著存在。

第四，检验偏回归系数的显著性。偏回归系数 t 检验的计算公式为

$$t_{b_j}=\frac{b_j}{s_e\sqrt{c_{jj}}},\quad s_e=\sqrt{\frac{SS_e}{df_e}} \tag{8-28}$$

式中，b_j 为第 j 个偏回归系数；c_{jj} 为系数矩阵 $\boldsymbol{A}$ 的逆矩阵第 j 行第 j 列的元素。

本例中，

$$s_e=\sqrt{\frac{846.9200}{5}}=13.0148$$

$$t_{b_1}=\frac{34.7032}{13.0148\times\sqrt{0.2761}}=5.0748^{**},\quad t_{b_2}=\frac{50.6532}{13.0148\times\sqrt{0.2761}}=7.4072^{**}$$

$$t_{b_{11}}=\frac{11.2080}{13.0148\times\sqrt{1.1709}}=0.7959,\quad t_{b_{22}}=\frac{30.2254}{13.0148\times\sqrt{1.1709}}=2.1463$$

$$t_{b_{12}}=\frac{49.4032}{13.0148\times\sqrt{0.3505}}=6.4121^{**}$$

查 $df=5$ 的临界 t 值，得 $t_{0.05(5)}=2.571$、$t_{0.01(5)}=4.032$。t 检验结果表明，b_1、b_2 和 b_{12} 极显著，而 b_{11} 和 b_{22} 不显著。

最后，为了便于应用，将编码因素的回归方程转换为用实际因素表示的回归方程。将 $x_1=\frac{Z_1}{6.25}-1$ 和 $x_2=\frac{Z_2}{5}-1$ 代入前面的回归方程，即可得到

$$\hat{y}=95.6499+1.2346Z_1+12.3402Z_2-0.2869Z_1^2-1.2090Z_2^2+1.5809Z_1Z_2$$

各处理的回归预测值见表 8-14 的最后一列。由此可见，预测值与实际观测值完全吻合。

（三）应用最优设计时应注意的问题

从以上实例分析可以看出，采用饱和 D-最优设计的最大优点是试验规模小，参数估计精度高。这里所说的参数估计精度高，是指用回归方程估计的预测值 $\hat{y}$ 与试验结果 y 的偏差 $y-\hat{y}$ 最小，能得到 y 与 $\hat{y}$ 的良好拟合效果。但并不是说采用 D-最优设计（包括其他最优设计）做的试验本身精度高，试验结果最正确。最优设计的“最优”是针对回归方程中的参数而言的，不应理解为用最优设计进行试验时可以不必在意试验的准确性。如果试验本身的误差就很大，用这些误差很大的试验结果同样可以建立回归方程，获得 y 与 $\hat{y}$ 最小的偏差，但这个回归方程却是不准确的，不能反映研究对象的客观规律。试验结果所包含的误差大小取决于试验实施过程质量的好坏，用统计方法是不能降低的。用最优设计试验结果建立的回归方程能否反映客观规律，强烈依赖于试验结果的正确与否。因此，采用最优设计进行试验时，必须十分注意保持试验的准确性。由于生物试验不可控制的因素多、误差大，所以采用最优设计进行试验时，应尽可能安排一定的重复，以获得准确的试验结果。

第三节　混 料 设 计

一、混料设计的概念与特点

在农业生产和科学研究中，时常会遇到配方配比问题。例如，将若干种成分（ingredient）按百分比混合在一起形成混料，混料的某种特性或综合性能只与混料成分的百分比有关，而与混料的总量无关。这种情况一般采用混料设计（mixtures design），即在各种混料成分的变化范围受到一定约束条件限制的情况下，通过试验探索各成分的百分比与试验研究指标之间的关系。在混料试验中，组成混料的各种成分至少应有三种，它们就是混料试验中的试验因素。混料成分也称为混料分量（component）。

混料设计是在 Scheffe（1958）提出单纯形格子设计以来发展起来的一种试验设计方法。所谓混料设计，就是合理地设计混料试验，通过各混料成分不同百分比的一些组合试验，获得试验指标与各混料成分百分比之间的线性或非线性的回归方程的设计方法。

混料设计的特点主要有以下几个方面。

第一，混料设计是一种回归设计，因为混料试验一般都要求获得试验指标与各混料成分百分比之间的回归方程。

在混料试验中，各种混料成分是按百分比混合的。显然，每个成分的百分比应是非负的，而且所有成分百分比之和应为 1。如果用 y 表示试验指标，用 x_1，x_2，…，x_p 表示混料中 p 种成分各自所占的百分比，则

$$\sum_{i=1}^{p} x_i = 1 \quad (x_i \geqslant 0,\ i=1,\ 2,\ \cdots,\ p) \tag{8-29}$$

称为混料约束条件。混料设计就受到这一约束条件的限制。因此，混料设计是回归设计中的一类特殊情况，是受到特殊条件约束的回归设计。在混料试验中，试验因素都是无量纲的，它们满足约束条件（8-29）。

第二，由于混料设计受到上述约束条件的限制，因此混料设计的回归方程比一般回归设计的回归方程更加简单。

任何一个混料试验的设计，总是与混料成分的个数 p 和回归方程的次数 d（$d \leqslant p$）有关。因此，我们用 $\{p,\ d\}$ 来表示一个混料设计。在 $\{3,\ 2\}$ 混料设计中，其回归方程为

$$\hat{y} = \sum_{i=1}^{3} b_i x_i + \sum_{\substack{i=1 \\ i<j}}^{3} \sum_{j=1}^{3} b_{ij} x_i x_j \tag{8-30}$$

它是由一般的三元二次回归设计的回归方程

$$\hat{y} = b_0 + \sum_{i=1}^{3} b_i x_i + \sum_{\substack{i=1 \\ i<j}}^{3} \sum_{j=1}^{3} b_{ij} x_i x_j + \sum_{i=1}^{3} b_{ii} x_i^2 \tag{8-31}$$

在混料约束条件（8-29）下得到的更加简化的形式。

由 $x_1+x_2+x_3=1$ 可得，$b_0=b_0x_1+b_0x_2+b_0x_3$，$x_1^2=x_1-x_1x_2-x_1x_3$，$x_2^2=x_2-x_1x_2-x_2x_3$，$x_3^2=x_3-x_1x_3-x_2x_3$。

将其代入回归方程（8-31），加以整理可得

$$\hat{y} = \sum_{i=1}^{3} (b_0+b_i+b_{ii}) x_i + \sum_{\substack{i=1 \\ i<j}}^{3} \sum_{j=1}^{3} (b_{ij}-b_{ii}-b_{jj}) x_i x_j \tag{8-32}$$

令

$$b_i' = b_0 + b_i + b_{ii} \quad (i=1,\ 2,\ 3)$$
$$b_{ij}' = b_{ij} - b_{ii} - b_{jj} \quad (i,\ j=1,\ 2,\ 3;\ i<j)$$

则式（8-32）变为

$$\hat{y} = \sum_{i=1}^{3} b_i' x_i + \sum_{\substack{i=1 \\ i<j}}^{3} \sum_{j=1}^{3} b_{ij}' x_i x_j \tag{8-33}$$

将 b_i'、b_{ij}' 仍然写成 b_i、b_{ij} 即得到 $\{3,\ 2\}$ 混料设计的回归方程（8-30）。

一般情况下，$\{p,\ d\}$ 混料设计的回归方程常采用 Scheffe 形式。

$d=1$ 时，回归方程为

$$\hat{y}=\sum_{i=1}^{p}b_i x_i \tag{8-34}$$

$d=2$ 时，回归方程为

$$\hat{y}=\sum_{i=1}^{p}b_i x_i+\sum_{\substack{i=1\\i<j}}^{p}\sum_{j=1}^{p}b_{ij}x_i x_j \tag{8-35}$$

$d=3$ 时，不完全式回归方程为

$$\hat{y}=\sum_{i=1}^{p}b_i x_i+\sum_{\substack{i=1\\i<j}}^{p}\sum_{j=1}^{p}b_{ij}x_i x_j+\sum_{\substack{i=1\\i<j<k}}^{p}\sum_{j=1}^{p}\sum_{k=1}^{p}b_{ijk}x_i x_j x_k \tag{8-36}$$

$d=3$ 时，完全式回归方程为

$$\hat{y}=\sum_{i=1}^{p}b_i x_i+\sum_{\substack{i=1\\i<j}}^{p}\sum_{j=1}^{p}b_{ij}x_i x_j+\sum_{\substack{i=1\\i<j}}^{p}\sum_{j=1}^{p}r_{ij}x_i x_j(x_i-x_j)+\sum_{\substack{i=1\\i<j<k}}^{p}\sum_{j=1}^{p}\sum_{k=1}^{p}b_{ijk}x_i x_j x_k \tag{8-37}$$

由此可知，$\{p, d\}$ 混料设计的 Scheffe 式回归方程中需要估计的回归系数的个数，比一般的 p 元 d 次回归设计的回归方程少。例如，$\{p, 2\}$ 混料设计比 p 元二次回归设计减少了 $p+1$ 个回归系数，要获得 $\{p, 2\}$ 混料设计的回归方程，至少可以少做 $p+1$ 次试验，即至少可以少 $p+1$ 个观测值。

需要指出的是，以上 Scheffe 形式回归方程中的 $b_{ij}x_i x_j$，由于受到混料约束条件（8-29）的限制，x_i 与 x_j 不能独立自由地变动，所以不能单纯理解为 x_i 与 x_j 的交互作用，它们只是表示一种非线性混合的关系。Scheffe 认为，当 $b_{ij}>0$ 时，这种非线性混合关系是协调的；而当 $b_{ij}<0$ 时，则是对抗的。$b_{ijk}x_i x_j x_k$ 也与 $b_{ij}x_i x_j$ 一样。

第三，如上所述，与一般的回归设计相比，混料设计可以减少试验的次数，使回归方程的计算简捷，分析容易，也便于寻求最佳的混料条件。

目前，混料设计的方法已有多种，除了前面提到的单纯形格子设计外，尚有单纯形重心设计、有下界约束的混料设计、轴设计、凸多面体设计、多项式-例数设计、Cox 混料设计、混料均匀设计等。本书仅介绍单纯形格子设计和单纯形重心设计两种常用的设计方法。

二、单纯形格子设计与统计分析

（一）设计方法

单纯形格子设计（simplex lattice design）又叫作单纯形点阵设计，它是混料设计中最先出现的、最基本的一种设计方法。其特点是，试验点可以取在正规单纯形的格子点上，它可以保证试验点分布均匀，而且计算简单、准确。单纯形格子设计的试验次数，正好等于所采用的 d 次完全式回归方程中需要估计参数的个数，所以它是饱和设计。

在 $\{p, d\}$ 混料试验设计中，各混料成分构成了试验的 p 维因子空间。由于受到混料约束条件（8-29）的限制，因此各成分 x_i 的变化范围可用高是 1 的 p 维正单形表示。所谓正单形，就是顶点数与因子空间维数相等的正凸图形，如 3 维空间的正三角形、4 维空间的正四面体等。正单形的顶点代表单一成分组成的混料，棱上的点代表两种成分组成的混料，面上的点代表多于两种而少于 p 种成分组成的混料，而正单形内的点则代表全部 p 种成分组成的混料。例如，$p=3$ 时，3 维正单形是由顶点为（1，0，0）、（0，1，0）和（0，0，1）所形成的正三角形，如图 8-2 所示。图中，3 个顶点表示单一成分的混料，3 条边上的点表示两种成分的混料，而三角形内的点则表示三种成分的混料。

对于 $\{p, d\}$ 混料设计，其 p 维正单形的 p 个顶点可分别表示为 D_1（1，0，0，…，0），D_2（0，1，0，…，0），…，D_p（0，0，0，…，1）。

假设 M（x_1，x_2，…，x_p）为正单形的内点，定义 x_1 为 M 点到 $D_2D_3\cdots D_p$ 面的距离，x_2 为 M 点到 $D_1D_3\cdots D_p$ 面的距离，…，x_p 为 M 点到 $D_1D_2\cdots D_{p-1}$ 面的距离。

于是，满足混料约束条件的（x_1，x_2，…，x_p），总可以在正单形上找到一点与之对应。反之，正单形上的任意一点 M（x_1，x_2，…，x_p）都满足混料约束条件。如图 8-3 所示，当 $p=3$ 时，x_1、x_2、x_3 分别为三角形 ABC 内的点 M（x_1，x_2，x_3）到边 BC、AC 和 AB 的距离。显然

$$x_1+x_2+x_3=1$$

$\{p, d\}$ 混料设计就是在 p 维正单形上选取适当的点进行试验，从而估计试验指标与各混料成分百分比之间的回归方程。

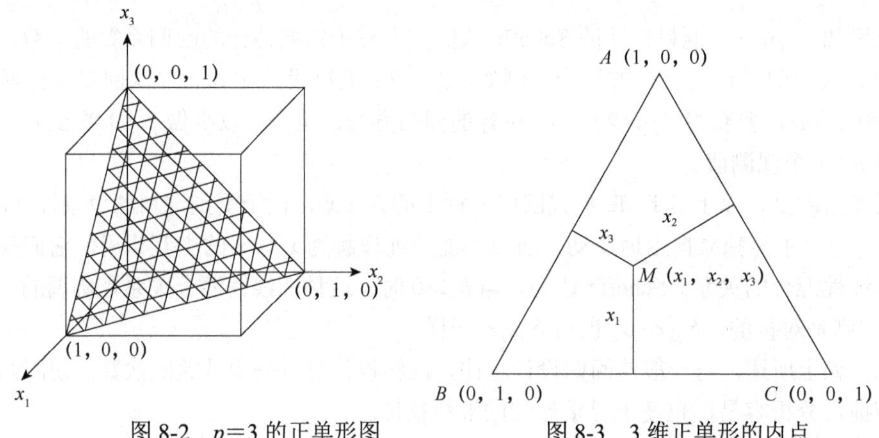

图 8-2　$p=3$ 的正单形图　　图 8-3　3 维正单形的内点

1．$\{p, 1\}$ 单纯形格子设计　p 维正单形在 $p-1$ 维上就是所谓的单纯形。如前所述，由 3 种成分构成的 3 维正单形在 2 维（平面）上是一个正三角形；而由 4 种成分构成的 4 维正单形在 3 维（立体空间）上是一个正四面体。但通常在混料设计中，并没有严格区分正单形和单纯形的概念。

$\{p, 1\}$ 单纯形格子设计只选取 p 维正单形的顶点作为试验点，其设计编码如表 8-16 所示，共有 $C_p^1=p$ 个试验点。

表 8-16　$\{p, 1\}$ 单纯形格子设计编码表

试验号	x_1	x_2	…	x_p
1	1	0	…	0
2	0	1	…	0
⋮	⋮	⋮		⋮
p	0	0	…	1

2．$\{p, 2\}$ 单纯形格子设计　这种设计除了选取 p 维正单形的顶点作为试验点外，还选取棱上的点进行试验，其设计编码如表 8-17 所示，共有 C_{p+1}^2 个试验点。

表 8-17　{p，2} 单纯形格子设计编码表

试验号	x_1	x_2	x_3	…	x_{p-1}	x_p
1	1	0	0	…	0	0
2	0	1	0	…	0	0
⋮	⋮	⋮	⋮		⋮	⋮
p	0	0	0	…	0	1
$p+1$	$\frac{1}{2}$	$\frac{1}{2}$	0	…	0	0
$p+2$	$\frac{1}{2}$	0	$\frac{1}{2}$	…	0	0
⋮	⋮	⋮	⋮		⋮	⋮
C_{p+1}^2	0	0	0	…	$\frac{1}{2}$	$\frac{1}{2}$

3. {p，3} 单纯形格子设计　该设计的试验点包括 p 维正单形的 p 个顶点，一个因子为$\frac{1}{3}$、另一因子为$\frac{2}{3}$、其余因子为 0 的 p（$p-1$）个棱上点，以及三个因子为$\frac{1}{3}$、其余因子为 0 的 C_p^3 个面上点，其设计编码如表 8-18 所示，共有 C_{p+2}^3 个试验点。

表 8-18　{p，3} 单纯形格子设计编码表

试验号	x_1	x_2	x_3	x_4	…	x_{p-2}	x_{p-1}	x_p
1	1	0	0	0	…	0	0	0
2	0	1	0	0	…	0	0	0
⋮	⋮	⋮	⋮	⋮		⋮	⋮	⋮
p	0	0	0	0	…	0	0	1
$p+1$	$\frac{1}{3}$	$\frac{2}{3}$	0	0	…	0	0	0
$p+2$	$\frac{2}{3}$	$\frac{1}{3}$	0	0	…	0	0	0
$p+3$	$\frac{1}{3}$	0	$\frac{2}{3}$	0	…	0	0	0
$p+4$	$\frac{2}{3}$	0	$\frac{1}{3}$	0	…	0	0	0
⋮	⋮	⋮	⋮	⋮		⋮	⋮	⋮
p^2-1	0	0	0	0	…	0	$\frac{1}{3}$	$\frac{2}{3}$
p^2	0	0	0	0	…	0	$\frac{2}{3}$	$\frac{1}{3}$
p^2+1	$\frac{1}{3}$	$\frac{1}{3}$	$\frac{1}{3}$	0	…	0	0	0
p^2+2	$\frac{1}{3}$	$\frac{1}{3}$	0	$\frac{1}{3}$	…	0	0	0
⋮	⋮	⋮	⋮	⋮		⋮	⋮	⋮
C_{p+2}^3	0	0	0	0	…	$\frac{1}{3}$	$\frac{1}{3}$	$\frac{1}{3}$

单纯形格子设计有两个特点。

第一，单纯形格子设计的水平组合数恰好等于回归方程中需要估计参数的个数。试验点对称地排列在正单形上，构成正单形的一个格子，称为 {p，d} 格子。例如，{3，2} 单纯形格

子设计共有 6 个试验点，在正单形上的位置见图 8-4，其设计编码见表 8-18。

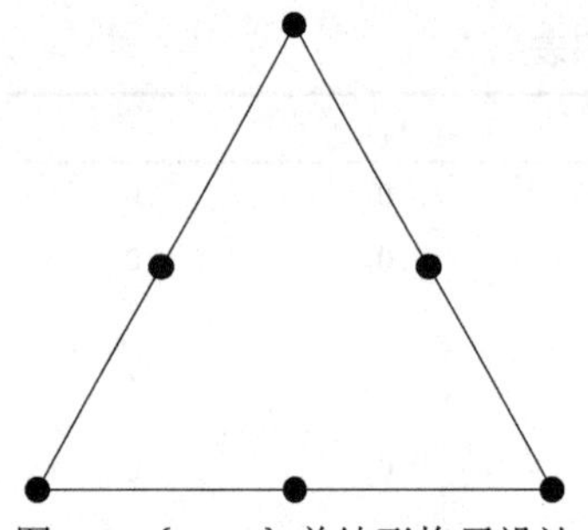

图 8-4 ｛3，2｝单纯形格子设计

第二，试验点中各混料成分的编码与回归方程的次数 d 有关。每一个试验点的 p 个成分的取值用 p 个编码表示，它们均为 $\frac{1}{d}$ 的整数倍。各试验点所有成分编码的和等于 1。而且，各成分的各种组合都使用到。

凡具有以上两个特点的混料设计就称为单纯形格子设计。

混料设计与其他类型的回归设计类似，但也有其特殊性。下面用一实例来说明单纯形格子设计与试验结果的统计分析方法。

【例 8-9】 编制一个｛3，2｝单纯形格子设计的试验方案。

第一步，明确试验研究的目的，根据试验目的确定混料的各种成分（即试验因素）。本例中混料成分的个数 $p=3$。

第二步，按照专业知识的要求，根据各混料成分所占百分比的范围，确定出试验研究范围内各成分百分比的最小值。用 Z_1、Z_2、Z_3 表示混料中 3 种成分的百分比，用 a_1、a_2、a_3 表示 3 种成分百分比的最小值。本设计就是要在条件

$$\begin{aligned}&0\leqslant a_i\leqslant Z_i<1 \quad (i=1,\ 2,\ 3)\\&Z_1+Z_2+Z_3=1\end{aligned} \tag{8-38}$$

的限制下选择试验点进行试验。根据混料设计的特点，各混料成分百分比的最小值还应满足条件

$$\sum_{i=1}^{p} a_i<1 \tag{8-39}$$

本例假设 $a_1=0.2$，$a_2=0.4$，$a_3=0.2$。

第三步，先从专业知识的角度确定需要估计的回归方程的次数 d，然后依据混料成分的个数 p 和回归方程的次数 d，选择适当的单纯形格子设计编码表。本例 $d=2$。于是选择｛3，2｝单纯形格子设计编码表，见表 8-19。

表 8-19　｛3，2｝单纯形格子设计试验方案和试验结果

试验号（处理）	试验设计			试验方案			试验指标
	x_1	x_2	x_3	Z_1	Z_2	Z_3	
1	1	0	0	0.4	0.4	0.2	$y_1=14.6$
2	0	1	0	0.2	0.6	0.2	$y_2=14.9$
3	0	0	1	0.2	0.4	0.4	$y_3=10.8$
4	$\frac{1}{2}$	$\frac{1}{2}$	0	0.3	0.5	0.2	$y_{12}=14.8$
5	$\frac{1}{2}$	0	$\frac{1}{2}$	0.3	0.4	0.3	$y_{13}=13.8$
6	0	$\frac{1}{2}$	$\frac{1}{2}$	0.2	0.5	0.3	$y_{23}=13.0$

第四步，确定各成分的实际百分比 Z_i 与编码值 x_i 之间的对应关系。其转换公式为

$$Z_i=\left(1-\sum_{j=1}^{p} a_j\right)x_i+a_i \tag{8-40}$$

将 $a_1=0.2$，$a_2=0.4$，$a_3=0.2$ 代入，可得 $Z_1=0.2x_1+0.2$，$Z_2=0.2x_2+0.4$，$Z_3=0.2x_3+0.2$。

第五步，根据上式计算各试验点各成分的实际百分比，形成｛3，2｝单纯形格子设计的试验方案，见表 8-19。

（二）统计分析

单纯形格子设计统计分析的主要内容是由试验结果估计回归方程中的偏回归系数，从而得到混料的某种特性或综合性能与混料成分百分比的关系。

在单纯形格子设计中，回归方程的偏回归系数都可以表示成相应格子点的响应值（response value）的简单线性组合。每一个偏回归系数的值只取决于按一定规律对应的一些格子点上的响应值，而与其他格子点上的响应值无关。例如，一次项的偏回归系数只由表示单一成分的正单形顶点的响应值决定，二次项的偏回归系数只受表示两种成分的正单形棱上点的响应值影响。所以，单纯形格子设计偏回归系数的计算非常简单。

为方便起见，单纯形格子设计试验结果的符号表示约定如下。

y_i 表示 x_i 的编码值为 1，其余成分的编码值为 0 的试验点的试验结果，$i=1$，2，…，p。

y_{ij} 表示 x_i、x_j 的编码值为 $\frac{1}{2}$，其余成分的编码值为 0 的试验点的试验结果，$i, j=1$，2，…，p；$i\neq j$。

y_{iij} 表示 x_i 的编码值为 $\frac{2}{3}$，x_j 的编码值为 $\frac{1}{3}$，其余成分的编码值为 0 的试验点的试验结果，i，$j=1$，2，…，p；$i\neq j$。

y_{ijj} 表示 x_i 的编码值为 $\frac{1}{3}$，x_j 的编码值为 $\frac{2}{3}$，其余成分的编码值为 0 的试验点的试验结果，i，$j=1$，2，…，p；$i\neq j$。

y_{ijk} 表示 x_i、x_j 和 x_k 的编码值为 $\frac{1}{3}$，其余成分的编码值为 0 的试验点的试验结果，i，j，$k=1$，2，…，p；$i\neq j$，k；$j\neq k$。

……

1.｛p，1｝单纯形格子设计偏回归系数的计算　在｛p，1｝单纯形格子设计中，每一个试验点只有一个成分的编码值为 1，其余都为 0。将第 i 号试验点各成分编码值及其相应的试验结果值 y_i 代入回归方程（8-34），即可得到偏回归系数

$$b_i=y_i \tag{8-41}$$

2.｛p，2｝单纯形格子设计偏回归系数的计算　在｛p，2｝单纯形格子设计中，1 至 p 号试验点与｛p，1｝设计完全相同，所以将第 i 号试验点各成分编码值及其相应的试验结果值 y_i 代入回归方程（8-35），即可得到偏回归系数

$$b_i=y_i \tag{8-42}$$

$p+1$ 至 C_{p+1}^2 号试验点，其成分编码值只有 x_i、x_j 为 $\frac{1}{2}$，其余都为 0。将每一号试验点各成分编码值及其相应的试验结果值 y_{ij} 代入回归方程（8-35），得到

$$\frac{1}{2}b_i+\frac{1}{2}b_j+\frac{1}{2}\times\frac{1}{2}b_{ij}=y_{ij}$$

将式（8-41）代入上式，即可得到偏回归系数

$$b_{ij}=4y_{ij}-2\,(y_i+y_j) \tag{8-43}$$

3．{p，3} 单纯形格子设计偏回归系数的计算　在 {p，3} 单纯形格子设计中，1 至 p 号试验点与 {p，1} 设计完全相同，所以将第 i 号试验点各成分编码值及其相应的试验结果值 y_i 代入回归方程（8-36），即可得到偏回归系数

$$b_i=y_i \tag{8-44}$$

$p+1$ 至 p^2 号试验点分两种情况，一是 x_i 的编码值为 $\frac{2}{3}$，x_j 的编码值为 $\frac{1}{3}$，其余为 0 的试验点，将这些试验点各成分编码值及其相应的试验结果值 y_{iij} 代入回归方程（8-36），得到

$$\frac{2}{3}b_i+\frac{1}{3}b_j+\frac{2}{3}\times\frac{1}{3}b_{ij}+\frac{2}{3}\times\frac{1}{3}\left(\frac{2}{3}-\frac{1}{3}\right)r_{ij}=y_{iij} \tag{8-45}$$

二是 x_i 的编码值为 $\frac{1}{3}$，x_j 的编码值为 $\frac{2}{3}$，其余为 0 的试验点，将这些试验点各成分编码值及其相应的试验结果值 y_{ijj} 代入回归方程（8-36），得到

$$\frac{1}{3}b_i+\frac{2}{3}b_j+\frac{1}{3}\times\frac{2}{3}b_{ij}+\frac{1}{3}\times\frac{2}{3}\left(\frac{1}{3}-\frac{2}{3}\right)r_{ij}=y_{ijj} \tag{8-46}$$

将式（8-45）和式（8-46）相加，整理后再将式（8-44）代入，从而得到

$$b_{ij}=\frac{9}{4}(y_{iij}+y_{ijj}-y_i-y_j) \tag{8-47}$$

将式（8-45）和式（8-46）相减，整理后再将式（8-44）代入，从而得到

$$r_{ij}=\frac{27}{4}(y_{iij}-y_{ijj})-\frac{9}{4}(y_i-y_j) \tag{8-48}$$

p^2+1 至 C_{p+2}^3 号试验点，其成分编码值只有 x_i、x_j、x_k 为 $\frac{1}{3}$，其余都为 0。将每一号试验点各成分编码值及其相应的试验结果值 y_{ijk} 代入回归方程（8-36），得到

$$\frac{1}{3}(b_i+b_j+b_k)+\frac{1}{3}\times\frac{1}{3}(b_{ij}+b_{ik}+b_{jk})+\frac{1}{3}\times\frac{1}{3}\times\frac{1}{3}b_{ijk}=y_{ijk} \tag{8-49}$$

将式（8-44）和式（8-47）代入式（8-49），从而得到

$$b_{ijk}=27y_{ijk}-\frac{27}{4}(y_{iij}+y_{iik}+y_{jjk}+y_{ijj}+y_{ikk}+y_{jkk})+\frac{9}{2}(y_i+y_j+y_k) \tag{8-50}$$

【例 8-10】 按照**【例 8-9】**编制的试验方案进行试验，结果见表 8-19 的最后一列。进行分析。

根据式（8-42），得 $b_1=y_1=14.6$，$b_2=y_2=14.9$，$b_3=y_3=10.8$。

根据式（8-43），得

$$b_{12}=4y_{12}-2\,(y_1+y_2)=4\times14.8-2\times(14.6+14.9)=0.2$$
$$b_{13}=4y_{13}-2\,(y_1+y_3)=4\times13.8-2\times(14.6+10.8)=4.4$$
$$b_{23}=4y_{23}-2\,(y_2+y_3)=4\times13.0-2\times(14.9+10.8)=0.6$$

于是得到用各成分编码因素表示的回归方程：

$$\hat{y}=14.6x_1+14.9x_2+10.8x_3+0.2x_1x_2+4.4x_1x_3+0.6x_2x_3$$

在实际工作中，通常需要用各混料成分的实际因素表示回归方程。为此，由式（8-40）得

$$x_i=\frac{Z_i-a_i}{1-\sum_{j=1}^{p}a_j} \tag{8-51}$$

将 $a_1=0.2$，$a_2=0.4$，$a_3=0.2$ 代入上式，得

$$x_1=\frac{Z_1-0.2}{0.2}=5Z_1-1$$

$$x_2=\frac{Z_2-0.4}{0.2}=5Z_2-2$$

$$x_3=\frac{Z_3-0.2}{0.2}=5Z_3-1$$

将其代入上述回归方程，并加以整理，得到

$$\hat{y}=-49.2+49.0Z_1+70.5Z_2+26.0Z_3+5.0Z_1Z_2+110.0Z_1Z_3+15.0Z_2Z_3$$

需要注意的是，单纯形格子设计回归方程中回归常数和各偏回归系数的估计只能先用设计编码因素进行估计，得到用编码因素表示的回归方程，然后再转化成用实际因素表示的回归方程；而不能直接将实际因素和试验结果代入回归模型进行估计。

从表 8-17～表 8-19 可以看出，在 $\{p, d\}$ 单纯形格子设计的混料试验中，绝大多数试验点混料的成分中都有一个或几个成分为零。但在实际工作中，不等于零的成分是大多数，而且一般情况下也不容许大多数成分为零，否则就失去了进行混料试验的意义。因此，**【例 8-9】**和**【例 8-10】**实质上属于有下界约束的混料设计，各混料成分的取值有最小值的限制。这就避免了混料中部分成分为零的问题。

（三）控制点检验

通过混料试验的结果分析，可以得到相应的回归方程。该回归方程是否能够描述所研究的整个混料系统，尚需进行检验。由于混料设计不具有正交性，回归方程的统计检验比较复杂，因而在混料试验的结果分析中常采用控制点检验（reference point test）。所谓控制点检验，就是在正单形内选择少量的试验点（称为控制点）进行验证性试验，用这些试验结果用来对回归方程的适合程度进行检验，推断回归方程是否可以使用。如果验证性试验结果与回归方程预测结果差异不大，说明所得的回归方程是适合的，可以交付使用。否则，就要修改模型，补做一些试验，用更高次的回归模型去描述混料系统。控制点选择的原则是，数量要尽可能少，而且各点在正单形内应尽量分布均匀，具有较强的代表性。

假设选择 m 个控制点，各控制点试验结果的指标值为 y_i（$i=1, 2, \cdots, m$），由回归方程预测各控制点的指标值为 $\hat{y}_i$（$i=1, 2, \cdots, m$）。检验回归方程的适合程度可以使用以下两种方法之一。

1．允许误差比较法　当可以根据专业知识确定一个允许误差 δ 时，使用允许误差比较法。若所有控制点试验指标值 y_i 与预测指标值 $\hat{y}_i$ 之差的绝对值都满足

$$\Delta y_i=|y_i-\hat{y}_i|\leqslant\delta \tag{8-52}$$

则认为回归方程是适合的，能够较好地描述混料系统。如果有一个或多个$\Delta y_i > \delta$，就认为回归方程不适合，不能用来描述混料系统，因而不能交付使用。

2．方差比较法 当可以根据专业知识确定试验的误差方差σ^2时，使用方差比较法。若试验误差方差的估计值

$$s^2=\frac{1}{m}\sum_{i=1}^{m}(y_i-\hat{y}_i)^2 \leqslant \sigma^2 \tag{8-53}$$

则认为回归方程是适合的，可以交付使用。否则，回归方程是不适合的，不能交付使用。

三、单纯形重心设计与统计分析

在｛p，d｝单纯形格子设计中，试验点各成分的编码值与回归方程的次数d有关，为$\frac{1}{d}$的整数倍。当$d \geqslant 3$时，在某些混料设计中部分试验点的非零成分的取值不相等，这些不相等的成分对试验结果所起的作用不同，也直接对回归方程的估计产生不同程度的影响。为了改进这一缺陷，Scheffe 提出了单纯形重心设计（simplex centroid design）。

（一）设计方法

在p维正单形中，单个顶点的重心就是顶点本身，称为单顶点重心。连接任意两个顶点形成一条棱边，棱边的中点为其重心，称为两顶点重心；任意三个顶点组成一个正三角形，该正三角形的中心为其重心，称为三顶点重心。依此类推，p顶点重心就是该正单形的重心。因此，在p维正单形中，i顶点重心共有C_p^i个。所谓单纯形重心设计，就是在p维正单形中只选取i（$i=1, 2, \cdots, p$）顶点重心作为试验点的混料设计。

对于｛p，d｝单纯形重心设计，其试验次数为$N=C_p^1+C_p^2+\cdots+C_p^d$，试验点的组成如下。

以（1，0，0，…，0）为代表的C_p^1个单顶点重心。

以（$\frac{1}{2}$，$\frac{1}{2}$，0，0，…，0）为代表的C_p^2个两顶点重心。

以（$\frac{1}{3}$，$\frac{1}{3}$，$\frac{1}{3}$，0，0，…，0）为代表的C_p^3个三顶点重心。

…

以（$\frac{1}{d}$，$\frac{1}{d}$，…，$\frac{1}{d}$，0，0，…，0）为代表的C_p^d个d顶点重心。

表 8-20～表 8-23 列出了｛2，2｝、｛3，3｝、｛4，4｝和｛5，5｝单纯形重心设计编码表。对于｛p，d｝单纯形重心设计的编码表，可在｛p，p｝单纯形重心设计编码表中取前N（$N=C_p^1+C_p^2+\cdots+C_p^d$）号试验点构成。

表 8-20　｛2，2｝单纯形重心设计编码表

试验号	x_1	x_2	试验号	x_1	x_2
1	1	0	3	$\frac{1}{2}$	$\frac{1}{2}$
2	0	1			

表 8-21　{3，3}单纯形重心设计编码表

试验号	x_1	x_2	x_3	试验号	x_1	x_2	x_3
1	1	0	0	5	$\frac{1}{2}$	0	$\frac{1}{2}$
2	0	1	0	6	0	$\frac{1}{2}$	$\frac{1}{2}$
3	0	0	1	7	$\frac{1}{3}$	$\frac{1}{3}$	$\frac{1}{3}$
4	$\frac{1}{2}$	$\frac{1}{2}$	0				

表 8-22　{4，4}单纯形重心设计编码表

试验号	x_1	x_2	x_3	x_4	试验号	x_1	x_2	x_3	x_4
1	1	0	0	0	9	0	$\frac{1}{2}$	0	$\frac{1}{2}$
2	0	1	0	0	10	0	0	$\frac{1}{2}$	$\frac{1}{2}$
3	0	0	1	0	11	$\frac{1}{3}$	$\frac{1}{3}$	$\frac{1}{3}$	0
4	0	0	0	1	12	$\frac{1}{3}$	$\frac{1}{3}$	0	$\frac{1}{3}$
5	$\frac{1}{2}$	$\frac{1}{2}$	0	0	13	$\frac{1}{3}$	0	$\frac{1}{3}$	$\frac{1}{3}$
6	$\frac{1}{2}$	0	$\frac{1}{2}$	0	14	0	$\frac{1}{3}$	$\frac{1}{3}$	$\frac{1}{3}$
7	$\frac{1}{2}$	0	0	$\frac{1}{2}$	15	$\frac{1}{4}$	$\frac{1}{4}$	$\frac{1}{4}$	$\frac{1}{4}$
8	0	$\frac{1}{2}$	$\frac{1}{2}$	0					

表 8-23　{5，5}单纯形重心设计编码表

试验号	x_1	x_2	x_3	x_4	x_5	试验号	x_1	x_2	x_3	x_4	x_5
1	1	0	0	0	0	12	0	$\frac{1}{2}$	0	0	$\frac{1}{2}$
2	0	1	0	0	0	13	0	0	$\frac{1}{2}$	$\frac{1}{2}$	0
3	0	0	1	0	0	14	0	0	$\frac{1}{2}$	0	$\frac{1}{2}$
4	0	0	0	1	0	15	0	0	0	$\frac{1}{2}$	$\frac{1}{2}$
5	0	0	0	0	1	16	$\frac{1}{3}$	$\frac{1}{3}$	$\frac{1}{3}$	0	0
6	$\frac{1}{2}$	$\frac{1}{2}$	0	0	0	17	$\frac{1}{3}$	$\frac{1}{3}$	0	$\frac{1}{3}$	0
7	$\frac{1}{2}$	0	$\frac{1}{2}$	0	0	18	$\frac{1}{3}$	$\frac{1}{3}$	0	0	$\frac{1}{3}$
8	$\frac{1}{2}$	0	0	$\frac{1}{2}$	0	19	$\frac{1}{3}$	0	$\frac{1}{3}$	$\frac{1}{3}$	0
9	$\frac{1}{2}$	0	0	0	$\frac{1}{2}$	20	$\frac{1}{3}$	0	$\frac{1}{3}$	0	$\frac{1}{3}$
10	0	$\frac{1}{2}$	$\frac{1}{2}$	0	0	21	$\frac{1}{3}$	0	0	$\frac{1}{3}$	$\frac{1}{3}$
11	0	$\frac{1}{2}$	0	$\frac{1}{2}$	0	22	0	$\frac{1}{3}$	$\frac{1}{3}$	$\frac{1}{3}$	0

续表

试验号	x_1	x_2	x_3	x_4	x_5	试验号	x_1	x_2	x_3	x_4	x_5
23	0	$\frac{1}{3}$	$\frac{1}{3}$	0	$\frac{1}{3}$	28	$\frac{1}{4}$	$\frac{1}{4}$	0	$\frac{1}{4}$	$\frac{1}{4}$
24	0	$\frac{1}{3}$	0	$\frac{1}{3}$	$\frac{1}{3}$	29	$\frac{1}{4}$	0	$\frac{1}{4}$	$\frac{1}{4}$	$\frac{1}{4}$
25	0	0	$\frac{1}{3}$	$\frac{1}{3}$	$\frac{1}{3}$	30	0	$\frac{1}{4}$	$\frac{1}{4}$	$\frac{1}{4}$	$\frac{1}{4}$
26	$\frac{1}{4}$	$\frac{1}{4}$	$\frac{1}{4}$	$\frac{1}{4}$	0	31	$\frac{1}{5}$	$\frac{1}{5}$	$\frac{1}{5}$	$\frac{1}{5}$	$\frac{1}{5}$
27	$\frac{1}{4}$	$\frac{1}{4}$	$\frac{1}{4}$	0	$\frac{1}{4}$						

$\{p, d\}$ 单纯形重心设计的回归方程为

$$\hat{y}=\sum_{i=1}^{p}b_i x_i+\sum_{\substack{i=1\\i<j}}^{p}\sum_{j=1}^{p}b_{ij}x_i x_j+\sum_{\substack{i=1\\i<j<k}}^{p}\sum_{j=1}^{p}\sum_{k=1}^{p}b_{ijk}x_i x_j x_k+\cdots+\sum_{\substack{i_1=1\\i_1<i_2<\cdots<i_d}}^{p}\sum_{i_2=1}^{p}\cdots\sum_{i_d=1}^{p}b_{i_1 i_2\cdots i_d}x_{i_1}x_{i_2}\cdots x_{i_d} \tag{8-54}$$

其需要估计的回归系数共有 $C_p^1+C_p^2+\cdots+C_p^d$ 个，与试验次数 N 相等。因此，单纯形重心设计也是饱和设计。这是该设计的一个显著特点。

单纯形重心设计的第二个显著特点是，所有试验点的成分与回归方程的次数 d 无关，并且每一个试验点中非零成分的取值相等，这就消除了由于非零成分取值不等而对偏回归系数的估计产生的不同影响。

（二）统计分析

与单纯形格子设计一样，单纯形重心设计回归方程中偏回归系数的计算也很简便。

将以（1，0，0，…，0）为代表的 C_p^1 个单顶点重心试验点各成分编码值及其相应的试验结果值 y_i 代入回归方程（8-54），即可得到单一成分的偏回归系数

$$b_i=y_i \tag{8-55}$$

将以（$\frac{1}{2}$，$\frac{1}{2}$，0，0，…，0）为代表的 C_p^2 个两顶点重心试验点各成分编码值及其相应的试验结果值 y_{ij} 以及式（8-55）代入回归方程（8-54），即可得到两个成分的偏回归系数

$$b_{ij}=4y_{ij}-2(y_i+y_j) \tag{8-56}$$

将以（$\frac{1}{3}$，$\frac{1}{3}$，$\frac{1}{3}$，0，0，…，0）为代表的 C_p^3 个三顶点重心试验点各成分编码值及其相应的试验结果值 y_{ijk} 以及式（8-55）、式（8-56）代入回归方程（8-54），即可得到三个成分的偏回归系数

$$b_{ijk}=27y_{ijk}-12(y_{ij}+y_{ik}+y_{jk})+3(y_i+y_j+y_k) \tag{8-57}$$

将以（$\frac{1}{d}$，$\frac{1}{d}$，…，$\frac{1}{d}$，0，0，…，0）为代表的 C_p^d 个 d 顶点重心试验点各成分编码值及其相应的试验结果值 $y_{i_1 i_2\cdots i_d}$ 以及前面计算出的所有偏回归系数代入回归方程（8-54），即可得到 d 个成分的偏回归系数

$$b_{i_1 i_2\cdots i_d}=d\left\{(-1)^{d-1}\times 1^{d-1}\sum_{s=1}^{d}y_{i_s}+(-1)^{d-2}\times 2^{d-1}\sum_{\substack{s=1\\s<t}}^{d}\sum_{t=1}^{d}y_{i_s i_t}+\cdots+(-1)^{d-d}\times d^{d-1}\sum_{\substack{i_1=1\\i_1<i_2<\cdots<i_d}}^{d}\sum_{i_2=1}^{d}\cdots\sum_{i_d=1}^{d}y_{i_1 i_2\cdots i_d}\right\} \tag{8-58}$$

（i_1，i_2，…，i_d=1，2，…，p；$i_1<i_2<\cdots<i_d$；s，t=1，2，…，d；$s<t$）

对于｛p，d｝单纯形重心设计，其回归方程（8-54）中各偏回归系数的计算公式可归纳为

$$b_{s_q}=q\sum_{t=1}^{q}(-1)^{q-t}t^{q-1}y_t(s_q) \tag{8-59}$$

式中，q=1，2，…，d；s_q为p个成分中取q个的所有集合；y_t（s_q）为集合s_q中取t个的所有组合（共C_q^t个）的试验结果指标值的总和。

例如，对于｛4，3｝单纯形重心设计，其回归方程为

$$\hat{y}=\sum_{i=1}^{4}b_ix_i+\sum_{\substack{i=1\\i<j}}^{4}\sum_{j=1}^{4}b_{ij}x_ix_j+\sum_{\substack{i=1\\i<j<k}}^{4}\sum_{j=1}^{4}\sum_{k=1}^{4}b_{ijk}x_ix_jx_k \tag{8-60}$$

此时，q=1，2，3。假设q=2，则集合s_q为｛1，2｝，｛1，3｝，｛1，4｝，｛2，3｝，｛2，4｝和｛3，4｝。当s_q为｛2，3｝，t=1 时，y_t（s_q）为y_2+y_3；t=2 时，y_t（s_q）为y_{23}。所以回归方程（8-60）的偏回归系数计算如下。

当q=1 时，

$$b_i=1\times[(-1)^{1-1}\times1^{1-1}\times y_i]=y_i\quad(i=1,\ 2,\ 3,\ 4)$$

当q=2 时，

$$b_{ij}=2\times[(-1)^{2-1}\times1^{2-1}\times(y_i+y_j)+(-1)^{2-2}\times2^{2-1}\times y_{ij}]=4y_{ij}-2(y_i+y_j)$$
$$(i,\ j=1,\ 2,\ 3,\ 4;\ i<j)$$

当q=3 时，

$$\begin{aligned}b_{ijk}&=3\times[(-1)^{3-1}\times1^{3-1}\times(y_i+y_j+y_k)+(-1)^{3-2}\times2^{3-1}\times(y_{ij}+y_{ik}+y_{jk})\\&\quad+(-1)^{3-3}\times3^{3-1}\times y_{ijk}]\\&=3(y_i+y_j+y_k)-12(y_{ij}+y_{ik}+y_{jk})+27y_{ijk}\end{aligned}$$
$$(i,\ j,\ k=1,\ 2,\ 3,\ 4;\ i<j<k)$$

【例 8-11】 在某配合饲料生产中，有Z_1、Z_2、Z_3、Z_4四种预混料，假定它们的用量最小值分别为$a_1=0.30$，$a_2=0.16$，$a_3=0.04$，$a_4=0.20$。试安排｛4，3｝单纯形重心设计试验方案。

在｛4，4｝单纯形重心设计编码表（表 8-22）中，选择前$C_4^1+C_4^2+C_4^3=14$号试验点构成｛4，3｝单纯形重心设计的试验点，其设计编码见表 8-24。

表 8-24　｛4，4｝单纯形重心设计试验方案和试验结果

试验号（处理）	试验设计				试验方案				试验指标
	x_1	x_2	x_3	x_4	Z_1	Z_2	Z_3	Z_4	
1	1	0	0	0	0.60	0.16	0.04	0.20	$y_1=14.6$
2	0	1	0	0	0.30	0.46	0.04	0.20	$y_2=14.9$
3	0	0	1	0	0.30	0.16	0.34	0.20	$y_3=13.8$
4	0	0	0	1	0.30	0.16	0.04	0.50	$y_4=14.2$
5	$\frac{1}{2}$	$\frac{1}{2}$	0	0	0.45	0.31	0.04	0.20	$y_{12}=12.8$
6	$\frac{1}{2}$	0	$\frac{1}{2}$	0	0.45	0.16	0.19	0.20	$y_{13}=13.3$
7	$\frac{1}{2}$	0	0	$\frac{1}{2}$	0.45	0.16	0.04	0.35	$y_{14}=13.5$
8	0	$\frac{1}{2}$	$\frac{1}{2}$	0	0.30	0.31	0.19	0.20	$y_{23}=13.6$
9	0	$\frac{1}{2}$	0	$\frac{1}{2}$	0.30	0.31	0.04	0.35	$y_{24}=13.4$

续表

试验号（处理）	试验设计				试验方案				试验指标
	x_1	x_2	x_3	x_4	Z_1	Z_2	Z_3	Z_4	
10	0	0	$\frac{1}{2}$	$\frac{1}{2}$	0.30	0.16	0.19	0.35	$y_{34}=12.6$
11	$\frac{1}{3}$	$\frac{1}{3}$	$\frac{1}{3}$	0	0.40	0.26	0.14	0.20	$y_{123}=13.0$
12	$\frac{1}{3}$	$\frac{1}{3}$	0	$\frac{1}{3}$	0.40	0.26	0.04	0.30	$y_{124}=12.4$
13	$\frac{1}{3}$	0	$\frac{1}{3}$	$\frac{1}{3}$	0.40	0.16	0.14	0.30	$y_{134}=13.2$
14	0	$\frac{1}{3}$	$\frac{1}{3}$	$\frac{1}{3}$	0.30	0.26	0.14	0.30	$y_{234}=13.6$

由式（8-40）可得各成分实际因素与编码因素之间的关系为

$$Z_1=0.3x_1+0.30$$
$$Z_2=0.3x_2+0.16$$
$$Z_3=0.3x_3+0.04$$
$$Z_4=0.3x_4+0.20$$

将各试验点编码值代入上式求得实际值，将编码值换为实际值即得到试验方案，见表 8-24。

【例 8-12】 按照**【例 8-11】**编制的试验方案进行试验，结果见表 8-24 的最后一列。试进行分析。

由式（8-55）可得单一成分的偏回归系数，如 $b_1=y_1=14.6$。同理，$b_2=14.9$，$b_3=13.8$，$b_4=14.2$。

由式（8-56）可得两种成分的偏回归系数，如 $b_{12}=4y_{12}-2(y_1+y_2)=4\times12.8-2\times(14.6+14.9)=-7.8$。同理，$b_{13}=-3.6$，$b_{14}=-3.6$，$b_{23}=-3.0$，$b_{24}=-4.6$，$b_{34}=-5.6$。

由式（8-57）可得三种成分的偏回归系数，如

$$\begin{aligned}b_{123}&=27y_{123}+3(y_1+y_2+y_3)-12(y_{12}+y_{13}+y_{23})\\&=27\times13.0+3\times(14.6+14.9+13.8)-12\times(12.8+13.3+13.6)=4.5\end{aligned}$$

同理，$b_{124}=-10.5$，$b_{134}=11.4$，$b_{234}=20.7$。

于是得到用编码因素表示的回归方程 $\hat{y}=14.6x_1+14.9x_2+13.8x_3+14.2x_4-7.8x_1x_2-3.6x_1x_3-3.6x_1x_4-3.0x_2x_3-4.6x_2x_4-5.6x_3x_4+4.5x_1x_2x_3-10.5x_1x_2x_4+11.4x_1x_3x_4+20.7x_2x_3x_4$。

将其转化成用实际因素表示的回归方程 $\hat{y}=-41.82+166.67Z_1Z_2Z_3-388.89Z_1Z_2Z_4+422.22Z_1Z_3Z_4+766.67Z_2Z_3Z_4+64.13Z_1+72.02Z_2+133.64Z_3+61.31Z_4-15.56Z_1Z_2-151.11Z_1Z_3+5.33Z_1Z_4-236.67Z_2Z_3+34.89Z_2Z_4-311.56Z_3Z_4$。

需要注意的是，单纯形重心设计回归方程中回归常数项和各偏回归系数只能先用设计编码值进行计算，得到用编码因素表示的回归方程，然后再转化成用实际因素表示的回归方程；而不能直接将实际值和试验结果代入回归模型来计算。

单纯形重心设计的控制点检验与单纯形格子设计类似，此处不再赘述。

习　题

1．在甘蓝原生质体培养中，研究 6 个因素对细胞分裂的影响，每个因素设置 10 个水平，即电场

强度（Z_1）0.1～2.8kV/cm，时间（Z_2）1～37h，K^+ 浓度（Z_3）1.4～3.2g/L，Ca^{2+} 浓度（Z_4）0.2～2.0g/L，2,4-D 浓度（Z_5）0.1～1.9g/L，KT 浓度（Z_6）0.1～1.9g/L。采用均匀设计安排试验方案。

2. 在甘蔗的肥料试验中，计划每 666.67m^2 施用氮肥（Z_1）12～32kg，磷肥（Z_2）3～8kg，钾肥（Z_3）12～20kg。采用最优设计安排试验方案。

3. 为了研究烤烟施肥中氮肥的分配比例，选择基肥（Z_1），栽后 15d 的小压肥（Z_2）和栽后 25d 的大压肥（Z_3）3 个变量，其最低比例分别为 20%、40%和 10%。每 666.67m^2 氮肥总用量为 6kg。采用{3，3}单纯形重心设计安排试验方案。

4. 表 8-25 为 3 个不同试验的试验方案及其试验结果，试进行统计分析。

表 8-25　3 个不同试验方案及其试验结果

试验号	均匀设计			二次饱和 D-最优设计					混料设计			
	Z_1	Z_2	y	Z_1	Z_2	Z_3	I	II	Z_1	Z_2	Z_3	y
1	1.5	4.5	18	0	3	2	30.6	29.6	0.4	0.4	0.2	12.3
2	3.0	2.5	22	20	3	2	38.1	38.9	0.2	0.6	0.2	19.7
3	4.5	6.0	21	0	13	2	32.9	31.6	0.2	0.4	0.4	15.4
4	6.0	4.0	20	0	3	6	34.9	32.9	$\frac{1}{3}$	$\frac{7}{15}$	0.2	10.6
5	7.5	2.0	33	0	8.96	4.39	33.8	34.3	$\frac{4}{15}$	$\frac{8}{15}$	0.2	14.6
6	9.0	5.5	23	11.93	3	4.39	36.5	36.5	$\frac{1}{3}$	0.4	$\frac{4}{15}$	13.7
7	10.5	3.5	24	11.93	8.96	2	37.9	36.5	$\frac{4}{15}$	0.4	$\frac{1}{3}$	17.3
8	12.0	1.5	38	7.09	13	6	35.4	35.2	0.2	$\frac{8}{15}$	$\frac{4}{15}$	11.5
9	13.5	5.0	25	20	6.54	6	38.5	38.6	0.2	$\frac{7}{15}$	$\frac{1}{3}$	16.2
10	15.0	3.0	27	20	13	3.42	45.4	45.0	$\frac{4}{15}$	$\frac{7}{15}$	$\frac{4}{15}$	15.8

第九章 回归方程的优化

第一节 一般优化方法

一、系统最优化与数学模型

系统（system）是相互依存、相互作用的若干元素结合而成的具有特定功能的综合体。系统具有三个基本特征：第一，系统是由若干元素组成的；第二，这些元素是相互作用、相互依存的；第三，元素间的相互作用，使系统作为一个整体而具有特定的功能。例如，自然界中的银河系、太阳系、植物群、动物群、微生物群、植物的光合系统、呼吸系统等，人类社会中的国家、民族、城市、村镇、学校、医院等，人类思维中的概念、制度、思想体系、法律、法规、工程计划、研究项目等都是相互依存、相互作用的若干元素结合而成的具有特定功能的综合体，它们都具有系统的三个基本特征，因而它们也都是各自领域中的系统。

按系统的自然属性，可分为自然系统与人造系统；按系统的物质属性，可分为实体系统与概念系统；按运动属性，可分为动态系统与静态系统；按系统与环境的关系来分，可分为开放系统与封闭系统；按系统的规模大小与复杂程度，可分为大系统与小系统。

对于我们赖以生存的世界，必须不断地认识和改造它。认识世界就是探索、研究这个庞大系统的结构、组成及其相互关系和相互作用，从而掌握世界发展的客观规律，对于世界发展的各种客观规律性，人们常常用各种形式的模型表示出来。改造世界就是人们利用已经掌握的各种客观规律来建立各种人造系统，达到开发、利用客观世界的目的，各种人造系统的建立往往也要依靠模型。因此，认识世界与改造世界都须依靠模型。

从根本上说，科学和技术的方法首先是建立模型的方法，建立模型是任何科学技术活动的基石，这种科学方法对于农业科学来说也毫无例外。实践表明，模型是进行农业科学试验和系统分析的有效工具。

（一）数学模型

1．定义 数学模型（mathematical model）是指对系统行为的一种数量描述。当把系统要素的相互关系用字母、数字和符号，以数学方程抽象地表示出来时，这就是数学模型。一般以一组代数方程、微分方程、差分方程或概率统计方程等表述。

2．功用 利用数学模型可以预告、预测系统在有关使用范围内和实际环境下的功能和行为，是研究系统最优化的有效方法。

3．建模 数学模型的建立可以归结为给定目标函数和约束条件（建模两要素）。

目标函数 $y=f（x_1，x_2，\cdots，x_m）$

$$\text{约束条件}\begin{cases} g_1(x_1, x_2, \cdots, x_m) \geqslant 0 \\ g_2(x_1, x_2, \cdots, x_m) \geqslant 0 \\ \quad\vdots \\ g_n(x_1, x_2, \cdots, x_m) \geqslant 0 \end{cases}$$

目标函数与约束条件一起构成系统的数学模型。

（二）系统最优化

系统最优化（systematic optimization）同建立数学模型、确立寻求系统的目标函数和约束条件是分不开的。所谓优化就是寻求系统目标函数在给定约束条件下的最优值。例如，二次回归统计模型的优化问题：

$$\max_x y(x_1, x_2, \cdots, x_m) = b_0 + \sum_{i=1}^{m} b_i x_i + \sum_{\substack{i=1 \\ i \leqslant j}}^{m} \sum_{j=1}^{m} b_{ij} x_i x_j \tag{9-1}$$

$$(-\gamma \leqslant x_i \leqslant \gamma,\ i=1, 2, \cdots, m)$$

这是一种特殊的非线性规划——常数约束二次函数寻优。

二、目标函数的最优化

（一）可行域

设目标函数为$f(\boldsymbol{X})$，其中$\boldsymbol{X}=(x_1, x_2, \cdots, x_m)'$，$x_i$（$i=1, 2, \cdots, m$）为实数。当$\boldsymbol{X}$的分量被定为一组特定的数时，所得向量有时称为一项策略或设计。

变量$\boldsymbol{X}$满足全部约束条件的向量称为可行解，所有可行解构成的集合称为可行集或可行域F。如果可行域F包括其边界上所有的点，则称为闭域；如果F的边界有一部分点不属于F，则称为开域。

例如，对于目标函数$f(\boldsymbol{X})=1000x_1+4\times10^{-9}x_1x_2+2.5\times10^5x_2$。若约束条件为$1\leqslant x_1\leqslant 2200$、$0\leqslant x_2\leqslant 8$，则其可行域$F$为一闭域；若约束条件为$0<x_1\leqslant 2200$、$0\leqslant x_2\leqslant 8$，则其可行域$F$为一开域。

（二）最优值与最优点

1）设$\boldsymbol{X}^*\in F$，若对于F中的一切$\boldsymbol{X}\neq\boldsymbol{X}^*$，有$f(\boldsymbol{X}^*)<f(\boldsymbol{X})$，则称$f(\boldsymbol{X}^*)$（或记为$f^*$）是$f$的最小值，$\boldsymbol{X}^*$叫作最小点；若对于$F$中的一切$\boldsymbol{X}\neq\boldsymbol{X}^*$有$f(\boldsymbol{X}^*)\leqslant f(\boldsymbol{X})$，则此时存在不止一个最小点，但目标函数的最小值仍是唯一的，如图 9-1A 所示。

目标函数的最小值记为：$f^*=\min\limits_{\boldsymbol{X}\in F} f(\boldsymbol{X})$。如果最小点$\boldsymbol{X}^*$在$F$的边界上，则称$f^*$为边界最小值，如图 9-1B 所示；否则称$f^*$为内部最小值，如图 9-1C 所示。

2）同样可定义f的最大值和对应的最大点（只需改变定义中不等号的方向），目标函数的最大值记为$f^*=f(\boldsymbol{X}^*)=\max\limits_{\boldsymbol{X}\in F} f(\boldsymbol{X})$。

3）将最大、最小统一成为最优化概念，称f^*为最优值，$\boldsymbol{X}^*$为最优点，记为$f^*=f(\boldsymbol{X}^*)=\operatorname*{opt}\limits_{\boldsymbol{X}\in F} f(\boldsymbol{X})$。

$$a+bf(\boldsymbol{X}^*)=\min_{\boldsymbol{X}\in F}[a+bf(\boldsymbol{X})]$$

$$a-bf(\boldsymbol{X}^*)=\max_{\boldsymbol{X}\in F}[a-bf(\boldsymbol{X})]$$

4）最大最小之间的关系。设 $b>0$，a 为任意实数，若 $\boldsymbol{X}^*$ 是 $f(\boldsymbol{X})$ 的最小点，则 $\boldsymbol{X}^*$ 是 $a+bf(\boldsymbol{X})$ 的最小点，是 $a-bf(\boldsymbol{X})$ 的最大点，即

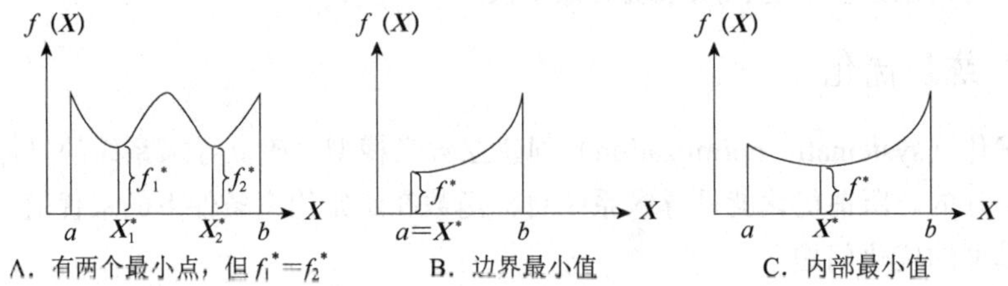

A. 有两个最小点，但 $f_1^*=f_2^*$　　B. 边界最小值　　C. 内部最小值

图 9-1　最小值最小点示意图

事实上，$[a+bf(\boldsymbol{X}^*)]-[a+bf(\boldsymbol{X})]=b[f(\boldsymbol{X}^*)-f(\boldsymbol{X})]<0$，即 $[a+bf(\boldsymbol{X}^*)]<[a+bf(\boldsymbol{X})]$，$\boldsymbol{X}\in F$；$[a-bf(\boldsymbol{X}^*)]-[a-bf(\boldsymbol{X})]=-b[f(\boldsymbol{X}^*)-f(\boldsymbol{X})]>0$，即 $[a-bf(\boldsymbol{X}^*)]>[a-bf(\boldsymbol{X})]$，$\boldsymbol{X}\in F$。

表明：①加上常数和乘以正数，并不影响最优点的性质；②只要改变目标函数的符号，最小化方法可用于求最大点的问题，反之亦然。

对于二次回归设计所建立的方程：

$$\text{目标函数 } y=f(\boldsymbol{X})=b_0+\sum_{j=1}^{m}b_jx_j+\sum_{\substack{i=1\\ i\leqslant j}}^{m}\sum_{j=1}^{m}b_{ij}x_ix_j$$

约束条件 $-\tilde{a}\leqslant x_j\leqslant\tilde{a}$（$j=1, 2, \cdots, m$），其可行域 F 为一闭域。

三、函数的极值——局部最优值

对于简单的目标函数，其最优值不难求出。但当变量增多或目标函数变得复杂或有局部最优值时，要求出最优值就比较困难。这时一般是先求出局部最优值，然后通过比较，得出全局最优值。

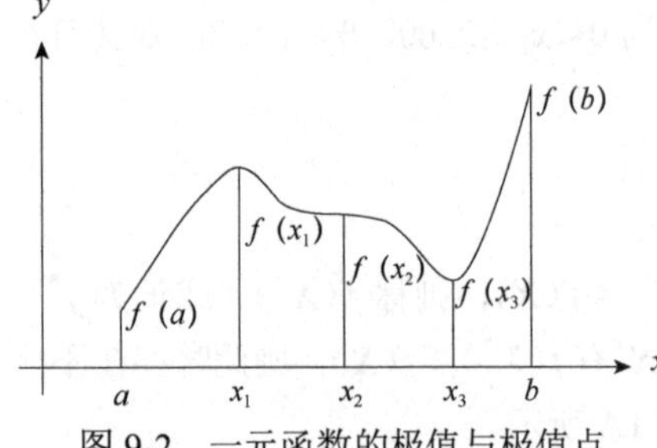

图 9-2　一元函数的极值与极值点

（一）极值（extremum）与极值点

现以一元函数为例予以说明。图 9-2 所表示的是定义在区间 $[a, b]$ 上的一元函数 $y=f(x)$。

在 x_1 附近，函数 $f(x)$ 的值以 $f(x_1)$ 为最大；在 x_3 附近，函数 $f(x)$ 的值以 $f(x_3)$ 为最小。x_1、x_3 为函数的极大点与极小点，统称为极值点；$f(x_1)$、$f(x_3)$ 为函数的极大值与极小值，统称为极值。但 $f(a)=\min\limits_{x\in[a, b]}f(x)$；$f(b)=\max\limits_{x\in[a, b]}f(x)$。一般来说，函数的极值不一定是最优值。

注意：x_2 不是函数的极值点，$f(x_2)$ 不是函数的极值。

（二）极值点存在的条件

1．一元函数的情况

（1）极值点存在的必要条件　如果函数 $f(x)$ 在点 x^* 处取得极值，且在 x^* 处可导，则函数 $f(x)$ 在 x^* 处的导数 $f'(x^*)=0$。

通常称满足 $f'(x^*)=0$ 的点为驻点或稳定点。函数 $f(x)$ 的极值点必定是它的驻点，但函数 $f(x)$ 的驻点不一定是它的极值点。在图 9-2 中，x_1、x_2、x_3 均为驻点，但 x_2 不是极值点。

那么，具备什么条件的驻点才是极值点呢？当驻点是极值点时，如何判断它是极大值点还是极小值点呢？下面介绍判断极值点的方法。

（2）*极值点存在的充分条件*　判别极值的第一法则：设函数 $f(x)$ 在点 $x=x^*$ 的某个邻域内可导，且 $f'(x^*)=0$。

1）如果在点 $x=x^*$ 左边近旁，导数 $f'(x)>0$，而在点 $x=x^*$ 右边近旁，导数 $f'(x)<0$，则函数 $f(x)$ 在点 $x=x^*$ 有极大值，x^* 为极大点。

2）如果在点 $x=x^*$ 左边近旁，$f'(x)<0$，而在点 $x=x^*$ 右边近旁，$f'(x)>0$，则函数 $f(x)$ 在点 $x=x^*$ 有极小值，x^* 为极小点。

3）如果在点 $x=x^*$ 左右近旁，导数 $f'(x)$ 的符号不变，则在点 $x=x^*$ 函数 $f(x)$ 无极值，x^* 不是极值点。

【例 9-1】 求函数 $f(x)=x^3-3x^2-9x+5$ 的极值。

$f(x)$ 在 $(-\infty, +\infty)$ 内处处可导，且 $f'(x)=3x^2-6x-9=3(x+1)(x-3)$。令 $f'(x)=0$，求得驻点 $x_1=-1$，$x_2=3$。由 $f'(x)=3(x+1)(x-3)$ 来确定 $f'(x)$ 的符号，当 x 在 $x=-1$ 的左边近旁时，$x+1<0$，$x-3<0$，所以导数 $f'(x)>0$；当 x 在 $x=-1$ 的右边近旁侧时，$x+1>0$，$x-3<0$，所以导数 $f'(x)<0$，即当 x 渐增地经过 $x=-1$ 时，导数 $f'(x)$ 由正变负，故函数 $f(x)$ 在 $x=-1$ 处取得极大值。同理，函数 $f(x)$ 在 $x=3$ 处取得极小值。极大值 $f(-1)=10$，极小值 $f(3)=-22$。

判别极值的第二法则：设函数 $f(x)$ 在点 $x=x^*$ 及其近旁有一阶导数和二阶导数。

1）如果 $f'(x^*)=0$，$f''(x^*)<0$，则函数 $f(x)$ 在点 $x=x^*$ 有极大值，x^* 为极大点。

2）如果 $f'(x^*)=0$，$f''(x^*)>0$，则函数 $f(x)$ 在点 $x=x^*$ 有极小值，x^* 为极小点。

3）如果 $f'(x^*)=0$，$f''(x^*)=0$，则不能肯定 $f(x)$ 在点 $x=x^*$ 是否有极值，不能肯定 x^* 是否是极值点，此时利用第一法则来判别。

【例 9-2】 求 $f(x)=3x^4-4x^3-24x^2+48x+10$ 的极值。

因为

$$f'(x)=12x^3-12x^2-48x+48=12(x+2)(x-1)(x-2)$$

$$f''(x)=36x^2-24x-48=12(3x^2-2x-4)$$

令 $f'(x)=0$，求得驻点 $x_1=-2$，$x_2=1$，$x_3=2$，而 $f''(-2)=144>0$，故在 $x=-2$ 处函数有极小值 $f(-2)=-102$；$f''(1)=-36<0$，故在 $x=1$ 处函数有极大值 $f(1)=33$；$f''(2)=48>0$，故在 $x=2$ 处函数有另一极小值 $f(2)=26$。

求一元函数最大值与最小值的步骤如下。

设 $f(x)$ 在 $[a, b]$ 上连续。

1）求出 $f(x)$ 在 (a, b) 内的驻点和 $f(x)$ 的导数不存在的点，设这些点是有限个：x_1，x_2，…，x_n。相应的函数值为 $f(x_1)$，$f(x_2)$，…，$f(x_n)$。

2）计算 $f(x)$ 在 $[a, b]$ 的两个端点值：$f(a)$，$f(b)$。

3）比较所有驻点、导数不存在点和端点的函数值，寻找最大值或最小值。

$$\max_{x\in[a, b]} f(x)=\max\{f(x_1), f(x_2), \cdots, f(x_n), f(a), f(b)\}$$

$$\min_{x\in[a, b]} f(x)=\min\{f(x_1), f(x_2), \cdots, f(x_n), f(a), f(b)\}$$

2. 多元函数的情况　设 $f(\boldsymbol{X})$ 为定义在 m 维欧氏空间内区域 R 中的 m 元函数，$\boldsymbol{X}=(x_1, x_2, \cdots, x_m)'$；$\boldsymbol{X}_0\in R$。将 $f(\boldsymbol{X})$ 在点 $\boldsymbol{X}=(x_{10}, x_{20}, \cdots, x_{m0})'$ 以泰勒级数展开：

$$\begin{aligned}
f(\boldsymbol{X})=&f(\boldsymbol{X}_0)+\left[\frac{\partial f(\boldsymbol{X}_0)}{\partial x_1}\Delta x_1+\frac{\partial f(\boldsymbol{X}_0)}{\partial x_2}\Delta x_2+\cdots+\frac{\partial f(\boldsymbol{X}_0)}{\partial x_m}\Delta x_m\right]\\
&+\frac{1}{2}\left[\frac{\partial^2 f(\boldsymbol{X}_0)}{\partial x_1^2}\Delta x_1^2+\frac{\partial^2 f(\boldsymbol{X}_0)}{\partial x_1\partial x_2}\Delta x_1\Delta x_2+\cdots+\frac{\partial^2 f(\boldsymbol{X}_0)}{\partial x_1\partial x_m}\Delta x_1\Delta x_m+\cdots\right.\\
&\left.+\frac{\partial^2 f(\boldsymbol{X}_0)}{\partial x_m\partial x_1}\Delta x_m\Delta x_1+\frac{\partial^2 f(\boldsymbol{X}_0)}{\partial x_m\partial x_2}\Delta x_m\Delta x_2+\cdots+\frac{\partial^2 f(\boldsymbol{X}_0)}{\partial x_m^2}\Delta x_m^2\right]+O(\partial \boldsymbol{X}^3)\\
=&f(\boldsymbol{X}_0)+\sum_{i=1}^{m}\frac{\partial f(\boldsymbol{X}_0)}{\partial x_i}\Delta x_i+\frac{1}{2}\sum_{\substack{i=1\\i<j}}^{m}\sum_{j=1}^{m}\frac{\partial^2 f(\boldsymbol{X}_0)}{\partial x_i\partial x_j}\Delta x_i\Delta x_j+O(\partial \boldsymbol{X}^3)
\end{aligned}$$

式中，$\Delta x_i=x_i-x_{i0}$（$i=1, 2, \cdots, m$）；$O(\partial \boldsymbol{X}^3)$ 表示当 Δx 很小时的高阶无穷小，可以忽略，用向量与矩阵表示为

$$f(\boldsymbol{X})\approx f(\boldsymbol{X}_0)+\nabla f(\boldsymbol{X}_0)^T\Delta\boldsymbol{X}+\frac{1}{2}\Delta\boldsymbol{X}^T\boldsymbol{A}\Delta\boldsymbol{X}$$

式中，$\nabla f(\boldsymbol{X}_0)=\begin{bmatrix}\dfrac{\partial f(\boldsymbol{X}_0)}{\partial x_1}\\ \dfrac{\partial f(\boldsymbol{X}_0)}{\partial x_2}\\ \vdots\\ \dfrac{\partial f(\boldsymbol{X}_0)}{\partial x_m}\end{bmatrix}$；$\Delta\boldsymbol{X}=\begin{bmatrix}x_1-x_{10}\\x_2-x_{20}\\ \vdots\\x_m-x_{m0}\end{bmatrix}=\begin{bmatrix}\Delta x_1\\ \Delta x_2\\ \vdots\\ \Delta x_m\end{bmatrix}$

$$\boldsymbol{A}=\begin{bmatrix}\dfrac{\partial^2 f(\boldsymbol{X}_0)}{\partial x_1^2} & \dfrac{\partial^2 f(\boldsymbol{X}_0)}{\partial x_1\partial x_2} & \cdots & \dfrac{\partial^2 f(\boldsymbol{X}_0)}{\partial x_1\partial x_m}\\ \dfrac{\partial^2 f(\boldsymbol{X}_0)}{\partial x_2\partial x_1} & \dfrac{\partial^2 f(\boldsymbol{X}_0)}{\partial x_2^2} & \cdots & \dfrac{\partial^2 f(\boldsymbol{X}_0)}{\partial x_2\partial x_m}\\ \vdots & \vdots & & \vdots\\ \dfrac{\partial^2 f(\boldsymbol{X}_0)}{\partial x_m\partial x_1} & \dfrac{\partial^2 f(\boldsymbol{X}_0)}{\partial x_m\partial x_2} & \cdots & \dfrac{\partial^2 f(\boldsymbol{X}_0)}{\partial x_m^2}\end{bmatrix}$$

矩阵 $\boldsymbol{A}$ 叫作 Hesse 矩阵。

例如，$f(\boldsymbol{X})=f(x_1, x_2)$，$\boldsymbol{X}_0=(x_{10}, x_{20})$，

$$\begin{aligned}
f(\boldsymbol{X})=&f(x_{10}, x_{20})+\frac{\partial f(x_{10}, x_{20})}{\partial x_1}\Delta x_1+\frac{\partial f(x_{10}, x_{20})}{\partial x_2}\Delta x_2\\
&+\frac{1}{2}\left[\frac{\partial^2 f(x_{10}, x_{20})}{\partial x_1^2}\Delta x_1^2+\frac{\partial^2 f(x_{10}, x_{20})}{\partial x_1\partial x_2}\Delta x_1\Delta x_2+\frac{\partial^2 f(x_{10}, x_{20})}{\partial x_2^2}\Delta x_2^2\right]+O(\partial X^3)
\end{aligned}$$

$$\nabla f(\boldsymbol{X}_0)=\begin{bmatrix}\dfrac{\partial f(\boldsymbol{X}_0)}{\partial x_1}\\ \dfrac{\partial f(\boldsymbol{X}_0)}{\partial x_2}\end{bmatrix},\ \Delta\boldsymbol{X}=\begin{bmatrix}x_1-x_{10}\\x_2-x_{20}\end{bmatrix}=\begin{bmatrix}\Delta x_1\\ \Delta x_2\end{bmatrix}$$

$$A=\begin{bmatrix}\dfrac{\partial^2 f(\boldsymbol{X}_0)}{\partial x_1^2} & \dfrac{\partial^2 f(\boldsymbol{X}_0)}{\partial x_1\partial x_2}\\ \dfrac{\partial^2 f(\boldsymbol{X}_0)}{\partial x_2\partial x_1} & \dfrac{\partial^2 f(\boldsymbol{X}_0)}{\partial x_2^2}\end{bmatrix}$$

（1）极值点存在的必要条件　若 $\boldsymbol{X}^*$为 $f(\boldsymbol{X})$ 在 R 内的极值点，则

$$\nabla f(\boldsymbol{X}^*)=\left(\frac{\partial f(\boldsymbol{X}^*)}{\partial x_1},\ \frac{\partial f(\boldsymbol{X}^*)}{\partial x_2},\ \cdots,\ \frac{\partial f(\boldsymbol{X}^*)}{\partial x_m}\right)^T=0$$

即每个一阶偏导数的值必为 0，或者说梯度为 m 维零向量。满足 $\nabla f(\boldsymbol{X})=0$ 的点称为驻点或稳定点。

（2）极值点存在的充分条件　当 $\boldsymbol{X}^*$为驻点时，得 $f(\boldsymbol{X})-f(\boldsymbol{X}^*)\approx\dfrac{1}{2}\Delta\boldsymbol{X}^T\boldsymbol{A}\Delta\boldsymbol{X}$。欲使 $\boldsymbol{X}^*$为极小点，只需在 $\boldsymbol{X}^*$附近 $f(\boldsymbol{X})-f(\boldsymbol{X}^*)>0$，即 $\Delta\boldsymbol{X}^T\boldsymbol{A}\Delta\boldsymbol{X}>0$（$\Delta\boldsymbol{X}^T\boldsymbol{A}\Delta\boldsymbol{X}$ 为正定二次型），或者说在 $\boldsymbol{X}^*$的 Hesse 矩阵 $\boldsymbol{A}$ 为正定的。

若 $\boldsymbol{X}^*$为驻点，且在 $\boldsymbol{X}^*$点的 Hesse 矩阵 $\boldsymbol{A}$ 为正定的，则 $\boldsymbol{X}^*$为极小点，$f(\boldsymbol{X}^*)$ 为极小值。

（3）正定矩阵的定义与判别方法

定义　设 $f(x_1, x_2, \cdots, x_m)=\boldsymbol{X}^T\boldsymbol{A}\boldsymbol{X}$ 为 m 元实二次型，若对任意一组不全为零的实数 $C_1, C_2, \cdots, C_m$ 都有：

1）$f(C_1, C_2, \cdots, C_m)>0\ (<0)$，则称 $f(x_1, x_2, \cdots, x_m)$ 为正定二次型（负定二次型）；此时称 $\boldsymbol{A}$ 为正定矩阵（负定矩阵），记为 $\boldsymbol{A}>(<)0$。

2）$f(C_1, C_2, \cdots, C_m)\geqslant 0\ (\leqslant 0)$，则称 $f(x_1, x_2, \cdots, x_m)$ 为半正定二次型（半负定二次型）；此时称 $\boldsymbol{A}$ 为半正定矩阵（半负定矩阵），记为 $\boldsymbol{A}\geqslant(\leqslant)0$。

$$\boldsymbol{P}_K=\begin{vmatrix}a_{i_1i_1} & a_{i_1i_2} & \cdots & a_{i_1i_k}\\ a_{i_2i_1} & a_{i_2i_2} & \cdots & a_{i_2i_k}\\ \vdots & \vdots & & \vdots\\ a_{i_ki_1} & a_{i_ki_2} & \cdots & a_{i_ki_k}\end{vmatrix}$$

设 $\boldsymbol{A}=(a_{ij})_{m\times m}$，则 k（$k\leqslant m$）阶子式称为 $\boldsymbol{A}$ 的 k 阶主子式，其中 $1\leqslant i_1<i_2<\cdots<i_k\leqslant m$。而 k（$k\leqslant m$）阶子式

$$\boldsymbol{Q}_k=\begin{vmatrix}a_{11} & a_{12} & \cdots & a_{1k}\\ a_{21} & a_{22} & \cdots & a_{2k}\\ \vdots & \vdots & & \vdots\\ a_{k1} & a_{k2} & \cdots & a_{kk}\end{vmatrix}$$ 称为 $\boldsymbol{A}$ 的 k 阶顺序主子式。

判别方法：设 $\boldsymbol{A}$ 为实对称矩阵，

1）$\boldsymbol{A}$ 为正（负）定的充要条件是 $\boldsymbol{A}$ 的特征值均大（小）于零。

2）$\boldsymbol{A}$ 为正（负）定的充要条件是 $\boldsymbol{A}$ 的所有顺序主子式全大于零（$\boldsymbol{A}$ 的奇数阶顺序主子式全小于零，偶数阶顺序主子式全大于零）。

即 $\boldsymbol{A}=(a_{ij})_{m\times m}$，则 $\boldsymbol{A}>0$ 的充要条件为

$$a_{11}>0,\ \begin{vmatrix} a_{11} & a_{12} \\ a_{21} & a_{22} \end{vmatrix}>0,\ \cdots,\ \begin{vmatrix} a_{11} & a_{12} & \cdots & a_{1m} \\ a_{21} & a_{22} & \cdots & a_{2m} \\ \vdots & \vdots & & \vdots \\ a_{m1} & a_{m2} & \cdots & a_{mn} \end{vmatrix}>0$$

$\boldsymbol{A}<0$ 的充要条件为

$$a_{11}<0,\ \begin{vmatrix} a_{11} & a_{12} \\ a_{21} & a_{22} \end{vmatrix}>0,\ \begin{vmatrix} a_{11} & a_{12} & a_{13} \\ a_{21} & a_{22} & a_{23} \\ a_{31} & a_{32} & a_{33} \end{vmatrix}<0,\ \cdots,\ \begin{vmatrix} a_{11} & a_{12} & \cdots & a_{1k} \\ a_{21} & a_{22} & \cdots & a_{2k} \\ \vdots & \vdots & & \vdots \\ a_{k1} & a_{k2} & \cdots & a_{kk} \end{vmatrix} \begin{matrix} <0 \quad (k\text{为奇数}) \\ >0 \quad (k\text{为偶数}) \end{matrix}$$

综上，多元函数极值点存在的充分条件如下。

1）若 $\boldsymbol{X}^*$为驻点，且 $\boldsymbol{A}$ 为正定的，则 $\boldsymbol{X}^*$为极小点。

2）若 $\boldsymbol{X}^*$为驻点，且 $\boldsymbol{A}$ 为负定的，则 $\boldsymbol{X}^*$为极大点。

3）若 $\boldsymbol{X}^*$为驻点，但 $\boldsymbol{A}$ 为不定的，则 $\boldsymbol{X}^*$不是极点值。

【例 9-3】 求 $f(\boldsymbol{X})=2x_1^2+5x_2^2+x_3^2+2x_2x_3+2x_3x_1-6x_2+3$ 的极值点及极值。

1．求驻点　　解方程组

$$\begin{cases} \dfrac{\partial f(\boldsymbol{X})}{\partial x_1}=4x_1+2x_3=0 \\ \dfrac{\partial f(\boldsymbol{X})}{\partial x_2}=10x_2+2x_3-6=0 \\ \dfrac{\partial f(\boldsymbol{X})}{\partial x_3}=2x_1+2x_2+2x_3=0 \end{cases}$$

得 $x_1=1$，$x_2=1$，$x_3=-2$；驻点 $\boldsymbol{X}^*=(1,\ 1,\ -2)$。

$$\frac{\partial^2 f(\boldsymbol{X}^*)}{\partial {x_1}^2}=4,\ \frac{\partial^2 f(\boldsymbol{X}^*)}{\partial x_1\partial x_2}=0,\ \frac{\partial^2 f(\boldsymbol{X}^*)}{\partial x_1\partial x_3}=2$$

$$\frac{\partial^2 f(\boldsymbol{X}^*)}{\partial x_2\partial x_1}=0,\ \frac{\partial^2 f(\boldsymbol{X}^*)}{\partial x_2^2}=10,\ \frac{\partial^2 f(\boldsymbol{X}^*)}{\partial x_2\partial x_3}=2$$

$$\frac{\partial^2 f(\boldsymbol{X}^*)}{\partial x_3\partial x_1}=2,\ \frac{\partial^2 f(\boldsymbol{X}^*)}{\partial x_3\partial x_2}=2,\ \frac{\partial^2 f(\boldsymbol{X}^*)}{\partial x_3^2}=2$$

2．判断此驻点是否为极值点

因为 $\boldsymbol{A}=\begin{bmatrix} 4 & 0 & 2 \\ 0 & 10 & 2 \\ 2 & 2 & 2 \end{bmatrix}$，点 $\boldsymbol{X}^*=(1,\ 1,\ -2)$ 的 Hesse 矩阵为

$$a_{11}=4>0,\ \begin{vmatrix} a_{11} & a_{12} \\ a_{21} & a_{22} \end{vmatrix}=\begin{vmatrix} 4 & 0 \\ 0 & 10 \end{vmatrix}=40>0$$

$$\begin{vmatrix} a_{11} & a_{12} & a_{13} \\ a_{21} & a_{22} & a_{23} \\ a_{31} & a_{32} & a_{33} \end{vmatrix}=\begin{vmatrix} 4 & 0 & 2 \\ 0 & 10 & 2 \\ 2 & 2 & 2 \end{vmatrix}=4\times10\times2+0+0-2\times10\times2-0-4\times2\times2=24>0$$

所以 $\boldsymbol{A}$ 为正定的，驻点 $\boldsymbol{X}^*=(1,\ 1,\ -2)$ 为极小点，极小值为

$$f(\boldsymbol{X}^*)=2\times1^2+5\times1^2+(-2)^2+2\times1\times(-2)+2\times(-2)\times1-6\times1+3=0$$

四、函数的凸性

（一）凸函数的定义

1．一元函数的情况

定义　设函数 $f(x)$ 在 $[a, b]$ 上有定义，如果对于 $[a, b]$ 上任何两点 x_1，x_2（$x_1<x_2$）、任何实数 λ（$0\leqslant\lambda\leqslant1$），恒有

$$f[\lambda x_1+(1-\lambda)x_2] \leqslant \lambda f(x_1)+(1-\lambda) f(x_2)$$

$$\{f[\lambda x_1+(1-\lambda)x_2] < \lambda f(x_1)+(1-\lambda) f(x_2)\}$$

则称函数 $f(x)$ 是 $[a, b]$ 上的下凸函数（严格下凸函数）。

对于下凸函数，其图线（弧）上所有的点都在弦的下部，或位于弦本身上，换句话说函数曲线上任意两点间的连线段永远不在曲线的下面，曲线 $y=f(x)$ 也随着函数 $f(x)$ 本身而称为下凸的（图 9-3）。

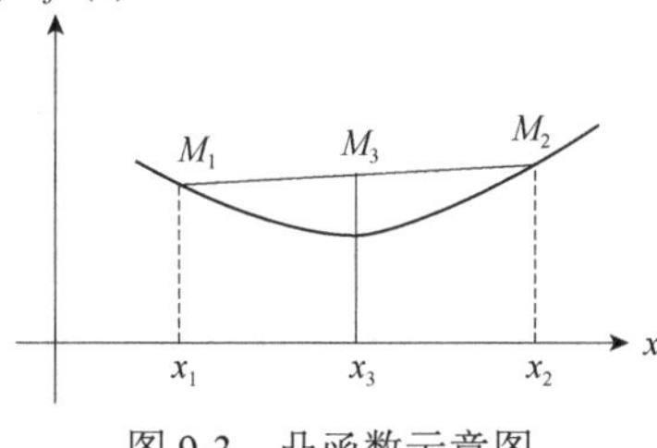

图 9-3　凸函数示意图

事实上，记 $M_1(x_1, y_1)$，$M_2(x_2, y_2)$，$M_3(x_3, y_3)$ 为线段 M_1M_2 内任一点。设 $\dfrac{M_1M_3}{M_3M_2}=\mu$，据平面解析几何中分线段为定比分点坐标的计算公式，可得

$$x_3=\frac{x_1+\mu x_2}{1+\mu},\quad y_3=\frac{y_1+\mu y_2}{1+\mu}\quad(\mu<0，内分)$$

$$x_3=\frac{1}{1+\mu}x_1+\frac{\mu}{1+\mu}x_2,\quad y_3=\frac{1}{1+\mu}y_1+\frac{\mu}{1+\mu}y_2$$

令 $\lambda=\dfrac{1}{1+\mu}$，得 $\dfrac{\mu}{1+\mu}=1-\lambda$。于是，$x_3=\lambda x_1+(1-\lambda)x_2$；$y_3=\lambda y_1+(1-\lambda)y_2$。

而 $f(x_3)=f[\lambda x_1+(1-\lambda)x_2]$ 是点 M 的纵坐标；$y_3=\lambda y_1+(1-\lambda)y_2$ 是点 M_3 的纵坐标。恒有 $f[\lambda x_1+(1-\lambda)x_2]\leqslant\lambda f(x_1)+(1-\lambda) f(x_2)$，则表明点 M_3 不会在弦 M 的下方。

把上面不等式中的不等号反向，即可定义上凸函数（严格上凸函数）。

注意：有时称 $[a, b]$ 上的下凸函数（上凸函数）$f(x)$ 为 $[a, b]$ 上的上凹函数（下凹函数）。在凸分析的有关书籍中，又称 $[a, b]$ 上的下凸函数 $f(x)$ 为 $[a, b]$ 上的凸函数。

函数 $f(x)$ 凹凸性的判别方法：设 $f(x)$ 在区间 $[a, b]$ 上连续，在区间 (a, b) 内具有二阶导数，若在 (a, b) 内 $f''(x)>0$，则函数 $f(x)$ 在 $[a, b]$ 上是上凹的；若在 (a, b) 内 $f''(x)<0$，则函数 $f(x)$ 在 $[a, b]$ 上是上凸的（表 9-1）。

表 9-1　函数凹凸性判别表

x	$(-\infty, 0)$	0	$(0, 1)$	1	$(1, +\infty)$
$f''(x)$	+	0	−	0	+
$f(x)$	上凹	拐点	上凸	拐点	上凹

【例 9-4】　讨论函数 $f(x)=x^4-2x^3+1$ 的凹凸性。

因为，

$$f'(x)=4x^3-6x^2$$

$$f''(x)=12x^2-12x=12x(x-1)$$

令 $f''(x)=0$，解得 $x_1=0$，$x_2=1$。

表明函数 $f(x)$ 在区间（$-\infty$，0］和［1，$+\infty$）是凹的，而在区间［0，1］是上凸的。

2．多元函数的情况

定义 设 D 为 m 维欧氏空间的一个集合，若其中任意两点 $\boldsymbol{X}_1$、$\boldsymbol{X}_2$ 的连线段都在集合之中，则称集合 D 为 m 维欧氏空间的一个凸集。

例如，二维欧氏空间，图 9-4A 为凸集，图 9-4B 为非凸集。

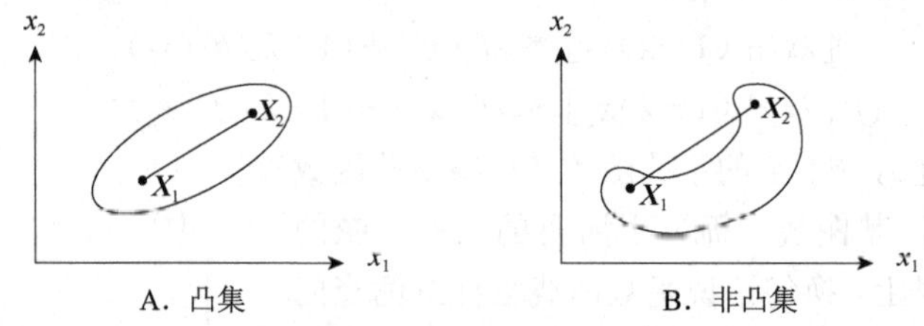

图 9-4 凸集和非凸集示意图

定义 设 $f(\boldsymbol{X})$ 为定义在 m 维欧氏空间中的一个凸集 D 上的函数，对任何实数 λ（$0\leqslant\lambda\leqslant1$）及 D 中任意两点 $\boldsymbol{X}_1$、$\boldsymbol{X}_2$，恒有 $f[\lambda\boldsymbol{X}_1+(1-\lambda)\boldsymbol{X}_2]\leqslant\lambda f(\boldsymbol{X}_1)+(1-\lambda)f(\boldsymbol{X}_2)$，则称 $f(\boldsymbol{X})$ 为 D 上的一个下凸函数；若 $f[\lambda\boldsymbol{X}_1+(1-\lambda)\boldsymbol{X}_2]<\lambda f(\boldsymbol{X}_1)+(1-\lambda)f(\boldsymbol{X}_2)$，则称 $f(\boldsymbol{X})$ 为 D 上的一个严格下凸函数；若 $f[\lambda\boldsymbol{X}_1+(1-\lambda)\boldsymbol{X}_2]\geqslant\lambda f(\boldsymbol{X}_1)+(1-\lambda)f(\boldsymbol{X}_2)$，则称 $f(\boldsymbol{X})$ 为 D 上的一个上凸函数；若 $f[\lambda\boldsymbol{X}_1+(1-\lambda)\boldsymbol{X}_2]>\lambda f(\boldsymbol{X}_1)+(1-\lambda)f(\boldsymbol{X}_2)$，则称 $f(\boldsymbol{X})$ 为 D 上的一个严格上凸函数。

（二）凸函数的基本性质

1）若 $f_1(\boldsymbol{X})$ 与 $f_2(\boldsymbol{X})$ 为凸集 D 上的两个下（上）凸函数，则对任意正数 a 与 b，函数 $af_1(\boldsymbol{X})+bf_2(\boldsymbol{X})$ 仍为 D 上的下（上）凸函数。

2）若 $f(\boldsymbol{X})$ 在 D_1 上具有连续的一阶导数（$D_1\in D$ 凸集），则 $f(\boldsymbol{X})$ 为 D_1 上的下（上）凸函数的充要条件为：对于任意的 $\boldsymbol{X}_1$、$\boldsymbol{X}_2\in D_1$，不等式 $f(\boldsymbol{X}_2)\geqslant(\leqslant)f(\boldsymbol{X}_1)+(\boldsymbol{X}_2-\boldsymbol{X}_1)^T\nabla f(\boldsymbol{X}_1)$ 恒成立。

3）当函数 $f(\boldsymbol{X})$ 在凸集 D 上的二阶导数连续时，则对所有的 $\boldsymbol{X}\in D$，$f(\boldsymbol{X})$ 为下（上）凸函数的充要条件是 Hesse 矩阵 $\boldsymbol{A}$ 为半正（负）定；$f(\boldsymbol{X})$ 为严格下凸函数充要条件是 Hesse 矩阵 $\boldsymbol{A}$ 为正（负）定。

【例 9-5】 判断函数 $f(\boldsymbol{X})=60-10x_1-4x_2+x_1^2+x_2^2-x_1x_2$ 是否为下凸函数。

$$D:\ -\infty<x_1<+\infty,\ -\infty<x_2<+\infty$$

$$\frac{\partial^2 f(\boldsymbol{X})}{\partial x_1^2}=2,\ \frac{\partial^2 f(\boldsymbol{X})}{\partial x_1\partial x_2}=-1,\ \frac{\partial^2 f(\boldsymbol{X})}{\partial x_2\partial x_1}=-1,\ \frac{\partial^2 f(\boldsymbol{X})}{\partial x_2^2}=2$$

因为 $\dfrac{\partial f(\boldsymbol{X})}{\partial x_1}=-10+2x_1-x_2$，$\dfrac{\partial f(\boldsymbol{X})}{\partial x_2}=-4+2x_2-x_1$，所以 Hesse 矩阵 $\boldsymbol{A}$ 为

$$\boldsymbol{A}=\begin{bmatrix}\dfrac{\partial^2 f(\boldsymbol{X})}{\partial x_1^2} & \dfrac{\partial^2 f(\boldsymbol{X})}{\partial x_1\partial x_2}\\ \dfrac{\partial^2 f(\boldsymbol{X})}{\partial x_2\partial x_1} & \dfrac{\partial^2 f(\boldsymbol{X})}{\partial x_2^2}\end{bmatrix}=\begin{bmatrix}2 & -1\\ -1 & 2\end{bmatrix}$$

而

$$a_{11}=2>0,\ \begin{vmatrix} a_{11} & a_{12} \\ a_{21} & a_{22} \end{vmatrix}=\begin{vmatrix} 2 & -1 \\ -1 & 2 \end{vmatrix}=3>0$$

所以 $\boldsymbol{A}>0$，故 $f(\boldsymbol{X})$ 为严格下凸函数。

（三）函数的凸性与局部极值及全域最优值之间的关系

一般来说 $f(\boldsymbol{X})$ 的极值点不一定是其最优点；若 $f(\boldsymbol{X})$ 是 D 上的凸函数，则 $f(\boldsymbol{X})$ 的任何极值点，同时也是它的最优点；若 $f(\boldsymbol{X})$ 是 D 上的严格凸函数，则它有唯一的最优点。

【例 9-6】 某玉米试验，研究 N、P 肥施量对产量的影响（表 9-2 和表 9-3），采用 D-最优化设计。

表 9-2　因素水平编码表

编码值	N 肥/（kg/666.67m²）	P 肥/（kg/666.67m²）
1	10.2	6
0.3944	7.1	4.2
−0.1315	4.4	2.6
−1	0	0

表 9-3　试验方案及试验结果

试验号	N 肥 x_1/（kg/666.67m²）	P 肥 x_2/（kg/666.67m²）	y/（kg/小区）
1	0	0	15.9
2	10.2	0	19.7
3	0	6	27.0
4	4.4	2.6	28.5
5	10.2	4.2	30.3
6	7.1	6	31.0

该试验方案的结构矩阵 $\boldsymbol{X}$ 及相关阵 $\boldsymbol{C}$ 为

$$\boldsymbol{X}=\begin{bmatrix} 1 & -1 & -1 & 1 & 1 & 1 \\ 1 & 1 & -1 & 1 & 1 & -1 \\ 1 & -1 & 1 & 1 & 1 & -1 \\ 1 & -0.1315 & -0.1315 & 0.0173 & 0.0173 & 0.0173 \\ 1 & 1 & 0.3945 & 1 & 0.1556 & 0.3945 \\ 1 & 0.3945 & 1 & 0.1556 & 1 & 0.3945 \end{bmatrix}$$

$$\boldsymbol{C}=(\boldsymbol{X}'\boldsymbol{X})^{-1}=\begin{bmatrix} 0.963 & -0.139 & -0.139 & -0.568 & -0.568 & -0.168 \\ -0.139 & 0.276 & 0.026 & 0.002 & 0.181 & 0.063 \\ -0.139 & 0.026 & 0.276 & 0.181 & 0.002 & 0.063 \\ -0.568 & 0.002 & 0.181 & 0.171 & -0.360 & 0.125 \\ -0.568 & 0.181 & 0.002 & -0.360 & 0.171 & 0.125 \\ 0.168 & 0.063 & 0.063 & 0.125 & 0.125 & 0.350 \end{bmatrix}$$

$$B=X'Y=X'\begin{bmatrix}15.9\\19.7\\27.0\\28.5\\30.3\\31.0\end{bmatrix}=\begin{bmatrix}152.400\\15.582\\30.606\\98.217\\98.808\\-6.124\end{bmatrix}$$

由公式 $b=CB$，可求得回归系数

$$b=CB=\begin{bmatrix}29.538\\1.686\\5.336\\-2.307\\-4.095\\-0.214\end{bmatrix}$$

于是，得回归方程为

$$\hat{y}=29.538+1.686x_1+5.336x_2-2.307x_1^2-4.095x_2^2-0.214x_1x_2$$

求最优点，即求氮肥、磷肥施入多少使产量最高。记

$$y=f(X)=29.538+1.686x_1+5.336x_2-2.307x_1^2-4.095x_2^2-0.214x_1x_2$$

1．求驻点

解方程组

$$\begin{cases}\dfrac{\partial y}{\partial x_1}=-4.614x_1-0.214x_2+1.686=0\\[2mm]\dfrac{\partial y}{\partial x_2}=-0.214x_1-8.190x_2+5.336=0\end{cases}$$

得 $x_1=0.336$，$x_2=0.643$，驻点为（0.336，0.643）。

2．判断

因为 $\dfrac{\partial^2 y}{\partial x_1^2}=-4.614$，$\dfrac{\partial^2 y}{\partial x_1\partial x_2}=-0.214=\dfrac{\partial^2 y}{\partial x_2\partial x_1}$，$\dfrac{\partial^2 y}{\partial x_2^2}=-8.190$，所以 Hesse 矩阵为

$$A=\begin{bmatrix}-4.614 & -0.214\\-0.214 & -8.190\end{bmatrix}$$

而

$$a_{11}=-4.614<0,\quad \begin{vmatrix}a_{11} & a_{12}\\a_{21} & a_{22}\end{vmatrix}=\begin{vmatrix}-4.614 & -0.214\\-0.214 & -8.190\end{vmatrix}=37.74>0$$

因为 $A<0$，即 Hesse 矩阵 A 为负定的，$f(X)$ 为严格上凸函数。驻点（0.336，0.643）为极大点，也为最大点。最大值 $y_{\max}=f(0.336,0.643)=31.535$。所以

$$x_j=\frac{Z_j-Z_{0j}}{\Delta_j},\quad Z_j=Z_{0j}+x_j\Delta_j$$

而

$$\Delta_j=\frac{Z_{2j}-Z_{1j}}{2},\quad Z_{0j}=\frac{Z_{2j}+Z_{1j}}{2}$$

此例，

$$\Delta_1=\frac{10.2-0}{2}=5.1,\ \Delta_2=\frac{6-0}{2}=3$$

$$Z_{01}=\frac{10.2+0}{2}=5.1,\ Z_{02}=\frac{6+0}{2}=3$$

所以当 $x_1=0.336$ 时，$Z_1=5.1+0.336\times5.1=6.8$（kg）；当 $x_2=0.643$ 时，$Z_2=3+0.643\times3=4.9$（kg）。即每 666.67m^2 施氮 6.8kg、磷 4.9kg 可望获得平均最高产量为每小区 31.535kg。

五、变量轮换法

对于多变量的二次模型，当它有明确的数学表达式时，可按照函数极值的必要条件用数学方法求出驻点，再按照充分条件或者问题的实际生物学意义判断或确定最优解，这种方法也称为间接法。

对于多变量的二次模型也可采用直接法寻优。直接法是从可行域中任取一点出发，逐步改进取点而趋向最优点。这类方法很多，这里介绍变量轮换法（也称为交替法）。

（一）对于两个变量的目标函数

设一个二元目标函数 $y=f(\boldsymbol{X})=f(x_1, x_2)$，其极值点存在区域为 $c_1\leqslant x_1\leqslant d_1$，$c_2\leqslant x_2\leqslant d_2$。

从点 $\boldsymbol{X}^{(0)}=(x_1^{(0)}, x_2^{(0)})$ 出发，先固定 $x_1=x_1^{(0)}$，求 x_2 为单变量的目标函数的最优点 $\boldsymbol{X}^{(1)}=(x_1^{(0)}, x_2^{(1)})$，以及 $y^{(1)}=f(\boldsymbol{X}^{(1)})$；然后固定 $x_2=x_2^{(1)}$，求以 x_1 为单变量的目标函数的最优点 $\boldsymbol{X}^{(2)}=(x_1^{(1)}, x_2^{(1)})$，以及 $y^{(2)}=f(\boldsymbol{X}^{(2)})$。因为 $y^{(2)}$ 优于 $y^{(1)}$，x_1 的搜索区间缩小为 $x_1^{(0)}\leqslant x_1\leqslant d_1$；再固定 $x_1=x_1^{(1)}$，变动 x_2，得最优点 $\boldsymbol{X}^{(3)}=(x_1^{(1)}, x_2^{(2)})$ 及 $y^{(3)}=f(\boldsymbol{X}^{(3)})$，同理可把 x_2 搜索区间缩小为 $x_2^{(1)}\leqslant x_2\leqslant d_2$；如此交替搜索，直到达到给定的精度为止（图 9-5）。

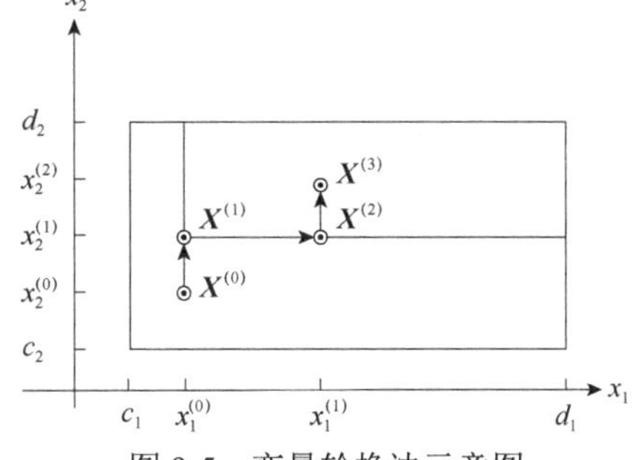

图 9-5　变量轮换法示意图

【例 9-7】 目标函数为 $f(\boldsymbol{X})=60-10x_1-4x_2-x_1x_2+x_1^2+x_2^2$，设起始点为 $\boldsymbol{X}^{(0)}=(0, 0)$，采用变量轮换法求目标函数的极小值（表 9-4）。

固定 $x=x_1^{(0)}=0$，则 $f(x_2)=x_2^2-4x_2+60$，此为单变量函数，对其寻优，令 $f'(x_2)=2x_2-4=0$，得 $x_2^{(1)}=2$。可得点 $\boldsymbol{X}^{(1)}=(x_1^{(0)}, x_2^{(1)})=(0, 2)$，$f(\boldsymbol{X}^{(1)})=f(0, 2)=56$。

固定 $x_2=x_2^{(1)}=2$，则 $f(x_1)=x_1^2-12x_1+56$，此为单变量函数，对其寻优，令 $f'(x_1)=2x_1-12=0$，得 $x_1^{(2)}=6$。可得点 $\boldsymbol{X}^{(2)}=(x_1^{(2)}, x_2^{(1)})=(6, 2)$，$f(\boldsymbol{X}^{(2)})=f(6, 2)=20$。

…

$\boldsymbol{X}^{(9)}=(x_1^{(8)}, x_2^{(9)})=(7.96875, 5.984375)$，$f(\boldsymbol{X}^{(9)})=8.007318$。

注意：实际最小点 $\boldsymbol{X}^*=(x_1^*, x_2^*)=(8, 6)$，最小值 $f(\boldsymbol{X}^*)=8$。

表 9-4　变量轮换法寻优计算表

K	固定的 x_j	单变量目标函数 $f(x_j)$	求得的 x_j	目标函数 $f(X)$ 值
1	$x_1^{(0)}=0$	$f(x_2)=x_2^2-4x_2+60$	$x_2^{(1)}=2$	56
2	$x_2^{(1)}=2$	$f(x_1)=x_1^2-12x_1+56$	$x_1^{(2)}=6$	20

续表

K	固定的 x_j	单变量目标函数 $f(x_j)$	求得的 x_j	目标函数 $f(X)$ 值
3	$x_1^{(2)}=6$	$f(x_2)=x_2^2-10x_2+36$	$x_2^{(3)}=5$	11
4	$x_2^{(3)}=5$	$f(x_1)=x_1^2-15x_1+65$	$x_1^{(4)}=7.5$	8.75
5	$x_1^{(4)}=7.5$	$f(x_2)=x_2^2-11.5x_2+41.25$	$x_2^{(5)}=5.75$	8.1875
6	$x_2^{(5)}=5.75$	$f(x_1)=x_1^2-15.75x_1+70.0625$	$x_1^{(6)}=7.875$	8.046875
7	$x_1^{(6)}=7.875$	$f(x_2)=x_2^2-11.875x_2+43.266$	$x_2^{(7)}=5.9375$	8.0117192
8	$x_2^{(7)}=5.9375$	$f(x_1)=x_1^2-15.9375x_1+71.504$	$x_1^{(8)}=7.96875$	8.0029302
9	$x_1^{(8)}=7.96875$	$f(x_2)=x_2^2-11.969x_2+43.813$	$x_2^{(9)}=5.984375$	8.0007318

（二）对于 m 个变量的目标函数

设一个 m 元目标函数 $y=f(\boldsymbol{X})=f(x_1, x_2, \cdots, x_m)$。

设起始点为 $\boldsymbol{X}^{(0)}=(x_1^{(0)}, x_2^{(0)}, \cdots, x_m^{(0)})$。

先固定 $x_2=x_2^{(0)}, \cdots, x_m=x_m^{(0)}$ 对 x_1 求最优，得 $x_1^{(1)}$；然后令 $x_1=x_1^{(1)}$，固定 $x_3=x_3^{(0)}, \cdots, x_m=x_m^{(0)}$ 对 x_2 求最优，得 $x_2^{(1)}$；第三，令 $x_1=x_1^{(1)}$，$x_2=x_2^{(1)}$，固定 $x_4=x_4^{(0)}, \cdots, x_m=x_m^{(0)}$ 对 x_3 求最优，得 $x_3^{(1)}$；…；最后，令 $x_j=x_j^{(1)}$（$j=1, 2, \cdots, m-1$），对 x_m 求最优，得 $x_m^{(1)}$。则第二轮起点为 $\boldsymbol{X}^{(1)}=(x_1^{(1)}, x_2^{(1)}, \cdots, x_m^{(1)})$。

再从 x_1 开始对各变量依次轮流寻优……直到达到给定的精确度为止。

【例 9-8】 大豆五因素试验，研究密度、灌溉、氮肥、磷肥、钾肥对产量的影响，大豆品种为绥农 4 号，采用二次回归旋转组合设计，$\gamma=2$。获得如下五元二次回归方程 $\hat{y}=207.57-3.47x_1+20.59x_2+0.62x_3-1.82x_4+1.69x_5-2.04x_1x_2+0.14x_1x_3-4.55x_1x_4+0.57x_1x_5+1.14x_2x_3+1.10x_2x_4-3.01x_2x_5+2.00x_3x_4-1.04x_3x_5-2.13x_4x_5+1.62x_1^2-2.49x_2^2-0.27x_3^2-0.18x_4^2+1.35x_5^2$。求该回归方程的极值。

首先判定是否存在极值。

因为

$$\frac{\partial y}{\partial x_1}=-3.47-2.04x_2+0.14x_3-4.55x_4+0.57x_5+3.24x_1$$

$$\frac{\partial y}{\partial x_2}=20.59-2.04x_1+1.14x_3+1.10x_4-3.01x_5-4.98x_2$$

$$\frac{\partial y}{\partial x_3}=0.62+0.14x_1+1.14x_2+2.00x_4-1.04x_5-0.54x_3$$

$$\frac{\partial y}{\partial x_4}=-1.82-4.55x_1+1.10x_2+2.00x_3-2.13x_5-0.36x_4$$

$$\frac{\partial y}{\partial x_5}=1.69+0.57x_1-3.01x_2-1.04x_3-2.13x_4+2.70x_5$$

$$\frac{\partial^2 y}{\partial x_1^2}=3.24,\ \frac{\partial^2 y}{\partial x_1\partial x_2}=-2.04,\ \frac{\partial^2 y}{\partial x_1\partial x_3}=0.14,\ \frac{\partial^2 y}{\partial x_1\partial x_4}=-4.55,\ \frac{\partial^2 y}{\partial x_1\partial x_5}=0.57$$

$$\frac{\partial^2 y}{\partial x_2 \partial x_1}=-2.04,\ \frac{\partial^2 y}{\partial x_2^2}=-4.98,\ \frac{\partial^2 y}{\partial x_2 \partial x_3}=1.14,\ \frac{\partial^2 y}{\partial x_2 \partial x_4}=1.10,\ \frac{\partial^2 y}{\partial x_2 \partial x_5}=-3.01$$

$$\frac{\partial^2 y}{\partial x_3 \partial x_1}=0.14,\ \frac{\partial^2 y}{\partial x_3 \partial x_2}=1.14,\ \frac{\partial^2 y}{\partial x_3^2}=-0.54,\ \frac{\partial^2 y}{\partial x_3 \partial x_4}=2.00,\ \frac{\partial^2 y}{\partial x_3 \partial x_5}=-1.04$$

$$\frac{\partial^2 y}{\partial x_4 \partial x_1}=-4.55,\ \frac{\partial^2 y}{\partial x_4 \partial x_2}=1.10,\ \frac{\partial^2 y}{\partial x_4 \partial x_3}=2.00,\ \frac{\partial^2 y}{\partial x_4^2}=-0.36,\ \frac{\partial^2 y}{\partial x_4 \partial x_5}=-2.13$$

$$\frac{\partial^2 y}{\partial x_5 \partial x_1}=0.57,\ \frac{\partial^2 y}{\partial x_5 \partial x_2}=-3.01,\ \frac{\partial^2 y}{\partial x_5 \partial x_3}=-1.04,\ \frac{\partial^2 y}{\partial x_5 \partial x_4}=-2.13,\ \frac{\partial^2 y}{\partial x_5^2}=2.70$$

所以，Hesse 矩阵为

$$\boldsymbol{A}=\begin{bmatrix} 3.24 & -2.04 & 0.14 & -4.55 & 0.57 \\ -2.04 & -4.98 & 1.14 & 1.10 & -3.01 \\ 0.14 & 1.14 & -0.54 & 2.00 & -1.04 \\ -4.55 & 1.10 & 2.00 & -0.36 & -2.13 \\ 0.57 & -3.01 & -1.04 & -2.13 & 2.70 \end{bmatrix}$$

因为

$$a_{11}=3.24>0,\ \begin{vmatrix} a_{11} & a_{12} \\ a_{21} & a_{22} \end{vmatrix}=\begin{vmatrix} 3.24 & -2.04 \\ -2.04 & -4.98 \end{vmatrix}=-20.30<0$$

$$\begin{vmatrix} a_{11} & a_{12} & a_{13} \\ a_{21} & a_{22} & a_{23} \\ a_{31} & a_{32} & a_{33} \end{vmatrix}=\begin{vmatrix} 3.24 & -2.04 & 0.14 \\ -2.04 & -4.98 & 1.14 \\ 0.14 & 1.14 & -0.54 \end{vmatrix}=6.20>0$$

所以，$\boldsymbol{A}$ 不定，在 $-\gamma \leqslant x_j \leqslant \gamma$（$j=1, 2, \cdots, 5, \gamma=2$）内无极值。

下面采用直接法（变量轮换法）寻优。起点 $\boldsymbol{X}^{(0)}=(x_1^{(1)}, x_2^{(0)}, x_3^{(0)}, x_4^{(0)}, x_5^{(0)})=(-2, -2, -2, -2, -2)$，可求得好点为 $\boldsymbol{X}=(-2, 2, 2, 2, -2)$，即低密、高水、高 N、高 P、低 K。$y_{max}=319.79$（$kg/666.67m^2$）。表明对于绥农 4 号大豆品种，采用低密度，低钾肥，保证灌水，施足氮、磷肥，可望获得较高产量。

第二节　统计频数法

多因素非线性模型的寻优一般来说比较繁杂，有时其极值还不一定存在，即使存在，求极值点的难度也大。下面介绍在多因素非线性模型寻优中应用较多且较为简便的一种方法——统计频数法（statistical frequency method）。

统计频数法的基本步骤是：在可行域内，将每个变量 x_j（$j=1, 2, \cdots, m$）在 $[-\gamma, \gamma]$ 内以步长 h 取 d 个值：$-\gamma, -\gamma+h, \cdots, -\gamma+(d-1)h$，可得 d^m 个组合方案，求出相应的指标预测值 y_j（$j=1, 2, \cdots, d^m$）。取一界限值 l，统计 $y_j>l$（或 $y_j<l$）的指标预测值个数及其相应各个变量 x_j 的 d 个取值的分布频数，列成统计频数表（表 9-5）。

表 9-5 统计频数表（$y>l$ 或 $y<l$）

取值 x_{ij}	变量					
	x_1	x_2	…	x_j	…	x_m
$-\gamma$	f_{11}	f_{12}	…	f_{1j}	…	f_{1m}
$-\gamma+h$	f_{21}	f_{22}	…	f_{2j}	…	f_{2m}
⋮	⋮	⋮		⋮		⋮
$-\gamma+(i-1)h$	f_{i1}	f_{i2}	…	f_{ij}	…	f_{im}
⋮	⋮	⋮		⋮		⋮
$-\gamma+(d-1)h$	f_{d1}	f_{d2}	…	F_{dj}	…	f_{dm}
频数合计 $f_{\cdot j}$	$f_{\cdot 1}$	$f_{\cdot 2}$	…	$f_{\cdot j}$	…	$f_{\cdot m}$
平均数 $\overline{x}$	$\overline{x}_1$	$\overline{x}_2$	…	$\overline{x}_j$	…	$\overline{x}_m$
标准误 $s_{\overline{x}}$	$s_{\overline{x}_1}$	$s_{\overline{x}_2}$	…	$s_{\overline{x}_j}$	…	$s_{\overline{x}_m}$
95%置信区间	$\overline{x}_1\pm1.96s_{\overline{x}_1}$	$\overline{x}_2\pm1.96s_{\overline{x}_2}$	…	$\overline{x}_j\pm1.96s_{\overline{x}_j}$	…	$\overline{x}_m\pm1.96s_{\overline{x}_m}$

表 9-5 中，f_{ij} 为第 j 因素第 i 取值的频数；$\overline{x}_j$ 为第 j 因素的平均水平，$\overline{x}_j=\dfrac{1}{f_{\cdot j}}\sum_{i=1}^{d}f_{ij}x_{ij}$；$f_{\cdot j}$ 为第 j 因素的总频数，$f_{\cdot j}=\sum_{i=1}^{d}f_{ij}$；$s_{\overline{x}_j}$ 为第 j 因素的水平平均数标准误，$s_{\overline{x}_j}=\dfrac{s_{x_j}}{\sqrt{f_{\cdot j}}}=\sqrt{\dfrac{\sum f_{ij}x_{ij}^2-\dfrac{\left(\sum f_{ij}x_{ij}\right)^2}{f_{\cdot j}}}{f_{\cdot j}^2}}$；$[\overline{x}_j-1.96S_{\overline{x}_j},\ \overline{x}_j+1.96S_{\overline{x}_j}]$为第 j 因素总体平均水平的 95%置信区间，当$\overline{x}_j-1.96s_{\overline{x}_j}\leqslant x_j\leqslant\overline{x}_j+1.96s_{\overline{x}_j}$ 时，有较大的可能使 $y>l$（或 $y<l$）成立。

【例 9-9】 为了研究优良玉米新杂交种川单 13 号的高产栽培模式，拟通过试验了解播种期（Z_1）、种植密度（Z_2）和 KCl 施用量（Z_3）三因素对产量的影响，并在生产中控制播种期、种植密度和 KCl 施用量以获得高产。

试验采用二次正交回归旋转组合设计，因素水平编码见表 9-6。

表 9-6 因素水平及编码表

因素	水平间距	因素水平及编码（γ=1.682）				
		1.682	1	0	−1	−1.682
播种期 Z_1/（日/月）	10	16/4	9/4	30/3	20/3	13/3
种植密度 Z_2/（株/hm^2）	3000	53040	51000	48000	45000	42960
KCl 施用量 Z_3/（kg/hm^2）	75.00	252.30	201.15	126.15	51.15	0

试验共有 23 个小区，小区面积为 33.3333m^2。试验方案与产量结果见表 9-7。

表 9-7 试验设计及玉米产量（kg/hm^2）

试验号	x_1	x_2	x_3	y
1	1	1	1	6720.0
2	1	1	−1	7399.5
3	1	−1	1	6150.0

续表

试验号	x_1	x_2	x_3	y
4	1	−1	−1	7000.5
5	−1	1	1	7800.0
6	−1	1	−1	6075.0
7	−1	−1	1	6450.0
8	−1	−1	−1	6525.0
9	1.682	0	0	5655.0
10	−1.682	0	0	7399.5
11	0	1.682	0	7900.5
12	0	−1.682	0	6750.0
13	0	0	1.682	6949.5
14	0	0	−1.682	6055.5
15	0	0	0	6300.0
16	0	0	0	7150.5
17	0	0	0	6750.5
18	0	0	0	7000.5
19	0	0	0	6499.5
20	0	0	0	6799.5
21	0	0	0	7150.5
22	0	0	0	6649.5
23	0	0	0	6600.0

经计算，得二次回归方程 $\hat{y}=6767.1750-184.0828x_1+278.5234x_2+118.8811x_3+8.6250x_1x_2-397.5000x_1x_3+246.3750x_2x_3-89.0199x_1^2+193.0462x_2^2-97.7682x_3^2$，对该二次回归方程利用统计频数法选优。

1．回归方程的假设检验

分别对二次回归方程进行失拟性检验和显著性检验，结果见表 9-8。

表 9-8　方差分析表

变异来源	SS	df	F
回归	4342078	9	2.68 (*)
离回归	2342642	13	
失拟	1661307	5	3.90
纯误	2342642	8	
总变异	6684720	22	

注：$F_{0.05(5,\ 8)}=3.69$；$F_{0.05(9,\ 8)}=2.72$，$F_{0.10(9,\ 8)}=2.16$

F_{Lf}显著，可以认为所选用的数学模型不够恰当；仅在 $\alpha=0.10$ 水平上显著，且 $R^2=\dfrac{SS_R}{SS_r}=0.6504$，表明用所建立的二次回归方程来预测的可靠程度不是很高。

2．利用统计频数法选优　已知$-1.682 \leqslant x_j \leqslant 1.682$（$j=1$，2，…，5），确定步长为$h=0.841$，取$d=5$，共有$d^m=5^3=125$个组合方案，取$l=7500\text{kg/hm}^2$，在125个组合方案中，产量预测值$y>l$的有18个。相应的农艺措施见表9-9。

表9-9　产量大于7500kg/hm^{2}的综合农艺措施

编码	播期 x_1		密度 x_2		KCl施用量 x_3	
	频数	频率	频数	频率	频数	频率
−1.682	6	33.3	1	5.5	1	5.5
−0.841	5	27.8	0	0	0	0
0	3	16.7	1	5.5	4	22.2
0.841	3	16.7	4	22.2	6	33.3
1.682	1	5.5	12	66.7	7	38.9
$\overline{x}$	−0.5607		1.2148		0.8410	
$s_{\overline{x}}$	0.2472		0.2007		0.2090	
95%置信区间	−1.0452～−0.0762		0.8214～1.6082		0.4314～1.2506	
农艺措施	19/3～29/3		50464～52825株/hm^2		158.505～219.945kg/hm^2	

由表9-9可以看出，利用统计频数法选优的过程主要包括：①统计产量预测值$y>l$时各因素以步长$h=0.841$的5个取值的频数；②利用加权法计算各因素的平均水平$\overline{x}_j$和标准差s_{x_j}，进而计算标准误$s_{\overline{x}_j}$和置信度为$1-\alpha$的各因素总体平均水平的置信区间$[\overline{x}_j-t_{\alpha(+\infty)}s_{\overline{x}_j},\ \overline{x}_j+t_{\alpha(+\infty)}s_{\overline{x}_j}]$；③利用$Z_j=Z_{0j}+x_j\Delta_j$即可确定满足$y>l$所应采取的农艺措施。

以x_1为例，首先利用加权法计算其平均水平$\overline{x}_1$和标准差s_{x_1}：

$$\overline{x}_1=\frac{1}{f_{\cdot 1}}\sum_{i=1}^{5}f_{i1}x_{i1}=\frac{1}{18}[(-1.682)\times 6+(-0.841)\times 5+0\times 3+0.841\times 3+1.682\times 1]=-0.5607$$

$$s_{\overline{x}_1}=\sqrt{\frac{\sum f_{i1}x_{i1}^2-\dfrac{\left(\sum f_{i1}x_{i1}\right)^2}{f_{\cdot 1}}}{f_{\cdot 1}^2}}$$

$$=\sqrt{\frac{[6\times(-1.682)^2+5\times(-0.841)^2+\cdots+1\times 1.682^2]-\dfrac{[6\times(-1.682)+5\times(-0.841)+\cdots+1\times 1.682]^2}{18}}{18^2}}$$

$$=0.2472$$

由$\overline{x}_1\pm 1.96s_{\overline{x}_1}=-0.5607\pm 1.96\times 0.2472$，得$x_1$总体平均水平95%置信区间为$[-1.0452,\ -0.0762]$。

因为$x_1=\dfrac{Z_1-Z_{01}}{\Delta_1}$、$Z_{01}=30/3$、$\Delta_1=10$，所以，$Z_1=Z_{01}+x_1\Delta_1$。于是求得$Z_1$的置信下限$=30/3+(-1.0452)\times 10=19/3$，$Z_1$的置信上限$=30/3+(-0.0762)\times 10=29/3$。其余类似。

可望获得平均产量在7500kg/hm^{2}以上的农艺措施为：播期为19/3～29/3，密度为50464～52825株/hm^2，KCl施用量为158.505～219.945kg/hm^2。

注意，统计频数法仅为寻求综合农艺措施提供了一种统计判断的途径，不十分完善，应结合实际分析应用。①对于频数分布较均匀时，则每一个取值都可供择优；②频数分布较集中于相距较远的两点或更多点，此时也应根据实际问题来选择优化措施。

例如，统计指标预测值 $y>18\%$时各因素以步长 $h=1$ 的 5 个取值的频数如表 9-10 所示。

表 9-10　统计频数表（$y>18\%$）

取值	x_1	x_2	x_3	x_4
−2	39	21	5	23
−1	12	20	6	59
0	2	21	12	15
1	10	20	32	5
2	40	21	48	1
合计	103	103	103	103

对于 x_1，可取偏向于−2 或 2 之值；对于 x_2，可取−2、−1、0、1、2 之任一值；对于 x_3、x_4，可求其相应的置信区间，以获得较好的农艺措施。

第三节　降　维　法

把一个多变量的问题转化为一系列较少变量的问题的方法，称为降维法（hypo-dimension method）。常将多元问题转化为一元或二元问题，以分析单因素或两因素与试验指标的关系，且可用图形直观表示。

一、单因素效应分析

对于多元二次回归模型 $y=b_0+\sum_{j=1}^{m}b_jx_j+\sum_{\substack{i=1\\i<j}}^{m}\sum_{j=1}^{m}b_{ij}x_ix_j+\sum_{j=1}^{m}b_{jj}x_j^2$，固定 $m-1$ 个因素，可导出单变量的回归子模型：$y=a_0+a_sx_s+a_{ss}x_s^2$，以分析该因素与试验指标的关系。

【例 9-10】 对**【例 9-9】**所建立的回归模型进行单因素与试验指标的关系的分析。

对于 x_1，固定其他两个变量 x_2、x_3，可得 x_1 与产量 y 的回归子模型。令 $x_2=x_3=-1$，可得 $y=6711.4235+204.7922x_1-89.0199x_1^2$；令 $x_2=x_3=0$，可得 $y=6767.1750-184.0828x_1-89.0199x_1^2$；令 $x_2=x_3=1$，可得 $y=7506.2325-572.9578x_1-89.0199x_1^2$。

根据上述子回归模型做抛物线图（图 9-6）。

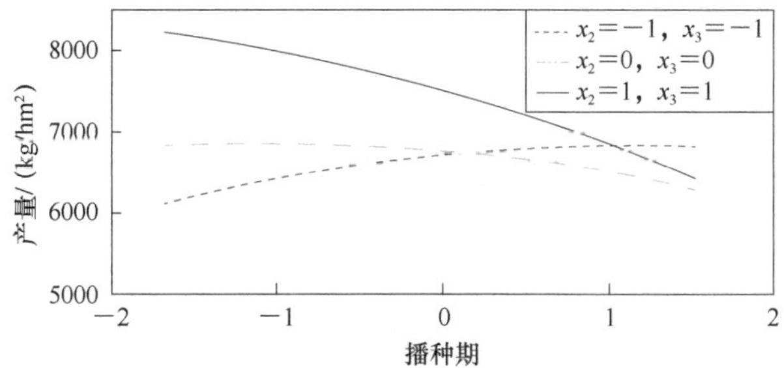

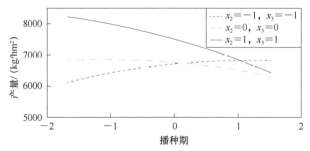

图 9-6　播种期对玉米川单 13 号产量的影响

由图 9-6 可知，当种植密度为 51000 株/hm^2、KCl 施用量为 201.15kg/hm^2 时，玉米川单 13 号的产量随播种期的推迟而急速下降；当种植密度为 48000 株/hm^2、KCl 施用量为 126.15kg/hm^2 时，玉米川单 13 号的产量随播种期的推迟而缓慢下降；当种植密度为 45000 株/hm^2、KCl 施用量为 51.15kg/hm^2 时，玉米川单 13 号的产量随播种期的推迟而缓慢上升。

在研究范围内固定 x_2，x_3 为其他数值时，可得 x_1 与产量 y 其他的回归子模型，从而获得有关信息。

对于 x_2，固定其他两个变量 x_1、x_3，可得 x_2 与产量 y 的回归子模型。若令 $x_1=x_3=-1$，可得 $y=6248.0886+23.5234x_2+193.0462x_2^2$；若令 $x_1=x_3=0$，可得 $y=6767.1750+278.5234x_2+193.0462x_2^2$；若令 $x_1=x_3=1$，可得 $y=6117.6852+533.5234x_2+193.0462x_2^2$。

根据上述子回归方程做抛物线图（图 9-7）。

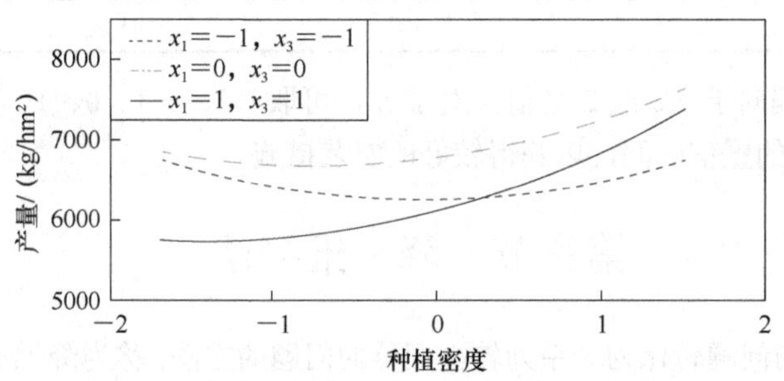

图 9-7　种植密度对玉米川单 13 号产量的影响

由图 9-7 可知，当播种期为 4 月 9 日、KCl 施用量为 201.15kg/hm^2 时，玉米川单 13 号的产量随种植密度的增大而急速增加；当播种期为 3 月 30 日、KCl 施用量为 126.15kg/hm^2 时，玉米川单 13 号的产量随种植密度的增大而显著增加；当播种期为 3 月 20 日、KCl 施用量为 51.15kg/hm^2 时，玉米川单 13 号的产量随种植密度的增加而降低，当种植密度为 48000 株/hm^2 时，达到最小值，而后又随种植密度的增加而上升。

在研究范围内固定 x_1、x_3 为其他数值时，可得 x_2 与产量 y 其他的回归子模型，从而获得有关信息。

对于 x_3，固定其他两个变量 x_1、x_2，可得 x_3 与产量 y 的回归子模型。若令 $x_1=x_2=-1$，可得 $y=6785.3857+270.0061x_3-97.7682x_3^2$；若令 $x_1=x_2=0$，可得 $y=6767.1750+118.8811x_3-97.7682x_3^2$；若令 $x_1=x_2=1$，可得 $y=6974.2669-32.2439x_3-97.7682x_3^2$。

根据上述子回归方程做抛物线图（图 9-8）。

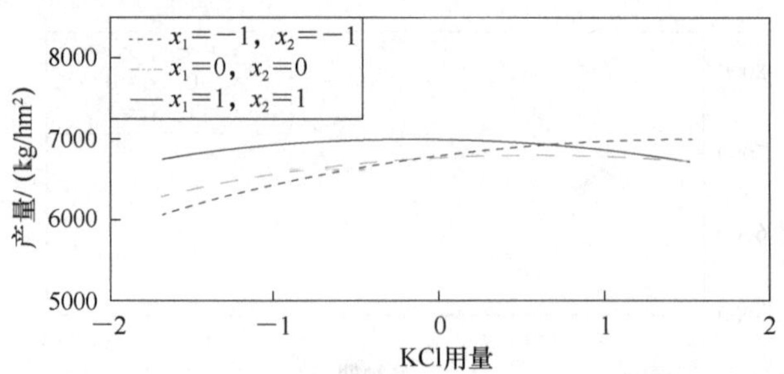

图 9-8　KCl 施用量对玉米川单 13 号产量的影响

由图 9-8 可知，当播种期为 4 月 9 日、种植密度为 51000 株/hm^{2}时，玉米川单 13 号的产量随 KCl 施用量的增大而缓慢增加，当 KCl 施用量为 126.15kg/hm^{2}时达到最大值，而后又随种植密度的增加而减少；当播种期为 3 月 30 日、种植密度为 48000 株/hm^{2}时，玉米川单 13 号的产量随 KCl 施用量的增大而缓慢增加；当播种期为 3 月 20 日、种植密度为 45000 株/hm^{2}时，玉米川单 13 号的产量随 KCl 施用量的增大而缓慢增加。

在研究范围内固定 x_1、x_2 为其他数值时，可得 x_3 与产量 y 其他的回归子模型，从而获得有关信息。

二、两因素效应分析

在 m 元二次回归模型中，固定 $m-2$ 个因素，可得到二元二次回归子模型：

$$y=a_0+a_sx_s+a_tx_t+a_{st}x_sx_t+a_{ss}x_s^2+a_{tt}x_t^2$$

对于二元二次回归子模型可借用等高线（contour）的方法，用平面上的等高线图（contour map）来描述两个因素与指标的关系。

（一）等高线概念

等高线是指地面上高程相等的相邻各点连成一条曲线，用来表示地形高低起伏的形状。地面的基本形态有：山顶、凹地、山脊、山谷、鞍部（图 9-9）。

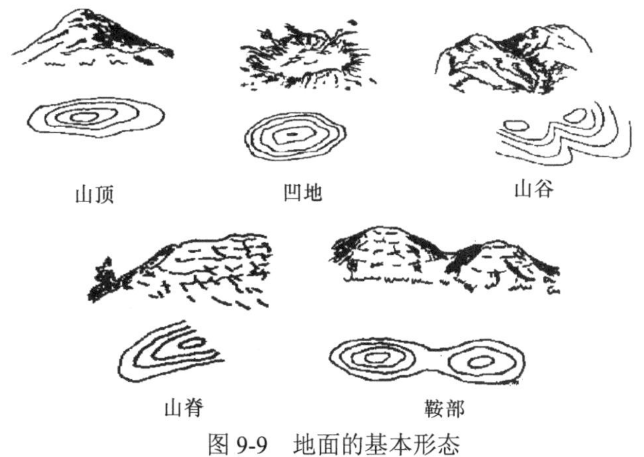

图 9-9　地面的基本形态

（二）两因素与试验指标的关系

对于不同的二元二次回归子模型，画出它们对应的等值线图（isopleth map）（等产量线、等产值线等），以分析两因素与试验指标的关系。

二元二次回归子模型的等值线图，可以根据实际问题的要求，确定有价值的指标 y 的取值，将每一指标值代入该二元二次回归子模型，可得相应的二元二次方程。在研究范围内，按一定步长固定每个二元二次方程的一个变量，则可得关于另一变量的二次方程，解此方程即可得该变量的解。选择适当的坐标刻度，每一组两变量的对应值在坐标系中有一确定的点，将这些点连成光滑的曲线，则可得相应指标的等值线。

【例 9-11】 小麦品种 8539 高产系统模式栽培研究，以播期（Z_1）、密度（Z_2）、氮肥施用量（Z_3）、磷肥施用量（Z_4）、钾肥施用量（Z_5）为试验因素，以产量为试验指标（y），采用五因素二次回归正交旋转组合设计，试验因素及水平编码表见表 9-11。

表 9-11　试验因素及水平编码表（方法Ⅱ）

试验因素	水平间距	水平编码（γ=2）				
		−2	−1	0	1	2
播期 Z_1/（日/月）	7	26/10	2/11	9/11	16/11	23/11
密度 Z_2/（万株/hm^2）	75	75	150	225	300	375
纯 N Z_3/（kg/hm^2）	45	45	90	135	180	225
P_2O_5 Z_4/（kg/hm^2）	37.5	0	37.5	75.0	112.5	150.0
K_2O Z_5/（kg/hm^2）	75	0	75	150	225	300

试验共有 36 个小区，小区面积为 33.33m^2，试验设计及小区产量见表 9-12。

表 9-12　试验设计及小区产量（kg/hm^2）

试验号	x_1	x_2	x_3	x_4	x_5	y
1	1	1	1	1	1	4672.5
2	1	1	1	−1	−1	4835.5
3	1	1	−1	1	−1	6004.5
4	1	1	−1	−1	1	6337.5
5	1	−1	1	1	−1	5547.0
6	1	−1	1	−1	1	5617.5
7	1	−1	−1	1	1	5862.0
8	1	−1	−1	−1	−1	5902.5
9	−1	1	1	1	−1	3904.5
10	−1	1	1	−1	1	4069.5
11	−1	1	−1	1	1	4977.0
12	−1	1	−1	−1	−1	5142.0
13	−1	−1	1	1	1	4177.5
14	−1	−1	1	−1	−1	4440.0
15	−1	−1	−1	1	−1	5400.0
16	−1	−1	−1	−1	1	5527.5
17	2	0	0	0	0	5607.0
18	−2	0	0	0	0	3720.0
19	0	2	0	0	0	4290.0
20	0	−2	0	0	0	5584.5
21	0	0	2	0	0	3514.5
22	0	0	−2	0	0	5704.5
23	0	0	0	2	0	5295.0
24	0	0	0	−2	0	5992.5
25	0	0	0	0	2	5662.5
26	0	0	0	0	−2	5952.0
27	0	0	0	0	0	5674.5
28	0	0	0	0	0	5794.5

续表

试验号	x_1	x_2	x_3	x_4	x_5	y
29	0	0	0	0	0	5929.5
30	0	0	0	0	0	5899.5
31	0	0	0	0	0	5925.0
32	0	0	0	0	0	5932.5
33	0	0	0	0	0	5877.0
34	0	0	0	0	0	5887.5
35	0	0	0	0	0	5910.0
36	0	0	0	0	0	5880.0

经计算，得到了五因素二次回归方程 $\hat{y}=5848.3889+454.7917x_1-213.3333x_2-511.2083x_3-113.4167x_4-21.4167x_5+23.3125x_1x_2+63.8125x_1x_3+7.0625x_1x_4+20.9375x_1x_5-129.3125x_2x_3-20.3125x_2x_4-17.1875x_2x_5+0.3125x_3x_4-27.8125x_3x_5-149.9375x_4x_5-267.9583x_1^2-199.5208x_2^2-281.4583x_3^2-22.8958x_4^2+17.9792x_5^2$。

回归方程及其失拟性假设检验（表 9-13）表明小麦品种 8539 的产量与播种期、种植密度、氮肥施用量、磷肥施用量和钾肥施用量间存在极显著的二次回归关系，且 $R^2=\dfrac{SS_R}{SS_y}=0.9759$，表明用所建立的二次回归方程来进行预测的可靠程度高。试进行两因素与指标的关系分析。

表 9-13　回归方程及其失拟性检验结果表

变异来源	SS	df	F	$F_{0.01}$
回归	1951.4323	20	30.34**	3.80
离回归	48.2341	15		
失拟	42.5034	6	11.12**	5.80
纯误	5.7308	9		

在研究范围内固定三个编码变量时，可得余下两个编码变量与产量的二元二次回归子模型，分析两个编码变量对产量的影响。为了节省篇幅，本例只讨论三个编码变量都取 0 时余下两个变量对产量的影响。

1．考虑 x_1、x_2 对 y 的影响　　令 $x_3=x_4=x_5=0$，得 $y=5848.3889+454.7917x_1-213.3333x_2+23.3125x_1x_2-267.9583x_1^2-199.5208x_2^2$。

绘制 x_1 和 x_2 的等产量线图（图 9-10），由图可知，当纯 N 施用量为 135kg/hm^2、P_2O_5 施用量为 75.0kg/hm^2、K_2O 施用量为 150kg/hm^2 时，小麦品种 8539 要获得较高产量，播种期控制在 11 月 16 日左右，密度控制在 150 万～225 万株/hm^2。

2．考虑 x_1、x_3 对 y 的影响　　令 $x_2=x_4=x_5=0$，得 $y=5848.3889+454.7917x_1-511.2083x_3+63.8125x_1x_3-267.9583x_1^2-281.4583x_3^2$。

绘制 x_1 和 x_3 的等产量线图（图 9-11），由图可知，当种植密度为 225 万株/hm^2、P_2O_5 施用量为 75.0kg/hm^2、K_2O 施用量为 150kg/hm^2 时，小麦品种 8539 要获得较高产量，播种期控制在 11 月 9～19 日，纯氮施用量控制在 67.5～135kg/hm^2。

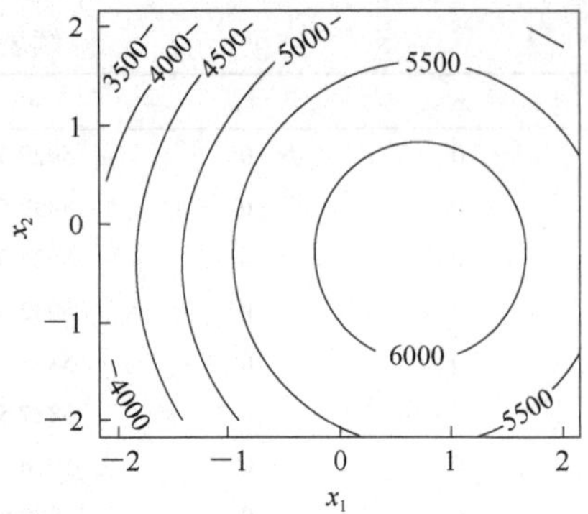

图 9-10 播种期和密度对产量的影响

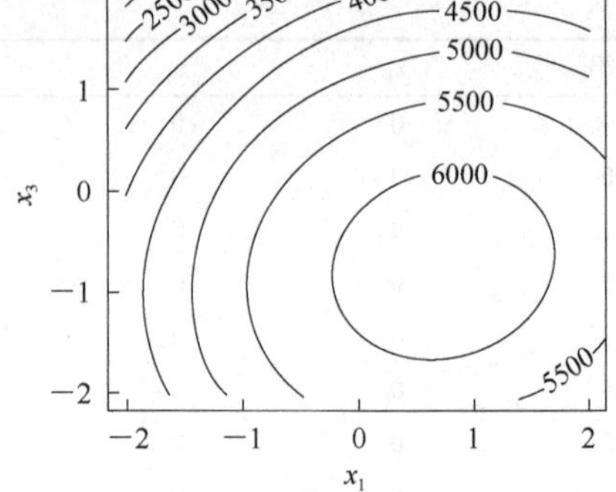

图 9-11 播种期和纯氮施用量对产量的影响

3．考虑 x_1、x_4 对 y 的影响 令 $x_2=x_3=x_5=0$，得 $y=5848.3889+454.7917x_1-113.4167x_4+7.0625x_1x_4-267.9583x_1^2-22.8958x_4^2$。

绘制 x_1 和 x_4 的等产量线图（图 9-12），由图可知，当种植密度为 225 万株/hm^2、纯氮施用量为 135kg/hm^2、K_2O 施用量为 150kg/hm^2 时，小麦品种 8539 要获得较高产量，播种期控制在 11 月 9～19 日，P_2O_5 施用量为 0～75kg/hm^2。

4．考虑 x_1、x_5 对 y 的影响 令 $x_2=x_3=x_4=0$，得 $y=5848.3889+454.7917x_1-21.4167x_5+20.9375x_1x_5-267.9583x_1^2+17.9792x_5^2$。

绘制 x_1 和 x_5 的等产量线图（图 9-13），由图可知，当种植密度为 225 万株/hm^2、纯氮施用量为 135kg/hm^2、P_2O_5 施用量为 75.0kg/hm^2 时，小麦品种 8539 要获得较高产量，播种期控制在 11 月 16 日左右，K_2O 施用量的多少对产量影响不大。

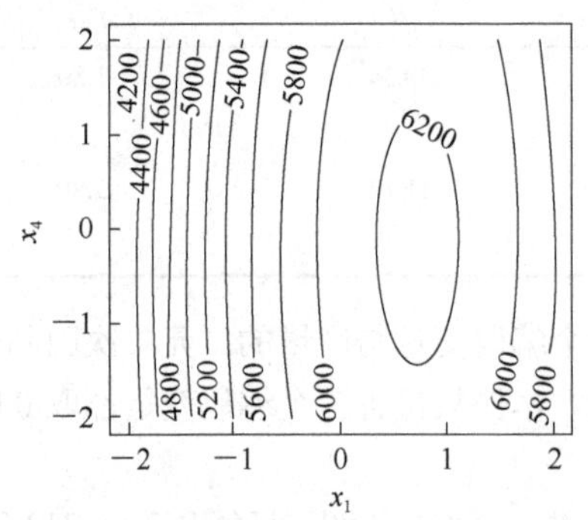

图 9-12 播种期和 P_2O_5 施用量对产量的影响

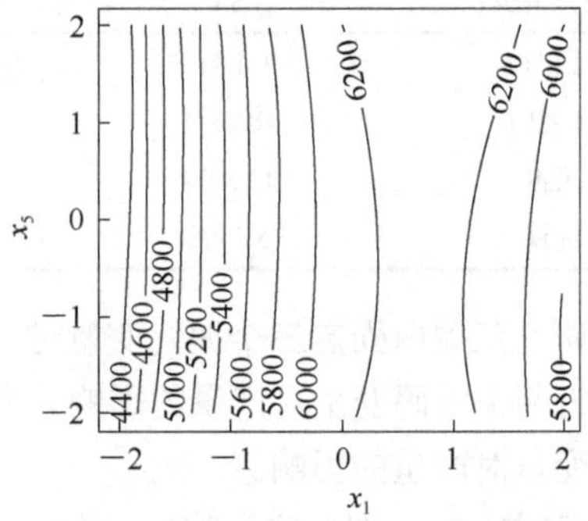

图 9-13 播种期和 K_2O 施用量对产量的影响

5．考虑 x_2、x_3 对 y 的影响 令 $x_1=x_4=x_5=0$，得 $y=5848.3889-213.3333x_2-511.2083x_3-129.3125x_2x_3-199.5208x_2^2-281.4583x_3^2$。

绘制 x_2 和 x_3 的等产量线图（图 9-14），由图可知，当播种期为 11 月 9 日、P_2O_5 施用量为 75.0kg/hm^2、K_2O 施用量为 150kg/hm^2 时，小麦品种 8539 要获得较高产量，种植密度为 225 万株/hm^2 左右，纯氮施用量为 90kg/hm^2 左右。

6．考虑 x_2、x_4 对 y 的影响 令 $x_1=x_3=x_5=0$，得 $y=5848.3889-213.3333x_2-113.4167x_4-20.3125x_2x_4-199.5208x_2^2-22.8958x_4^2$。

绘制 x_2 和 x_4 的等产量线图（图 9-15），由图可知，当播种期为 11 月 9 日、纯氮施用量为 135kg/hm²、K_2O 施用量为 150kg/hm² 时，小麦品种 8539 要获得较高产量，种植密度为 225 万株/hm² 左右，P_2O_5 施用量对产量影响不大。

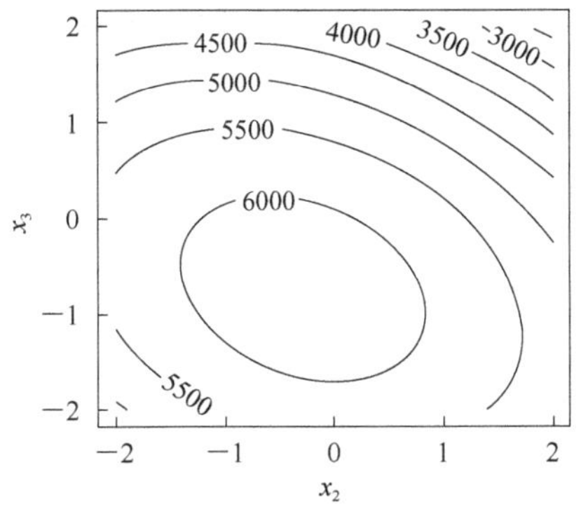

图 9-14　种植密度和纯氮施用量对产量的影响

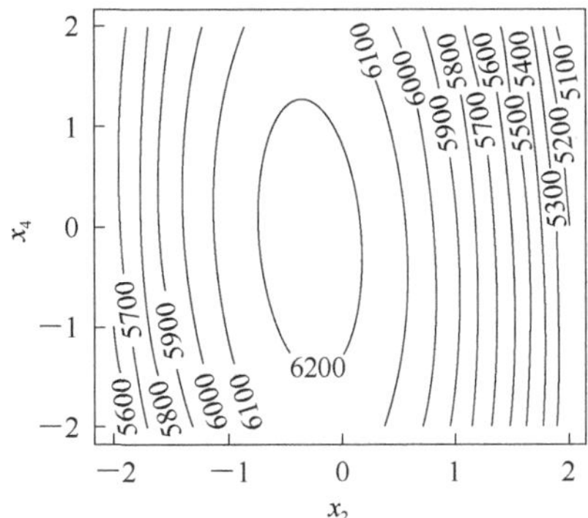

图 9-15　种植密度和 P_2O_5 施用量对产量的影响

7．考虑 x_2、x_5 对 y 的影响　令 $x_1=x_3=x_4=0$，得 $y=5848.3889-213.3333x_2-21.4167x_5-17.1875x_2x_5-199.5208x_2^2+17.9792x_5^2$。

绘制 x_2 和 x_5 的等产量线图（图 9-16），由图可知，当播种期为 11 月 9 日、纯氮施用量为 135kg/hm²、P_2O_5 施用量为 150kg/hm² 时，小麦品种 8539 要获得较高产量，种植密度为 187.5 万株/hm² 左右，可以不施 K_2O。

8．考虑 x_3、x_4 对 y 的影响　令 $x_1=x_2=x_5=0$，得 $y=5848.3889-511.2083x_3-113.4167x_4+0.3125x_3x_4-281.4583x_3^2-22.8958x_4^2$。

绘制 x_3 和 x_4 的等产量线图（图 9-17），由图可知，当播种期为 11 月 9 日、种植密度为 225 万株/hm²、K_2O 施用量为 150kg/hm² 时，小麦品种 8539 要获得较高产量，纯氮施用量控制在 67～135kg/hm²，P_2O_5 控制在 0～88kg/hm²。

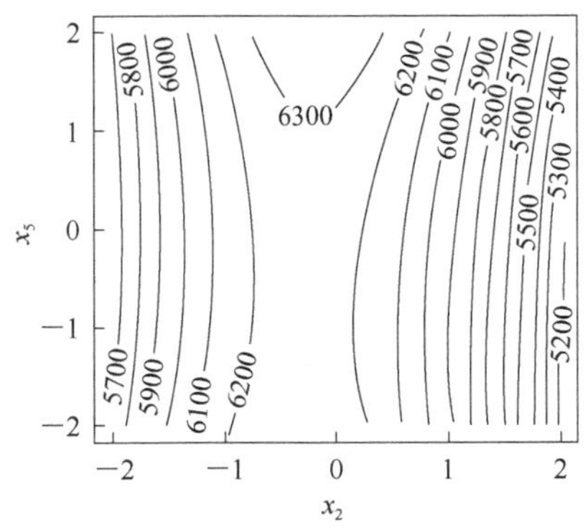

图 9-16　种植密度和 K_2O 施用量对产量的影响

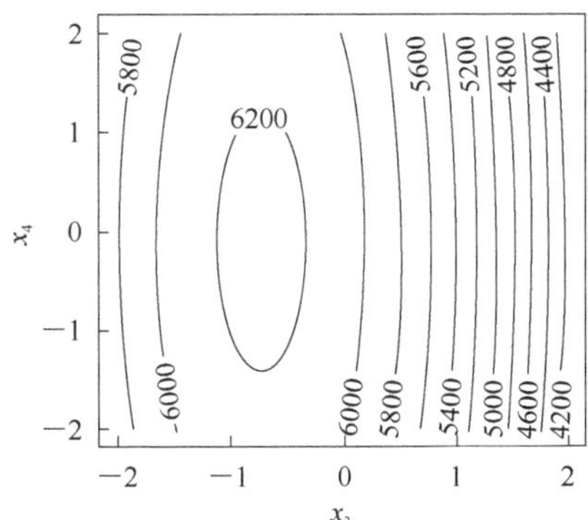

图 9-17　纯氮施用量和 P_2O_5 施用量对产量的影响

9．考虑 x_3、x_5 对 y 的影响　令 $x_1=x_2=x_4=0$，得 $y=5848.3889-511.2083x_3-21.4167x_5-27.8125x_3x_5-281.4583x_3^2+17.9792x_5^2$。

绘制 x_3 和 x_5 的等产量线图（图 9-18），由图可知，当播种期为 11 月 9 日、种植密度为 225 万株/hm²、P_2O_5 施用量为 75.0kg/hm² 时，小麦品种 8539 要获得较高产量，纯氮施用量为 90kg/hm² 左右，K_2O 施用量对产量影响不大。

10. 考虑 x_4、x_5 对 y 的影响 令 $x_1=x_2=x_3=0$，得 $y=5848.3889-113.4167x_4-21.4167x_5-149.9375x_4x_5-22.8958x_4^2+17.9792x_5^2$。

绘制 x_4 和 x_5 的等产量线图（图 9-19），由图可知，当播种期为 11 月 9 日、种植密度为 225 万株/hm^2、纯氮施用量为 135kg/hm^2 时，小麦品种 8539 要获得较高产量，P_2O_5 施用量控制在 0～37.5kg/hm^2，K_2O 施用量控制在 225～300kg/hm^2。

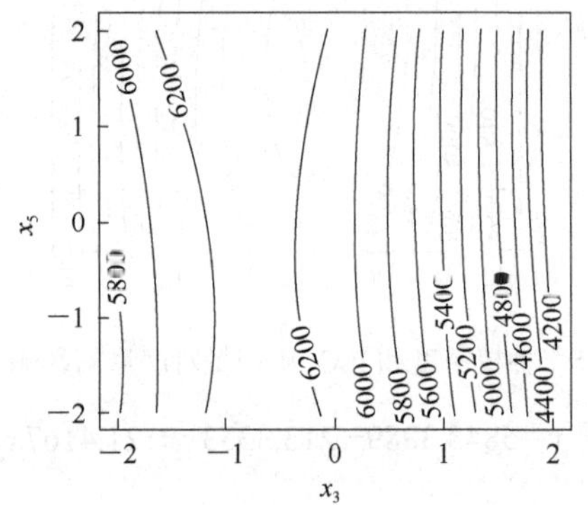

图 9-18 纯氮施用量和 K_2O 施用量对产量的影响

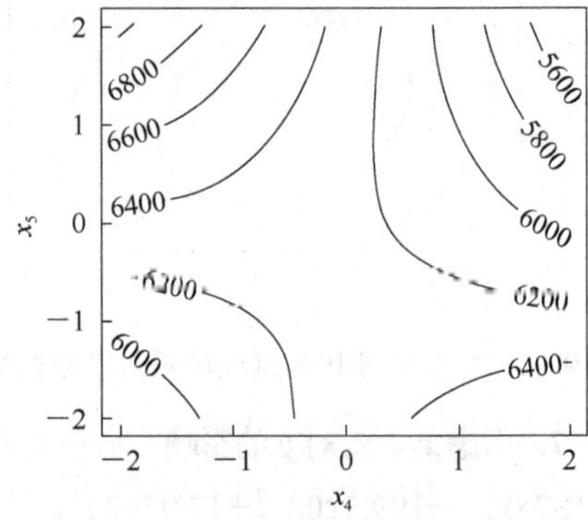

图 9-19 P_2O_5 施用量和 K_2O 施用量对产量的影响

（三）两个因素的曲面图

对于二元二次回归子模型，也可在该回归子模型中对 2 个因素取不同值，计算对应的 y 值。例如，令 $x_s=\alpha$、$x_t=\beta$ 得 $y=s$，得数组（α，β；s），它是对应 3 维空间的一个点，所有这些点构成了该二次回归子模型的回归曲面（regression surface）。

【例 9-12】 讨论二元二次回归子模型 $y=5848.3889+454.7917x_1-213.3333x_2+23.3125x_1x_2-267.9583x_1^2-199.5208x_2^2$ 和 $y=5848.3889+454.7917x_1-511.2083x_3+63.8125x_1x_3-267.9583x_1^2-281.4583x_3^2$ 所对应的回归曲面。

在这 2 个二元二次回归子模型中，当 x_1、x_2 和 x_1、x_3 分别取不同值时，其对应产量列于表 9-14 和表 9-15。

表 9-14 x_1 和 x_2 对应产量表

播种期 x_1	密度 x_2/（kg/hm^2）				
	−2	−1	0	1	2
−2	3588.8057	3927.4098	3866.9723	3407.4932	2548.9725
−1	4800.8473	5162.7639	5125.6389	4689.4723	3854.2641
0	5476.9723	5862.2014	5848.3889	5435.5348	4623.6391
1	5617.1807	6025.7223	6035.2223	5645.6807	4857.0975
2	5221.4725	5653.3266	5686.1391	5319.9100	4554.6393

表 9-15 x_1 和 x_3 对应产量表

播种期 x_1	纯氮施用量 x_3/（kg/hm^2）				
	−2	−1	0	1	2
−2	4018.8057	4224.3473	3866.9723	2946.6807	1463.4725
−1	5149.8473	5419.2014	5125.6389	4269.1598	2849.7641

续表

播种期 x_1	纯氮施用量 x_3/（kg/hm^2）				
	−2	−1	0	1	2
0	5744.9723	6078.1389	5848.3889	5055.7223	3700.1391
1	5804.1807	6201.1598	6035.2223	5306.3682	4014.5975
2	5327.4725	5788.2641	5686.1391	5021.0975	3793.1393

将以上的对应值绘图可得图 9-20 和图 9-21。

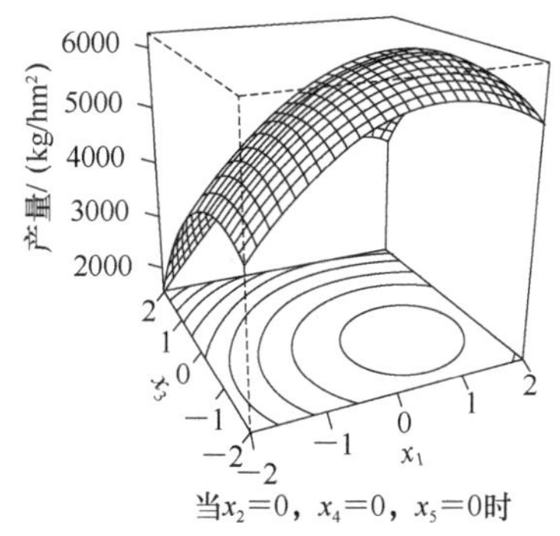

图 9-20　播种期与种植密度对产量的影响

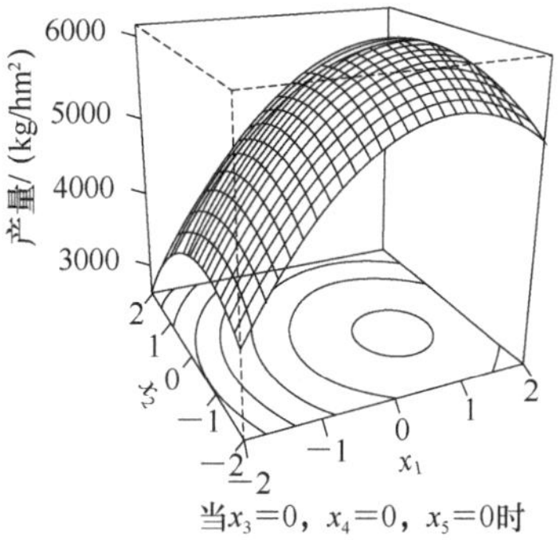

当x_3=0，x_4=0，x_5=0时

图 9-21　播种期与纯氮施用量对产量的影响

由图 9-20 可知，播种期宜控制在 11 月 16 日左右，过早过迟都会造成小麦 8539 减产，种植密度也应控制在 150 万～225 万株/hm^2，种植密度过小或过大也会造成小麦 8539 减产，与等高线的分析结果相同。从图 9-21 也可直观地看出，播种期和施氮量对产量的影响与等高线分析所得结果相同。

类似地，在研究范围内还可做出许多对应于其他二元二次回归子模型的回归曲面，从而直观地看到某两个因素对试验指标的影响。

第四节　边际效应分析

一、边际效应

在农业经济效益分析中，需要对指标 y 的变化率进行分析。

若所建立的模型为二次模型，即

$$y=b_0+\sum_{j=1}^{m}b_jx_j+\sum_{\substack{i=1\\i<j}}^{m}\sum_{j=1}^{m}b_{ij}x_ix_j+\sum_{j=1}^{m}b_{jj}x_j^2 \tag{9-2}$$

可对该模型求一阶偏导数

$$\frac{\partial y}{\partial x_j}=b_j+\sum_{\substack{i=1\\i\neq j}}^{m}b_{ij}x_i+2b_{jj}x_j \quad (j=1，2，\cdots，m) \tag{9-3}$$

若指标 y 是产值，则式（9-3）表示产量的边际效应（marginal effect）；若 y 是产量，则式（9-3）表示产量的边际效应。由式（9-3）可知，将其他变量固定在不同水平时，边际产值或产量效应是不同的。

（一）对于一个变量（设为施肥量）x 的情况

设施肥量 x 与产量 y 的二次回归模型为 $y=\alpha+\beta x+\gamma x^2$，则

1．边际产量

$$MP=\frac{\mathrm{d}y}{\mathrm{d}x}=\beta+2\gamma x$$

式中，MP 是一定施肥水平时产量曲线切线的斜率（图 9-22）。

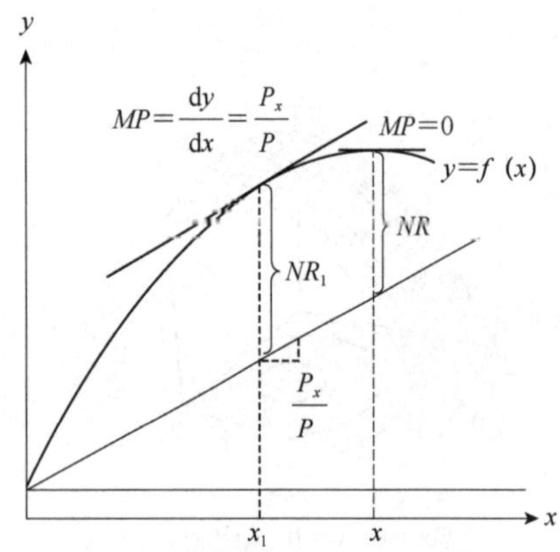

图 9-22　边际产量与最大利润点

2．求最大利润点

$$\text{总产值 } R=yP$$

式中，P 为产品价格。

$$\text{利润 } NR=R-P_x x$$

式中，P_x 为肥料价格。

求最大利润 $NR_{\max}$，可先求驻点，令 $\frac{\mathrm{d}(NR)}{\mathrm{d}x}=P\frac{\mathrm{d}y}{\mathrm{d}x}-P_x=0$，得 $\frac{\mathrm{d}y}{\mathrm{d}x}=\frac{P_x}{P}$。

当 $\frac{\mathrm{d}y}{\mathrm{d}x}=\frac{P_x}{P}$，也就是 $MP=\frac{\mathrm{d}y}{\mathrm{d}x}=\frac{P_x}{P}$ 时，施肥利润达到最大值，即边际产值 MP 等于单位肥料成本 $\frac{P_x}{P}$ 时，施肥利润达到最大值。

（二）对于多变量二次回归模型

$$y=b_0+\sum_{j=1}^{m}b_jx_j+\sum_{\substack{i=1\\i<j}}^{m}\sum_{j=1}^{m}b_{ij}x_ix_j+\sum_{j=1}^{m}b_{jj}x_j^2$$

1．边际指标效应

$$\frac{\partial y}{\partial x_j}=b_j+\sum_{\substack{i=1\\i\neq j}}^{m}b_{ij}x_i+2b_{jj}x_j \quad (j=1,\ 2,\ \cdots,\ m)$$

2．求最大利润点　　必须满足：

$$\frac{\partial y}{\partial x_j}=\frac{P_{x_j}}{P} \quad (j=1,\ 2,\ \cdots,\ m)$$

式中，P_{x_j} 为 x_j 的价格；P 为产品价格。

解方程组

$$\begin{cases}\dfrac{\partial y}{\partial x_1}=b_1+\displaystyle\sum_{\substack{j=1\\j\neq 1}}^{m}b_{1j}x_j+2b_{11}x_1=\dfrac{P_{x_1}}{P}\\[2ex]\dfrac{\partial y}{\partial x_2}=b_2+\displaystyle\sum_{\substack{j=1\\j\neq 2}}^{m}b_{2j}x_j+2b_{22}x_2=\dfrac{P_{x_2}}{P}\\\qquad\vdots\\\dfrac{\partial y}{\partial x_m}=b_m+\displaystyle\sum_{\substack{j=1\\j\neq m}}^{m}b_{mj}x_j+2b_{mm}x_m=\dfrac{P_{x_m}}{P}\end{cases}$$

得 $X^*=(x_1^*, x_2^*, \cdots, x_m^*)$，为最大利润点。

二、边际指标效应分析

下面结合实例说明边际指标效应分析的具体过程。

【例 9-13】 对**【例 9-10】**所建立的回归模型 $\hat{y}=5848.3889+454.7917x_1-213.3333x_2-511.2083x_3-113.4167x_4-21.4167x_5+23.3125x_1x_2+63.8125x_1x_3+7.0625x_1x_4+20.9375x_1x_5-129.3125x_2x_3-20.3125x_2x_4-17.1875x_2x_5+0.3125x_3x_4-27.8125x_3x_5-149.9375x_4x_5-267.9583x_1^2-199.5208x_2^2-281.4583x_3^2-22.8958x_4^2+17.9792x_5^2$ 进行边际效应分析。

因为

$$\frac{\partial y}{\partial x_1}=454.7917-535.9166x_1+23.3125x_2+63.8125x_3+7.0625x_4+20.9375x_5$$

$$\frac{\partial y}{\partial x_2}=-213.3333+23.3125x_1-399.0416x_2-129.3125x_3-20.3125x_4-17.1875x_5$$

$$\frac{\partial y}{\partial x_3}=-511.2083+63.8125x_1-129.3125x_2-562.9166x_3+0.3125x_4-27.8125x_5$$

$$\frac{\partial y}{\partial x_4}=-113.4167+7.0625x_1-20.3125x_2+0.3125x_3-45.7916x_4-149.9375x_5$$

$$\frac{\partial y}{\partial x_5}=-21.4167+20.9375x_1-17.1875x_2-27.8125x_3-149.9375x_4+35.9584x_5$$

若将其他各变量分别固定在零水平，得

$$\frac{\partial y}{\partial x_1}=454.7917-535.9166x_1$$

$$\frac{\partial y}{\partial x_2}=-213.3333-399.0416x_2$$

$$\frac{\partial y}{\partial x_3}=-511.2083-562.9166x_3$$

$$\frac{\partial y}{\partial x_4}=-113.4167-45.7916x_4$$

$$\frac{\partial y}{\partial x_5}=-21.4167+35.9584x_5$$

以 x 为横坐标、$\frac{\partial y}{\partial x}$ 为纵坐标作图，得 5 条直线，见图 9-23。

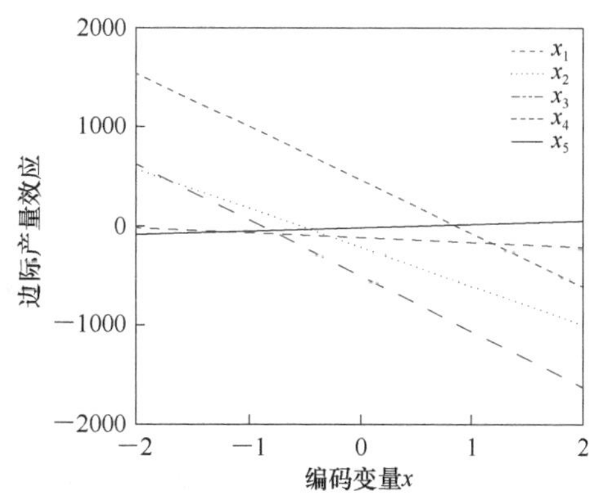

图 9-23　各因素在不同水平下的边际产量效应

边际产量效应分析：在密度为 225 万株/hm²、施纯氮 135kg/hm²、施 P_2O_5 75kg/hm²、施 K_2O 150kg/hm² 的条件下，产量变化速率随播种期的推迟而迅速降低；在播种期为 11 月 9 日、施纯氮 135kg/hm²、施 P_2O_5 75kg/hm²、施 K_2O 150kg/hm² 的条件下，产量变化速率随密度的增加而明显下降，即增加的密度越多，增产的速率越低；在播种期为 11 月 9 日、密度为 225 万株/hm^2、施 P_2O_5 75kg/hm^2、施 K_2O 150kg/hm^2 的条件下，产量变化速率随施氮量的增加明显下降，说明此时增施氮肥反而使产量增加速率放慢；在播种期为 11 月 9 日、密度为 225 万株/hm^2、施纯氮 135kg/hm^2、施 K_2O 150kg/hm^2 的条件下，产量变化速率随施磷量的增加平缓下降，说明此时增施磷肥反而使产量增加速率放慢；在播种期为 11 月 9 日、密度为 225 万株/hm^2、施纯氮 135kg/hm^2、施 P_2O_5 75kg/hm^2 的条件下，产量变化速率随施钾量的增加而缓慢上升，说明此时增施钾肥，使产量增加速率缓慢上升。

若令 $x_1=x_2=x_5=0$，则有

$$\frac{\partial y}{\partial x_3}=-511.2083-562.9166x_3+0.3125x_4$$

当 x_4 取不同固定值时，可得 x_3 的边际产量，其结果列于表 9-16。

表 9-16　在一定的施磷量水平下施氮量的边际产量（kg/施氮量间距）

施磷量	施氮量				
	−2	−1	0	1	2
−2	613.9999	51.0833	−511.8333	−1074.7499	−1637.6665
−1	614.3124	51.3958	−511.5208	−1074.4374	−1637.3540
0	614.6249	51.7083	−511.2083	−1074.1249	−1637.0415
1	614.9374	52.0208	−510.8958	−1073.8124	−1636.7290
2	615.2499	52.3333	−510.5833	−1073.4999	−1636.4165

从表 9-16 中看出，在播种期为 11 月 9 日、种植密度为 225 万株/hm^2、K_2O 施用量为 150kg/hm^2 的条件下，高磷配合一定的氮肥可收到较好的经济效益；在低磷或不施磷时，施用尿素效益很低。

第五节　多元回归分析中各因素的重要性

一、多元线性回归分析中各因素的重要性

设 y 与 $x_1, x_2, \cdots, x_m$ 间存在线性关系，则拟合的回归方程为 $\hat{y}=b_0+b_1x_1+b_2x_2+\cdots+b_mx_m$。在实际问题研究中，各自变量的偏回归系数往往带有具体单位，不能通过直接对偏回归系数进行差异显著性检验来判定多元线性回归中各自变量对依变量影响的重要性。此时，可以用偏回归平方和来判断各自变量对依变量影响的相对大小。

若将偏回归系数 b_j 标准化，可得标准偏回归系数即通径系数 $p_{0\cdot j}$：

$$p_{0\cdot j}=b_j\sqrt{\frac{L_{jj}}{L_{yy}}}=b_j\sqrt{\frac{\sum(x_j-\overline{x}_j)^2}{\sum(y-\overline{y})^2}}=b_j\frac{s_j}{s_y}$$

通径系数 $p_{0\cdot j}$ 尽管是不带具体单位的相对数，其绝对值的大小仅仅反映了因素 x_j 对 y 的直接作用大小，其符号则反映因素 x_j 对 y 直接作用的性质，但是不能度量各自变量对依变量影响的相对大小。此时，可以用对 R^2 的贡献来判定多元线性回归中各自变量对依变量影响的重要性。

二、多元二次回归分析中各因素的重要性

对于 m 元二次回归方程

$$\hat{y}=b_0+\sum_{j=1}^{m}b_jx_j+\sum_{\substack{i=1\\i<j}}^{m}\sum_{j=1}^{m}b_{ij}x_ix_j+\sum_{j=1}^{m}b_{jj}x_j^2$$

可采用 F 检验法和贡献率法来判定各因素对 y 影响的重要性。但是，贡献率法比较粗略。

（一）F 检验法

将各编码变量的一次项偏回归平方和 SS_{x_i}、平方项偏回归平方和 $SS_{x_i^2}$ 以及与其他编码变量的互作项偏回归平方和 $SS_{x_ix_j}$ 进行合并，计算各编码变量的合并偏回归平方和 PSS_{x_i}。

$$PSS_{x_i}=SS_{x_i}+SS_{x_i^2}+\sum_{\substack{i=1\\i\neq j}}^{m}\sum_{j=1}^{m}SS_{x_ix_j}$$

再将各编码变量的偏回归自由度进行合并，计算合并偏回归自由度 Pdf_{x_i}。进而计算各编码变量的合并均方 $PMS_{x_i}=\dfrac{PSS_{x_i}}{Pdf_{x_i}}$，以离回归均方为分母，构建 F 统计数。

此法既可以对各编码变量对试验指标是否存在影响做出检验，也可根据 F 值大小来判定各编码变量对试验指标影响的重要性。F 值越大，该编码变量所对应的试验因素对试验指标的影响就越大。

（二）贡献率法

设各偏回归系数显著性检验——F 检验的 F 值为 $F_{(j)}$，$F_{(ij)}$，$F_{(jj)}$［注意，若采用 t 检验法检验回归系数显著性，则 $F_{(j)}=t_{(j)}^2$，$F_{(ij)}=t_{(ij)}^2$，$F_{(jj)}=t_{(jj)}^2$］，令

$$\delta=\begin{cases}0 & 若F\leqslant 1\\ 1-\dfrac{1}{F} & 若F>1\end{cases}$$

各因素对指标的贡献率为

$$\Delta_j=\delta_j+\frac{1}{2}\sum_{\substack{i=1\\i\neq j}}^{m}\delta_{ij}+\delta_{jj}\quad(j=1，2，\cdots，m)$$

比较 Δ_j，可粗略判定各因素对指标影响的大小。

【例 9-14】 研究锌肥（Z_1，硫酸锌）、氮肥（Z_2，硝酸铵）、磷肥（Z_3，三料磷）对玉米产量的影响。根据专业要求，硫酸锌、硝酸铵和三料磷三种肥料的上、下水平分别取：4.0、1.0；55.0、14.0；17.5、4.5。试验采用三因素二次回归正交旋转组合设计，其试验设计、试验方案及试验结果见表 9-17。试分析三个试验因素与玉米产量的关系中各因素的重要性。

表 9-17　三因素二次回归正交旋转组合设计试验方案及试验结果

处理号	试验设计			试验方案			产量 y/(kg/666.67m^2)
	x_1	x_2	x_3	Z_1	Z_2	Z_3	
1	1	1	1	4.13	49.61	18.47	783
2	1	1	−1	4.13	49.61	4.70	844
3	1	−1	1	4.13	12.61	18.47	735
4	1	−1	−1	4.13	12.61	4.70	778

续表

处理号	试验设计			试验方案			产量 y/(kg/666.67m^2)
	x_1	x_2	x_3	Z_1	Z_2	Z_3	
5	−1	1	1	1.05	49.61	18.47	816
6	−1	1	−1	1.05	49.61	4.70	882
7	−1	−1	1	1.05	12.61	18.47	808
8	−1	−1	−1	1.05	12.61	4.70	735
9	1.682	0	0	5.18	31.11	11.59	748
10	−1.682	0	0	0	31.11	11.59	715
11	0	1.682	0	2.59	62.22	11.59	861
12	0	−1.682	0	2.59	0	11.59	695
13	0	0	1.682	2.59	31.11	23.17	844
14	0	0	−1.682	2.59	31.11	0	808
15	0	0	0	2.59	31.11	11.59	831
16	0	0	0	2.59	31.11	11.59	854
17	0	0	0	2.59	31.11	11.59	834
18	0	0	0	2.59	31.11	11.59	788
19	0	0	0	2.59	31.11	11.59	831
20	0	0	0	2.59	31.11	11.59	798
21	0	0	0	2.59	31.11	11.59	818
22	0	0	0	2.59	31.11	11.59	839
23	0	0	0	2.59	31.11	11.59	834

可求得三元二次回归方程为 $\hat{y}=824.7492-3.3317x_1+40.1394x_2-2.6694x_3-5.1250x_1x_2-13.8750x_1x_3-19.6250x_2x_3-28.5825x_1^2-12.1423x_2^2+4.8284x_3^2$。

对建立的二次回归方程失拟性检验，再对整个二次回归关系和各偏回归系数进行假设检验（表 9-18）。

表 9-18　方差分析表

变异来源	df	SS	MS	F
回归	9	42746.1160	4749.5684	5.611**
x_1	1	151.5351	151.5351	0.179
x_2	1	22004.0225	22004.0225	25.996**
x_3	1	97.2641	97.2641	0.115
x_1x_2	1	210.1250	210.1250	0.248
x_1x_3	1	1540.1250	1540.1250	1.820
x_2x_3	1	3081.1250	3081.1250	3.640
x_1^2	1	12980.1456	12980.1456	15.335**
x_2^2	1	2342.0917	2342.0917	2.767
x_3^2	1	370.7226	370.7226	0.438
离回归	13	11003.5362	846.4259	
失拟	5	7585.9807	1517.1961	3.552
纯误	8	3417.5556	427.1944	
总变异	22	53749.6522		

注：$F_{0.05(5,\ 8)}=3.69$；$F_{0.01(9,\ 13)}=4.19$；$F_{0.05(1,\ 13)}=4.67$，$F_{0.01(1,\ 13)}=9.07$

1. *F* 检验法　在三元二次回归方程中，每个编码变量都包含 1 个一次项、1 个平方项和 2 个互作项，所以合并的自由度都为 4。将表 9-18 中的偏回归平方和根据编码变量进行偏回归平方和的合并，计算各编码变量的合并均方，以离回归均方为分母构建 *F* 统计数，对各编码变量对产量的影响进行假设检验（表 9-19）。

表 9-19　各编码变量对产量影响的方差分析表

编码变量	*df*	*SS*	*MS*	*F*
x_1	4	14481.9307	3720.4827	4.40*
x_2	4	27637.3642	6909.3411	8.16**
x_3	4	5089.2367	1272.3092	1.50

注：$F_{0.05(4,\ 13)}=3.18$，$F_{0.01(4,\ 13)}=5.21$

由表 9-19 可知，编码变量 x_2 所对应的试验因素硝酸铵对玉米产量有极显著影响，编码变量 x_1 所对应的试验因素硫酸锌对玉米产量有显著影响，而编码变量 x_3 所对应的试验因素三料磷对玉米产量可能不存在影响。

由 *F* 值的大小可以判断，在该研究条件下对玉米产量影响最大的试验因素是硝酸铵，其次是硫酸锌，最小的是三料磷。

2. 贡献率法　各偏回归系数显著性检验——*F* 检验的 *F* 值及相应的 δ 值如下：

$F_{(1)}=0.179$　$\delta_1=0$　$F_{(2)}=25.996$　$\delta_2=0.9615$

$F_{(3)}=0.115$　$\delta_3=0$　$F_{(12)}=0.248$　$\delta_{12}=0$

$F_{(13)}=1.820$　$\delta_{13}=0.4505$　$F_{(23)}=3.640$　$\delta_{23}=0.7253$

$F_{(11)}=15.335$　$\delta_{11}=0.9348$　$F_{(22)}=2.767$　$\delta_{22}=0.6386$

$F_{(33)}=0.438$　$\delta_{33}=0$

各因素对指标的贡献率为

$$\Delta_1=\delta_1+\frac{1}{2}(\delta_{12}+\delta_{13})+\delta_{11}=\frac{1}{2}\times 0.4505+0.9348=1.1601$$

$$\Delta_2=\delta_2+\frac{1}{2}(\delta_{12}+\delta_{23})+\delta_{22}=0.9615+\frac{1}{2}\times 0.7253+0.6386=1.9628$$

$$\Delta_3=\delta_3+\frac{1}{2}(\delta_{13}+\delta_{23})+\delta_{33}=\frac{1}{2}\times(0.4505+0.7253)=0.5879$$

可粗略判定三个试验因素对玉米产量影响的相对大小，对玉米产量影响最大的试验因素是硝酸铵，其次是硫酸锌，最小的是三料磷。

习　题

川中丘陵区水稻高效三熟制下晚播晚栽水稻的配套栽培技术研究中，以本田移栽密度（Z_1，万穴/hm^2）、氮肥施用量（Z_2，kg/hm^2）、钾肥施用量（Z_3，kg/hm^2）为试验因素，试验指标为产量（y，kg/hm^2），试验采用三因素二次回归正交旋转组合设计（表 9-20 和表 9-21），试建立产量与三个试验因素的二次回归方程，并分别用统计频数分析法、降维分析法和边际效应分析法对所建立的二次回归方程进行优化分析。

表 9-20 试验因素及水平编码表

试验因素	水平间距	水平编码（γ=1.682）				
		$-\gamma$	-1	-0	1	γ
本田移栽密度 Z_1/（万穴/hm^2）	6.0	18.0	22.5	28.5	34.5	39.0
N Z_2/（kg/hm^2）	45.0	75.0	105.0	150.0	195.0	225.0
K_2O Z_3/（kg/hm^2）	67.5	0.0	45.0	112.5	180.0	225.0

表 9-21 试验方案及试验结果（kg/hm^2）

处理号	Z_1	Z_2	Z_3	y
1	34.5	195.0	180.0	5289.5
2	34.5	195.0	45.0	5679.0
3	34.5	105.0	180.0	4633.0
4	34.5	105.0	45.0	5395.0
5	22.5	195.0	180.0	5559.0
6	22.5	195.0	45.0	4688.5
7	22.5	105.0	180.0	4709.0
8	22.5	105.0	45.0	4617.0
9	39.0	150.0	112.5	5108.5
10	18.0	150.0	112.5	4680.0
11	28.5	225.0	112.5	5621.0
12	28.5	75.0	112.5	5129.5
13	28.5	150.0	225.0	4723.5
14	28.5	150.0	0	5054.5
15	28.5	150.0	112.5	5070.0
16	28.5	150.0	112.5	4680.5
17	28.5	150.0	112.5	5021.0
18	28.5	150.0	112.5	4973.0
19	28.5	150.0	112.5	4734.0
20	28.5	150.0	112.5	5274.5
21	28.5	150.0	112.5	5154.0
22	28.5	150.0	112.5	5101.5
23	28.5	150.0	112.5	5367.0

第十章　特殊试验设计与分析

试验设计是数理统计学的一个重要分支，也是农业科学研究与生产中进行试验的前提和基础。常见的试验设计方法有完全随机设计、完全随机区组设计、拉丁方设计、裂区设计、正交设计、析因设计、混杂设计与回归设计等。但在实际工作中常常会遇到一些较为特殊的情况，上述设计不能采用或不完全适用，如畜牧试验中供试动物头数的限制，林业、农业试验中地形的制约，医药试验中药品毒害性对供试个体的影响，以及统计上对精确性与准确性的要求等，这时往往需要采用一些特殊的试验设计。本章将介绍平衡不完全区组设计、格子设计、重复拉丁方设计、希腊-拉丁方设计、不完全拉丁方设计、序贯设计及其统计分析方法，并对试验中出现异常数据的处理方法进行简要介绍。

第一节　平衡不完全区组设计及其试验资料的分析

一、平衡不完全区组设计

在随机区组设计中，每区组内的小区数与处理数相等，从而每一处理正好实施在一个小区内，各区组之间尽管有差异，但每一区组内的环境条件大致相同，可以直接比较各个处理。但当处理数较多时，要求每一区组容纳这样多的处理而环境条件又大致相同通常难以达到，如在林业生产上的地形限制或动物饲养试验中动物头数的限制，都可能使一个区组不能安排全部处理而只能安排部分处理，这时的区组称为不完全区组。比较理想的不完全区组设计是平衡不完全区组设计（balanced incomplete blocks，BIB），其基本思想是不要求每一区组安排全部处理，而只安排一部分，但要满足以下三个条件：① 每个处理在每一区组中最多出现一次；② 每个处理在全部试验中出现次数均相同；③ 任意两个处理都有机会出现于同一区组中，且在全部试验中，任意两个处理出现于同一区组中的次数均相同。

上述三个条件就是“平衡”的含意，而“不完全”则意味着在每个区组中不安排全部处理。与完全随机区组设计相同，区组之间允许有环境条件的差异，在地形差异较大的试验地中不同的区组甚至可以分割开来。但在一个区组内应保证环境条件基本一致，且不能对一个区组再行分割。

BIB 设计应用平衡不完全区组设计表（附表 11）来进行。设有 a 个处理，b 个区组，每个区组容量为 k，处理重复数为 r，任意两个处理出现于同一区组中的次数为 λ。 由于是不完全区组，应有 $k<a$。由于设计是平衡的，应有

$$\lambda=r(k-1)/(a-1) \tag{10-1}$$

考虑某一处理，由条件 1、2，它应出现在 r 个区组中；这 r 个区组除安排该处理外，还有 r（k－1）个小区安排其他（a－1）个处理。由条件 3，它们出现次数 λ 相同，因此式（10-1）成立。

【例 10-1】 比较 4 种药物防治杉木猝倒病的效果，由于药物喷洒要求范围较大，以垄为区组时，每个区组只能设置 2 个小区、安排 2 个处理（药剂），按此要求做出试验设计。

采用平衡不完全区组设计。本例中，a=4，k=2，查附表 11 设计 1，可得出 b=6，r=3，

$\lambda=1$，即必须设置 6 个不完全区组，每区组设置 2 个小区，每处理重复 3 次，共有 12 个小区，任意两个处理出现在同一区组中的次数为 1 次。根据设计 1 将处理安排至不同的区组。实际作田间排列时，还必须将各区组随机排列，同时对每区组内的 2 个处理再行随机排列，即得试验方案（表 10-1）。

表 10-1　4 种药物防治杉木猝倒病的 BIB 设计试验方案

小区编号	区组	药物	小区编号	区组	药物
101	1	D	401	4	B
102	1	C	402	4	A
201	2	B	501	5	D
202	2	D	502	5	A
301	3	A	601	6	C
302	3	C	602	6	B

该设计中每种处理在每一区组中最多只出现一次，每一处理在全部试验中均出现 3 次（$r=3$，$\lambda=1$），充分体现了“平衡”及“不完全”的含义。

二、平衡不完全区组设计试验资料的统计分析

平衡不完全区组设计的数据处理比较复杂，这是因为每个区组不能包含全部处理，同时每个处理也不能出现在所有区组中，此时即使有 $\sum\alpha_i=\sum\beta_j=0$，但求 $Y_{i.}$ 时不能包含全部的 j，因此它仍包含有区组效应 β 的影响，同理 $Y_{.j}$ 也有处理效应 α 的影响，只有消除这种混杂，才能进行正确的方差分析和显著性检验。

（一）数学模型

平衡不完全区组设计试验资料进行方差分析的数学模型为

$$Y_{ij}=\mu+\alpha_i+\beta_j+\varepsilon_{ij}\ (i=1,\ 2,\ \cdots,\ a;\ j=1,\ 2,\ \cdots,\ b) \tag{10-2}$$

式中，α_i 为处理效应；β_j 为区组效应；μ 为总平均数；ε_{ij} 为随机误差、相互独立，随机变量 ε 服从 $N(0,\ \sigma^2)$。注意，不是所有 i、j 的组合都出现在 Y 的下标中。

（二）平方和与自由度的分解

总变异平方和及自由度仍可作如下分解：

$$SS_T=SS_{t'}+SS_b+SS_e$$
$$df_T=df_{t'}+df_b+df_e$$

1. 总变异平方和 SS_T 与自由度 df_T 的计算

$$SS_T=\sum_{i=1}^{a}\sum_{j=1}^{b}Y_{ij}^2-\frac{Y_{..}^2}{ar} \tag{10-3}$$
$$df_T=N-1=ar-1$$

注意，Y_{ij} 实际上没有 ab 个，只有 $N=ar=bk$ 个。

2. 区组平方和 SS_b 与自由度 df_b

$$SS_b=\frac{1}{k}\sum_{j=1}^{b}Y_{\cdot j}^2-\frac{Y_{\cdot\cdot}^2}{ar} \tag{10-4}$$

$$df_b=b-1$$

需要注意，由于是不完全区组，区组中不能包括全部处理，因此 SS_b 严格来说不是真正的区组平方和，这与处理平方和要进行调整的原因是相同的，由于一般不要求对区组变异进行显著性检验，因此没有对 SS_b 进行相应的调整。

3. 处理平方和 $SS_{t'}$ 与自由度 $df_{t'}$

为消除混杂在 $Y_{i\cdot}$ 中区组因素的影响，须对处理平方和进行调整。调整的方法是令

$$SS_{t'}=\frac{k}{\lambda a}\sum_{i=1}^{a}Q_i^2 \tag{10-5}$$

式中，Q_i 为调整的第 i 个处理的总和。

$$Q_i=Y_{i\cdot}-\frac{1}{k}\sum_{j=1}^{b}n_{ij}Y_{\cdot j} \tag{10-6}$$

式中，$n_{ij}=\begin{cases}1, & \text{当第}\,j\,\text{区组中包含第}\,i\,\text{处理时}\\ 0, & \text{其他}\end{cases}$。

处理自由度

$$df_{t'}=a-1$$

4. 误差平方和 SS_e 与自由度 df_e

$$SS_e=SS_T-SS_b-SS_{t'}$$

$$df_e=df_T-df_b-df_{t'}$$

（三）F 检验

由于对区组平方和未做调整，SS_b 中包含着处理效应，因此不能直接用 $\frac{MS_b}{MS_e}$ 来检验区组效应是否显著。一般情况下，不需要对区组效应进行检验，因此不必对区组平方和做调整。同理，SS_e 也不是纯粹的误差平方和，但一般来说，它与纯粹的误差平方和差别不大，因此可用它代替误差平方和做统计检验。

可以证明，

$$E(MS_{t'})=E\left(\frac{1}{a-1}\frac{k}{\lambda a}\sum_{i=1}^{a}Q_i^2\right)=\sigma^2+\frac{\lambda a}{k(a-1)}\sum_{i=1}^{a}\alpha_i^2$$

因此，可用统计量

$$F=\frac{MS_{t'}}{MS_e} \tag{10-7}$$

对 H_0：$\alpha_1=\alpha_2=\cdots=\alpha_a=0$ 进行统计检验。$df_{t'}=a-1$，$df_e=N-a-b+1$。

（四）处理平均数的调整及多重比较

因为$\sum_i \alpha_i=0$，$\lambda=r(k-1)/(a-1)$，由式（10-6），得

$$Q_i=Y_{i\cdot}-\frac{1}{k}\sum_{j=1}^{b}n_{ij}Y_{\cdot j}=\frac{\lambda a}{k}\alpha_i$$

所以α_i的估计值为$\hat{\alpha}_i=\frac{k}{\lambda a}Q_i$，调整的处理平均值为

$$\bar{Y}_{i\cdot}'=\bar{Y}_{\cdot\cdot}+\hat{\alpha}_i=\bar{Y}_{\cdot\cdot}+\frac{k}{\lambda a}Q_i \tag{10-8}$$

若F检验显著，可进一步对式（10-8）算出的调整后的处理平均数做多重比较，其标准误为

$$s_{\bar{Y}}=\sqrt{\frac{k}{\lambda a}MS_e} \tag{10-9}$$

【例 10-2】 根据**【例 10-1】**的试验方案，试验结果见表 10-2，进行统计分析（表 10-3）。

表 10-2　不同药物防治杉木猝倒病后的发病率（%）

处理	区组					
	1	2	3	4	5	6
1	64.6		63.8		59.8	
2	40.9			39.9		42.6
3		82.2	83.2			85.2
4		61.1		38.5	51.3	

表 10-3　数据的反正弦转换值

处理	区组						$Y_{i\cdot}$
	1	2	3	4	5	6	
1	0.9336		0.9252		0.8840		188.2
2	0.6939			0.6837		0.7111	123.4
3		1.1353	1.1485			1.1759	250.6
4		0.8973		0.6694	0.7984		150.9
$Y_{\cdot j}$	105.5	143.3	147.0	78.4	111.1	127.8	$Y_{\cdot\cdot}=713.1$
							$\bar{Y}_{\cdot\cdot}=59.425$

这是一个平衡不完全区组设计，$a=4$，$b=6$，$k=2$，$r=3$，$\lambda=1$，$N=ar=bk=12$。

总变异的平方和SS_T与自由度df_T

$$SS_T=64.6^2+40.9^2+\cdots+85.2^2-\frac{713.1^2}{12}=3308.5225$$

$$df_T=N-1=12-1=11$$

未矫正的区组平方和SS_b与自由度df_b

$$SS_b=\frac{1}{2}\times(105.5^2+143.3^2+\cdots+127.8^2)-\frac{713.1^2}{12}=1672.4075$$

$$df_b=b-1=6-1=5$$

矫正的处理平方和 $SS_{t'}$与自由度 $df_{t'}$，根据式（10-6）有

$$Q_1=188.2-\frac{1}{2}\times(105.5+147.0+111.1)=6.4$$

$$Q_2=123.4-\frac{1}{2}\times(105.5+78.4+127.8)=-32.45$$

$$Q_3=250.6-\frac{1}{2}\times(143.3+147.0+127.8)=41.55$$

$$Q_4=150.9-\frac{1}{2}\times(143.3+78.4+111.1)=-15.50$$

故

$$SS_{t'}=\frac{2}{1\times4}[6.4^2+(-32.45)^2+41.55^2+(-15.50)^2]=1530.3075$$

$$df_{t'}=a-1=4-1=3$$

误差平方和 SS_e 与自由度 df_e

$$SS_e=3308.5225-1672.4075-1530.3075=105.8075$$

$$df_e=11-5-3=3$$

列出方差分析表（表 10-4）

表 10-4　BIB 设计的方差分析表

变异来源	*SS*	*df*	*MS*	*F*
处理（调整的）	1430.3075	3	510.1025	14.46*
区组	1672.4075	5	334.4815	—
误差	105.8075	3	35.2692	
总变异	3308.5225	11		

查表得 $F_{0.05(3,3)}=9.28$、$F_{0.01(3,3)}=29.46$，因为 $F_{0.05(3,3)}<F<F_{0.01(3,3)}$，表明不同药物对杉木猝倒病的防治上差异显著，需进一步进行多重比较。计算各处理调整的平均数，得

$$\bar{Y}_{1'}=59.425+\frac{2}{1\times4}\times6.4=62.625,\ \bar{Y}_{2'}=59.425+\frac{2}{1\times4}\times(-32.45)=43.200$$

$$\bar{Y}_{3'}=59.425+\frac{2}{1\times4}\times41.55=80.200,\ \bar{Y}_{4'}=59.425+\frac{2}{1\times4}\times(-15.50)=51.675$$

用 Duncan 法进行多重比较，标准误为

$$s_{\bar{Y}}=\sqrt{\frac{k}{\lambda a}MS_e}=\sqrt{\frac{2}{1\times4}\times35.2692}=4.1994$$

对于秩次距 $k=2$、3、4，$df=3$，查附表 6 得到临界值 $SSR_{0.05}$ 和 $SSR_{0.01}$ 并计算得到 $LSR_{0.05}$、$LSR_{0.01}$（表 10-5）。

表 10-5　不同秩次距 0.05 和 0.01 水平的临界 *SSR* 值和 *LSR* 值

k	$SSR_{0.05}$	$SSR_{0.01}$	$LSR_{0.05}$	$LSR_{0.01}$
2	4.50	8.26	18.897	34.687
3	4.50	8.50	18.897	35.695
4	4.50	8.60	18.897	36.115

多重比较见表 10-6。

表 10-6　各处理调整平均数多重比较表

药物	$\overline{Y}_t'$	$\overline{Y}_t'-43.200$	$\overline{Y}_t'-51.675$	$\overline{Y}_t'-62.625$
3	80.200	37.000**	28.525*	17.575
1	62.625	19.425*	10.950	
4	51.675	8.475		
2	43.200			

多重比较结果表明，第 3 种药物对杉木猝倒病的防治效果极显著好于第 2 种药物，显著好于第 4 种药物，但与第 1 种药物差异不显著。

BIB 设计的最大优点在于可使区组不完全，因而当每区组实际可能安排的处理数小于供试处理数时，仍然可以做出各处理间的正确比较。BIB 设计使受地形所限不可能采用完全随机区组设计的地形复杂的丘陵地区进行品种比较试验成为可能；在畜牧试验中也得到广泛应用。BIB 设计的缺点是区组数必须严格按设计表的规定设立，以保证各处理间比较的均衡性，这样 BIB 设计的小区总数非常多，因而试验的规模、费用相当大，这就需要试验者根据研究的需要权衡利弊，酌情选用。

第二节　格子设计与分析

一、设计方法

在植物育种工作中，如果供试材料较多，且试验地肥力不均匀，不容易保持区组内环境条件的一致性，这时可采用 Yates（1936）提出的格子设计（lattice design）来安排试验，提高试验精确度。格子设计可分为平方格子设计、立方格子设计和矩形格子设计三种基本类型，其中平方格子设计（square lattice design）要求供试材料数为自然数 k 的平方，如 25、36、49 等，这在设计时可以通过增添或减少选系、品种数来调节，而每一区组所含的小区数则为 k，设置 k 个选系（$k<k^2$，为不完全区组），当重复次数 $r=k+1$ 时，试验共 $k(k+1)$ 个区组，$k^2(k+1)$ 个小区，此时的平方格子设计称为平衡格子设计（balanced lattice design），平衡格子设计实际上是一种 BIB 设计，分析方法与第一节介绍的方法类似。

在平方格子设计中，每一重复的 k^2 个处理都被排成 k 个区组。如果 k^2 个处理按照一定的规则排成 k 行 k 列，即 $k\times k$ 方，使行、列方向皆成区组，就成为格子方设计（lattice square design）。格子方设计要求试验地方整，其田间排列不像格子设计那样灵活。但是它有两个较为突出的优点：①由于行和列均成为区组，因而能够控制两个方向的环境变异；而格子设计仅能控制一个方向的环境变异。②达到平衡所需的重复次数较少。在平方格子设计中，要使任何两个处理都有一次且仅有一次出现于同一区组，需有 $k+1$ 个重复。而格子方设计，由于双向区组，达到以上目的仅需（$k+1$）/2 个重复（对于奇数的 k）；只有要 $k=4$ 和 8 时仍需 $k+1$ 个重复（但这时是任两个处理出现于同一行和同一列各一次）。所以，k 为奇数的平衡格子方（balanced lattice square）应用较多。例如，5×5 的平衡格子方（$r=3$）设计见图 10-1。

方Ⅰ

1	2	3	4	5
6	7	8	9	10
11	12	13	14	15
16	17	18	19	20
21	22	23	24	25

方Ⅱ

1	10	14	18	22
23	2	6	15	19
20	24	3	7	11
12	16	25	4	8
9	13	17	21	5

方Ⅲ

1	8	15	17	24
25	2	9	11	18
19	21	3	10	12
13	20	22	4	6
7	14	16	23	5

图 10-1　三重 5×5 平衡格子方设计

k 从 3～13 的所有平衡格子方可查有关文献。在实际应用时，用部分平衡格子方，可适当减少重复次数。例如，7×7 时，可用 $r=3$（方Ⅰ～Ⅲ）；9×9 时，可用 $r=3$（方Ⅰ～Ⅲ）或 $r=4$（方Ⅰ～Ⅳ）…… 这些设计与格子设计中的三重、四重等设计相类似。其分析方法与平衡格子方基本相同，差别之处将在下面指出。

实施格子方设计（无论平衡或部分平衡）的随机化步骤为：①将每个方（重复）都看作一个 $k\times k$ 的标准方，随机变换行和列；②将供试处理编为随机号码 1～k^2，排入相应位置。

二、统计分析

格子方设计试验结果方差分析表的一般形式见表 10-7。

表 10-7　格子方设计的方差分析表

变异来源	df	SS	MS	F
重复	$r-1$	SS_r	MS_r	MS_r/MS_e
重复内行区组（消去处理效应）	$r(k-1)$	SS_R	MS_R	MS_R/MS_e
重复内列区组（消去处理效应）	$r(k-1)$	SS_C	MS_C	MS_C/MS_e
处理	k^2-1	SS_t	—	
误差	$(k-1)(rk-r-k-1)$	SS_e	MS_e	
总变异		SS_T		

设第（i）处理（$i=1, 2, \cdots, k^2$）在第 l 重复（$l=1, 2, \cdots, r$）第 m 行 n 列（$m, n=1, 2, \cdots, k$）的观测值为 $Y_{lmn(i)}$，行和列区组总和分别为 $Y_{lm\cdot}$和 $Y_{l\cdot n}$，第 $lm\cdot$ 行和第 $l\cdot n$ 列处理在各重复的总和数分别为 $T_{lm\cdot}$和 $T_{l\cdot n}$，第 $lm\cdot$行和第 $l\cdot n$ 列的区组总效应分别为 $Q_{lm\cdot}=rY_{lm\cdot}-T_{lm\cdot}$和 $Q_{l\cdot n}=rY_{l\cdot n}-T_{l\cdot n}$，各重复和各处理总和数分别为 T_l和 $T_{(i)}$，全试验总和数为 T，表 10-7 的各个平方和的计算公式为

$$SS_T=\sum_{1}^{rk^2}Y_{lmn(i)}^2-\frac{T^2}{rk^2}$$

$$SS_r=\sum_{1}^{r}\frac{T_l^2}{k^2}-\frac{T^2}{rk^2}$$

$$SS_R=\sum_{1}^{rk}\frac{Q_{lm\cdot}^2}{kr(r-1)}-\frac{\left(\sum_{1}^{r}\sum_{1}^{k}Q_{lm\cdot}\right)^2}{k^2r(r-1)} \tag{10-10}$$

$$SS_C=\sum_{1}^{rk}\frac{Q_{l\cdot n}^2}{kr(r-1)}-\frac{\left(\sum_{1}^{r}\sum_{1}^{k}Q_{l\cdot n}\right)^2}{k^2r(r-1)}$$

$$SS_t=\sum_{1}^{k^2}\frac{T_{(i)}^2}{r}-\frac{T^2}{rk^2}$$

$$SS_e=SS_T-SS_r-SS_R-SS_C-SS_t$$

在对各处理进行矫正时，行和列区组的加权因子 λ_b 和 λ_c 分别为

$$\lambda_b=\frac{MS_R-MS_e}{k(r-1)MS_b}$$

$$\lambda_c=\frac{MS_C-MS_e}{k(r-1)MS_C} \tag{10-11}$$

式中，若 $MS_R \leqslant MS_e$，λ_b 取 0 值；若 $MS_C \leqslant MS_e$，λ_c 取 0 值。各处理总和数 $T_{(i)}$ 的矫正项 $\hat{T}_{(i)}$ 则为

$$\hat{T}_{(i)}=T_{(i)}-\sum_{1}^{r}\lambda_b Q_{lm\cdot}-\sum_{1}^{r}\lambda_c Q_{l\cdot n} \tag{10-12}$$

式中，$\sum_{1}^{r}\lambda_b Q_{lm\cdot}$ 和 $\sum_{1}^{r}\lambda_c Q_{l\cdot n}$ 分别为第（i）处理在各重复的所在行和列的区组效应之和。

由于 MS_R 和 MS_R 不相等，处理矫正项 $\hat{T}_{(i)}$ 的差数方差随两处理在同行或同列而稍有不同。

当处理（i）和（j）曾在同一行区组时，

$$V(\hat{T}_{(i)}-\hat{T}_{(j)})=2rMS_e[1+\lambda_b(r-1)+\lambda_c r] \tag{10-13}$$

当处理（i）和（j）曾在同一列区组时，

$$V(\hat{T}_{(i)}-\hat{T}_{(j)})=2rMS_e[1+\lambda_b r+\lambda_c(r-1)] \tag{10-14}$$

式（10-13）和式（10-14）的平均差数方差则为

$$V(\hat{T}_{(i)}-\hat{T}_{(j)})=2rMS_e\left[1+\frac{(\lambda_b+\lambda_c)kr}{k+1}\right] \tag{10-15}$$

当采用部分平衡格子方设计时，上述步骤和公式都适用。仅有一个差别是，将有一些处理既不曾在同一行区组内，也不曾在同一列区组内。这些处理相比较时的误差方差为

$$V(\hat{T}_{(i)}-\hat{T}_{(j)})=2rMS_e[1+(\lambda_b+\lambda_c)r] \tag{10-16}$$

【例 10-3】 25 个玉米杂交种（1）～（25），采用 5^2 格子方设计，其田间排列和产量列

于图 10-2，试对其产量（kg/小区）进行分析。

	重复 I					$Y_{lm\cdot}$	$T_{lm\cdot}$	$Q_{lm\cdot}$	$\lambda_b Q_{lm\cdot}$
	（18）33.3	（9）30.7	（11）35.4	（2）30.1	（25）29.6	159.1	445.2	32.1	2.58
	（24）24.6	（15）30.8	（17）28.8	（8）34.8	（1）32.5	151.5	444.0	10.5	0.84
	（12）28.5	（3）24.0	（10）28.4	（21）25.0	（19）35.1	141.0	445.4	−22.4	−1.80
	（6）26.7	（22）27.2	（4）25.6	（20）25.0	（13）29.4	133.9	412.7	−11.0	−0.88
	（5）40.1	（16）35.7	（23）30.1	（14）30.3	（7）33.5	169.7	442.1	67.0	5.39
$Y_{l\cdot n}$	153.2	148.4	148.3	145.2	160.1	755.2	2189.4		6.13
$Q_{l\cdot n}$	16.0	−3.8	12.8	10.0	41.2			76.2	
$\lambda_c Q_{l\cdot n}$	0.83	−0.20	0.66	0.52	2.13	3.94			

	重复 II					$Y_{lm\cdot}$	$T_{lm\cdot}$	$Q_{lm\cdot}$	$\lambda_b Q_{lm\cdot}$
	（20）30.9	（17）33.3	（19）38.8	（16）27.7	（18）34.4	165.1	449.4	45.9	3.69
	（15）37.2	（12）31.2	（14）27.9	（11）27.3	（13）21.6	145.2	429.8	5.8	0.47
	（25）32.7	（22）43.0	（24）28.5	（21）24.7	（23）22.7	151.6	408.6	46.2	3.71
	（5）32.0	（2）32.8	（4）31.8	（1）28.7	（3）32.3	157.6	439.0	33.8	2.72
	（10）39.8	（7）37.3	（9）31.9	（6）34.0	（8）34.3	117.3	462.6	69.3	5.57
$Y_{l\cdot n}$	172.6	177.6	158.9	142.4	145.3	796.8	2189.4		16.16
$Q_{l\cdot n}$	62.2	85.5	30.1	12.6	10.6			201.0	
$\lambda_c Q_{l\cdot n}$	3.22	4.43	1.56	0.65	0.55	10.41			

	重复 III					$Y_{lm\cdot}$	$T_{lm\cdot}$	$Q_{lm\cdot}$	$\lambda_b Q_{lm\cdot}$
	（19）28.7	（15）26.3	（23）21.7	（6）21.9	（2）26.0	124.6	442.9	−69.1	−5.56
	（11）19.4	（7）17.3	（20）16.9	（3）22.6	（24）24.2	100.4	399.2	−98.0	−7.88
	（22）18.3	（18）22.1	（1）17.5	（14）25.0	（10）26.9	109.8	435.3	−105.9	−8.51
	（5）30.2	（21）27.5	（9）30.7	（17）28.1	（13）27.6	144.1	441.6	−9.3	−0.75
	（8）34.4	（4）32.8	（12）31.9	（25）28.8	（16）30.6	158.5	470.4	5.1	0.41
$Y_{l\cdot n}$	131.0	126.0	118.7	16.4	135.3	637.4	2189.4		−22.29
$Q_{l\cdot n}$	−86.0	−61.6	−54.8	−46.8	−28.0			−277.2	
$\lambda_c Q_{l\cdot n}$	−4.45	−3.19	−2.84	−2.42	−1.45	−14.35			

图 10-2　玉米杂交种 5^2 平衡格子方设计的试验结果

这是一个 $r=3$、$k=5$ 的格子方设计的试验结果。由图 10-2 可得各杂交种总和数 $T_{(i)}$ 于表 10-8；各行区组总和数 $Y_{lm\cdot}$、各行区组所含杂交种在所有重复的总和数 $T_{lm\cdot}$ 和各行区组总效应 $Q_{lm\cdot}=3Y_{lm\cdot}-T_{lm\cdot}$ 列于图 10-2 各重复的右侧；各列区组的 $Y_{l\cdot n}$ 和 $Q_{l\cdot n}=3Y_{l\cdot n}-T_{l\cdot n}$ 则列于图 10-2 各重复的下方（$T_{l\cdot n}$ 省略）。

表 10-8　图 10-2 各杂交种（i）的产量总和 $T_{(i)}$

（1）	78.7	（2）	88.9	（3）	78.9	（4）	90.2	（5）	102.3
（6）	82.6	（7）	88.1	（8）	103.5	（9）	93.3	（10）	95.1
（11）	82.1	（12）	91.6	（13）	78.6	（14）	83.2	（15）	94.3
（16）	94.0	（17）	90.2	（18）	89.8	（19）	102.6	（20）	72.8
（21）	77.2	（22）	88.5	（23）	74.5	（24）	77.3	（25）	91.1

根据式（10-10）可计算得

$$SS_T=33.32+30.72+\cdots+30.62-\frac{2189.4^2}{75}=2211.60$$

$$SS_r=\frac{755.2^2+796.8^2+637.4^2}{25}-\frac{2189.4^2}{75}=546.88$$

$$SS_R=\frac{32.1^2+10.5^2+\cdots+5.1^2}{5\times3\times2}-\frac{76.2^2+201.0^2+(-277.2)^2}{25\times3\times2}=585.63$$

$$SS_C=\frac{16.0^2+(-3.8)^2+\cdots+(-28.0)^2}{5\times3\times2}-\frac{76.2^2+201.0^2+(-277.2)^2}{25\times3\times2}=238.21$$

$$SS_t=\frac{78.7^2+88.9^2+\cdots+91.1^2}{3}-\frac{2189.4^2}{75}=611.09$$

$$SS_e=2211.60-546.88-585.63-238.21-611.09=229.79$$

方差分析见表 10-9。

表 10-9　图 10-2 试验结果的方差分析

变异来源	df	SS	MS	F
重复间	2	546.88	273.44	28.56**
行区组间（消去杂种效应）	12	585.63	48.80（MS_R）	5.10**
列区组间（消去杂种效应）	12	238.21	19.85（MS_C）	2.07
杂交种间	24	611.09	—	
误差	24	229.79	9.57（MS_e）	
总变异	74	2211.60		

注：$F_{0.01(2,24)}=5.61$；$F_{0.05(12,24)}=2.18$，$F_{0.01(12,24)}=3.03$

表 10-9 中 MS_R 极显著，故计算加权因子：

$$\lambda_b=\frac{48.80-9.57}{5\times2\times48.80}=0.080389$$

$$\lambda_c=\frac{19.85-9.57}{5\times2\times19.85}=0.051788$$

将 λ_b 乘 $Q_{lm}.$ 得各行区组效应，列于图 10-2 各重复的最右列，将 λ_c 乘 $Q_{l\cdot n}$，得各列区组效应，列于图 10-2 各重复的最末行。对各杂交种产量进行矫正时，应将该杂交种的观测产量，减去该杂种所在的所有行和列区组的效应，如杂交种（18）：

$$\hat{T}_{(18)}=89.8-2.58-3.69-(-8.51)-0.83-0.55-(-3.19)=93.8$$

其余类推，全部结果列于表 10-10。

表 10-10　图 10-2 中各杂交种的矫正产量总和数 $\hat{T}_{(i)}$

（1）	83.7	（2）	85.7	（3）	87.9	（4）	88.9	（5）	95.3
（6）	84.4	（7）	81.6	（8）	100.1	（9）	87.4	（10）	97.4
（11）	90.1	（12）	90.1	（13）	78.5	（14）	86.2	（15）	98.7
（16）	85.5	（17）	83.8	（18）	93.8	（19）	107.0	（20）	77.0
（21）	78.1	（22）	94.4	（23）	72.6	（24）	79.7	（25）	81.5

在多重比较时，这里平均差数方差为

$$V(\hat{T}_{(i)}-\hat{T}_{(j)})=2\times3\times9.57\times\left[1+\frac{(0.080389+0.051788)\times5\times3}{5+1}\right]=76.39$$

同行杂交种的差数方差为

$$V(\hat{T}_{(i)}-\hat{T}_{(j)})=2\times3\times9.57\times(1+0.080389\times2+0.051788\times3)=75.57$$

同列杂交种的差数方差为

$$V(\hat{T}_{(i)}-\hat{T}_{(j)})=2\times3\times9.57\times(1+0.080389\times3+0.051788\times2)=77.22$$

第三节　特殊拉丁方设计与分析

一、重复拉丁方设计与分析

在通常的拉丁方设计中，当处理数过少，如仅为 3 或 4 个时，试验误差的自由度太小，会影响检验的灵敏度。为了使试验误差自由度不小于 10，可将一个拉丁方重复试验几次，如将 3×3 拉丁方重复 5 次、将 4×4 拉丁方重复 2 次等。将一个拉丁方重复试验几次的试验设计方式称为重复拉丁方设计。多点拉丁方试验或多年拉丁方试验，实质上是重复拉丁方设计的试验。

重复拉丁方的各种数学模型如下。

先分析各拉丁方与处理、行、列区组的组合方式。设进行 u 个 $k\times k$ 拉丁方试验，为了消除拉丁方间变异对试验结果的影响，把拉丁方也当作一个因素。这样该试验涉及的因素为拉丁方间、行区组间、列区组间、处理间。试验除了研究所涉及的 4 个因素的主要效应外，还希望研究它们之间的交互作用。而能否研究因素间的交互作用，应考虑因素间的组合方式。在拉丁方试验中，已假设处理、行、列区组间不存在交互作用，所以不需要分析这三者间的组合方式，仅需分析拉丁方与处理，拉丁方与行、列区组间的组合方式。因为在不同拉丁方中处理是相同的，所以拉丁方与处理是按交叉分组的方式进行组合（表 10-11）。但拉丁方与行、列区组不一定是按交叉分组的方式进行组合，常常是按系统分组的方式进行组合。例如，在田间试验中，一个拉丁方的行区组不同于另一个拉丁方的行区组（它们分别处于不同地段）；同样，一个拉丁方的列区组也不同于另一个拉丁方的列区组。所以，此时拉丁方与行、列区组都是按系统分组的方式进行组合（图 10-3）。

表 10-11　拉丁方与处理交叉分组组合方式

处理	拉丁方					
	Ⅰ	Ⅱ	…	i	…	u
1	$Ⅰ_1$	$Ⅱ_1$	…	i_1	…	u_1
2	$Ⅰ_2$	$Ⅱ_2$	…	i_2	…	u_2
⋮	⋮	⋮		⋮		⋮

续表

处理	拉丁方					
	Ⅰ	Ⅱ	…	i	…	u
l	$Ⅰ_l$	$Ⅱ_l$	…	i_l	…	u_l
⋮	⋮	⋮		⋮		⋮
k	$Ⅰ_k$	$Ⅱ_k$	…	i_k	…	u_k

一般说来，拉丁方与行、列区组的组合方式有三种情况。

1）拉丁方与行、列区组均按系统分组的方式组合（图 10-3）。

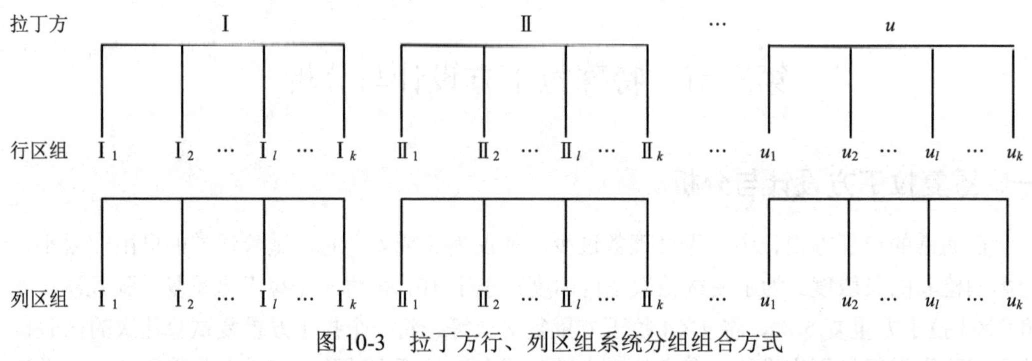

图 10-3　拉丁方行、列区组系统分组组合方式

2）拉丁方与行、列区组中的一个按系统分组方式组合，与另一个按交叉分组方式进行组合。例如，在动物试验中，如果把试验时期作为行区组，把试验动物作为列区组，且各拉丁方同时进行，此时，拉丁方与试验时期按交叉分组方式组合；拉丁方与试验动物按系统分组方式组合（图 10-4）。

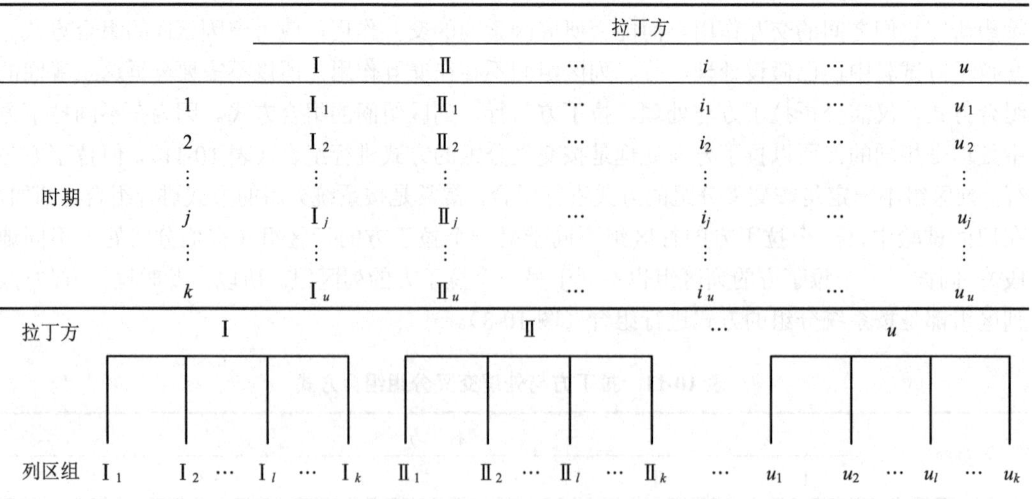

		拉丁方					
		Ⅰ	Ⅱ	…	i	…	u
时期	1	$Ⅰ_1$	$Ⅱ_1$	…	i_1	…	u_1
	2	$Ⅰ_2$	$Ⅱ_2$	…	i_2	…	u_2
	⋮	⋮	⋮		⋮		⋮
	j	$Ⅰ_j$	$Ⅱ_j$	…	i_j	…	u_j
	⋮	⋮	⋮		⋮		⋮
	k	$Ⅰ_u$	$Ⅱ_u$	…	i_u	…	u_u

图 10-4　拉丁方与行区组按交叉分组方式组合，与列区组按系统分组方式组合

3）拉丁方与行、列均按交叉分组方式组合（图略）。

因素间的组合方式不同，所能分离的变异来源也不同。如果两因素按交叉分组方式组合，则可以分离出该二因素的变异与该二因素的交叉作用；如果按系统分组方式组合，则只能分离出第一个因素的变异与第一个因素内第二个因素的变异。根据重复拉丁方试验中拉丁方与行、列区组组合的三种方式，下面分别建立各自的数学模型，并给出相应的分析方法。

模型Ⅰ　拉丁方与行、列区组均按系统分组方式组合。此时总变异可以分为拉丁方间、拉丁方内行区组间、拉丁方内列区组间、处理间、处理×拉丁方和误差共6种变异。

u 个 $k\times k$ 拉丁方试验共有 uk^2 个观测值，其线性模型为

$$Y_{ijlm}=\mu+\upsilon_i+\rho_{j(i)}+\lambda_{l(i)}+\tau_m+(\upsilon\tau)_{im}+\varepsilon_{ijlm}$$
$$(i=1,\ 2,\ \cdots,\ u;\ j,\ l,\ m=1,\ 2,\ \cdots,\ k)$$

式中，Y_{ijlm} 为第 i 拉丁方、第 j 行区组、第 l 列区组的第 m 个处理的观测值；μ 为总体均数；$\upsilon_i=\mu_i-\mu$ 为第 i 拉丁方效应；$\rho_{j(i)}=\mu_{j(i)}-\mu$ 为第 i 方内第 j 行区组效应；$\lambda_{l(i)}=\mu_{l(i)}-\mu$ 为第 i 方内第 l 列区组效应；$\tau_m=\mu_m-\mu$ 为第 m 个处理的效应，注意，m 不是一个独立的下标，因为下标 i、j、l 即拉丁方、行区组、列区组数已确定了位于该位置的处理；$(\upsilon\tau)_{im}=(\mu_{im}-\mu)-(\mu_i-\mu)-(\mu_m-\mu)=\mu_{im}-\mu_i-\mu_m+\mu$ 为第 i 拉丁方与第 m 个处理的互作效应；μ_i、$\mu_{j(i)}$、$\mu_{l(i)}$、μ_m、μ_{im} 依次为第 i 拉丁方、第 i 方内第 j 行区组、第 i 方内第 l 列区组、第 m 个处理、第 i 拉丁方与第 m 个处理组合的总体平均数；ε_{ijlm} 为随机误差、相互独立，随机变量 ε 服从 $N(0,\ \sigma^2)$。上述各效应满足下列条件：

$$\sum_i\upsilon_i=\sum_j\rho_{j(i)}=\sum_l\lambda_{l(i)}=\sum_m\tau_m=0$$
$$\sum_i(\upsilon\tau)_{im}=\sum_m(\upsilon\tau)_{im}$$

平方和与自由度的划分式为

$$SS_T=SS_L+SS_{R(L)}+SS_{C(L)}+SS_t+SS_{L\times t}+SS_e$$
$$df_T=df_L+df_{R(L)}+df_{C(L)}+df_t+df_{L\times t}+df_e$$

各项平方和与自由度的计算公式如下。

总平方和与自由度

$$SS_T=\sum_1^{k^2u}Y^2-\frac{\left(\sum_1^{k^2u}Y\right)^2}{k^2u}$$
$$df_T=k^2u-1$$

拉丁方间平方和与自由度

$$SS_L=\frac{1}{k^2}\sum_1^{u}T_L^2-\frac{\left(\sum_1^{k^2u}Y\right)^2}{k^2u}$$
$$df_L=u-1$$

处理间平方和

$$SS_t=\frac{1}{uk}\sum_{1}^{k}T_t^2-\frac{\left(\sum_{1}^{k^2u}Y\right)^2}{k^2u}$$

$$df_t=k-1$$

拉丁方与处理交互作用平方和与自由度

$$SS_{L\times t}=\frac{1}{k}\sum_{1}^{uk}T_{Lt}^2-\frac{1}{k^2}\sum_{1}^{u}T_L^2-\frac{1}{uk}\sum_{1}^{k}T_t^2+\frac{\left(\sum_{1}^{k^2u}Y\right)^2}{k^2u}$$

$$df_{L\times t}=(u-1)(k-1)$$

式中，T_L 为拉丁方总和；T_t 为处理总和；T_{Lt} 为拉丁方与处理组合总和，可根据试验结果列出的拉丁方与处理两向表计算。

拉丁方内行区组间平方和与自由度

$$SS_{R(L)}=\frac{\sum_{1}^{k}T_{LR}^2}{k}-\frac{\sum_{1}^{k^2}T_L^2}{k^2}+\frac{\left(\sum_{1}^{k^2u}Y\right)^2}{k^2u}$$

$$df_{R(L)}=u(k-1)$$

式中，T_{LR} 为拉丁方与行区组组合总和，可根据试验结果列出的拉丁方与行区组系统分组表计算。

拉丁方内列区组间平方和与自由度

$$SS_{C(L)}=\frac{\sum_{1}^{k}T_{LC}^2}{k}-\frac{\sum_{1}^{k^2}T_L^2}{k^2}+\frac{\left(\sum_{1}^{k^2u}Y\right)^2}{k^2u}$$

$$df_{C(L)}=u(k-1)$$

式中，T_{LC} 为拉丁方与列区组组合总和，可根据试验结果列出的拉丁方与列区组系统分组表计算。

误差平方和与自由度

$$SS_e=SS_T-SS_L-SS_{R(L)}-SS_{C(L)}-SS_t-SS_{L\times t}$$

$$df_e=SS_T-SS_L-SS_{R(L)}-SS_{C(L)}-SS_t-SS_{L\times t}=u(k-1)(k-2)$$

方差分析和期望均方见表 10-12，表中的期望均方为 F 检验提供了依据。当采用固定模型时，多重比较所需的标准误列于表 10-13。

表 10-12　u 个 $k\times k$ 拉丁方试验的方差分析和期望均方（模型 I）

变异来源	df	MS	EMS		
			随机模型	固定模型	拉丁方固定，处理随机
拉丁方间	$u-1$	MS_L	$\sigma^2+k^2\kappa_\upsilon^2$	$\sigma^2+k\sigma_{u\tau}^2+k\sigma_{\rho(\upsilon)}^2+k\sigma_{\lambda(\upsilon)}^2+k^2\sigma_\upsilon^2$	$\sigma^2+k^2\kappa_\tau^2$
拉丁方内行区组间	$u(k-1)$	$MS_{R(L)}$	$\sigma^2+k\kappa_{\rho(\upsilon)}^2$	$\sigma^2+k\sigma_{\lambda(\upsilon)}^2$	$\sigma^2+k\sigma_{\rho(\upsilon)}^2$

续表

变异来源	df	MS	EMS		
			随机模型	固定模型	拉丁方固定，处理随机
拉丁方内列区组间	$u（k-1）$	$MS_{C(L)}$	$\sigma^2+k\kappa^2_{\lambda(\upsilon)}$	$\sigma^2+k\sigma^2_{\lambda(\upsilon)}$	$\sigma^2+k\sigma^2_{\lambda(\upsilon)}$
处理间	$k-1$	MS_t	$\sigma^2+ku\kappa^2_{\tau}$	$\sigma^2+k\sigma^2_{\upsilon\tau}+ku\sigma^2_{\tau}$	$\sigma^2+k\sigma^2_{\upsilon\tau}+ku\sigma^2_{\tau}$
拉丁方×处理	$(u-1)(k-1)$	$MS_{L\times t}$	$\sigma^2+k\kappa^2_{u\tau}$	$\sigma^2+k\sigma^2_{\upsilon\tau}$	$\sigma^2+k\sigma^2_{\upsilon\tau}$
试验误差	$u(u-1)(k-2)$	MS_e	σ^2	σ^2	σ^2
总变异	k^2u-1				

表 10-12 中，$\kappa^2_{\rho(\upsilon)}=\dfrac{\sum\rho^2_{j(i)}}{u(k-1)}$，$\kappa^2_{\lambda(\upsilon)}=\dfrac{\sum\lambda^2_{l(i)}}{u(k-1)}$，$\kappa^2_{\upsilon}=\dfrac{\sum\upsilon^2_i}{u-1}$，$\kappa^2_{\tau}=\dfrac{\sum\tau^2_m}{k-1}$，$\kappa^2_{\upsilon\tau}=\dfrac{\sum(\upsilon\tau)^2_{im}}{(k-1)(u-1)}$。

表 10-13　u 个 $k\times k$ 拉丁方设计（模型Ⅰ）试验结果多重比较时的标准误（固定模型）

平均数类别	$s_{\bar{Y}}$	$s_{\bar{Y}_i-\bar{Y}_j}$
$\bar{Y}_L$	$\sqrt{\dfrac{MS_e}{k^2}}$	$\sqrt{\dfrac{2MS_e}{k^2}}$
$\bar{Y}_t$	$\sqrt{\dfrac{MS_e}{ku}}$	$\sqrt{\dfrac{2MS_e}{uk}}$
$\bar{Y}_{Lt}$	$\sqrt{\dfrac{MS_e}{k}}$	$\sqrt{\dfrac{2MS_e}{k}}$

【例 10-4】 有 A、B、C、D 4 个水稻品种进行品种比较试验，采用 2 个 4×4 拉丁方设计。在 U_1 和 U_2 两地各进行一次 4×4 拉丁方试验。小区计产面积 48m²，其田间排列和水稻产量（kg/48m²）列于图 10-5，试做分析。

	U_1				T_R	U_2				T_R
	(C) 33	(D) 24	(B) 36	(A) 39	132	(C) 37	(D) 22	(B) 34	(A) 43	136
	(B) 33	(A) 36	(C) 30	(D) 24	123	(B) 31	(A) 40	(C) 34	(D) 22	127
	(D) 18	(C) 36	(A) 33	(B) 42	129	(D) 16	(C) 40	(A) 37	(B) 40	133
	(A) 36	(B) 36	(D) 18	(C) 30	120	(A) 40	(B) 34	(D) 16	(C) 34	124
T_C	120	132	117	135	504（T_L）	124	136	121	139	520（T_L）

图 10-5　两个 4×4 拉丁方试验的田间排列和水稻产量（kg/48m²）

这是一个重复拉丁方试验，且拉丁方与行区组、列区组均按系统分组方式组合，属于数学模型Ⅰ，可按下列步骤进行分析。

（1）各项平方和与自由度的计算　首先在图 10-5 上得出各行、列区组的总和数 T_R 和 T_C；然后列出 U 和 t 的两向表于表 10-14，得到 T_{Lt}、T_L、T_t 和 $\sum Y$。

表 10-14　拉丁方与处理两向表（T_{Lt}）

拉丁方	处理 (A)	(B)	(C)	(D)	T_L
1	144	147	129	84	504
2	160	139	145	76	520
T_t	304	286	274	160	$\sum Y=1024$
$\overline{Y}_t$	38.00	35.75	34.25	20.00	

根据式（10-17）和式（10-18），由图 10-5 和表 10-13 可得

$$C=\frac{1024^2}{16\times 2}=32768$$

$$SS_T=33^2+24^2+36^2+\cdots+34^2-C=34684-32768=1916,\ df_T=31$$

$$SS_L=\frac{504^2+520^2}{4\times 4}-C=32776-32768=8,\ df_L=1$$

$$SS_{R(L)}=\frac{132^2+123^2+\cdots+124^2}{4}-\frac{504^2+520^2}{4\times 4}=45,\ df_{R(L)}=6$$

$$SS_{C(L)}=\frac{120^2+132^2+\cdots+139^2}{4}-\frac{504^2+520^2}{4\times 4}=117,\ df_{C(L)}=6$$

$$SS_t=\frac{304^2+286^2+274^2+160^2}{4\times 2}-C=34361-32768=1593,\ df_t=3$$

$$SS_{L\times t}=\frac{144^2+147^2+\cdots+76^2}{4}-C-1593-8=72,\ df_{L\times t}=3$$

$$SS_e=1916-8-45-117-1593-72=81,\ df_e=12$$

（2）*列出方差分析表（表 10-15）进行 F 检验（假设为固定模型）*　本试验目的在于研究供试水稻品种的生产能力及其对不同地点的适应性，故 F 检验应按固定模型进行。方差分析结果表明品种间和地点×品种互作都有显著或极显著的差异。拉丁方间的自由度为 1，因而不需要再做检验即可推断两个拉丁方间产量差异不显著。为了提高检验的灵敏度，可以将不显著的拉丁方、拉丁方内行区组与试验误差项合并，得到合并误差的平方和、自由度和均方。

表 10-15　图 10-5 资料的方差分析

变异来源	df	SS	MS	F	误差合并后的 F
拉丁方间	1	8	8.00	1.19	
拉丁方内行区组间	6	45	7.60	1.13	
拉丁方内列区组间	6	117	19.50	2.89	2.77*
品种间	3	1593	531.00	78.67**	75.32**
拉丁方×品种	3	72	24.00	3.56*	3.40*
试验误差	12	81	6.75		
总变异	31	1916			
合并误差	1+6+12=19	8+45+81=134	134/19=7.05		

注：$F_{0.05(1,12)}=4.75$；$F_{0.05(6,12)}=3.00$；$F_{0.05(3,12)}=3.49$，$F_{0.01(3,12)}=5.95$；$F_{0.05(6,16)}=2.63$，$F_{0.01(6,16)}=3.94$；$F_{0.05(3,19)}=3.13$，$F_{0.01(3,19)}=5.01$

（3）采用 Duncan 法进行多重比较　对于品种间，由表（10-13）求得

$$s_{\bar{Y}}=\sqrt{\frac{MS_e}{ku}}=\sqrt{\frac{6.75}{4\times 2}}=0.92(\text{kg}/48\text{m}^2)$$

当 $df=19$，秩次距 $k=2$、3、4 时，由附表 6 可查出相应于 $\alpha=0.05$、$\alpha=0.01$ 的 *SSR* 值，分别乘以标准误 $s_{\bar{Y}}$，即可求得各个 *LSR* 值，见表 10-16。

表 10-16　不同秩次距 0.05 和 0.01 水平的临界 *SSR* 值和 *LSR* 值

k	$SSR_{0.05}$	$SSR_{0.01}$	$LSR_{0.05}$	$LSR_{0.01}$
2	2.96	4.05	2.72	3.72
3	3.11	4.24	2.86	3.89
4	3.19	4.35	2.93	4.00

多重比较结果列于表 10-17，品种 A 的生产能力最高，其平均产量显著或极显著高于其余品种。

表 10-17　各品种平均产量多重比较表

品种	平均产量 $\bar{Y}_t$ /（kg/48m^2）	$\bar{Y}_t-20.00$	$\bar{Y}_t-34.25$	$\bar{Y}_t-35.75$
A	38.00	18.00**	3.75*	2.25
B	35.75	15.75**	1.50	
C	34.25	14.25**		
D	20.00			

如果拉丁方（地点）与品种互作显著，则按表 10-13 求得标准误，进行拉丁方（地点）与品种水平组合平均数 $\bar{Y}_{Lt}$ 的多重比较。本例中，虽然拉丁方（地点）与品种互作显著，即品种效应随拉丁方（地点）而异，但

$$F=MS_t/MS_{Lt}=531.00/24.00=22.135^*\quad(F_{0.05(3,3)}=9.28、F_{0.01(3,3)}=29.46)$$

即品种间的变异显著大于拉丁方（地点）与品种的交互作用，所以经各品种平均产量的多重比较（表 10-17），产量高的品种 A、B、C 尤其是品种 A 在两个地点均属高产品种，可以与在与试验地条件相近的地区加以推广。

模型Ⅱ　设拉丁方与行区组间按系统分组方式组合，与列区组按交叉分组方式组合。此时总变异可以分为拉丁方间、拉丁方内行区组间、列区组间、处理间、拉丁方×处理、拉丁方×列区组和误差共 7 种变异，该线性模型如下：

$$Y_{ijlm}=\mu+\upsilon_i+\rho_{j(i)}+\lambda_l+\tau_m+(\upsilon\lambda)_{il}+(\upsilon\tau)_{im}+\varepsilon_{ijlm}$$
$$(i=1,2,\cdots,u;\ j,l,m=1,2,\cdots,k)$$

式中，$\lambda_l=\mu_l-\mu$ 为第 l 列区组效应，λ_l 为第 l 列区组总体平均数，$(\upsilon\lambda)_{il}=(\mu_{il}-\mu)-(\mu_i-\mu)-(\mu_l-\mu)=\mu_{il}-\mu_i-\mu_l+\mu$ 为第 i 拉丁方与第 l 列区组的互作效应；其余参数意义同模型Ⅰ。

平方和与自由度的划分式为

$$SS_T = SS_L + SS_{R(L)} + SS_C + SS_t + SS_{L\times C} + SS_{L\times t} + SS_e$$

$$df_T = df_L + df_{R(L)} + df_C + df_t + df_{L\times C} + df_{L\times t} + df_e$$

各项平方和与自由度的计算公式如下：

矫正项 $C = \left(\sum_1^{k^2u} Y\right)^2 / (k^2u) = T^2 / (k^2u)$

总平方和 $SS_T = \sum_1^{k^2u} Y^2 - C$

拉丁方间平方和 $SS_L = \dfrac{\sum_1^{u} T_L^2}{k^2} - C$

处理间平方和 $SS_t = \dfrac{\sum_1^{k} T_t^2}{uk} - C$

拉丁方与处理交互作用平方和 $SS_{L\times t} = \dfrac{\sum_1^{uk} T_{Lt}^2}{k} - \dfrac{\sum_1^{u} T_L^2}{k^2} - \dfrac{\sum_1^{k} T_t^2}{uk} + C$

式中，T_L 为拉丁方总和；T_t 为处理总和；T_{Lt} 为拉丁方与处理组合总和，可根据试验结果列出的拉丁方与处理两向表计算。

拉丁方内行区组间平方和 $SS_{R(L)} = \dfrac{\sum_1^{k} T_{LR}^2}{k} - \dfrac{\sum_1^{k^2} T_L^2}{k^2} + C$

式中，T_{LR} 为拉丁方与行区组组合总和，可根据试验结果列出的拉丁方与行区组两向表计算。

列区组间平方和 $SS_C = \dfrac{\sum_1^{k} T_C^2}{uk} - C$

拉丁方与列区组交互作用平方和 $SS_{L\times C} = \dfrac{\sum_1^{uk} T_{LC}^2}{k} - \dfrac{\sum_1^{u} T_L^2}{k^2} - \dfrac{\sum_1^{k} T_C^2}{uk} + C$

式中，T_C 为列区组总和；T_{LC} 为拉丁方与列区组组合总和，可根据试验结果列出的拉丁方与列区组两向表计算。

误差平方和 $SS_e = SS_T - SS_L - SS_{R(L)} - SS_C - SS_{L\times C} - SS_t - SS_{L\times t}$

总自由度 $df_T = k^2u - 1$

拉丁方自由度 $df_L = u - 1$

处理自由度 $df_t = k - 1$

拉丁方与处理交互作用自由度 $df_{L\times t} = (u-1)(k-1)$

拉丁方内行区组自由度 $df_{R(L)} = u\ (k-1)$

列区组自由度 $df_C = k - 1$

拉丁方与列区组交互作用自由度 $df_{L\times C} = (u-1)(k-1)$

误差自由度 $df_e = u(k-1)(k-2)$

方差分析表和期望均方见表 10-18，表中的期望均方为 F 测验提供了清楚的依据。当采用固定模型时，多重比较所需的标准误同表 10-13。

表 10-18　u 个 $k\times k$ 拉丁方试验的方差分析和期望均方（模型Ⅱ）

变异来源	df	MS	EMS		
			随机模型	固定模型	拉丁方固定，处理随机
拉丁方间	$u-1$	MS_L	$\sigma^2+k^2\kappa_\upsilon^2$	$\sigma^2+k\sigma_{\upsilon\tau}^2+k\sigma_{\upsilon t}^2+k^2\sigma_\upsilon^2+k^2\sigma_\tau^2$	$\sigma^2+k^2\kappa_\upsilon^2$
拉丁方内行区组间	$u(k-1)$	$MS_{R(L)}$	$\sigma^2+k\kappa_{\rho(\upsilon)}^2$	$\sigma^2+k\sigma_{\rho(\upsilon)}^2$	$\sigma^2+k\sigma_{\rho(\upsilon)}^2$
列区组间	$k-1$	MS_C	$\sigma^2+ku\kappa_\lambda^2$	$\sigma^2+k\sigma_{\upsilon\tau}^2+ku\sigma_\lambda^2$	$\sigma^2+k\sigma_{\upsilon\tau}^2+ku\sigma_\lambda^2$
处理间	$k-1$	MS_t	$\sigma^2+ku\kappa_\tau^2$	$\sigma^2+ku\sigma_\tau^2+k\sigma_{\upsilon\tau}^2$	$\sigma^2+ku\sigma_\tau^2+k\sigma_{\upsilon\tau}^2$
拉丁方×列区组	$(u-1)(k-1)$	$MS_{L\times C}$	$\sigma^2+k\kappa_{\upsilon\lambda}^2$	$\sigma^2+k\sigma_{\upsilon\lambda}^2$	$\sigma^2+k\sigma_{\upsilon\lambda}^2$
拉丁方×处理	$(u-1)(k-1)$	$MS_{L\times t}$	$\sigma^2+k\kappa_{\upsilon\tau}^2$	$\sigma^2+k\sigma_{\upsilon\tau}^2$	$\sigma^2+k\sigma_{\upsilon\tau}^2$
试验误差	$u(u-1)(k-2)$	MS_e	σ^2	σ^2	σ^2
总变异	k^2u-1				

表 10-18 中，$\kappa_\lambda^2=\dfrac{\sum\lambda_l^2}{k-1}$，$\kappa_{\upsilon\lambda}^2=\dfrac{\sum(\upsilon\lambda)_{il}^2}{(k-1)(u-1)}$，其余参数意义同模型Ⅰ。

模型Ⅲ　因为拉丁方与行、列区组都按交叉分组方式进行组合。此时总变异可以分为拉丁方间、行区组间、列区组间、处理间、拉丁方×行区组、拉丁方×列区组、拉丁方×处理和误差共八种变异，线性模型为

$$Y_{ijlm}=\mu+\upsilon_i+\rho_j+\lambda_l+\tau_m+(\upsilon\rho)_{ij}+(\upsilon\lambda)_{il}+(\upsilon\tau)_{im}+\varepsilon_{ijlm}$$
$$(i=1, 2, \cdots, u;\ j, l, m=1, 2, \cdots, k)$$

式中，$\rho_j=\mu_j-\mu$ 为第 j 行区组效应，μ_j 为第 j 行区组总体平均数；$(\upsilon\rho)_{ij}=(\mu_{ij}-\mu)-(\mu_i-\mu)-(\mu_j-\mu)=\mu_{ij}-\mu_i-\mu_j+\mu$ 为第 i 拉丁方与第 j 行区组的互作效应；其余参数意义同模型Ⅱ。

平方和与自由度的划分式为

$$SS_T=SS_L+SS_R+SS_C+SS_t+SS_{L\times R}+SS_{L\times C}+SS_{L\times t}+SS_e$$
$$df_T=df_L+df_R+df_C+df_t+df_{L\times R}+df_{L\times C}+df_{L\times t}+df_e$$

各项平方和与自由度的计算公式如下：

矫正项 $C=\left(\sum_1^{k^2u}Y\right)^2/(k^2u)$

总平方和 $SS_T=\sum_1^{k^2u}Y^2-C$

拉丁方间平方和 $SS_L=\dfrac{\sum_1^u T_L^2}{k^2}-C$

处理间平方和 $SS_t=\frac{\sum_{1}^{k}T_t^2}{uk}-C$

拉丁方与处理交互作用平方和 $SS_{L\times t}=\frac{\sum_{1}^{uk}T_{Lt}^2}{k}-\frac{\sum_{1}^{u}T_L^2}{k^2}-\frac{\sum_{1}^{k}T_t^2}{uk}+C$

式中，T_L、T_t、T_{Lt}的意义与计算同模型Ⅰ。

行区组间平方和 $SS_R=\frac{\sum_{1}^{k}T_R^2}{uk}-C$

拉丁方与行区组交互作用平方和 $SS_{L\times R}=\frac{\sum_{1}^{uk}T_{LR}^2}{k}-\frac{\sum_{1}^{u}T_L^2}{k^2}-\frac{\sum_{1}^{k}T_R^2}{uk}+C$

式中，T_R 为行区组总和；T_{LR} 为拉丁方与行区组组合总和，可根据试验结果列出的拉丁方与行区组两向表计算。

列区组间平方和 $SS_C=\frac{\sum_{1}^{k}T_C^2}{uk}-C$

拉丁方与列区组交互作用平方和 $SS_{L\times C}=\frac{\sum_{1}^{uk}T_{LC}^2}{k}-\frac{\sum_{1}^{u}T_L^2}{k^2}-\frac{\sum_{1}^{k}T_C^2}{uk}+C$

式中，T_C、T_{LC}的意义与计算同模型Ⅱ。

误差平方和 $SS_e=SS_T-SS_L-SS_R-SS_C-SS_t-SS_{L\times R}-SS_{L\times C}-SS_{L\times t}$

总自由度 $df_T=k^2u-1$

拉丁方自由度 $df_L=u-1$

行区组自由度 $df_R=k-1$

列区组自由度 $df_C=k-1$

处理自由度 $df_t=k-1$

拉丁方与行区组交互作用自由度 $df_{L\times R}=(u-1)(k-1)$

拉丁方与列区组交互作用自由度 $df_{L\times C}=(u-1)(k-1)$

拉丁方与处理交互作用自由度 $df_{L\times t}=(u-1)(k-1)$

误差自由度 $df_e=u(k-1)(k-2)$

方差分析表和期望均方见表 10-19，表中的期望均方为 F 检验提供了依据。当采用固定模型时，多重比较所需的标准误同表 10-13。

表 10-19　u 个 $k\times k$ 拉丁方试验的方差分析和期望均方（模型Ⅲ）

变异来源	df	MS	EMS		
			随机模型	固定模型	拉丁方固定，处理随机
拉丁方间	$u-1$	MS_L	$\sigma^2+k^2\kappa_\upsilon^2$	$\sigma^2+k\sigma_{\upsilon\rho}^2+k\sigma_{\upsilon\lambda}^2+k\sigma_{\upsilon t}^2+k^2\sigma_\upsilon^2$	$\sigma^2+k\sigma_{\upsilon\rho}^2+k\sigma_{\upsilon\lambda}^2+k^2\kappa_\upsilon^2$
行区组间	$k-1$	MS_R	$\sigma^2+ku\kappa_\rho^2$	$\sigma^2+ku\sigma_\rho^2+k\sigma_{\upsilon\rho}^2$	$\sigma^2+ku\sigma_\rho^2+k\sigma_{\upsilon\rho}^2$
列区组间	$k-1$	MS_C	$\sigma^2+ku\kappa_\lambda^2$	$\sigma^2+ku\sigma_\lambda^2+k\sigma_{\upsilon\lambda}^2$	$\sigma^2+ku\sigma_\lambda^2+k\sigma_{\upsilon\lambda}^2$

续表

变异来源	df	MS	EMS		
			随机模型	固定模型	拉丁方固定，处理随机
处理间	$k-1$	MS_t	$\sigma^2+ku\kappa_\tau^2$	$\sigma^2+k\sigma_{\upsilon\tau}^2+ku\sigma_\tau^2$	$\sigma^2+k\sigma_{\upsilon\tau}^2+ku\sigma_\tau^2$
拉丁方×行区组	$(u-1)(k-1)$	$MS_{L\times R}$	$\sigma^2+k\kappa_{\upsilon\rho}^2$	$\sigma^2+k\sigma_{\upsilon\rho}^2$	$\sigma^2+k\sigma_{\upsilon\rho}^2$
拉丁方×列区组	$(u-1)(k-1)$	$MS_{L\times C}$	$\sigma^2+k\kappa_{\upsilon\lambda}^2$	$\sigma^2+k\sigma_{\upsilon\lambda}^2$	$\sigma^2+k\sigma_{\upsilon\lambda}^2$
拉丁方×处理	$(u-1)(k-1)$	$MS_{L\times t}$	$\sigma^2+k\kappa_{\upsilon\tau}^2$	$\sigma^2+k\sigma_{\upsilon\tau}^2$	$\sigma^2+k\sigma_{\upsilon\tau}^2$
试验误差	$u(u-1)(k-2)$	MS_e	σ^2	σ^2	σ^2
总变异	k^2u-1				

表 10-19 中，$\kappa_\rho^2=\dfrac{\sum\lambda_j^2}{k-1}$，$\kappa_{\upsilon\rho}^2=\dfrac{\sum(\upsilon\rho)_{ij}^2}{(k-1)(u-1)}$，其余参数意义同模型Ⅱ。

二、希腊-拉丁方设计与分析

若在一个用拉丁字母表示的 $k\times k$ 拉丁方上，再重合一个用希腊字母表示的 $k\times k$ 拉丁方，并使每个希腊字母与每个拉丁字母都共同出现一次，且仅共同出现一次，此时我们称这两个拉丁方正交，这样的设计称为希腊-拉丁方设计。在这样的设计中，一共可容纳 4 个因素：行、列、希腊字母和拉丁字母。每个因素都有 k 个水平，每个水平重复 k 次。这 4 个因素中常常只有拉丁字母代表的因素是试验所要考查的因素，其他均为希望排除其影响的区组因素。因此，这种设计方法可分离出 3 个希望排除其影响的区组因素的变异，与拉丁方设计相比，试验误差更小，试验的精确性更高。

统计学已证明，除 $k=6$ 外，所有拉丁方均有与之正交的拉丁方。对于给定的阶数 k，最多可以有 $k-1$ 个互相正交的拉丁方。如果确定存在这样的 $k-1$ 个正交拉丁方，则称它们为正交拉丁方的完全系。把所有这些拉丁方重叠在一起，共可容纳 $k+1$ 个因素（因为除每个正交拉丁方都可容纳一个因素外，还有行、列可容纳两个因素）。但如果真安排 $k+1$ 个因素，就无法分离出误差项，也就无法进行统计检验了。因此 k 阶正交拉丁方最多可安排 k 个因素进行试验。正交拉丁方已编成专门表格，需要时可查阅。

希腊-拉丁方设计要求所有因素间均无交互作用。其试验结果的数学模型为

$$Y_{ijlm}=\mu+\tau_i+\rho_j+\lambda_l+\varphi_m+\varepsilon_{ijlm}\quad(i,\ j,\ l,\ m=1,\ 2,\ \cdots,\ k)$$

式中，Y_{ijlm} 为第 j 行、第 l 列、第 i 个拉丁字母和第 m 个希腊字母的观测值，注意，i、m 不是独立的下标，因为下标 j、l 即行区组、列区组数已确定了位于该位置的拉丁字母和希腊字母；μ 为总平均数；τ_i 为拉丁字母效应；ρ_j 为行效应；λ_l 为列效应；φ_m 为希腊字母效应；ε_{ijlm} 为随机误差、相互独立，随机变量 ε 服从 N（0，σ^2）。

平方和与自由度划分式为

$$SS_T=SS_R+SS_C+SS_t+SS_\varphi+SS_e$$
$$df_T=df_R+df_C+df_t+df_\varphi+df_e$$

各平方和与自由度计算公式如下：

矫正项 $C=\left(\sum_{1}^{k^2}Y\right)^2/k^2$

总平方和与自由度 $SS_T=\sum_{1}^{k^2}Y^2-C,\ df_T=k^2-1$

行区组间平方和与自由度 $SS_R=\sum_{1}^{k}T_j^2/k-C,\ df_R=k-1$

列区组间平方和与自由度 $SS_C=\sum_{1}^{k}T_l^2/k-C,\ df_C=k-1$

处理间平方和与自由度 $SS_t=\sum_{1}^{k}T_i^2/k-C,\ df_t=k-1$

希腊字母间平方和与自由度 $SS_\varphi=\sum_{1}^{k}T_m^2/k-C,\ df_\varphi=k-1$

式中，T_j、T_l、T_i、T_m 分别为行区组、列区组、拉丁字母、希腊字母的总和。

$$SS_e=SS_T-SS_R-SS_C-SS_t-SS_\varphi,\ df_e=(k-3)\times(k-1)$$

【例 10-5】 进行 5 个大豆品种的比较试验，田间管理由 5 个不同的人完成，进行试验设计并对结果进行分析。

采用 5×5 拉丁方安排 5 个品种的品比试验，考虑到 5 个不同的人管理水平不同，则采用如下的希腊-拉丁方设计进行试验（α，β，γ，θ，φ 分别代表 5 个不同的管理人），以消除 5 个不同的人管理水平不同对试验结果的影响。试验结果列于表 10-20。

表 10-20 大豆品种比较试验的希腊-拉丁方设计及试验结果

行	列					T_j
	1	2	3	4	5	
1	Aα=53	Bβ=44	Cγ=45	Dθ=49	Eφ=40	231
2	Bγ=52	Cθ=51	Dφ=44	Eα=42	Aβ=50	239
3	Cφ=50	Dα=46	Eβ=43	Aγ=54	Bθ=47	240
4	Dβ=45	Eγ=49	Aθ=54	Bφ=44	Cα=40	232
5	Eθ=43	Aφ=60	Bα=45	Cβ=43	Dγ=44	235
T_l	243	250	231	232	221	$\sum Y=1177$

分别计算各品种总和，各希腊字母代表的管理人的试验指标总和列于表 10-21。

表 10-21 各品种与各管理人的试验指标总和

品种	A	B	C	D	E
总和 T_i	271	232	229	228	217
管理人	α	β	γ	θ	φ
总和 T_m	226	225	244	244	238

分别计算 SS_T、SS_R、SS_C、SS_t、SS_φ 及 SS_e，并计算自由度。

$$C=\left(\sum_{1}^{k^2}Y\right)^2/k^2=1177^2/5^2=55413.16$$

$$SS_T=\sum_{1}^{k^2}Y^2-C$$

$$=(53^2+52^2+\cdots+44^2)-55413.16=56003-55413.16=589.84$$

$$SS_R=\sum_{1}^{k}T_j^2/k-C$$

$$=(231^2+239^2+\cdots+235^2)/5-55413.16=55426.2-55413.16=13.04$$

$$SS_C=\sum_{1}^{k}T_l^2/k-C$$

$$=(243^2+250^2+\cdots+221^2)/5-55413.16=55515-55413.16=101.84$$

$$SS_t=\sum_{1}^{k}T_i^2/k-C$$

$$=(271^2+232^2+\cdots+217^2)/5-55413.16=55755.8-55413.16=342.64$$

$$SS_\varphi=\sum_{1}^{k}T_m^2/k-C$$

$$=(226^2+225^2+\cdots+238^2)/5-55413.16=55483.4-55413.16=70.24$$

$$SS_e=SS_T-SS_R-SS_C-SS_t-SS_\varphi=62.08$$

$$df_T=k^2-1=25-1=24，df_R=df_C=df_t=df_\varphi=k-1=5-1=4$$

$$df_e=(k-3)\times(k-1)=2\times4=8$$

方差分析表见表 10-22。

表 10-22　大豆品种比较试验的方差分析结果

变异来源	SS	df	MS	F
品种	342.64	4	85.66	11.039**
行	13.04	4	3.26	—
列	101.84	4	25.46	—
管理人	70.24	4	17.56	—
误差	62.08	8	7.76	
总变异	589.84	24		

查 F 值表得 $F_{0.05(4,8)}=3.84$、$F_{0.01(4,8)}=7.01$；因为 $F>F_{0.01(4,8)}=7.01$，表明品种间差异极显著，可按方差分析的一般方法进行多重比较，此时 $s_{\bar{Y}_i}=\sqrt{MS_e/k}$，本例 $s_{\bar{Y}_i}=\sqrt{7.76/5}=1.2458$。本试验设计将管理人管理水平不同引起的变异从误差中分离了出来，因而分析更为精确。

采用拉丁方或希腊-拉丁方设计，最主要的要求是各因素间不存在交互作用，否则会出现交互作用效应与主效、试验误差的混杂，导致检验结果不正确。

三、不完全拉丁方设计与分析

在采用随机区组设计时，对于区组容量 k 小于处理数 a 的情况，可采用不完全随机区组设计来解决。在采用拉丁方设计时，也会有行或列数小于处理数的情况。此时可采用不完全拉丁方设计，又叫尤丁方设计（youden square design）。该设计实际上也是一种平衡不完全区组设计。下面结合实例介绍尤丁方设计及试验结果分析方法。

【例 10-6】 比较 4 种饲料 A_1、A_2、A_3、A_4 对奶牛产奶量的影响，选用 4 头奶牛 B_1、B_2、B_3、B_4 进行试验，将泌乳期分为 C_1、C_2、C_3 3 个阶段，进行试验设计并对试验结果做出分析。

要比较 4 种饲料 A_1、A_2、A_3、A_4 对奶牛产奶量的影响，可选择 4 头奶牛，如果奶牛的泌乳期可以分为 4 个阶段，则可以采用通常的 4×4 拉丁方设计。但奶牛的泌乳期以分为 3 个阶段更为合理，如果勉强分为 4 个阶段，而每 2 个阶段间又须有间歇期以消除残效，这样试验期太长，到第 4 阶段有可能没奶了，故宜采用不完全拉丁方设计，如表 10-23 所示。

表 10-23　4 种饲料不完全拉丁方设计表

	C_1	C_2	C_3	C_4
B_1	A_1	A_2	A_3	A_4
B_2	A_2	A_3	A_4	A_1
B_3	A_3	A_4	A_1	A_2
B_4	A_4	A_1	A_2	A_3

如果把奶牛作为区组，把泌乳阶段的差异看作偶然差异，这一不完全拉丁方设计实际上是一个 $a=4$、$b=4$、$k=3$、$r=3$ 的 BIB 设计，且任意两个处理出现于同一区组中的次数 $\lambda=r(k-1)/(a-1)=2$。从 BIB 设计的附表中（附表 11）查得该试验适用于采用设计 2，即图 10-6A。

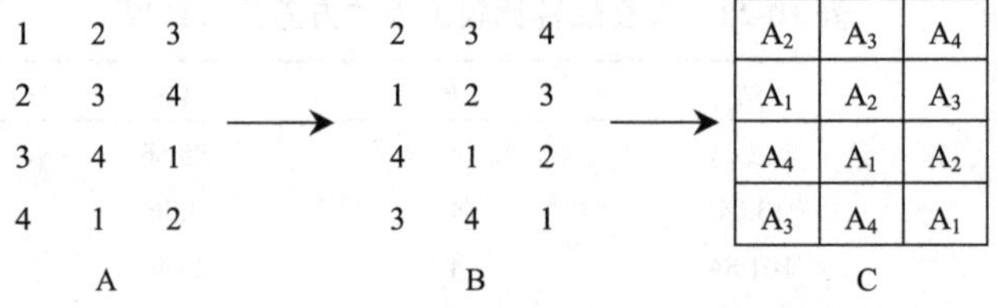

图 10-6　不完全拉丁方设计的步骤

将图 10-6A 横行按 2、1、4、3 随机排列，见图 10-6B。令 1、2、3、4 分别表示 4 种饲料 A_1、A_2、A_3、A_4，配置到图 10-6B 中，得图 10-6C。将 4 头奶牛 B_1、B_2、B_3、B_4 作为横行区组，将 3 个泌乳期 C_1、C_2、C_3 作为直列区组，并整理成为表 10-24，试验结果也列于表 10-24。

表 10-24　4 种饲料不完全拉丁方试验结果（日产奶量，kg）

	C_1	C_2	C_3	T_{R_j}	T_{A_i}	Q_{A_i}
B_1	A_2 8.5	A_3 10.7	A_4 6.6	25.8	T_{A_1} 30.5	7.7
B_2	A_1 8.3	A_2 8.3	A_3 10.2	26.8	T_{A_2} 23.4	−9.8
B_3	A_4 7.7	A_1 13.1	A_2 6.6	27.4	T_{A_3} 32.4	15.0

续表

	C_1	C_2	C_3	T_{R_j}	T_{A_i}	Q_{A_i}
B_4	A_3 11.5	A_4 9.0	A_1 9.1	29.6	T_{A_4} 23.3	−12.9
T_{C_l}	36.0	41.1	32.5	109.6	109.6	0

注：可对图 10-6A 的横行、直列、处理独立随机排列，本例仅对图 10-6A 的横行进行了随机排列

本试验设计的数据结构，适合于拉丁方的线性模型：

$$Y_{ijl}=\mu+\tau_i+\rho_j+\lambda_l+\varepsilon_{ijl}\quad (i=1,\ 2,\ \cdots,\ a;\ j=1,\ 2,\ \cdots,\ b;\ l=1,\ 2,\ \cdots,\ k)$$

式中，μ 为总平均值；τ_i 为处理效应；ρ_j 为行效应；λ_l 为列效应；ε_{ijl} 为随机误差、相互独立，随机变量 ε 服从 N（0，σ^2）；同时规定处理数为 a，区组数为 b，每个区组容量为 k，处理重复数为 r，任意两个处理出现于同一区组中的次数为 λ。

对于本例而言，τ_i 为饲料效应，ρ_j 为奶牛个体效应，λ_l 为泌乳阶段效应。事实上，不同泌乳阶段和奶牛个体差异对奶牛产奶量有影响，因此在比较处理时应该消除这两个因素的影响，即计算调整的处理效果 Q_{A_i}。由于实施方案同时具有平衡不完全区组设计和拉丁方设计在试验设计上的优点，各处理在行、列区组中均出现且仅出现一次，采用下列计算公式可消除行区组和列区组影响：

$$Q_{A_i}=kT_{A_i}-\sum_{\substack{j=1\\ j\neq i}}^{a}T_{R_j} \tag{10-17}$$

Q_{A_i} 是从 A 因素的第 i 水平之和的 k 倍减去含有这个水平的各区组之和求得的。例如，$Q_{A_1}=kT_{A_1}-T_{R_2}-T_{R_3}-T_{R_4}=3\times30.5-26.8-27.4-29.6=7.7$，$A_1$ 在不同泌乳阶段及不同奶牛个体上均配置一次，所以在 Q_{A_i} 中既不包含泌乳阶段的影响，也不包含奶牛个体间的差异的影响。

通过试验设计的结构分析可知，其试验结果分析方法与 BIB 设计相同。

1．计算各项平方和与自由度

矫正项 $C=T^2/(ka)$

总平方和与自由度 $SS_T=\sum Y^2-C,\ df_T=ka-1$

调整的处理间平方和与自由度 $SS_{t'}=\sum Q_{A_i}^2/(\lambda ka),\ df_{t'}=a-1$

奶牛间平方和（未调整）与自由度 $SS_R=\dfrac{1}{k}\sum T_{R_j}^2-C,\ df_R=b-1$

泌乳阶段平方和与自由度 $SS_C=\dfrac{1}{a}\sum T_{C_l}^2-C,\ df_C=k-1$

误差平方和与自由度 $SS_e=SS_T-SS_t-SS_R-SS_C,\ df_e=ka-a-b-k+2$

此例，具体计算如下：

$C=109.6^2/12=1001.0133$

$SS_T=(8.5^2+8.3^2+\cdots+9.1^2)-1001.0133=1042.64-1001.0133=41.6267$

$SS_{t'}=[7.7^2+(-9.8)^2+15.0^2+(-12.9)^2]/(2\times3\times4)=22.7808$

$SS_R=\dfrac{1}{3}(25.8^2+26.8^2+27.4^2+29.6^2)-1001.0133=1003.6-1001.0133=2.5867$

$$SS_C=\frac{1}{4}(36.0^2+41.1^2+32.5^2)-1001.0133=1010.365-1001.0133=9.3517$$

$$S_e=SS_T-SS_{t'}-SS_R-SS_C=6.9075$$

$$df_T=3\times4-1=11,\ df_{t'}=4-1=3,\ df_R=4-1=3,\ df_C=3-1=2,\ df_e=3\times4-4-4-3+2=3$$

2．列方差分析表，进行 *F* 检验　　见表 10-25。

表 10-25　4 种饲料不完全拉丁方试验结果的方差分析

变异来源	*SS*	*df*	*MS*	*F*
饲料间（调整）	22.7808	3	7.5936	3.298
奶牛间（未调整）	2.5867	3		因未调整，放弃
泌乳阶段	9.3517	2	4.6758	2.031
误差	6.9075	3	2.3025	
总变异	41.6267	11		

注：$F_{0.05\,(3,\,3)}=9.28$；$F_{0.05\,(2,\,3)}=9.55$

误差自由度较小，*F* 检验结果表明饲料间差异不显著。奶牛间差异的讨论并不是本试验的研究目的，同时未做调整，故放弃。泌乳期的差异的讨论也不是本试验的研究目的，但其平方和不需修正，故顺便做 *F* 检验，*F* 检验结果表明泌乳期差异不显著。

3．各处理间的多重比较　　此例中饲料间的差异不显著。如果显著，则可按 BIB 设计的统计方法进行多重比较。

表 10-23 的设计中，从行的方向（即横行）的区组看，A 因素 4 个水平中配置了 3 个水平，属 BIB 设计；从列的方向（即竖行）的区组看，各区组包含了 A 因素的全部 4 个水平，属完全型。凡满足这种条件的设计，为不完全拉丁方设计。如果表 10-23 中虚线一列也能实施，则该不完全拉丁方设计就成为通常的拉丁方设计。

第四节　序贯设计与分析

以前介绍的各种试验设计与统计分析方法的共同特点之一是先确定试验单位（如动物试验的一头动物或一组动物，田间试验的小区）总数 *N*，再将 *N* 个试验单位按不同的设计方法进行随机化分组，进行试验，观测试验结果。*N* 个试验单位的全部观测结果获得之后再进行统计分析。但在实际工作中，有的试验仅需要得出初步结论，有的药物试验有毒副作用，若能尽快得出结论就可以停止试验。因此，统计学家构建了一种边试验、边统计分析的设计方法，即不事先规定试验单位数目的多少，按试验单位进入试验的次序，每得到一例或一个阶段的试验结果就进行一次统计分析，做出继续试验或接受无效假设或拒绝无效假设而接受备择假设的判断。一旦得出拒绝无效假设的结论，即可停止试验；否则根据具体情况做出继续或停止试验的决定。这样的试验方法被称为序贯试验（sequential experiment）。相应的设计和统计分析方法被称为序贯设计与分析（sequential design and analysis）。

序贯设计与分析的主要优点是考虑到观测结果出现的顺序而适时地做出结论，及时地中止试验，节省人力物力，平均所需试验单位数目的多少约为普通设计方法的一半；此外，还可估计或限定发生两类错误（假阳性或假阴性）的概率。特别是第Ⅱ类错误（假阴性）的概率，用通常的方法是难以估计的。

此法最初用于武器的检验，目前在医学上的新药筛选、防治效果考核、诊断或鉴别，以及植物保护中病虫害测报等方面有着广泛的应用。

序贯试验的假设检验方法被称为序贯检验（sequential test）。序贯检验的分类方式有多种，根据序贯分析图形是开放还是封闭的，分为开放型序贯检验（open sequential test）和闭锁型序贯检验（closed sequential test）；从试验反应变量类型是定性或定量资料，又分为质反应和量反应序贯检验；从试验的不同方式可将序贯检验分为单一、配对或成组序贯检验。

一、质反应变量的序贯试验

质反应变量是指观测结果为按性质分类的变量，如按某项标准判断为有效或无效。

（一）单一处理开放型序贯试验

该方法适用于初步筛选某种处理措施有无作用。可不设置对照组。下面以实例说明该类试验的设计和分析步骤。

【例 10-7】 某医生进行了头痛滴鼻液对血管性头痛止痛作用的序贯试验，试验设计和分析方法如下，试验结果见表 10-26，试判断头痛滴鼻液对血管性头痛是否有止痛作用。

表 10-26　头痛滴鼻液对血管性头痛止痛作用的序贯试验观察结果

受试病例号 n	1	2	3	4	5	6	7	8
试验效果 y	+	+	−	+	+	−	+	+

注：＋表示有效，－表示无效

1. 试验设计

1）由经验或文献资料可知，如果血管性头痛患者连续三次服药后均认为疼痛能够缓解，则认为受试药有止痛作用。

2）止痛率 $p\geq 70\%$ 认为该药有效，止痛率 $p\leq 30\%$ 认为该药无效；令 $p_1=70\%$，$p_2=30\%$。

3）设定犯第Ⅰ、第Ⅱ类错误的概率（即假阳性和假阴性的概率）α 和 β 均为 0.05。

4）在门诊就诊的患者中随机选取观察对象并征得配合。

5）每选取一个患者，连续服药三次并观察结果。每取一个患者的结果，进行一次分析，绘制结果曲线。

6）当第 n 个患者的治疗结果在曲线上与有效或无效边界线接触时停止试验并做出统计推断。

2. 序贯分析

（1）计算序贯分析图中的参数　根据 p_1、p_2、α 和 β 值计算序贯分析图中有效或无效边界线回归方程中的斜率和截距，斜率 b 的计算公式为

$$b=\lg\frac{1-p_2}{1-p_1}\Big/\left(\lg\frac{p_1}{p_2}+\lg\frac{1-p_2}{1-p_1}\right) \tag{10-18}$$

有效边界线回归方程的截距 a_1 的计算公式为

$$a_1=\lg\frac{1-\beta}{\alpha}\Big/\left(\lg\frac{p_1}{p_2}+\lg\frac{1-p_2}{1-p_1}\right) \tag{10-19}$$

无效边界线回归方程的截距 a_2 的计算公式为

$$a_2=\lg\frac{\beta}{1-\alpha}\Big/\left(\lg\frac{p_1}{p_2}+\lg\frac{1-p_2}{1-p_1}\right) \tag{10-20}$$

将预先设定的 p_1、p_2、α 和 β 值分别代入上述公式得 $b=0.5$，$a_1=1.74$，$a_2=-1.74$。

（2）建立有效、无效边界线的线性回归方程　上边界线 U 与下边界线 L 分别表示效果有无统计学意义的边界线。其中，上边界线 U 为 $Y=a_1+bn$，下边界线 L 为 $Y=a_2+bn$。

本例，上边界线 U 为 $Y=1.74+0.5n$，下边界线 L 为 $Y=-1.74+0.5n$。

（3）绘制序贯分析图的边界线　据上述线性回归方程在平面坐标上绘制上下边界线，横坐标为受试例数 n，纵坐标为有效例数 Y。

（4）绘制试验结果曲线　试验结果有两种情况，即处理有效或处理无效。从原点开始绘制，如果第一例为有效，则在横轴受试例数 1 与纵轴有效例数 1 对应的位置绘制 1 个点，从原点向右上方（45°）画一斜线；第二例若为无效，则在横轴受试例数 2 与纵轴受试例数 2 处绘制 1 个点，并从第二点处做一水平线，余类推。

3．结果判断　若试验结果触及有效线 U，则试验结束，认为头痛滴鼻液对血管性头痛有治疗作用；若触及无效线 L，则认为头痛滴鼻液对血管性头痛治疗无效，试验终止。

本例，序贯分析见图 10-7。由图可知，试验结果在第 8 例触及有效线，试验结束，认为头痛滴鼻液对血管性头痛有治疗作用。

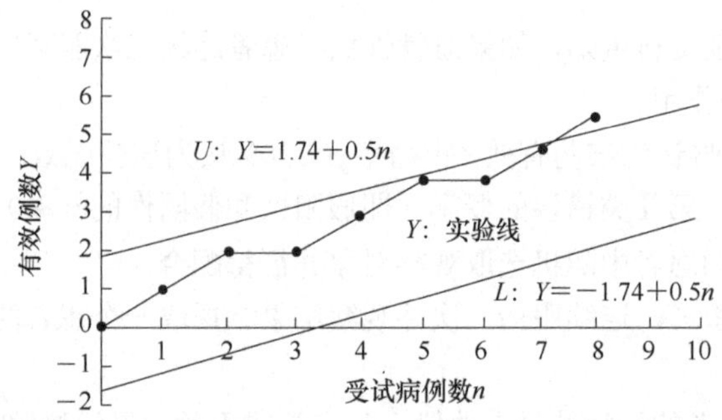

图 10-7　头痛滴鼻液对血管性头痛的疗效序贯分析图

（二）配对比较开放型序贯试验

配对比较的序贯试验在药物评价中应用较多。研究者或者将受试者自身配对，或者根据受试者的条件两两配对，逐对进行试验和分析。在临床试验中，若药物的作用时间短暂，无后遗影响，一旦停药，病情则回到原来的水平，则可采用自身配对。配对比较可以减少误差、减少受试对象、提高试验效率。下面用实例说明该类试验的设计和分析步骤。

【例 10-8】 某医院欲比较药膜与碘合剂在治疗急性局限型智齿冠周炎的疗效，以便寻找一种疗效好、用药方便的新药剂型。该研究的设计、分析步骤如下，资料见表 10-27，试评价两种药物的优劣。

表 10-27　药膜与碘合剂治疗急性局限型智齿冠周炎的疗效

对子	1	2	3	4	5	6	7	8	9	10	11	12	13	14	15	16	17
结果	SF	SF	SF	FS	SF	SF	FS	SF	SF	SF	SF	SF	FS	SF	SF	SF	SF

试验设计与分析步骤如下。

1．采用自制的药膜与碘合剂互为对照，局部治疗急性局限型智齿冠周炎　在门诊选取性别相同、年龄在（22±3）岁以内、病情相同的患者，配成一对受试对象。事先规定一个对子中第一个接受治疗的患者采用自制的药膜治疗，第二个患者采用碘合剂治疗。治愈用“S”表示，无效用“F”表示。成对试验的结果有四种可能，即药膜与碘合剂均有效，记为“SS”；均无效，记为“FF”；药膜有效而碘合剂无效，记为“SF”；药膜无效而碘合剂有效，记为“FS”。在分析时只利用“SF”与“FS”的对子。

2．规定检验标准和计算 θ 值

1）规定假阳性和假阴性的概率 α 和 β，本例均为 0.05。

2）规定“SF”对子数是“FS”对子数的四倍即为药膜优于碘合剂，“FS”对子数是“SF”对子数的四倍即为碘合剂优于药膜。

3）计算 θ 值：认为有效的“SF”或“FS”对子数与总对子数“SF＋FS”的比值为 θ 值，即

$$\theta=\frac{\mathrm{SF}}{\mathrm{SF}+\mathrm{FS}} \text{ 或 } \theta=\frac{\mathrm{FS}}{\mathrm{SF}+\mathrm{FS}} \tag{10-21}$$

3．计算序贯分析图中四条边界线回归方程的斜率 b 和截距 a

$$b=-\frac{\lg[4\theta(1-\theta)]}{\lg\left(\frac{\theta}{1-\theta}\right)} \tag{10-22}$$

差别有效边界线方程的截距 a_1 的计算公式为

$$a_1=\frac{2\lg\left(\frac{1-\beta}{\alpha/2}\right)}{\lg\left(\frac{\theta}{1-\theta}\right)} \tag{10-23}$$

差别无效边界线方程的截距 a_2 的计算公式为

$$a_2=\frac{2\lg\left(\frac{1-\alpha/2}{\beta}\right)}{\lg\left(\frac{\theta}{1-\theta}\right)} \tag{10-24}$$

本例，$\theta=0.8$，α 和 β 均为 0.05。代入上述公式可计算得，$b=0.3219$，$a_1=5.2479$，$a_2=4.2854$。

4．建立四条边界线的线性回归方程

U：$Y=a_1+bn$　　L：$Y=-a_1+(-bn)$

M：$Y=-a_2+bn$　　M^*：$Y=a_2+(-bn)$

U、L 分别为上、下边界线，即两药疗效差别有统计学意义的边界线；M 与 M^* 为差别无统计意义的边界线。

本例四条边界线的线性回归方程为

$$U：Y=5.2479+0.3219n \qquad M：Y=-4.2854+0.3219n$$

$$L：Y=-5.2479-0.3219n \qquad M^*：Y=4.2854-0.3219n$$

5．根据四条边界线的线性回归方程绘制序贯分析边界线（图 10-8）

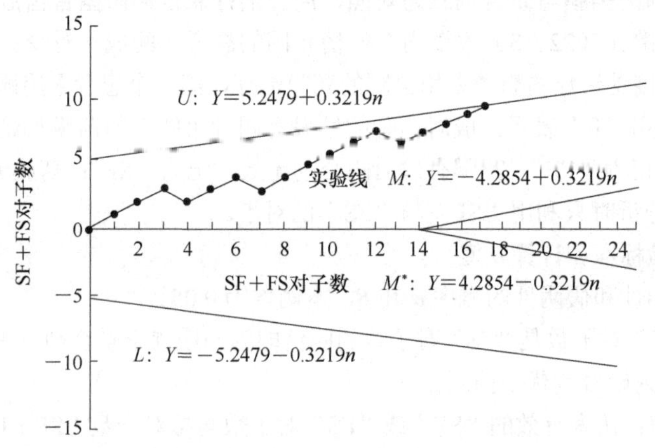

图 10-8　药膜与碘合剂治疗急性局限型智齿冠周炎的疗效比较序贯分析图

6．根据观察结果（表 10-27）绘制实验线（图 10-8）　根据试验顺序将不同结果的对子在分析图中画实验线。从原点开始，遇到“SF”的对子，向右上方（45°）画一斜线，并绘一个点；遇到“FS”的对子，向右下方（45°）画一斜线，并绘一个点，当实验线触及 U 线，说明药膜优于碘合剂；若触及 L 线，说明碘合剂优于药膜；若实验线触及 M 或 M^* 线，则认为两种药物的疗效差别无统计意义。

由图 10-8 可知，实验线在第 17 对 SF 或 FS 对子触及上边界线，说明药膜疗效优于碘合剂，可认为局部用含抗生素的药膜治疗急性局限型智齿冠周炎比用碘合剂治疗更有效。

关于 θ 值的计算，若事先知道对照药物的有效率为 p_1，要求试验药的有效率必须达到 p_2 才能认为试验药优于对照药，可以用下式计算 θ 值。

$$\theta=\frac{p_2(1-p_1)}{p_2(1-P_1)+p_1(1-P_2)} \tag{10-25}$$

若规定 θ 值的大小，并已知对照药的有效率为 p_1，由式（10-25）也可推算出试验药的有效率 p_2。若试验者规定 θ 值为 0.7，已知 p_1 为 0.60，由式（10-25）可算出试验药的有效率 p_2 应为 0.78，才能认为试验药优于对照药；若 p_1 仍为 0.60，但 θ 值改为 0.80，算出的 p_2 为 0.857，由此可知，θ 值的大小决定鉴别能力。

（三）配对比较闭锁型序贯试验

从图 10-8 可以看出，序贯分析图的右端是开放的，故称开放型序贯试验。研究过程中可能会遇到实验线在边界线之间波动，使试验既得不出结论，也不知何时应停止试验。因此，统计学家又研究出闭锁型序贯分析方法，即计算出的四条边界线在右端呈封闭状态。实验线触及其中的任何一条线即可停止试验。

封闭型序贯试验的边界线方程计算复杂，但可以根据 θ 值、假阳性、假阴性的概率 α 和 β 查附表 13，得出 4 条边界线的值。

【例 10-9】 某医生欲检验干扰素 α 对慢性乙型肝炎的疗效，某中药作为对照。用序贯试验方法，试验标准为 $\theta=0.8$，中药有效率 $p_1=0.3$，根据式（10-25），算出干扰素 α 的有效率 $p_2=0.63$，$\alpha=\beta=0.05$，试用闭锁型序贯检验做出判断。

1．根据 $\theta=0.8$，$\alpha=\beta=0.05$，查附表 13 得 U、L、M、M^*的取值　　见表 10-28。

表 10-28　$\theta=0.8$，$\alpha=\beta=0.05$ 时 U、L、M、M^*的取值

U	N	8	11	14	17	20	23	26	29	32	35	38	39	40
L	Y	±8	±9	±10	±11	±12	±13	±14	±15	±16	±17	±18	±17	±16
M	N	26	40											
M^*	Y	±0	±14											

2．根据表 10-28 的数据绘制边界线　　边界线所在坐标平面中，横坐标为治疗对子数，纵坐标为有效对子数。其中上边界线 U 用（N，$+Y$）所决定的点连接成折线，下边界线 L 用（N，$-Y$）所决定的点连接成折线，绘制无效线 M 用（N，$+Y$），无效线 M^*用（N，$-Y$）。4 条折线组成右端封闭的检验区域。

3．绘制实验线　　本例的实验结果见表 10-29。从原点开始，遇到“SF”的对子，向右上方（45°）画一斜线，并绘一个点；遇到“FS”的对子，向右下方（45°）画一斜线，并绘一个点，当实验线触及 U 线，说明干扰素 α 对慢性乙型肝炎的疗效优于中药；若触及 L 线，说明中药对慢性乙型肝炎的疗效优于干扰素 α；若实验线触及 M 或 M^*线，则认为两种药物的疗效差别无统计意义。结果见图 10-9，由图可知，当“SF”或“FS”的对子数为 14 时，实验线触及上界，结论为干扰素 α 对慢性乙型肝炎的疗效优于中药。

表 10-29　干扰素 α 与中药对慢性乙型肝炎的疗效配对实验结果

对子	1	2	3	4	5	6	7	8	9	10	11	12	13	14
结果	SF	SF	SF	FS	SF	SF	FS	SF	SF	SF	SF	SF	SF	SF

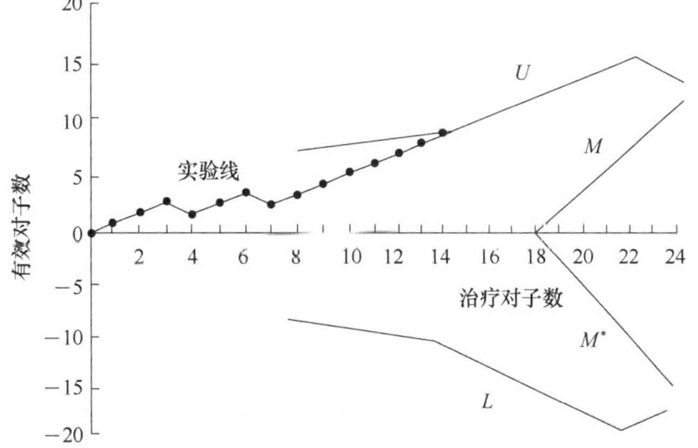

图 10-9　干扰素 α 与中药对慢性乙型肝炎的疗效比较

二、量反应变量的序贯设计与分析

（一）配对比较开放型序贯试验

配对比较的序贯试验用来比较两种处理的反应量的差别。若 A 处理的反应量为 X_1，B 处理的反应量为 X_2，其差值为 $Y=X_1-X_2$。若 $Y>0$，说明 A 处理的反应量大于 B；若 $Y<0$，说明 B 处理的反应量大于 A；若 $Y=0$，说明 A 处理的反应量等于 B。若已知 Y 的标准差为 σ，令 $\theta=\dfrac{Y}{\sigma}$，θ 是以标准差为单位的两种处理反应量的差值，该差值作为序贯试验分析的标准之一。下面以实例说明该试验的设计与分析步骤。

【例 10-10】 某医生研究六味地黄丸对老年糖尿病患者的降糖作用，用某西药作为对照，以早晨空腹血糖作为观测指标。根据以往资料报道，两药治疗后血糖差值的标准差 σ 为 1.1mmol/L。试用序贯分析法判断六味地黄丸对老年糖尿病患者的降糖作用是否优于某西药。

1．试验设计

1）设假阳性和假阴性的概率 α 和 β 均为 0.05。

2）确定两种药物治疗后血糖相差的标准差 σ，本例 $\sigma=11$mmol/L。

3）规定中药有效的标准为中、西两种药物治疗后的差值相当于一个标准差。即规定 $\theta=1$ 为中药六味地黄丸优于某西药，$\theta=0$ 为两药效果相等。

2．序贯分析　根据 θ、α 和 β 计算序贯检验边界线回归方程的斜率 b 和截距 a。

$$b=\frac{\theta}{2} \tag{10-26}$$

$$a_1=\frac{2.3}{\theta}\lg\left(\frac{1-\beta}{\alpha/2}\right) \tag{10-27}$$

$$a_2=-\frac{2.3}{\theta}\lg\left(\frac{\beta}{1-\alpha/2}\right) \tag{10-28}$$

本例，$\theta=1$，$\alpha=\beta=0.05$，代入上述三式，得 $b=0.5$，$a_1=3.63$，$a_2=2.967$。

3．建立四条边界线的线性回归方程

U：$Y=a_1\sigma+b\sigma n$

L：$Y=-a_1\sigma-b\sigma n$

M：$Y=-a_2\sigma-b\sigma n$

M^*：$Y=a_2\sigma-b\sigma n$

本例，$b=0.5$，$a_1=3.63$，$a_2=2.967$，$\sigma=1.1$，代入上述四式，得

U：$Y=3.9930+0.55n$

L：$Y=-3.9930-0.55n$

M：$Y=-3.2637+0.55n$

M^*：$Y=3.2637-0.55n$

4．根据 4 条边界线的回归方程绘制边界线（图 10-10）　坐标平面中，横坐标为治疗对子数，纵坐标为累积差值。

5. 绘制试验线 试验数据见表 10-30，根据对子数 n 和成对数据的累积差值 $\sum d$ 绘制试验线，即点（n，$\sum d$）所连成的折线（图 10-10）。

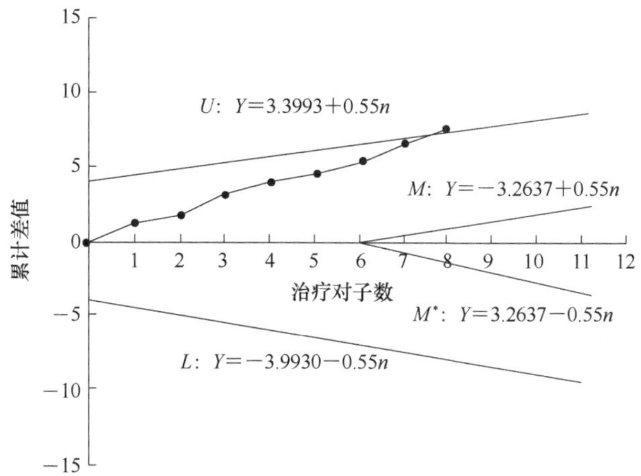

图 10-10 六味地黄丸和某西药对老年糖尿病患者降糖作用的比较

表 10-30 六味地黄丸和某西药对老年糖尿病患者降糖作用的比较

对子号	六味地黄丸 X_1/（mmol/L）	某西药 X_2/（mmol/L）	差值 d	累积差值 $\sum d$
1	3.2	2.0	1.2	1.2
2	2.1	1.5	0.6	1.8
3	2.8	1.2	1.6	3.4
4	1.9	1.1	0.8	4.2
5	2.5	1.8	0.7	4.9
6	2.0	0.9	1.1	6.0
7	2.8	1.4	1.4	7.4
8	2.2	1.1	1.1	8.5

从图 10-10 可以看出，第 8 对的试验结果触及上边界线 U，表明中药六味地黄丸降低血糖的作用优于某西药，试验结束。

（二）配对比较闭锁型序贯试验

配对比较闭锁型序贯分析图的上下边界线 U、L 与开放型的计算公式一样。即计算 b 和 a_1 得出 U 和 L 边界线。但中间的无效线 M 和 M^*的参数计算复杂。需要根据 α 和 β 从附表 14 查出成对数据差值的方差$\sigma^2=1$、均值 $\mu=1$ 的 n^*和 y_n^*，由式（10-29）和式（10-30）求出σ^2与 μ 等于其他值的 n 和 y，由 n 和 y 绘制中间的边界线 M，由 n 与$-y$ 绘制 M^*。计算 n 和 y 的公式如下：

$$n=n^*\times\frac{\sigma^2}{\mu^2} \tag{10-29}$$

$$y=y_n^*\times\frac{\sigma^2}{\mu^2} \tag{10-30}$$

【例 10-11】 对 **【例 10-10】** 的数据进行闭锁型序贯试验分析。

1）上下边界线 U 与 L 同【**例 10-10**】。

2）根据 α、β 查附表 14，得成对数据差值的方差 $\sigma^2=1$、均值 $\mu=1$ 的 n^* 和 y_n^*（表 10-31）。

表 10-31　$\alpha=\beta=0.05$，$\sigma^2=1$、$\mu=1$、$\theta=1$ 时的 n^* 和 y_n^*

n^*	7.47	8.0	9.0	10.0	11.0	12.0	13.0	14.0	15.0	16.0	17.0	18.0	18.5	18.91
y_n^*	0	0.8	1.5	2.1	2.8	3.5	4.3	5.1	6.0	7.0	8.2	9.7	10.8	13.09

根据式（10-29）和式（10-30），由 n^* 和 y_n^* 计算 n 和 y（表 10-32）。

表 10-32　$\alpha=\beta=0.05$，$\sigma=11$、$\mu=1$ 时的 n 和 y

n	7.47	8.0	9.0	10.0	11.0	12.0	13.0	14.0	15.0	16.0	17.0	18.0	18.5	18.91
y	0	0.88	1.65	2.31	3.08	3.85	4.73	5.61	6.6	7.7	9.02	10.67	11.88	14.40

3）根据 n、y 与 n、$-y$ 绘制闭锁分析图的无效线 M 和 M^*，U 和 L 为上下边界线，构成闭锁型序贯分析图（图 10-11），试验线的绘制方法同【**例 10-10**】，检验结果同前。

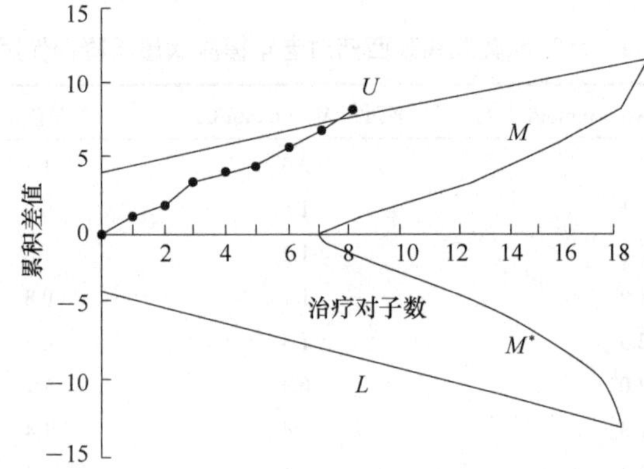

图 10-11　六味地黄丸和某西药对老年糖尿病患者降糖作用的比较序贯分析图

三、成组序贯设计与分析

前面介绍了单一处理或配对序贯试验。配对试验要求试验单位满足配对要求，量反应配对比较的序贯试验还要求事先知道总体方差。当决定药物是否有效的时间长于患者加入试验的时间时，不宜采用单一处理或配对序贯试验，最好采用 S. J. Pocock 于 1977 年提出的成组序贯设计和分析方法。成组序贯试验适用于成组比较，更适合于临床研究的需要。该方法的基本思想是：将整个试验分为 N 个试验阶段，每个试验阶段有 $2n$（n 为常数，且 $n>1$）个试验对象，当第 i 个试验阶段的试验结束时，得到 $2ni$ 个观测值，进行一次假设检验。若不拒绝无效假设，且 $i<N$，则继续进行第 $i+1$ 阶段试验；若拒绝无效假设，则停止试验；整个试验最多进行 N 个试验阶段，若 $i=N$，仍然不能拒绝无效假设，也要停止试验。给定 N 和总的显著水平 $\alpha=0.05$，n 的选择使把握度达到 $1-\beta$。由于每完成了前 i 段的试验，要对前 i 段（$i=1$，2，…，n）的试验数据进行一次假设检验，这样就需要进行 i 次假设检验（$i\leqslant N$）。统计学证明，总的显著性水平确定后，若进行多次假设检验，每次均采用这个选定的 α 值，则使总的显著水平 α 变大，

即做出的统计推断犯第Ⅰ类错误的概率增大。如总的 $\alpha=0.05$，若每次假设检验时都用 0.05，进行 40 次检验时，总的 α 值变为 0.3029。故每次的假设检验要选择校正的 α 值，记为 α'。

（一）成组序贯试验设计

假定采用 A、B 两种处理，观测指标为 X_A 与 X_B，分别来自两个正态总体 $N(\mu_A, \sigma^2)$ 与 $N(\mu_B, \sigma^2)$，无效假设 H_0 为 $\mu_A=\mu_B$，备择假设 H_A 为 $\mu_A \neq \mu_B$。

1）根据以往的文献、经验和试验的具体要求确定犯第Ⅰ类错误的概率 α、把握度 $1-\beta$ 和试验阶段数 N。

2）确定容许误差 δ 和总体标准差的估计值 s。

3）用式（10-31）估计每个试验段内 n 的大小。

$$n=\left\lfloor 2\left(\frac{\Delta s}{\delta}\right)^2+0.5\right\rfloor \tag{10-31}$$

式中，Δ 由 α、$1-\beta$ 和 N 决定，可查附表 15 得出。

（二）统计分析

对于第 i 个序贯组，同时观测 $2n$ 个对象，在得到第 i 组数据（$X_{A_{i1}}$，$X_{A_{i2}}$，…，$X_{A_{in}}$）和（$X_{B_{i1}}$，$X_{B_{i2}}$，…，$X_{B_{in}}$）后，与前 $i-1$ 组数据合并，计算 T_i。

$$T_i=\frac{|\bar{X}_{A_i}-\bar{X}_{B_i}|}{s_{\bar{X}_{A_i}-\bar{X}_{B_i}}} \tag{10-32}$$

式中，

$$\bar{X}_{A_i}=\frac{1}{in}\sum_{r=1}^{in}X_{A_r}$$

$$\bar{X}_{B_i}=\frac{1}{in}\sum_{r=1}^{in}X_{B_r}$$

$$s_{\bar{X}_{A_i}-\bar{X}_{B_i}}=\sqrt{\frac{1}{(in-1)\,in}\sum_{r=1}^{in}\left[(X_{A_r}-\bar{X}_{A_r})^2+(X_{B_r}-\bar{X}_{B_r})^2\right]}$$

将 T_i 与 t 分布表中的临界值 $t_{\alpha'[2(in-1)]}$ 比较，若 $T_i \geqslant t_{\alpha'[2(in-1)]}$，则 $p \leqslant \alpha$，拒绝 H_0，终止试验；若 $T_i < t_{\alpha'[2(in-1)]}$，如果 $i<N$，继续进行第 $i+1$ 阶段试验，如果 $i=N$，终止试验，结论为 $p>\alpha$，不能拒绝无效假设 H_0。

【例 10-12】 某医生研究一种代谢促进剂 1,6-磷酸果糖（简称 FDP）在培养条件下对细胞生长的影响。试验对象为小白鼠的胚胎神经细胞。处理 A 是在培养液中加入 0.10%的 FDP，处理 B 是不加入任何药物，两组的培养条件相同。观测指标为神经细胞突触的长度，单位为 μm，试用成组序贯试验检验 FDP 的作用。

给定 $\alpha=0.05$，$\beta=0.1$，$N=4$，$\delta=\mu_A-\mu_B=394.2\mu m$，标准差 s 为 547.5μm。

由附表 15 查得 $\Delta(\alpha, N, 1-\beta)=\Delta(0.05, 4, 0.9)=1.763$；由式（10-31），得 $n=12$；由附表 16 查得 $\alpha'(\alpha, N)=\alpha'(0.05, 4)=0.0182$。

每批 2×12=24 个试验对象随机被分配到处理 A 或处理 B 组；A 与 B 组各 12 个试验对象。

A 组进入试验就加入 0.10%的 FDP，两组分别于 9d 后观测其生长情况。试验结果见表 10-33。

表 10-33　FDP 对小白鼠胚胎神经细胞轴突长度影响的试验结果（μm）

培养皿号	序贯号 1		序贯号 2	
	A 组	B 组	A 组	B 组
1	2017	2336	2190	1825
2	2820	730	1825	1095
3	2163	730	2080	1131
4	1944	2336	1496	1387
5	2820	2190	1168	1025
6	849	1387	1241	1095
7	2163	1204	1825	803
8	2382	1314	1058	876
9	2382	1530	1095	1022
10	2017	2190	1022	1168
11	2163	1971	1314	876
12	1360	1168	1934	1460
T_i	2.13		2.81	
$t_{0.0182[2(in-1)]}$	2.565		2.461	

对第一阶段的数据进行分析，$\bar{X}_A=2090$，$\bar{X}_B=1590.5$，$T_1=2.13$，$t_{0.0182[2(1\times12-1)]}=2.565$，$T_1<t_{0.0182[2(1\times12-1)]}$，继续进行第二阶段的试验。

对第一和第二阶段的数据合并进行分析，$\bar{X}_A=1805.3$，$\bar{X}_B=1368.7$，$T_2=2.81$，$t_{0.0182[2(2\times12-1)]}=2.461$，$T_2<t_{0.0182[2(2\times12-1)]}$ 拒绝无效假设，两处理对小白鼠胚胎神经细胞轴突长度影响有显著差异，试验终止。

上面通过药物试验的实例介绍了序贯设计的基本类型、设计及统计分析方法，从中可以看出，该设计方法有两个特点。一是根据事先确定的检验水平、检验效能和容许误差，绘制有效边界线、无效边界线或确定检验的界限值，序贯检验在试验结果刚触及显著性界限时即能及时做出统计推断，避免了不必要的重复工作；二是在设计阶段，序贯抽样的样本容量是一个变量。

但是，序贯试验也有一些局限性。序贯试验仅能对一个特定的单独问题做出回答，一旦得出某个结论就停止试验，因此不能回答几个相关问题；不适用于几个研究机构同时进行的联合试验。

序贯设计应用于临床研究可以避免以后的患者接受无效治疗，应用于大的、昂贵的动物试验或以小组为单位的小动物试验，可以节省试验对象，减少时间，应用于农业生产中病虫害预测可以减小试验规模，及时准确测报，是一种具有特殊价值的试验设计方法。

第五节　异常数据的处理

在统计分析中往往会发现一些异常数据，若不将其剔除，会影响分析结果的正确性。所以，检出和剔除异常数据是数据资料分析中应当注意的重要问题。

一、可疑值、极端值和异常值

当对同一样品进行重复测定时，常常发现一组分析数据中某一两个测定值明显地偏大或偏小，我们将其视为可疑值（suspectable value）。可疑值可能是测定值随机波动的极端表现，即极端值（extreme value）（包括极大或极小值），它们虽然明显地偏离多数测定值，但仍然处于统计所允许的误差范围内，与多数测定值属于同一总体。当然有些可疑值可能与多数测定值并非属于同一总体，这样的可疑值称为异常值（outlier）。

对于可疑值，首先应从分析技术上设法弄清其出现的原因。如果查明的确是由技术上的失误引起的，不管它是不是异常值均应舍弃，而不必进行统计检验。但有时由于各种原因未必能从技术上找出其出现的原因，在这种情况下，既不能轻易地保留它，也不能随意地舍弃它，应对其进行统计检验。如果经统计检验，表明它确实是异常值，就应将其从这组数据中剔除，只有这样才能使测定结果符合客观真实情况。如果经统计检验，表明它不是异常值，则应将其保留下来。如果将本来不是异常值的测定值主观地当作异常值予以舍弃，表面上看起来提高了测验结果的精确度，但这是一种虚假的精确度，它并非是客观情况的真实反映。因为根据随机误差的分布特性，测定值的离散是必然的，出现极端值也是正常现象。为此，在考察和评价测定数据的可靠性时，决不可将测定数据的离散与异常值混淆起来。

在科学试验或各种指标值的测定时，极端值的出现是难免的，但极端值并非都是异常值。如何判断呢？其检验的理论基础是随机样本的正态分布理论。根据测试数据的正态分布特性，在一组测定值中，出现大偏差测定值的概率是很小的。例如，与平均数相比偏差大于 2 倍标准差的测定值出现的概率不足 5%，平均每 20 次测定中出现不到一次；偏差大于 3 倍标准差的测定值，出现的概率就更小，不足 1%。通常的分析测试只进行少数几次测定，按常规来说，出现大偏差测定值的可能性本应是非常小的。如果竟然出现了，根据“小概率事件实际不可能性原理”，自然就不能看作随机因素作用而造成的。我们有理由将偏差大于 2 倍或 3 倍标准差的测定值看作异常值予以剔除。

二、检出异常值的方法

（一）利用算术平均误差 δ 检查

除掉可疑值后，求出

$$\delta=\frac{\sum_{i=1}^{n}|d_i|}{n}=\frac{\sum_{i=1}^{n}|x_i-\bar{x}|}{n} \tag{10-33}$$

检查可疑值与平均值之差 $d=|x_{可疑}-\bar{x}|$。当分析方法简单、测定次数较多时，若 $d\geqslant 2.5\delta$，则将可疑值弃去，反之则保留。当分析方法较繁琐、测定次数少（$n=3$ 或 4）时，若 $d\geqslant 4\delta$，则将可疑值弃去，反之则保留。

事实上，此法是根据 $|x_{可疑}-\bar{x}|>2s$，则弃去，反之则保留，因为 $2.5\delta=2.5\times0.7989s\approx 2s$（2 倍标准偏差）。

【例 10-13】 测定冻兔肉样品中某种有害成分的含量，测得 5 个数据（mg/kg）：0.112，

0.118，0.115，0.119，0.123。其中 0.123 是可疑值，试检查其是否为异常值。

除去可疑值后，求得

$$\bar{x}=\frac{0.112+0.115+0.118+0.119}{4}=0.116,\quad d=|x_{可疑}-\bar{x}|=0.123-0.116=0.007$$

而 $\delta=\frac{1}{n}\sum_{i=1}^{4}|d_i|=\frac{0.010}{4}=0.0025$, $2.5\delta=2.5\times0.0025=0.00625$。因为 $d>2.5\delta$，故可疑值 0.123 应弃去。

（二）利用标准误差检查

由总体均数区间估计的置信区间知道，某一可疑值，如使得 $\bar{x}-x_{可疑}$ 在 $\pm\frac{ts}{\sqrt{n}}$ 之间，则此可疑值是合理的，不应弃去。若 $\bar{x}-x_{可疑}$ 在 $\pm\frac{ts}{\sqrt{n}}$ 之外，则可疑值应弃去。$\bar{x}-x_{可疑}$ 不参与计算 $\bar{x}$ 和 s。仍以上例算得：$s=\sqrt{\frac{\sum d_i^2}{n-1}}=0.0032$。选择置信度 $p=1-\alpha=95\%$, $df=n-1=3$, 查 $t_{0.05(3)}=3.182$，于是，

$$\pm\frac{ts}{\sqrt{n}}=\pm\frac{3.182\times0.0032}{\sqrt{4}}=\pm0.0051$$

$$\bar{x}-x_{可疑}=0.116-0.123=-0.007$$

-0.007 在 ±0.0051 之外，故可疑值 0.123 应弃去。

（三）Dixon 法

本法计算简便，原则上适用于有一个可疑值的情况。将一组数据按大小顺序排成 $x_1\leqslant x_2\leqslant x_3\leqslant\cdots\leqslant x_n$ 的形式。若怀疑 x_1 或 x_n 时，用表 10-34 中所示的公式，计算 r_{11}，r_{1n}，……一般取置信度 $p=95\%$，查出 $r_{临界值}$，若 $r_{计算值}>r_{临界值}$，则此相应的可疑值应弃去，否则，应予以保留。此法也可检查多次分析的平均值 $\bar{x}_1$，$\bar{x}_2$，…，$\bar{x}_n$ 是否可疑。

【例 10-14】 现有一组数据包含 15 个测定值，由小到大排列为：1.134，1.155，1.168，1.168，1.168，1.170，1.173，1.180，1.186，1.190，1.193，1.205，1.205，1.205，1.210。其中，1.134 和 1.210 为可疑值，试检查其是否为异常值。

先检查 $x_{15}=1.210$，$n=15$，怀疑 x_n。按表 10-34 所示计算

$$r_{4n}=\frac{x_{15}-x_{13}}{x_{15}-x_3}=\frac{1.210-1.205}{1.210-1.168}=0.119$$

当 $n=15$、$p=1-\alpha=95\%$时，临界值为 0.525。$x_{15}=1.210$ 为正常值，应保留。

再检查 $x_1=1.134$。因为

$$r_{41}=\frac{x_3-x_1}{x_{13}-x_1}=\frac{1.168-1.134}{1.205-1.134}=0.479$$

而 $0.479<0.525$，故 $x_1=1.134$ 为正常值，应保留。

表 10-34　Dixon 检验的临界值表

测定次数 n	置信度 $p=1-\alpha$			统计量 r	
	90%	95%	99%	怀疑 x_1 时	怀疑 x_n 时
3	0.886	0.941	0.988	$r_{11}=\frac{x_2-x_1}{x_n-x_1}$	$r_{1n}=\frac{x_n-x_{n-1}}{x_n-x_1}$
4	0.679	0.765	0.889		
5	0.557	0.642	0.780		
6	0.482	0.560	0.698		
7	0.479	0.554	0.683	$r_{21}=\frac{x_2-x_1}{x_{n-1}-x_1}$	$r_{2n}=\frac{x_n-x_{n-1}}{x_n-x_2}$
8	0.441	0.512	0.637		
9	0.434	0.507	0.635		
10	0.517	0.576	0.679	$r_{31}=\frac{x_3-x_1}{x_{n-1}-x_1}$	$r_{3n}=\frac{x_n-x_{n-2}}{x_n-x_2}$
11	0.490	0.546	0.642		
12	0.467	0.521	0.615		
13	0.409	0.477	0.597		
14	0.492	0.546	0.641	$r_{41}=\frac{x_3-x_1}{x_{n-2}-x_1}$	$r_{4n}=\frac{x_n-x_{n-2}}{x_n-x_3}$
15	0.472	0.525	0.616		
16	0.454	0.507	0.595		
17	0.438	0.490	0.577		
18	0.424	0.475	0.561		
19	0.412	0.462	0.547		
20	0.401	0.450	0.535		
21	0.391	0.440	0.524		
22	0.382	0.430	0.514		
23	0.374	0.421	0.505		
24	0.367	0.413	0.497		
25	0.360	0.406	0.489		

（四）Grubbs 法

此法用于检查各测定值 x_i 或 $\overline{x}_i$ 是否大体上符合正态分布。将 n 个测定值按大小排成 $x_1\leqslant x_2\leqslant x_3\leqslant\cdots\leqslant x_n$。若怀疑一个测定值时，如怀疑 x_1，则计算 $T_1=\frac{\overline{x}-x_1}{s}$；怀疑 x_n 时，则计算 $T_n=\frac{x_n-\overline{x}}{s}$。式中 $\overline{x}=\frac{1}{n}\sum_{i=1}^{n}x_i$，$s=\sqrt{\frac{1}{n-1}\sum_{i=1}^{n}(x_i-\overline{x})^2}$（包括可疑值在内）。若算出的 T_1 或 T_n 的值大于“Grubbs 弃去异常数据的临界值”（表 10-35）（一般，$p=1-\alpha$ 选 95%），则 x_1 或 x_n 就

弃去，反之，则保留。

表 10-35　Grubbs 去除异常数据的临界值（T_G）表

数据个数	置信度 95%	置信度 99%	数据个数	置信度 95%	置信度 99%	数据个数	置信度 95%	置信度 99%
3	1.15	1.15	16	2.59	2.85	29	2.87	3.19
4	1.48	1.50	17	2.62	2.89	30	2.88	3.20
5	1.71	1.76	18	2.65	2.93	31	2.92	3.25
6	1.89	1.97	19	2.68	2.97	32	2.94	3.27
7	2.02	2.14	20	2.71	3.00	33	2.95	3.29
8	2.13	2.27	21	2.74	3.03	34	2.97	3.30
9	2.21	2.39	22	2.76	3.06	35	2.98	3.32
10	2.29	2.48	23	2.78	3.09	36	2.99	3.33
11	2.36	2.56	24	2.80	3.11	37	3.00	3.34
12	2.41	2.64	25	2.82	3.13	38	3.01	3.36
13	2.46	2.70	26	2.84	3.15	39	3.03	3.37
14	2.51	2.76	27	2.85	3.17	40	3.04	3.38
15	2.55	2.81	28	2.86	3.18			

如有两个或两个以上的可疑值处于 $\overline{x}$ 的同侧，如图 10-12 所示。图中，x_1、x_2、x_3 与其他数据偏离较远。先用上述方法检查最内侧的 x_3，若舍去了 x_3，则随之弃去 x_2 和 x_1。如 x_3 不能舍，再顺序检验 x_2 和 x_1。如原始数据太多（40 个以上），可将数据均匀地分成两组，用本法弃去异常值。

图 10-12　可疑值处于 $\overline{x}$ 的同侧的数轴

【例 10-15】 一组数据包含 32 个测定值，由小到大排列为 1.040，1.290，1.292，1.296，1.307，1.311，1.322，1.323，1.340，1.343，1.344，1.345，1.348，1.352，1.354，1.354，1.354，1.355，1.355，1.356，1.356，1.358，1.358，1.358，1.362，1.365，1.368，1.376，1.387，1.402，1.407，1.412。计算得 $\overline{x}$=1.340，s=0.062。其中，1.040 和 1.412 可疑，试检查其是否为异常值。

先判断 x_1。因为 x_1＝1.040，所以

$$T_1=\frac{\overline{x}-x_1}{s}=\frac{1.340-1.040}{0.062}=4.84$$

查表 10-35，当 n＝32、$1-\alpha$＝95%时，临界值 T_G 为 2.94。T_1＞2.94，1.040 应舍去。

再判断 x_n。因为 x_n＝1.412，所以

$$T_n=\frac{x_n-\overline{x}}{s}=\frac{1.412-1.340}{0.062}=1.16$$

T_n＜2.94，1.412 应保留。

（五）回归模型中异常观测值的检出

在第四章曾介绍过回归模型失拟性检验的问题，这里介绍一种简单实用的检出回归模型

中异常观测值 y_j 的方法——残差图分析。

与拟合任何线性模型一样，回归模型的残差分析对于确定最小二乘拟合的适合性是必需的。在这里，均假定回归模型为

$$y_j=\beta_0+\sum_{i=1}^{m}\beta_i x_{ij}+\varepsilon_j \quad (j=1,\ 2,\ \cdots,\ n) \tag{10-34}$$

式中，β_0、β_i（$i=1$，2，…，m）为参数；x_i 为自变量；ε_j 相互独立，随机变量 ε 服从 N（0，σ^2）。

在回归分析中，b_0 和 b_i 分别是 β_0 和 β_i 的最小二乘估计，回归方程为

$$\hat{y}=b_0+b_1x_1+b_2x_2+\cdots+b_mx_m \tag{10-35}$$

对于第 j 个观测点，观测值 y_j 和回归预测值 $\hat{y}_j$ 之差为

$$e_j=y_j-\hat{y}_j \quad (j=1,\ 2,\ \cdots,\ n) \tag{10-36}$$

称 e_j 为第 j 次观测的残差（或偏差），它是 ε_j 的估计值。e_j 能反映出 ε_j 的假定性质，如它们之间独立吗？均服从 N（0，σ^2）吗？因而残差提供了模型适合性的信息。如果 e_j 的表现符合关于 ε_j 的假设，则模型是适合的，否则模型是不适合观测资料的，这便是残差分析的基本思路。

对 n 个观测点的 $\hat{y}_j$ 或 x_{ij} 按由大到小排序，用它们作横坐标，用相应的 e_j 作纵坐标画平面散点图，这种散点图称为残差图（residue figure）。如果 e_j 的表现符合 ε_j 的假设，则 e_j 的大小与 $\hat{y}_j$ 或 x_{ij} 的顺序无关，各散点应落在以 $e=0$ 为中心的横带里，没有正或负的系统变化趋势，是一些无规律的随机分布的点。图 10-13 给出了几种残差图。

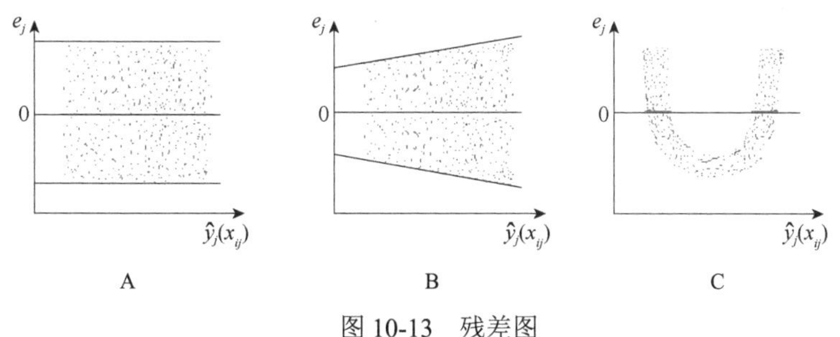

图 10-13　残差图

图 10-13A 表示模型是适合的正常残差分布图，图 10-13B 表示残差随着 $\hat{y}_j$ 或 x_{ij} 的增大而增大，图 10-13C 表示残差呈有规律的系统变化。图 10-13B 和图 10-13C 说明模型是不适合的。若观测值是按时间顺序取的，可画出 t_j 与 e_j 的残差图，看残差是否与观测值的时间顺序有关。如果模型是适合的，则残差应与观测值的时间顺序无关。

异常值的残差在残差图中远离其他残差的分布，这种残差通常叫离群值。一个或多个离群值会影响回归参数的估计，这是因为最小二乘估计是残差平方和最小的估计。当异常值远大于其他观测值时，会导致拟合值偏向异常值的拟合错误，使回归模型失真。因此对异常值必须认真判别，如果是过失错误造成的，就应剔除；如果异常值是研究所期望的，则可能是一种新发现，值得进一步研究。

粗略检测离群值的方法是计算标准化残差

$$e'_j=\frac{e_j}{\sqrt{MS_r}} \tag{10-37}$$

如果 $\varepsilon \sim N(0, \sigma^2)$，则 e'_j 约有 68%落在±1 内，约有 95%落在±2 内，几乎全部落在±3 内，因而 $|e'_i| \geqslant 3$ 的残差可能为离群值，它所对应的观测值可能为异常值。

关于检出异常值的方法应注意以下几点。

1）同一资料用两种方法检验结果不同时，一般以 Grubbs 为准。对上述前 4 种方法，曾对混有另一种总体数值的各种情况进行模拟试验，表明 Grubbs 法检出率最高，效果最好。

2）舍弃一个数值时应慎重。经过计算符合舍弃标准时，只能说明被舍弃的可疑值属于固有误差的可能性小，但毕竟不等于零。且大多数舍弃方法是以正态分布为基础的，若资料不属于正态分布，舍弃更应慎重。

3）即使被舍弃的数值确属异常值，也应追查其出现的原因，并在报告中声明舍弃的具体数值及舍弃的依据。

4）既无舍弃可疑值的充分理由，又不符合统计学舍弃标准时，该数值不应舍弃。此时，应加大样本，重复试验继续研究。若其属于固有误差范围，就可能出现离均差与可疑值相近而符号相反的数值，即可排除疑点，加强结论的可靠性。

习　题

1. BIB 设计要考虑哪些参数？BIB 设计的必要条件是什么？

2. 在一块肥力变化呈东西走向的正方形试验地上，需要安排一个 BIB 设计，处理数 5，要求重复 4 次以上，选择适宜的 BIB 表，并画出田间排列图。

3. 某施肥试验共设 5 种施肥方案（A～E），采用 BIB 设计，试验结果如表 10-36 所示，试分析之。

表 10-36　5 种施肥方案 BIB 设计及小区产量（kg）

区组	方案				
	A	B	C	D	E
1	68	87	51		
2		80	47	37	
3			54	40	36
4	60			30	25
5	55	70			22
6		75		35	20
7	63	82	50		
8	59		45	34	
9		77		38	25
10	62		60		23

4. 一奶牛场进行了 A、B、C 3 种饲料比较试验，重复拉丁方设计（重复 3 次），用 9 头牛在 9 个月内对这 3 种饲料进行试验。试验设计和结果见图 10-14，表中数据为该月中去掉 5～6d 过渡时间后，其余 25d 的总产奶量（0.5kg），对试验结果进行分析。

冬季

12月	1月	2月
B（630）	C（850）	A（700）
C（970）	A（880）	B（930）
A（450）	B（680）	C（780）

春季

3月	4月	5月
B（570）	C（970）	A（610）
C（770）	A（480）	B（520）
A（700）	B（660）	C（630）

夏季

6月	7月	8月
B（600）	C（650）	A（470）
C（730）	A（330）	B（450）
A（380）	B（370）	C（430）

图 10-14　3×3 重复拉丁方试验设计及结果

5. 在你的实际工作中，遇到可疑值的问题时是怎么解决的？请熟练掌握本章介绍的几种检出异常值的方法。

主要参考文献

陈立，徐汉虹．2000．应用均匀设计获取复配农药最佳增效配方［J］．华南农业大学学报，21（3）：33-35．

陈绍军．1995．均匀设计在食品加工研究中的应用［J］．中国粮油学报，10（1）：22-25，33．

德科加，徐成体．2000．饱和 D-最优设计在草地施肥研究中的应用［J］．青海畜牧兽医杂志，30（4）：11-12．

丁希泉．1986．农业应用回归设计［M］．长春：吉林科学技术出版社．

丁学杰，林海舟．1994．均匀设计新技术在饲料添加剂研究中的应用［J］．饲料博览，6（1）：3-4．

杜荣骞．2003．生物统计学［M］．2 版．北京：高等教育出版社．

方开泰．1994a．均匀设计及其应用［J］．数理统计与管理，13（1）：57-63，56； 13（2）：59-61；13（3）：52-55；13（4）：54-56．

方开泰．1994b．均匀设计与均匀设计表［M］．北京：科学出版社．

方开泰，李久坤．1994．均匀设计的一些新结果［J］．科学通报，39（21）：1921-1924．

方开泰，马长兴．2001．正交与均匀试验设计［M］．北京：科学出版社．

方开泰，全辉，陈庆云．1988．实用回归分析［M］．北京：科学出版社．

方开泰，田国梁．1998．凸多面体上的均匀设计［J］．科学通报，43（14）：1472-1475．

方开泰，郑胡灵．1992．均匀性的新度量——最大对称差准则［J］．应用概率统计，8（1）：10-16．

冯士雍．1985．回归分析方法［M］．北京：科学出版社．

付连魁，朱伟勇．1994．P≤10 的二次 D-最优设计［J］．沈阳黄金学院学报，13（2）：167-172．

盖钧镒．2013．试验统计方法［M］．4 版．北京：中国农业出版社．

高之仁．1986．数量遗传学［M］．成都：四川大学出版社．

高祖新，陈华钧．1995．概率论与数理统计［M］．南京：南京大学出版社．

郝英姿，孔庆海．1999．关于多项式回归最优设计的一个注记［J］．黄金学报，1（1）：74-77．

洪伟．1993．林业试验设计技术与方法［M］．北京：北京科学技术出版社．

黄玉碧．2016．SAS 在农业科学研究中的应用［M］．北京：中国农业出版社．

吉田实．1984．畜牧试验设计［M］．关彦华，王平，译．北京：农业出版社．

焦志勇，周绍美．1989．二次饱和 D-最优设计［J］．山东农业科学，（2）：46-49，42．

李春喜，王文林．2001．生物统计学［M］．2 版．北京：科学出版社．

李隆．1992．肥料试验中应用的单形格子设计及其统计分析［J］．土壤通报，23（6）：275-276．

李隆，金绍龄，张丽慧．1996．小麦/玉米带田玉米施氮时期的定量研究［J］．西北农业大学学报，24（5）：68-74．

李松岗．2002．实用生物统计［M］．北京：北京大学出版社．

李颖．1998．有关最优试验设计的综述报告［J］．辽宁教育学院学报，15（5）：28-30．

林坤，李绍武．1992．应用二次回归饱和 D-最优设计研究甘蔗氮、磷、钾肥料效应［J］．甘蔗糖业，（5）：9-15．

刘春光，周建斌，陈竹君．2001．在混料试验设计肥料配比研究中的应用［J］．西北农林科技大学学报，29（1）：59-62．

刘憨聪，朱伟勇．1995．联合最优试验设计［J］．东北大学学报（自科版），16（6）：658-663．

刘后利．1994．作物育种研究与进展［C］．南京：东南大学出版社．

刘建慧．1998．线性回归分析中重复与非重复性问题研究［J］．北京农学院学报，13（13）：94-99．

刘卫东．2000．应用均匀设计试验法建立桉树生根率预测模型［J］．中南林学院学报，20（3）：93-95.

刘秀梵．1998．兽医流行病学原理［M］．北京：农业出版社.

刘永建，明道绪．2020．田间试验与统计分析［M］．4版．北京：科学出版社.

马长兴．1997．均匀性的一个新度量准则——对称偏差［J］．南开大学学报（自科版），30（1）：31-37.

梅长林，周家良．2002．实用统计方法［M］．北京：科学出版社.

明道绪．1985．通径分析——显著性检验［J］．四川农学院学报，3（1）：59-66.

明道绪．1986．通径分析的原理与方法［J］．农业科学导报，1（1）：39-43；1（2）：43-48；1（3）：43-48；1（4）：40-45.

明道绪．2006．高级生物统计［M］．北京：中国农业出版社.

明道绪，刘永建．2019．生物统计附试验设计［M］．6版．北京：中国农业出版社.

明道绪，王超．1983．通径分析——基本步骤［J］．四川农学院学报，1（1）：129-136.

莫惠栋．1992．植物育种中的试验设计：格子方设计［J］．江苏农学院学报，13（2）：73-80.

南京农业大学．1988．田间试验与统计方法［M］．2版．北京：农业出版社.

倪宗瓒．2001．卫生统计学［M］．北京：人民卫生出版社.

裴鑫德．1991．多元统计分析及其应用［M］．北京：北京农业大学出版社.

强中发，陈占全．1989a．农业现代试验设计［J］．青海农林科技，（1）：53-59.

强中发，陈占全．1989b．农业现代试验设计（二）［J］．青海农林科技，（2）：48-53.

强中发，陈占全．1989c．农业现代试验设计（三）［J］．青海农林科技，（3）：51-57.

任露泉．1987．试验优化技术［M］．北京：机械工业出版社.

赛伯 GAF．1987．线性回归分析［M］．方开泰等，译．北京：科学出版社.

上海师范大学数学系概率统计教研组．1978．回归分析及其试验设计［M］．上海：上海教育出版社.

斯蒂尔 R G D，托里 J H．1979．数理统计的原理与方法——适用于生物科学［M］．杨纪珂，孙长鸣，译．北京：科学出版社.

孙尚拱．2000．均匀设计中有重复试验的统计分析［J］．数理统计与管理，19（2）：24-29.

孙先仿，范跃祖，宁文如．2001．U*均匀设计的均匀性研究［J］．应用概率统计，17（4）：341-345.

王钦德，杨坚．2003．食品试验与统计分析［M］．北京：中国农业大学出版社.

王学仁，温忠粦．1989．应用回归分析［M］．重庆：重庆大学出版社.

王玉杰．1998．单形格子和单形重心设计统计模型的优化分析方法［J］．生物数学学报，13（1）：124-128.

王元．1994．均匀设计——一种试验设计方法［J］．科技导报（北京），（5）：20-21.

王元，方开泰．1996．混料均匀设计［J］．中国科学（A辑），26（1）：1-10.

吴仲贤．1977．统计遗传学［M］．北京：科学出版社.

吴仲贤．1993．生物统计［M］．北京：北京农业大学出版社.

肖俊璋，何莲英．2000．回归饱和D-最优设计的商榷［J］．土壤通报，31（3）：140-142.

萧兵，钟俊维．1985．农业多因素试验设计与统计分析［M］．长沙：湖南科学技术出版社.

谢大海，孟火仔．1992．单形-重心设计在作物施肥肥料配比试验中的应用［J］．江西农业大学学报，14（1）：86-94.

徐华松，唐巍．1998．均匀设计在植物组织中培养中的应用［J］．华南农业大学学报，19（1）：21-23.

徐中儒．1988．农业试验最优回归设计［M］．哈尔滨：黑龙江科学技术出版社.

杨靖一．1990．利用最优回归设计对啤酒大麦最佳施肥配方的研究［J］．土壤通报，21（5）：228-231.

杨世琦，杜世平．1998．饱和-D设计模拟旱地冬小麦产量和水、氮、磷量的关系［J］．麦类作物，18（1）：60-62.

杨义群．1990．回归设计及多元分析——在农业中的应用［M］．杨陵：天则出版社.

杨义群，吴其苗．1991．关于回归最优设计的等价性［J］．浙江农业大学学报，17（4）：411-416．

叶双峰，叶书有，张影．2001．回归最优设计进行无花果施肥的研究［J］．江苏林业科技，28（2）：25-27．

余松林．2002．医学统计学［M］．北京：人民卫生出版社．

俞渭江，郭卓元．1995．畜牧试验统计［M］．贵阳：贵州科技出版社．

袁志发，周静芋．2000．试验设计与分析［M］．北京：高等教育出版社．

张国权．1998．均匀设计的方法与应用［J］．华南农业大学学报，19（2）：91-96．

张仁陟，李增凤．1989．均匀设计在肥料试验研究中的应用初探［J］．土壤通报，20（1）：24-26，30．

张永成．1997．饱和 D 最优设计方法在农业试验中的应用［J］．马铃薯杂志，（3）：171-176．

郑有飞，吴诚鸥．1996．均匀设计方法应用于农业气象试验设计［J］．气象教育与科技，（1）：1-4．

中国科学院数学研究所数理统计组．1974．回归分析方法［M］．北京：科学出版社．

中国科学院数学研究所统计组．1973．常用数理统计方法［M］．北京：科学出版社．

中国科学院数学研究所统计组．1974．回归分析方法［M］．北京：科学出版社．

周鸿飞，张志学．2001．均匀设计法及其在谷子栽培上的应用［J］．辽宁农业科学，（2）：19-21．

Box G E P, Behnken D. 1960. Some new three level designs for the study of quantitative variables[J]. Technometrics, (2): 455-475.

Box G E P, Hunter J S, Hunter W G. 2005. Statistics for Experimenters Design, Innovation, and Discovery[M]. 2nd ed. Manhattan: John Wiley and Sons Inc.

Cochran W G, Cox G M. 1957. Experimental Design[M]. Manhanttan: John Wiley and Sons Inc.

Dean A M, Voss D T. 1999. Design and Analysis of Experiments[M]. New York: Springer Science + Business Media, LLC.

Fisher R A. 1952. Sequential experimentation[J]. Biometrics, 8: 183-187.

Hinkelmann K, Kempthorne O. 2005. Design and Analysis of Experiment-Volume 2 Advanced Experimental Design[M]. Manhanttan: John Wiley and Sons Inc.

Hinkelmann K, Kempthorne O. 2008. Design and Analysis of Experiment-Volume 1 Introduction to Experimental Design[M]. 2nd ed. Manhanttan: John Wiley and Sons Inc.

Kleinbaum D G, Kupper L L, Muller K E, et al. 1998. Applied Regression Analysis and Other Multivariable Methods[M]. 3rd ed. Pacific Grove: Duxbury Press.

Lawson J. 2015. Design and Analysis of Experiments With R[M]. New York: CRC Press.

Li C C. 1977. Path Analysis: A Primer[M]. California: The Boxwood Press.

Mason R L, Gunst R F, Hess J L. 2003. Statistical Design and Analysis of Experiments with Applications to Engineering and Science[M]. 2nd ed. Manhanttan: John Wiley and Sons Inc.

附录一　统计方法的 SAS 程序

一、SAS 系统简介

SAS（statistical analysis system，统计分析系统）是当今国际上著名的数据分析软件系统，其基本部分是 SAS/BASE 软件。20 世纪 60 年代末期，由美国北卡罗来纳州州立大学（North Carolina State University）的 A. J. Barr 和 J. H. Goodnight 两位教授开始开发，于 1975 年创建了美国 SAS 研究所（SAS Institute Inc.）。之后，推出的 SAS 系统，始终以领先的技术和可靠的支持著称于世，通过不断发展和完善，目前已成为大型集成应用软件系统。SAS 统计软件包已推出 SAS 9.4，SAS 统计软件包的主页是 http://www.sas.com。

SAS 系统具有统计分析方法丰富、信息储存简单、语言编程能力强、能对数据连续处理、使用简单等特点。SAS 是一个出色的统计分析系统，它汇集了大量的统计分析方法，从简单的描述统计到复杂的多变量分析，编制了大量的使用简便的统计分析过程。

二、SAS for Windows 的启动与退出

1. 启动　SAS for Windows 的启动，按如下步骤进行。开机后，直接用鼠标双击桌面上 SAS 系统的快捷键图标，自动显示主画面（附图-1），即可进入 SAS 系统。

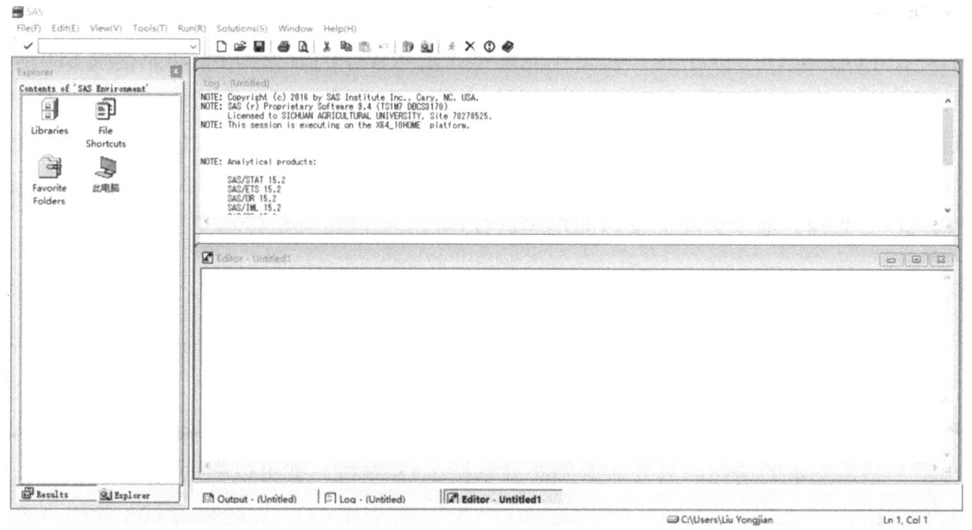

附图-1　SAS 主画面

2. 退出　当用完 SAS for Windows，需要退出时，可以单击“File”，选择“Exit”，或者单击“×”（关闭）按钮，立即显示见附图-2。

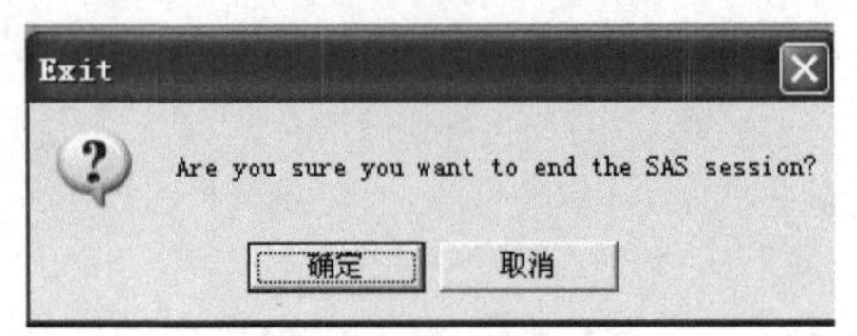

附图-2　退出 SAS 视窗

如果确认需要退出 SAS for Windows，单击“确定”按钮；如果需要继续使用 SAS for Windows，单击“取消”按钮。

三、SAS 程序结构与程序的输入、调试和运行

1. 程序结构　在 SAS 系统中任何一个完整的处理过程均可分为两大步——数据步和过程步来完成。

数据步——将不同来源的数据读入 SAS 系统建立起 SAS 数据集。每一个数据步均由 data 语句开始，以 run 语句结束。

过程步——调用 SAS 系统中已编号的各种过程来处理和分析数据集中的数据。每一个过程步均以 proc 语句开始，run 语句结束，并且每个语句后均以“；”结束。

2. 程序的输入、修改调试和运行　SAS 程序只能在 PGM 窗口输入、修改，并写在 PGM 窗口预先设置好的行号区的右边。SAS 程序语句可以使用大写或小写字母或混合使用来输入，每个语句中的单词或数据项间应以空格隔开。每行输入完后加上“；”，但在数据步中 cards 语句后面的数据行不能加“；”，必须等到数据输入完后提行单独加“；”。在键入过程中可移动光标对错误进行修改。

SAS 语句书写格式相当自由，可在各行的任何位置开始语句的书写。一个语句可以连续写在几行中，一行中也可以同时写上几个语句，但每个语句后面必须用“；”隔开。

当一个程序输入完后，是否能运行和结果是否正确，只有将其发送到 SAS 系统中心去执行后，在 LOG 和 OUTPUT 窗口检查才能确定。发送程序的命令为 F8 功能键或 SUBMIT。当程序发送到 SAS 系统后，PGM 的程序语句全部自动清除，LOG 窗口将逐步记下程序运行的过程和出现的错误信息（用红色提示错误）。如果过程步没有错误，运行完成后，通常会在 OUTPUT 窗口打印出结果；如果程序运行出错，则需要在 PROGRAM EDITOR 窗口用 RECALL（或 F4）命令调回已发送的程序进行修改。

四、常用试验设计与分析的 SAS 程序

结合本教材的实例，基于 SAS 9.4 编写程序代码。限于篇幅，每个程序代码的运行结果都没有呈现在教材中。读者将每个程序代码在 SAS 9.4 中运行时应注意，所提供的这些程序并不是一成不变的。根据分析的需要，每一种程序中各语句都有不同的选项，下面的程序只给出了一些最基本的语句。只要大家熟悉并掌握 SAS 编程，就可以根据需要灵活应用。

（一）一元回归分析

SAS 提供的 REG、RSREG 和 NLIN 过程都可以用来进行回归分析，其中 REG 过程应用于线性回归分析，RSREG 过程应用于响应面分析，NLIN 过程应用于非线性回归分析。REG

过程的语法格式如下。

PROC REG *<options>*;

<label:> MODEL *dependents=<regressors> </ options>*;

BY *variables*;

FREQ *variable*;

ID *variables*;

VAR *variables*;

WEIGHT *variable*;

ADD *variables*;

CODE *<options>*;

DELETE *variables*;

<label:> MTEST *<equation, ..., equation> </ options>*;

OUTPUT *<OUT=SAS-data-set> <keyword=names> <...keyword=names>*;

PAINT *<condition |ALLOBS> </ options> |<STATUS |UNDO>*;

PLOT *<yvariable*xvariable> <=symbol> <...yvariable*xvariable> <=symbol> </ options>*;

PRINT *<options> <ANOVA> <MODELDATA>*;

REFIT ;

RESTRICT *equation, ..., equation*;

REWEIGHT *<condition |ALLOBS> </ options> |<STATUS |UNDO>*;

STORE *<options>*;

<label:> TEST *equation, <, ..., equation> </ option>*;

RSREG 过程的语法格式如下。

PROC RSREG *<options>*;

MODEL *responses = independents </ options>*;

RIDGE *<options>*;

WEIGHT *variable*;

ID *variables*;

BY *variables*;

NLIN 过程的语法格式如下。

PROC NLIN *<options>*;

BOOTSTRAP *</ options>*;

BOUNDS *inequality <, ..., inequality>*;

BY *variables*;

CONTROL *variable <=values> <...variable <=values>>*;

CONTRAST *'label' expression <, expression> <option>*;

DER. *parameter=expression*;

DER. *parameter.parameter=expression*;

ESTIMATE *'label' expression <options>*;

ID *variables*;

MODEL *dependent=expression*;

OUTPUT *OUT=SAS-data-set keyword=names* <*...keyword=names*>;

PARAMETERS <*parameter-specification*><*,...,parameter-specification*><*/PDATA=SAS-data-set*>;

PROFILE *parameter* <*...parameter*> </ *options*>;

RETAIN *variable* <*=values*> <*...variable* <*=values*>>;

Programming statements ;

每个过程的每条语句请参考 SAS 帮助。

1. 加权直线回归 用 REG 过程对教材**【例 1-1】**资料进行加权直线回归分析，SAS 代码如下。

```
data weighted_regression;
input freq amount_p amount_a@@;
cards;
3  8.90  0.283  5  8.41  0.320  4   9.80  0.276  8   8.09  0.299  11  9.00  0.267
7 10.22  0.255  4  8.56  0.290  6   8.78  0.295  2  10.08  0.263   9  9.90  0.270
;
proc reg;
    model amount_a=amount_p;
    weight freq;
run;
```

程序说明：weight 语句指定用 freq 为各观测体的加权值，freq 变量为每个观测体的次数。

2. 有重复试验观测数据的直线回归

用 REG 过程对教材**【例 1-2】**资料进行加权直线回归分析，SAS 代码如下。

```
data reg_with_rep;
input t x y@@;
cards;
1 49.00 16.60 1 49.30 16.80 1 49.50 16.80 1 49.80 16.90 1 50.00 17.00 1 50.20 17.00
2 49.00 16.70 2 49.30 16.80 2 49.50 16.90 2 49.80 17.00 2 50.00 17.10 2 50.20 17.10
;
proc sort;
    by x;
run;
proc reg;
    model y=x/lackfit;
run;
```

程序说明：model 语句的选项 lackfit 要求执行回归模型的失拟性检验。

3. 曲线回归分析

（1）幂函数 用 NLIN 过程对教材**【例 1-4】**资料进行幂函数的曲线回归分析，SAS 代码如下。

```
data power;
input fresh_w breath_s@@;
cards;
10 92 38 32 80 21 125 12 200 10 310 7 445 7 480 6
;
proc nlin data=power method=marquardt converge=1e-5;
    parms b0=400 b1=-0.5;
    model breath_s=b0*fresh_w**b1;
    output out=Pred p=y_estimate r=estimate_error;
run;
/*绘图展示拟合的幂函数曲线和试验观测*/
goptions reset=all;
symbol1 v=star cv=red h=1.5;
symbol2 i=spline ci=blue;
axis1 label=(f='宋体' '鲜重/kg') order=(0 to 500 by 50);
axis2 label=(f='宋体' '呼吸强度/CO2mg/100g 鲜重/h');
title font='黑体' c=BL '试验观测和拟合的幂函数曲线';
proc gplot data=Pred;
    plot breath_s*fresh_w y_estimate*fresh_w/overlay legend haxis=axis1 vaxis=axis2;
run;
```

程序说明：proc nlin 语句调用 NLIN 过程，选项 method=marquardt 指定优化的方法为 marquardt 法，另外还有 gauss、newton 和 gradient 三个选项，选项 converge=1e-5 指定收敛值；parms 语句指定各参数的起始值；model 语句指定曲线回归分析的数学模型；语句 proc gplot 调用 GPLOT 过程绘制 breath_s 与 fresh_w 间的散点图及拟合的幂函数曲线。

（2）Logistic 生长曲线　　用 NLIN 过程对教材**【例 1-5】**资料进行 Logistic 生长函数的曲线回归分析，SAS 代码如下。

```
proc import datafile='d:\datamaster\Exam1_5.csv'
    out=sasuser.Exam1_5
    dbms=csv replace;
    getnames=yes;
run;
ods listing close;
ods graphics on/border=off;
ods rtf file='d:\rtfres\res01_5.rtf';
proc nlin data=sasuser.Exam1_5 method=marquardt converge=1e-5;
    parms k=10 a=100 b=0.5;
    model y=k/(1+a*exp(-b*x));
    output out=file p=y_estimate r=estimate_error;
run;
```

```
/*绘图展示拟合的 LOGISTIC 曲线和试验观测*/
goptions reset=all;
symbol1 v=star cv=red h=1.5;
symbol2 i=spline ci=blue;
axis1 label=(f='宋体' '开花后天数/d')order=(0 to 24 by 3);
axis2 label=(f='宋体' '籽粒平均粒重/mg');
title font='黑体' c=BL '试验观测和拟合的 Logistic 曲线';
proc gplot data=file;
plot y*x y_estimate*x/overlay legend haxis=axis1 vaxis=axis2;
run;
ods rtf close;
```

（3）多项式回归分析　用 NLIN 过程对教材【例 2-2】资料进行一元二次函数的曲线回归分析，SAS 代码如下。

```
data Exam2_3;
input time conc@@;
cards;
1 21.89 2 47.13 3 61.86 4 70.78 5 72.81 6 66.36 7 50.34 8 25.31 9 3.17
;
proc nlin data=Exam2_3 method=marquardt converge=1e-5;
    parms b0=0 b1=0 b2=0;
    model conc=b0+b1*time+b2*time*time;
    output out=Pred p=y_estimate r=estimate_error;
run;
/*绘图展示拟合的幂函数曲线和试验观测*/
goptions reset=all;
symbol1 v=star cv=red h=1.5;
symbol2 i=spline ci=blue;
axis1 label=(f='宋体' '服药时间/h')order=(0 to 10 by 1);
axis2 label=(f='宋体' '血药浓度/g/ml');
title font='黑体' c=BL '试验观测和拟合的一元二次曲线';
proc gplot data=Pred;
    plot conc*time y_estimate*time/overlay legend haxis=axis1 vaxis=axis2;
run;
```

（二）多元线性回归分析

利用教材【例 2-1】资料，首先进行全模型的线性回归分析，再用逐步回归分析法筛选变量，SAS 代码如下。

```
proc import datafile='d:\datamaster\Exam2_1.csv'
    out=sasuser.Exam2_1
```

```
    dbms=csv replace;
    getnames=yes;
run;
ods listing close;
ods graphics on/border=off;
ods rtf file='d:\rtfres\res02_1.rtf';
/*全模型线性回归分析*/
proc reg data=sasuser.Exam2_1;
    model y=x1-x4;
run;
/*逐步回归分析*/
proc reg data=sasuser.Exam2_1;
    model y=x1-x4/stb selection=stepwise;
run;
ods rtf close;
```

程序说明：model 语句定义多元线性回归分析的数学模型，选项 stb 输出标准化后的偏回归系数，选项 selection=stepwise 指明用逐步筛选法确定最优回归方程。

（三）直线相关分析与偏相关分析

SAS 提供的 CORR 过程可以用于相关分析，包括直线相关分析、偏相关分析和典型相关分析等。CORR 过程的语法格式如下。

```
PROC CORR <options>;
    BY variables;
    FREQ variable;
    ID variables;
    PARTIAL variables;
    VAR variables;
    WEIGHT variable;
    WITH variables;
```

利用 CORR 过程对【例 2-1】资料进行变量间的直线相关分析和偏相关分析，SAS 代码如下。

```
proc import datafile='d:\datamaster\Exam2_1.csv'
    out=sasuser.Exam3_1
    dbms=csv replace;
getnames=yes;
run;
ods listing close;
ods graphics on/border=off;
ods rtf file='d:\rtfres\res03_1.rtf';
```

```
/*直线相关分析*/
proc corr nosimple;
    var x1 x2 x3 x4 y;
run;
/*偏相关分析*/
/*x1 与 x2 间的偏相关分析*/
proc corr nosimple;
    var x1 x2;
    partial y x3 x4;
run;
/*x1 与 x3 间的偏相关分析*/
proc corr nosimple;
    var x1 x3;
    partial y x2 x4;
run;
/*x1 与 x4 间的偏相关分析*/
proc corr nosimple;
    var x1 x4;
    partial y x2 x3;
run;
/*x2 与 x3 间的偏相关分析*/
proc corr nosimple;
    var x2 x3;
    partial y x1 x4;
run;
/*x2 与 x4 间的偏相关分析*/
proc corr nosimple;
    var x2 x4;
    partial y x1 x3;
run;
/*x3 与 x4 间的偏相关分析*/
proc corr nosimple;
    var x3 x4;
    partial y x1 x2;
run;
/*y 与 x1 间的偏相关分析*/
proc corr nosimple;
    var y x1;
    partial x2 x3 x4;
```

```
run;
/*y 与 x2 间的偏相关分析*/
proc corr nosimple;
    var y x2;
    partial x1 x3 x4;
run;
/*y 与 x3 间的偏相关分析*/
proc corr nosimple;
    var y x3;
    partial x1 x2 x4;
run;
/*y 与 x4 间的偏相关分析*/
proc corr nosimple;
    var y x4;
    partial x1 x2 x3;
run;
ods rtf close;
```

程序说明：语句 proc corr 调用 CORR 过程进行直线相关分析或偏相关分析，nosimple 选项不输出描述性统计量，语句 var 指定要分析的变量，语句 partial 指定偏相关分析时需要固定的变量。

（四）通径分析

利用 SAS 的相关过程，可实现通径分析，SAS 代码如下。

```
options nodate nonumber nocenter linesize=80 pagesize=60;
proc import out=sasuser.Exam4_1
    datafile="d:\datamaster\Exam2_1.csv"
    dbms=csv replace;
    getnames=yes;
run;
ods listing close;
ods graphics on/border=off;
ods rtf file='d:\rtfres\res04_1.rtf';
proc corr data=sasuser.Exam4_1 outp=corrdata noprint;
    var x1-x4 y;
run;
ods trace on;
proc reg data=sasuser.Exam4_1;
    model y=x1-x4/stb; /*stb 选项要求给出各自变量对依变量的通径系数*/
    ods output anova=anovat (keep=source df SS MS Fvalue);
```

```
    ods output FitStatistics=FitStat (keep=label1 nvalue1 label2 nvalue2);
    ods output ParameterEstimates=PaterE (keep=variable standardizedest);
run;
data DF_Error;
    set anovat;
    if source='Error';
    dfr=df;
    keep source dfr;
data path_coe;
    set PaterE;
    if variable='Intercept' then delete;
    Coe_Path=Standardizedest;
    keep variable Coe_Path;
data Coe_Err;
    set fitstat;
    if label2='R-Square' then do;
        variable='Error';
        nErrR2=1-nvalue2;
        coe_path=sqrt (nErrR2);
    end;
    if nErrR2=. then delete;
    keep variable Coe_path;
data SS_Error;
    set fitstat;
    if label2='R-Square' then do;
        variable='Error';
        nErrR2=1-nvalue2;
    end;
    if nErrR2=. then delete;
    source=variable;
    SSr=nErrR2;
    keep source SSr;
data MS_Error;
    merge Df_Error SS_error;
    by source;
    MSr=SSr/dfr;
    keep source dfr ssr msr;
data Coe_Path;
    merge path_coe coe_err;
```

```
    by variable;
/*通径系数*/
proc print data=Coe_Path;
run;
/*自变量间的相关系数*/
data R_sqr1;
    set corrdata end=last;
    if _type_='CORR';
    if last then delete;
    Coe_Corr=y;
    keep Coe_Corr;
data R_sqr2;
    set corrdata end=last;
    if _type_='CORR';
    if last then delete;
    keep x1 x2 x3 x4;
proc print data=r_sqr1;
run;
/*各自变量对依变量的直接作用和间接作用分析*/
data Role;
    merge path_coe r_sqr1 r_sqr2;
    inde1=Coe_Path*x1;
    inde2=Coe_Path*x2;
    inde3=Coe_Path*x3;
    inde4=Coe_Path*x4;
    keep variable Coe_Corr Coe_Path x1 x2 x3 x4 inde1 inde2 inde3 inde4;
data role1;
    set role;
    if variable='x1' then inde1=.;
    if variable='x2' then inde2=.;
    if variable='x3' then inde3=.;
    if variable='x4' then inde4=.;
proc print data=role1;
    var Variable Coe_Corr Coe_Path inde1 inde2 inde3 inde4;
    sum inde1 inde2 inde3 inde4;
run;
/*自变量对 R 平方的贡献*/
data r_sqr;
    merge path_coe r_sqr1;
```

```
    Con_R2=Coe_Corr*Coe_Path;
    keep variable Coe_Corr Coe_Path Con_R2;
proc print data=r_sqr;
    var variable Coe_Corr Coe_Path Con_R2;
    sum Con_R2;
run;
/*通径系数的假设检验*/
proc iml;
    use R_sqr2;
    read all into coecorr;
    nvariable=nrow (coecorr);
    use path_coe;
    read all into coepath var{Coe_Path};
    gaussm=inv (coecorr);
    use ms_error;
    read var{MSr} into msr;
    read var{dfr} into dfr;
    print 'F value and significance of path coefficient of the ith variable';
    Fcri1=Finv (0.95, 1, dfr);
    Fcri2=Finv (0.99, 1, dfr);
    file print;
    do i=1 to nvariable;
        Fvalue= (coepath [i]*coepath [i]/gaussm [i, i])/msr;
        if Fvalue<fcri1 then sign='ns';
            else if Fvalue<Fcri2 then sign='*';
            else if Fvalue>=Fcri2 then sign='**';
            put @1 i +5 Fvalue 8.4 +5 sign;
    end;
    print 'F value and significance of path coefficient between the ith and jth variable';
    file print;
    do i=1 to nvariable-1;
        do j=i+1 to nvariable;
            Fvalue= ((coepath [i] -coepath [j]) * (coepath [i] -coepath [j]) / (gaussm
        [i, i] +gaussm [j, j] -2*gaussm [i, j]))/msr;
            if Fvalue<fcri1 then sign='ns';
                else if Fvalue<fcri2 then sign='*';
                else if Fvalue>=fcri2 then sign='**';
                put @1 i +5 j +5 Fvalue 8.4 +5 sign;
        end;
```

```
            put;
        end;
    quit;
    /*决定程度分析*/
    data Coe_Der;
        set coe_path;
        coeder=coe_path*coe_path;
    proc print data=Coe_der;
    run;
    proc iml;
        use R_sqr2;
        read all into coecorr;
        nvariable=nrow（coecorr）;
        use path_coe;
        read all into coepath var{Coe_Path};
        print 'Coefficient of co-determination between the ith and jth variables';
        file print;
        do i=1 to nvariable-1;
            do j=i+1 to nvariable;
                coeder=2*coepath [i] *coecorr [i, j] *coepath [j];
                put @1 i +5 j +5 coeder 6.4;
            end;
            put;
        end;
    quit;
    ods rtf close;
```

（五）正交设计及试验资料的方差分析

SAS 提供的 ANOVA 和 GLM 等过程可以用于方差分析，GLM 过程的功能强于 ANOVA 过程，其中 ANOVA 过程可用于平衡资料的方差分析（各处理重复数相等）；GLM 过程可用于非平衡资料（各处理重复数不等）的方差分析。其中，GLM 过程的程序格式如下。

```
PROC GLM <options>;
    CLASS variable< (REF=option) > ...<variable < (REF=option) >> </global- options>;
    MODEL dependent-variables=independent-effects </ options>;
    ABSORB variables;
    BY variables;
    CODE <options>;
    FREQ variable;
    ID variables;
```

```
WEIGHT variable;
CONTRAST 'label' effect values <...effect values> </ options>;
ESTIMATE 'label' effect values <...effect values> </ options>;
LSMEANS effects </ options>;
MANOVA <test-options> </ detail-options>;
MEANS effects </ options>;
OUTPUT <OUT=SAS-data-set> keyword=names <...keyword=names> </ option>;
RANDOM effects </ options>;
REPEATED factor-specification </ options>;
STORE <OUT=>item-store-name </ LABEL='label'>;
TEST <H=effects> E=effect </ options>;
```

1. 单个观测值正交试验资料的方差分析（教材【例 5-2】）

```
options nodate nonotes;
proc import out=sasuser.Exam5_2
    datafile="d:\datamaster\Exam5_2.csv"
    dbms=csv replace;
    getnames=yes;
run;
ods listing close;
ods rtf file='d:\rtfres\Exam5_2.rtf';
proc glm data=sasuser.Exam5_1;
    class temp line time;
    model num=temp line time;
    means temp line time/duncan alpha=0.05;
    means temp line time/duncan alpha=0.01;
run;
ods rtf close;
```

2. 混合水平正交表（教材【例 5-3】）

```
options nodate nonotes;
proc import out=sasuser.Exam5_3
    datafile="d:\datamaster\Exam5_3.csv"
    dbms=csv replace;
    getnames=yes;
run;
ods listing close;
ods rtf file='d:\rtfres\Exam5_3.rtf';
proc glm data=sasuser.Exam5_3;
    class variety density N_amount;
    model yld=variety density N_amount;
```

```
    means variety density N_amount/duncan alpha=0.05;
    means variety density N_amount/duncan alpha=0.01;
run;
ods rtf close;
```

3. 有重复观测值正交试验资料的方差分析（教材【例 5-4】）

```
options nodate nonotes;
proc import out=sasuser.Exam5_4
    datafile="d:\datamaster\Exam5_4.csv"
    dbms=csv replace;
    getnames=yes;
run;
ods listing close;
ods rtf file='d:\rtfres\Exam5_4.rtf';
proc glm data=sasuser.Exam5_4;
    class block A B C;
    model yld=block A B C/ss3;
    means A B C/duncan alpha=0.05;
    means A B C/duncan alpha=0.01;
run;
proc glm data=sasuser.Exam5_4;
    class block trt;
    model yld=block trt/ss3;
    means trt/lsd;
    means trt/lsd alpha=0.01;
run;
ods rtf close;
```

4. 因素间有交互作用的正交设计资料的方差分析（教材【例 5-5】）

```
options nodate nonotes;
proc import out=sasuser.Exam5_5
    datafile="d:\datamaster\Exam5_5.csv"
    dbms=csv replace;
    getnames=yes;
run;
ods listing close;
ods rtf file='d:\rtfres\Exam5_5.rtf';
proc glm data=sasuser.Exam5_5;
    class A B C;
    model yld=A B C A*B B*C/ss3;
    means A B C/duncan alpha=0.05;
```

```
    means A B C/duncan alpha=0.01;
run;
ods rtf close;
```

（六）回归的设计与分析

1. 一次回归正交设计试验资料的统计分析（教材【例 6-1】）

```
options nodate nonumber linesize=80 pagesize=60;
proc import out=sasuser.Exam6_1
    datafile="d:\datamaster\Exam6_1.csv"
    dbms=csv replace;
    getnames=yes;
run;
ods listing close;
ods graphics on/border=off;
ods rtf file='d:\rtfres\res6_1.rtf';
data raw;
set sasuser.Exam6_1;
x1=(z1-85)/10;
x2=(z2-30)/10;
x3=(z3-55)/10;
z1z2=z1*z2;
z1z3=z1*z3;
z2z3=z2*z3;
/*一次回归正交设计试验资料的全模型回归分析*/
/*reg 过程中，model 语句的选项 lackfit 用于 SAS 9.2 以上版本*/
proc reg data=raw;
    model yld=z1 z2 z3 z1z2 z1z3 z2z3/lackfit;
run;
/*一次回归正交设计试验资料的逐步回归分析*/
proc reg data=raw;
    model yld=z1 z2 z3 z1z2 z1z3 z2z3/selection=stepwise;
run;
ods rtf close;
```

程序说明：本程序用 REG 过程来进行回归分析；model 语句的 lackfit 选项要求对回归模型执行失拟性检验，selection 选项指定变量筛选的方法，本例采用逐步回归分析（selection=stepwise）。

2. 二次回归正交组合设计试验资料的统计分析（教材【例 6-2】）

```
options nodate nonumber linesize=80 pagesize=60;
proc import out=sasuser.Exam6_2
```

```
    datafile="d:\datamaster\Exam6_2.csv"
    dbms=csv replace;
    getnames=yes;
run;
data raw;
    set sasuser.Exam6_2;
        lable z1="榨汁压力(at)"
            z2="加压速度(at/s)"
            z3="物料量(g)"
            z4="榨汁时间(min)"
            yld="出汁率(%)";
ods listing close;
ods graphics on/border=off;
ods rtf file='d:\rtfres\res6_2.rtf';
proc rsreg data=raw plots= (ridge (unpack) surface (unpack));
    model yld=z1-z4/lackfit noopt;  /*noopt 抑制二次响应面的典型分析结果显示*/
    ridge max;
run;
ods rtf close;
```

程序说明：本程序采用 RSREG 过程对【例 6-2】资料进行响应面分析；model 语句有两个选项，lackfit 选项要求对回归模型执行失拟性检验，noopt 选项不输出二项式反应面分析中典型分析的结果。

3. BBD 设计试验资料的二次回归分析（教材【例 6-3】）

```
options nodate nonumber linesize=80 pagesize=60;
proc import out=sasuser.Exam6_7
    datafile="d:\advbiostat\Exam6_7.csv"
    dbms=csv replace;
    getnames=yes;
run;
data raw;
    set sasuser.Exam6_7;
    lable z1="Extracting time (h)"
        z2="Ethanolconcentration (%)"
        z3="Solid-liquid ratio (g/ml)"
        yld="Yield (kg/hm2)";
ods listing close;
ods graphics on/border=off;
ods rtf file='d:\rtfres\res6_7.rtf';
proc rsreg data=raw plots=(ridge (unpack) surface (unpack));
```

```
      model y=x1-x3/lackfit noopt; /*noopt 抑制二次响应面的典型分析结果显示*/
      ridge max;
run;
ods rtf close;
```

4. 3414 试验资料的二次回归分析

```
options nodate nonumber linesize=80 pagesize=60;
proc import out=sasuser.Exam6_8
      datafile="d:\advbiostat\Exam6_8.csv"
      dbms=csv replace;
      getnames=yes;
run;
data raw;
      set sasuser.Exam6_8;
      lable z1="Pure N (kg/hm2)"
            z2="P2O5 (kg/hm2)"
            z3="K2O (kg/hm2)"
            yld="Yield (kg/hm2)";
ods listing close;
ods graphics on/border=off;
ods rtf file='d:\rtfres\res6_3.rtf';
proc rsreg data=raw plots= (ridge (unpack) surface (unpack));
      model yld=N P K/lackfit noopt; /*noopt 抑制二次响应面的典型分析结果显示*/
      ridge max;
run;
ods rtf close;
```

5. 二次回归几乎正交旋转组合设计试验资料的统计分析（教材【例 7-1】）

```
options nodate nonumber linesize=80 pagesize=60;
proc import out=sasuser.Exam7_1
      datafile="d:\datamaster\Exam7_1.csv"
      dbms=csv replace;
      getnames=yes;
run;
data raw;
      set sasuser.Exam7_1;
      lable z1="磷酸缓冲液 pH"
            z2="盐浓度(mol/L)"
            z3="浸提时间 (h)"
            yld="藻胆蛋白得率 (%)";
ods listing close;
```

```
ods graphics on/border=off;
ods rtf file='d:\rtfres\res7_1.rtf';
proc rsreg data=raw plots=(ridge(unpack) surface(unpack));
    model yld=z1 z2 z3/lackfit noopt; /*noopt 抑制二次响应面的典型分析结果显示*/
    ridge max;
run;
ods rtf close;
```

6. 二次回归正交旋转组合设计试验资料的统计分析（教材【例 7-2】）

```
options nodate nonumber linesize=80 pagesize=60;
proc import out=sasuser.Exam7_1
    datafile="d:\datamaster\Exam7_1.csv"
    dbms=csv replace;
    getnames=yes;
run;
data raw;
    set sasuser.Exam7_1;
    x1=(z1-7)/1.8;
    x2=(z2-0.20)/0.12;
    x3=(z3-3.5)/1.5;
    x4=x1*x2; x5=x1*x3; x6=x2*x3;
    x7=x1*x1-0.594; x8=x2*x2-0.594; x9=x3*x3-0.594;
    lable z1="磷酸缓冲液 pH"
        z2="盐浓度(mol/L)"
        z3="浸提时间(h)"
        yld="藻胆蛋白得率(%)";
ods listing close;
ods graphics on/border=off;
ods rtf file='d:\rtfres\res7_2.rtf';
proc reg data=raw;
    model yld=x1-x9/lackfit;
run;
ods rtf close;
```

注：读者只须将中心化变量 x7、x8、x9 还原即可。

7. 二次回归通用正交旋转组合设计试验资料的统计分析（教材【例 7-3】）

```
options nodate nonumber linesize=80 pagesize=60;
proc import out=sasuser.Exam7_3
    datafile="d:\datamaster\Exam7_3.csv"
    dbms=csv replace;
    getnames=yes;
```

```
run;
data raw;
    set sasuser.Exam7_3;
    lable z1="料液比"
          z2="提取温度（℃）"
          z3="提取时间（min）"
          yld="油茶饼提取茶皂素的效率（%）";
ods listing close;
ods graphics on/border=off;
ods rtf file='d:\rtfres\res7_3.rtf';
proc rsreg data=raw plots=（ridge（unpack）surface（unpack））;
    model yld=x1-x3/lackfit noopt; /*noopt 抑制二次响应面的典型分析结果显示*/
    ridge max;
run;
ods rtf close;
```

8. 均匀设计试验资料的统计分析（教材【例 8-2】）

```
options nodate nonumber linesize=80 pagesize=60;
proc import out=sasuser.Exam8_2
    datafile="d:\datamaster\Exam8_2.csv"
    dbms=csv replace;
    getnames=yes;
run;
data treat;
    set sasuser.Exam8_2;
    keep treat z1 z2 z3;
ods listing close;
ods graphics on/border=off;
ods rtf file='d:\rtfres\res8_2.rtf';
proc means data=sasuser.Exam8_2;
    class treat;
    var yield;
    output out=mean mean=ave_yld;
run;
data mean2;
    set mean;
    if treat=. then delete;
    keep treat ave_yld;
data raw2;
    merge treat mean2;
```

```
    if ave_yld=. then delete;
    keep treat z1 z2 z3 ave_yld;
data raw;
    set raw2;
    z4=z1*z2; z5=z1*z3; z6=z2*z3;
    z7=z1*z1; z8=z2*z2; z9=z3*z3;
    lable z1="播种期"
        z2="农家肥施用量(100kg/666.67m2)"
        z3="种植密度(1000 株/666.67m2)"
        yld="小区产量(kg)";
proc glm data=sasuser.Exam8_2;
    class block treat;
    model yield=block treat/ss3;
run;
proc reg data=raw;
    model ave_yld=z1-z9/selection=forward;
run;
ods rtf close;
```

程序说明：本程序包括 proc glm 和 proc reg 两个部分，其中 proc glm 是对资料进行方差分析；proc reg 程序是进行回归分析。

9. 一次饱和 D-最优设计试验资料的统计分析（教材【例 8-6】）

SAS 程序：

```
data reg412;
input x1 x2 x3 x4 y@@;
cards;
  1  -1   1  -1  0.38
  1   1  -1   1  0.45
 -1  -1   1   1  0.27
 -1  -1  -1  -1  0.35
 -1   1   1  -1  0.25
;
proc reg;
model y=x1-x4;
run;
```

10. 二次饱和 D-最优设计试验资料的统计分析（教材【例 8-8】）

```
options nodate nonumber linesize=80 pagesize=60;
proc import out=sasuser.Exam8_8
    datafile="d:\datamaster\Exam8_8.csv"
    dbms=csv replace;
```

```
    getnames=yes;
run;
ods listing close;
ods graphics on/border=off;
ods rtf file='d:\rtfres\res8_8.rtf ';
proc glm data=sasuser.Exam8_8;
class block treat;
model yield=block treat/ss3;
run;
proc sort;
    by x1 x2;
proc rsreg;
    model yield=x1 x2/noopt;
run;
ods rtf close;
```

程序说明：本程序包括 proc glm 和 proc rsreg 两个部分，其中 proc glm 是对资料进行方差分析；proc rsreg 程序是进行回归分析。

11. {3，2}单纯形格子设计试验资料的统计分析（教材【例 8-10】）

```
options nodate nonumber linesize=80 pagesize=60;
data Exam8_10;
input x1-x3 y;
x4=x1*x2; x5=x1*x3; x6=x2*x3;
cards;
1.0  0.0  0.0  14.6
0.0  1.0  0.0  14.9
0.0  0.0  1.0  10.8
0.5  0.5  0.0  14.8
0.5  0.0  0.5  13.8
0.0  0.5  0.5  13.0
;
ods listing close;
ods graphics on/border=off;
ods rtf file='d:\rtfres\res8_10.rtf';
proc reg data=Exam8_10;
    model y=x1-x6/noint;
run;
ods rtf close;
```

12. {4，3}单纯形重心设计试验资料的统计分析（教材【例 8-12】）

```
data Exam8_12;
```

```
input x1-x4 y@@;
x5=x1*x2; x6=x1*x3; x7=x1*x4;
x8=x2*x3; x9=x2*x4; x10=x3*x4;
x11=x1*x2*x3; x12=x1*x2*x4; x13=x1*x3*x4; x14=x2*x3*x4;
cards;
1       0       0       0       14.6
0       1       0       0       14.9
0       0       1       0       13.8
0       0       0       1       14.2
0.5     0.5     0       0       12.8
0.5     0       0.5     0       13.3
0.5     0       0       0.5     13.5
0       0.5     0.5     0       13.6
0       0.5     0       0.5     13.4
0       0       0.5     0.5     12.6
0.3333  0.3333  0.3333  0       13.0
0.3333  0.3333  0       0.3333  12.4
0.3333  0       0.3333  0.3333  13.2
0       0.3333  0.3333  0.3333  13.6
;
proc reg;
model y=x1-x14/noint;
run;
```

（七）特殊设计试验资料的方差分析

1. 平衡不完全区组设计试验资料的方差分析（教材【例 10-2】）

SAS 程序：

```
data bib62;
input block fodder weight@@;
cards;
1 1 14 3 1 16 5 1 12 1 2 11 4 2  9 6 2  8
2 3 16 3 3 18 6 3 19 2 4 19 4 4 21 5 4 20
;
proc glm;
class block fodder;
model weight=block fodder;
lsmeans fodder/pdiff;
run;
```

2. 5^2 格子方设计试验资料的方差分析（教材【例 10-3】）

SAS 程序：

```
Data latt63;
    input replicon row column hybrid weight@@;
cards;
1 1 1 18 33.3   1 1 2  9 30.7   1 1 3 11 35.4   1 1 4  2 30.1   1 1 5 25 29.6
1 2 1 24 24.6   1 2 2 15 30.8   1 2 3 17 28.8   1 2 4  8 34.8   1 2 5  1 32.5
1 3 1 12 28.5   1 3 2  3 24.0   1 3 3 10 28.4   1 3 4 21 25.0   1 3 5 19 35.1
1 4 1  6 26.7   1 4 2 22 27.2   1 4 3  4 25.6   1 4 4 20 25.0   1 4 5 13 29.4
1 5 1  5 40.1   1 5 2 16 35.7   1 5 3 23 30.1   1 5 4 14 30.3   1 5 5  7 33.5
2 1 1 20 30.9   2 1 2 17 33.3   2 1 3 19 38.8   2 1 4 16 27.7   2 1 5 18 34.4
2 2 1 15 37.2   2 2 2 12 31.2   2 2 3 14 27.9   2 2 4 11 27.3   2 2 5 13 21.6
2 3 1 25 32.7   2 3 2 22 43.0   2 3 3 24 28.5   2 3 4 21 24.7   2 3 5 23 22.7
2 4 1  5 32.0   2 4 2  2 32.8   2 4 3  4 31.8   2 4 4  1 28.7   2 4 5  3 32.3
2 5 1 10 39.8   2 5 2  7 37.3   2 5 3  9 31.9   2 5 4  6 34.0   2 5 5  8 34.3
3 1 1 19 28.7   3 1 2 15 26.3   3 1 3 23 21.7   3 1 4  6 21.9   3 1 5  2 26.0
3 2 1 11 19.4   3 2 2  7 17.3   3 2 3 20 16.9   3 2 4  3 22.6   3 2 5 24 24.2
3 3 1 22 18.3   3 3 2 18 22.1   3 3 3  1 17.5   3 3 4 14 25.0   3 3 5 10 26.9
3 4 1  5 30.2   3 4 2 21 27.5   3 4 3  9 30.7   3 4 4 17 28.1   3 4 5 13 27.6
3 5 1  8 34.4   3 5 2  4 32.8   3 5 3 12 31.9   3 5 4 25 28.8   3 5 5 16 30.6
;
proc glm;
    class replicon row column hybrid;
model weight=replicon row（replicon）column（replicon）hybrid/ss3;
lsmeans hybrid/stderr;
run;
```

3. 希腊-拉丁方设计试验资料的方差分析（教材【例 10-5】）

SAS 程序：

```
data latin3;
input row col vareity$ farmer yield@@;
cards;
1 1 A 1 53 1 2 B 2 44 1 3 C 3 45 1 4 D 4 49 1 5 E 5 40
2 1 B 3 52 2 2 C 4 51 2 3 D 5 44 2 4 E 1 42 2 5 A 2 50
3 1 C 5 50 3 2 D 1 46 3 3 E 2 43 3 4 A 3 54 3 5 B 4 47
4 1 D 2 45 4 2 E 3 49 4 3 A 4 54 4 4 B 5 44 4 5 C 1 40
5 1 E 4 43 5 2 A 5 60 5 3 B 1 45 5 4 C 2 43 5 5 D 3 44
;
proc glm;
class row col vareity farmer;
```

```
model yield=row col vareity farmer/SS3;
lsmeans vareity/pdiff;
run;
```

4. 不完全拉丁方设计试验资料的方差分析（教材【例 10-6】）

SAS 程序：

```
data latin4;
input cow period fodder$ milkyld@@;
cards;
1 1 A2  8.5 1 2 A3 10.7 1 3 A4  6.6
2 1 A3 11.5 2 2 A4  9.0 2 3 A1  9.1
3 1 A4  7.7 3 2 A1 13.1 3 3 A2  6.6
4 1 A1  8.3 4 2 A2  8.3 4 3 A3 10.2
;
proc glm;
    class cow period fodder;
    model milkyld=cow period fodder/ss1;
    random cow period;
    lsmeans fodder/pdiff;
run;
```

附录二　统计数字用表

附表 1　*t* 值表（两尾）

自由度 *df*	概率值 *p*						
	0.500	0.200	0.100	0.050	0.025	0.010	0.005
1	1.000	3.078	6.314	12.706	25.452	63.657	127.321
2	0.816	1.886	2.920	4.303	6.205	9.925	14.089
3	0.765	1.638	2.353	3.182	4.176	5.841	7.453
4	0.741	1.533	2.132	2.776	3.495	4.604	5.598
5	0.727	1.476	2.015	2.571	3.163	4.032	4.773
6	0.718	1.440	1.943	2.447	2.969	3.707	4.317
7	0.711	1.415	1.895	2.365	2.841	3.499	4.029
8	0.706	1.397	1.860	2.306	2.752	3.355	3.832
9	0.703	1.383	1.833	2.262	2.685	3.250	3.690
10	0.700	1.372	1.812	2.228	2.634	3.169	3.581
11	0.697	1.363	1.796	2.201	2.593	3.106	3.497
12	0.695	1.356	1.782	2.179	2.560	3.055	3.428
13	0.694	1.350	1.771	2.160	2.533	3.012	3.372
14	0.692	1.345	1.761	2.145	2.510	2.977	3.326
15	0.691	1.341	1.753	2.131	2.490	2.947	3.286
16	0.690	1.337	1.746	2.120	2.473	2.921	3.252
17	0.689	1.333	1.740	2.110	2.458	2.898	3.222
18	0.688	1.330	1.734	2.101	2.445	2.878	3.197
19	0.688	1.328	1.729	2.093	2.433	2.861	3.174
20	0.687	1.325	1.725	2.086	2.423	2.845	3.153
21	0.686	1.323	1.721	2.080	2.414	2.831	3.135
22	0.686	1.321	1.717	2.074	2.406	2.819	3.119
23	0.685	1.319	1.714	2.069	2.398	2.807	3.104
24	0.685	1.318	1.711	2.064	2.391	2.797	3.090
25	0.684	1.316	1.708	2.060	2.385	2.787	3.078
26	0.684	1.315	1.706	2.056	2.379	2.779	3.067
27	0.684	1.314	1.703	2.052	2.373	2.771	3.056
28	0.683	1.313	1.701	2.048	2.368	2.763	3.047
29	0.683	1.311	1.699	2.045	2.364	2.756	3.038
30	0.683	1.310	1.697	2.042	2.360	2.750	3.030
35	0.682	1.306	1.690	2.030	2.342	2.724	2.996
40	0.681	1.303	1.684	2.021	2.329	2.704	2.971
45	0.680	1.301	1.680	2.014	2.319	2.690	2.952
50	0.680	1.299	1.676	2.008	2.310	2.678	2.937
55	0.679	1.297	1.673	2.004	2.304	2.669	2.925
60	0.679	1.296	1.671	2.000	2.299	2.660	2.915
70	0.678	1.294	1.667	1.994	2.290	2.648	2.899

续表

自由度 df	概率值 p						
	0.500	0.200	0.100	0.050	0.025	0.010	0.005
80	0.678	1.292	1.665	1.989	2.284	2.638	2.887
90	0.677	1.291	1.662	1.986	2.279	2.631	2.878
100	0.677	1.290	1.661	1.982	2.276	2.625	2.871
120	0.677	1.289	1.658	1.980	2.270	2.617	2.860
∞	0.674	1.282	1.645	1.960	2.241	2.576	2.807

附表 2　α=0.05 的 F 值表（一尾，方差分析用）

df_2	df_1（较大均方的自由度）											
	1	2	3	4	5	6	7	8	9	10	11	12
1	161	200	216	225	230	234	237	239	241	242	243	244
2	18.51	19.00	19.16	19.25	19.30	19.33	19.36	19.37	19.38	19.39	19.40	19.41
3	10.13	9.55	9.28	9.12	9.01	8.94	8.89	8.85	8.81	8.79	8.76	8.74
4	7.71	6.94	6.59	6.39	6.26	6.16	6.09	6.04	6.00	5.96	5.94	5.91
5	6.61	5.79	5.41	5.19	5.05	4.95	4.88	4.82	4.78	4.74	4.70	4.68
6	5.99	5.14	4.76	4.53	4.39	4.28	4.21	4.15	4.10	4.06	4.03	4.00
7	5.59	4.74	4.35	4.12	3.97	3.87	3.79	3.73	3.68	3.63	3.60	3.57
8	5.32	4.46	4.07	3.84	3.69	3.58	3.50	3.44	3.39	3.34	3.31	3.28
9	5.12	4.26	3.86	3.63	3.48	3.37	3.29	3.23	3.18	3.13	3.10	3.07
10	4.96	4.10	3.71	3.48	3.33	3.22	3.14	3.07	3.02	2.97	2.94	2.91
11	4.84	3.98	3.59	3.36	3.20	3.09	3.01	2.95	2.90	2.86	2.82	2.79
12	4.75	3.88	3.49	3.26	3.11	3.00	2.92	2.85	2.80	2.76	2.72	2.69
13	4.67	3.80	3.41	3.18	3.02	2.92	2.84	2.77	2.72	2.67	2.63	2.60
14	4.60	3.74	3.34	3.11	2.96	2.85	2.77	2.70	2.65	2.60	2.56	2.53
15	4.54	3.68	3.29	3.06	2.90	2.79	2.70	2.64	2.59	2.55	2.51	2.48
16	4.49	3.63	3.24	3.01	2.85	2.74	2.66	2.59	2.54	2.49	2.45	2.42
17	4.45	3.59	3.20	2.96	2.81	2.70	2.62	2.55	2.50	2.45	2.41	2.38
18	4.42	3.55	3.16	2.93	2.77	2.66	2.58	2.51	2.46	2.41	2.37	2.34
19	4.38	3.52	3.13	2.90	2.74	2.63	2.55	2.48	2.43	2.38	2.34	2.31
20	4.35	3.49	3.10	2.87	2.71	2.60	2.52	2.45	2.40	2.35	2.31	2.28
22	4.30	3.44	3.05	2.82	2.66	2.55	2.47	2.40	2.35	2.30	2.26	2.23
24	4.26	3.40	3.01	2.78	2.62	2.51	2.43	2.36	2.30	2.26	2.22	2.18
26	4.22	3.37	2.95	2.74	2.59	2.47	2.39	2.32	2.27	2.22	2.18	2.15
28	4.20	3.34	2.95	2.71	2.56	2.44	2.36	2.29	2.24	2.19	2.15	2.12
30	4.17	3.32	2.92	2.69	2.53	2.42	2.34	2.27	2.21	2.16	2.13	2.09
36	4.11	3.26	2.86	2.63	2.48	2.36	2.28	2.21	2.15	2.10	2.06	2.03
42	4.07	3.22	2.83	2.59	2.44	2.32	2.24	2.17	2.11	2.66	2.02	1.99
50	4.03	3.18	2.79	2.56	2.40	2.29	2.20	2.13	2.07	2.02	1.98	1.95
60	4.00	3.15	2.76	2.52	2.37	2.25	2.17	2.10	2.04	1.99	1.95	1.92
70	3.98	3.13	2.74	2.50	2.35	2.23	2.14	2.07	2.01	1.97	1.93	1.89
80	3.96	3.11	2.72	2.48	2.33	2.21	2.12	2.05	1.99	1.95	1.91	1.88
100	3.94	3.09	2.70	2.46	2.30	2.19	2.10	2.03	1.97	1.92	1.89	1.85
150	3.91	3.06	2.67	2.43	2.27	2.16	2.07	2.00	1.94	1.89	1.85	1.82
200	3.89	3.04	2.65	2.41	2.26	2.14	2.05	1.98	1.92	1.87	1.83	1.80

续表

df_2	df_1（较大均方的自由度）											
	1	2	3	4	5	6	7	8	9	10	11	12
400	3.86	3.02	2.62	2.39	2.23	2.12	2.03	1.96	1.90	1.85	1.81	1.78
1000	3.85	3.00	2.64	2.36	2.22	2.10	2.02	1.95	1.89	1.84	1.80	1.76
∞	3.84	2.99	2.60	2.37	2.21	2.09	2.01	1.94	1.88	1.83	1.79	1.75

df_2	df_1（较大均方的自由度）											
	14	16	20	24	30	40	50	75	100	200	500	∞
1	245	246	248	249	250	251	252	253	253	254	254	254
2	19.42	19.43	19.44	19.45	19.46	19.47	19.47	19.48	19.49	19.49	19.50	19.50
3	8.71	8.69	5.80	8.64	8.62	8.59	8.58	8.56	8.55	8.54	8.53	8.53
4	5.87	5.84	5.80	5.77	5.73	5.72	5.70	5.68	5.66	5.65	5.64	5.63
5	4.64	4.60	4.56	4.53	4.50	4.46	4.44	4.42	4.40	4.38	4.37	4.36
6	3.96	3.92	3.87	3.84	3.81	3.77	3.75	3.72	3.71	3.69	3.68	3.67
7	3.52	3.49	3.44	3.41	3.38	3.34	3.32	3.29	3.28	3.25	3.24	3.23
8	3.23	3.20	3.15	3.12	3.08	3.05	3.03	3.00	2.98	2.96	2.94	2.93
9	3.02	2.98	2.93	2.90	2.86	2.82	2.80	2.77	2.76	2.73	2.72	2.71
10	2.86	2.82	2.77	2.74	2.70	2.67	2.64	2.61	2.59	2.56	2.55	2.54
11	2.74	2.70	2.65	2.61	2.57	2.53	2.50	2.47	2.45	2.42	2.41	2.40
12	2.64	2.60	2.54	2.50	2.46	2.42	2.40	2.36	2.35	2.32	2.31	2.30
13	2.55	2.51	2.46	2.42	2.38	2.34	2.32	2.28	2.26	2.24	2.22	2.21
14	2.48	2.44	2.39	2.35	2.31	2.27	2.24	2.21	2.19	2.16	2.14	2.13
15	2.43	2.39	2.33	2.29	2.25	2.21	2.18	2.15	2.12	2.10	2.08	2.07
16	2.37	2.33	2.28	2.24	2.20	2.16	2.13	2.09	2.07	2.04	2.02	2.01
17	2.33	2.29	2.23	2.19	2.15	2.11	2.08	2.04	2.02	1.99	1.97	1.96
18	2.29	2.25	2.19	2.15	2.11	2.07	2.04	2.00	1.98	1.95	1.93	1.92
19	2.26	2.21	2.15	2.11	2.07	2.02	2.00	1.96	1.94	1.91	1.90	1.88
20	2.23	2.18	2.12	2.08	2.04	1.99	1.96	1.92	1.90	1.87	1.85	1.84
22	2.18	2.13	2.07	2.02	1.98	1.93	1.91	1.87	1.84	1.81	1.80	1.78
24	2.13	2.09	2.02	1.98	1.94	1.89	1.86	1.82	1.80	1.76	1.74	1.73
26	2.10	2.05	1.99	1.95	1.90	1.85	1.82	1.78	1.76	1.72	1.70	1.69
28	2.06	2.02	1.96	1.91	1.87	1.81	1.78	1.75	1.72	1.69	1.67	1.65
30	2.04	1.99	1.93	1.89	1.84	1.79	1.76	1.72	1.69	1.66	1.64	1.62
36	1.98	1.93	1.87	1.82	1.78	1.72	1.69	1.65	1.62	1.59	1.56	1.55
42	1.94	1.89	1.82	1.78	1.73	1.68	1.64	1.60	1.57	1.54	1.51	1.49
50	1.90	1.85	1.78	1.74	1.69	1.63	1.60	1.55	1.52	1.48	1.46	1.44
60	1.86	1.81	1.75	1.70	1.65	1.59	1.56	1.50	1.48	1.44	1.41	1.39
70	1.84	1.79	1.72	1.67	1.62	1.56	1.53	1.47	1.45	1.40	1.37	1.35
80	1.82	1.77	1.70	1.65	1.60	1.54	1.51	1.45	1.42	1.38	1.35	1.32
100	1.79	1.75	1.68	1.63	1.57	1.51	1.48	1.42	1.39	1.34	1.30	1.28
150	1.76	1.71	1.64	1.59	1.54	1.47	1.44	1.37	1.34	1.29	1.25	1.22
200	1.74	1.69	1.62	1.57	1.52	1.45	1.42	1.35	1.32	1.26	1.22	1.19
400	1.72	1.67	1.60	1.54	1.49	1.42	1.38	1.32	1.28	1.22	1.16	1.13
1000	1.70	1.65	1.58	1.53	1.47	1.41	1.36	1.30	1.26	1.19	1.13	1.08
∞	1.69	1.64	1.57	1.52	1.46	1.40	1.35	1.28	1.24	1.17	1.11	1.00

附表 3　α=0.01 的 F 值表（一尾，方差分析用）

df_2	df_1（较大均方的自由度）											
	1	2	3	4	5	6	7	8	9	10	11	12
1	4052	5000	5403	5625	5764	5859	5928	5981	6022	6056	6082	6106
2	98.50	99.00	99.17	99.25	99.30	99.33	99.36	99.37	99.39	99.40	99.41	99.42
3	34.12	30.82	29.46	28.71	28.24	27.91	27.67	27.49	27.34	27.23	27.14	27.05
4	21.20	18.00	16.69	15.98	15.52	15.21	14.98	14.80	14.66	14.54	14.45	14.37
5	16.26	13.27	12.06	11.39	10.97	10.67	10.45	10.27	10.15	10.05	9.96	9.89
6	13.75	10.92	9.78	9.15	8.75	8.47	8.26	8.10	7.98	7.87	7.79	7.72
7	12.25	9.55	8.45	7.85	7.46	7.19	7.00	6.84	6.71	6.62	6.54	6.47
8	11.26	8.65	7.59	7.01	6.63	6.37	6.19	6.03	5.91	5.82	5.74	5.67
9	10.56	8.02	6.99	6.42	6.06	5.80	5.62	5.47	5.35	5.26	5.18	5.11
10	10.04	7.56	6.55	5.99	5.64	5.39	5.20	5.06	4.94	4.85	4.78	4.71
11	9.65	7.20	6.22	5.67	5.32	5.07	4.88	4.74	4.63	4.54	4.46	4.40
12	9.33	6.93	5.95	5.41	5.06	4.82	4.65	4.50	4.39	4.30	4.22	4.16
13	9.07	6.70	5.74	5.20	4.86	4.62	4.44	4.30	4.19	4.10	4.02	3.96
14	8.86	6.51	5.56	5.03	4.69	4.46	4.28	4.14	4.03	3.94	3.86	3.80
15	8.68	6.36	5.42	4.89	4.56	4.32	4.14	4.00	3.89	3.80	3.73	3.67
16	8.53	6.23	5.29	4.77	4.44	4.20	4.03	3.89	3.78	3.69	3.61	3.55
17	8.41	6.11	5.18	4.67	4.34	4.10	3.93	3.79	3.68	3.59	3.52	3.45
18	8.28	6.01	5.09	4.58	4.25	4.01	3.85	3.71	3.60	3.51	3.44	3.37
19	8.18	5.93	5.01	4.50	4.17	3.94	3.77	3.63	3.52	3.43	3.36	3.30
20	8.10	5.85	4.94	4.43	4.10	3.87	3.71	3.56	3.45	3.37	3.30	3.23
22	7.94	5.72	4.82	4.31	3.99	3.76	3.59	3.45	3.35	3.26	3.18	3.12
24	7.82	5.61	4.72	4.22	3.90	3.67	3.50	3.36	3.25	3.17	3.09	3.03
26	7.72	5.53	4.64	4.14	3.82	3.59	3.42	3.29	3.17	3.09	3.02	2.96
28	7.64	5.45	4.57	4.07	3.76	3.53	3.36	3.23	3.11	3.03	2.95	2.90
30	7.56	5.39	4.51	4.02	3.70	3.47	3.30	3.17	3.06	2.98	2.90	2.84
36	7.39	5.25	4.38	3.89	3.58	3.35	3.18	3.04	2.94	2.86	2.78	2.72
42	7.27	5.15	4.29	3.80	3.49	3.26	3.10	2.96	2.86	2.77	2.70	2.64
50	7.17	5.06	4.20	3.72	3.41	3.18	3.02	2.88	2.78	2.70	2.62	2.56
60	7.08	4.98	4.13	3.65	3.34	3.12	2.95	2.82	2.72	2.63	2.54	2.50
70	7.01	4.92	4.08	3.60	3.29	3.07	2.91	2.77	2.67	2.59	2.51	2.45
80	6.96	4.88	4.04	3.56	3.25	3.04	2.87	2.74	2.64	2.55	2.48	2.41
100	6.90	4.82	3.98	3.51	3.20	2.99	2.82	2.69	2.59	2.51	2.43	2.36
150	6.81	4.75	3.91	3.44	3.14	2.92	2.76	2.62	2.53	2.44	2.37	2.30
200	6.77	4.71	3.88	3.40	3.11	2.90	2.73	2.60	2.50	2.41	2.34	2.28
400	6.70	4.66	3.83	3.36	3.06	2.85	2.69	2.55	2.46	2.37	2.29	2.23
1000	6.66	4.52	3.80	3.34	3.04	2.82	2.66	2.53	2.43	2.34	2.25	2.20
∞	6.64	4.60	3.78	3.32	3.02	2.80	2.64	2.51	2.43	2.32	2.24	2.18

df_2	df_1（较大均方的自由度）											
	14	16	20	24	30	40	50	75	100	200	500	∞
1	6142	6169	6208	6234	6258	6286	6302	6323	6334	6352	6361	6366
2	99.43	99.44	99.45	99.45	99.47	99.48	99.48	99.48	99.49	99.49	99.50	99.50
3	26.92	26.83	26.69	26.60	26.50	26.41	26.35	26.28	26.23	26.18	26.14	26.12

续表

df_2	df_1（较大均方的自由度）											
	14	16	20	24	30	40	50	75	100	200	500	∞
4	14.24	14.15	14.02	13.93	13.83	13.74	13.69	13.62	13.57	13.52	13.48	13.46
5	9.77	9.68	9.55	9.47	9.38	9.29	9.24	9.17	9.13	9.08	9.04	9.02
6	7.60	7.52	7.39	7.31	7.23	7.14	7.09	7.02	6.99	6.94	6.90	6.88
7	6.35	6.27	6.15	6.07	5.98	5.90	5.85	5.78	5.75	5.70	5.67	5.65
8	5.56	5.48	5.36	5.28	5.20	5.11	5.06	5.00	4.96	4.91	4.88	4.86
9	5.00	4.92	4.80	4.73	4.64	4.56	4.51	4.45	4.41	4.36	4.33	4.31
10	4.60	4.52	4.41	4.33	4.25	4.17	4.12	4.05	4.01	3.96	3.93	3.91
11	4.29	4.21	4.06	4.02	3.94	3.86	3.80	3.74	3.70	3.66	3.62	3.60
12	4.05	3.98	3.86	3.78	3.70	3.61	3.56	3.49	3.46	3.41	3.38	3.36
13	3.85	3.78	3.67	3.59	3.51	3.42	3.37	3.30	3.27	3.21	3.18	3.16
14	3.70	3.62	3.51	3.43	3.34	3.26	3.21	3.14	3.11	3.06	3.02	3.00
15	3.56	3.48	3.36	2.29	3.20	3.12	3.07	3.00	2.97	2.92	2.80	2.87
16	3.45	3.37	3.25	3.18	3.10	3.01	2.96	2.89	2.86	2.80	2.77	2.75
17	3.35	3.27	3.16	3.08	3.0	2.92	2.86	2.79	2.76	2.70	2.67	2.65
18	3.27	3.19	3.07	3.00	2.91	2.83	2.78	2.71	2.68	2.62	2.59	2.57
19	3.19	3.12	3.00	2.92	2.84	2.76	2.70	2.63	2.60	2.54	2.51	2.49
20	3.13	3.05	2.94	2.86	2.77	2.69	2.63	2.56	2.53	2.47	2.44	2.42
22	3.02	2.94	2.83	2.75	2.67	2.58	2.53	2.46	2.42	2.37	2.33	2.31
24	2.93	2.85	2.74	2.66	2.58	2.49	2.44	2.36	2.33	2.27	2.23	2.21
26	2.85	2.77	2.66	2.58	2.50	2.41	2.36	2.28	2.25	2.19	2.15	2.13
28	2.80	2.71	2.60	2.52	2.44	2.35	2.30	2.22	2.18	2.13	2.09	2.06
30	2.73	2.66	2.55	2.47	2.38	2.29	2.24	2.16	2.13	2.07	2.03	2.01
36	2.62	2.54	2.43	2.35	2.26	2.17	2.12	2.04	2.00	1.94	1.90	1.87
42	2.54	2.46	2.35	2.26	2.17	2.08	2.02	1.94	1.91	1.85	1.80	1.78
50	2.46	2.39	2.26	2.18	2.10	2.00	1.94	1.86	1.82	1.76	1.71	1.68
60	2.40	2.30	2.20	2.12	2.03	1.93	1.87	1.79	1.74	1.68	1.63	1.60
70	2.35	2.28	2.15	2.07	1.98	1.88	1.82	1.74	1.69	1.62	1.56	1.53
80	2.32	2.24	2.11	2.03	1.94	1.84	1.78	1.70	1.65	1.57	1.52	1.49
100	2.26	2.19	2.06	1.98	1.89	1.79	1.73	1.64	1.59	1.51	1.46	1.43
150	2.20	2.12	2.00	1.91	1.83	1.72	1.66	1.56	1.51	1.43	1.37	1.33
200	2.17	2.09	1.97	1.88	1.79	1.69	1.62	1.53	1.48	1.39	1.33	1.28
400	2.12	2.04	1.92	1.84	1.74	1.64	1.57	1.47	1.42	1.32	1.24	1.19
1000	2.09	2.01	1.89	1.81	1.71	1.61	1.54	1.44	1.38	1.28	1.19	1.11
∞	2.07	1.99	1.87	1.79	1.69	1.59	1.52	1.41	1.36	1.25	1.15	1.00

附表 4　α=0.10 的 F 值表（一尾，方差分析用）

df_2	df_1（较大均方的自由度）																
	1	2	3	4	5	6	7	8	9	10	15	20	30	50	100	200	500	∞
1	39.9	49.5	53.6	55.8	57.2	58.2	58.9	59.4	59.9	60.2	61.2	61.7	62.3	62.7	63.0	63.2	63.3	63.3
2	8.53	9.00	9.16	9.24	9.29	9.33	9.35	9.37	9.38	9.39	9.42	9.44	9.46	9.47	9.48	9.49	9.49	9.49

续表

df_2	df_1（较大均方的自由度）																	
	1	2	3	4	5	6	7	8	9	10	15	20	30	50	100	200	500	∞
3	5.54	5.46	5.39	5.34	5.31	5.28	5.27	5.25	5.24	5.23	5.20	5.18	5.17	5.15	5.14	5.14	5.14	5.13
4	4.54	4.32	4.19	4.11	4.05	4.01	3.98	3.95	3.94	3.92	3.87	3.84	3.82	3.80	3.78	3.77	3.76	3.76
5	4.06	3.78	3.62	3.52	3.45	3.40	3.37	3.34	3.32	3.30	3.24	3.21	3.17	3.15	3.13	3.12	3.11	3.10
6	3.78	3.46	3.29	3.18	3.11	3.05	3.01	2.98	2.96	2.94	2.87	2.84	2.80	2.77	2.75	2.73	2.73	2.72
7	3.59	3.26	3.07	2.96	2.88	2.83	2.78	2.75	2.72	2.70	2.63	2.59	2.56	2.52	2.50	2.48	2.48	2.47
8	3.46	3.11	2.92	2.81	2.73	2.67	2.62	2.59	2.56	2.54	2.46	2.42	2.38	2.35	2.32	2.31	2.30	2.29
9	3.36	3.01	2.81	2.69	2.61	2.55	2.51	2.47	2.44	2.42	2.34	2.30	2.25	2.22	2.19	2.17	2.17	2.16
10	3.28	2.92	2.73	2.61	2.52	2.46	2.41	2.38	2.35	2.32	2.24	2.20	2.16	2.12	2.09	2.07	2.06	2.06
11	3.23	2.86	2.66	2.54	2.45	2.39	2.34	2.30	2.27	2.25	2.17	2.12	2.08	2.04	2.00	1.99	1.98	1.97
12	3.18	2.81	2.61	2.48	2.39	2.33	2.28	2.24	2.21	2.19	2.10	2.06	2.01	1.97	1.94	1.92	1.91	1.90
13	3.14	2.76	2.56	2.43	2.35	2.28	2.23	2.20	2.16	2.14	2.05	2.01	1.96	1.92	1.88	1.86	1.85	1.85
14	3.10	2.73	2.52	2.39	2.31	2.24	2.19	2.15	2.12	2.10	2.01	1.96	1.91	1.87	1.83	1.82	1.80	1.80
15	3.07	2.70	2.49	2.36	2.27	2.21	2.16	2.12	2.09	2.06	1.97	1.92	1.87	1.83	1.79	1.77	1.76	1.76
16	3.05	2.67	2.46	2.33	2.24	2.18	2.13	2.09	2.06	2.03	1.94	1.89	1.84	1.79	1.76	1.74	1.73	1.72
17	3.03	2.64	2.44	2.31	2.22	2.15	2.10	2.06	2.03	2.00	1.91	1.86	1.81	1.76	1.73	1.71	1.69	1.69
18	3.01	2.62	2.42	2.29	2.20	2.13	2.08	2.04	2.00	1.98	1.89	1.84	1.78	1.74	1.70	1.68	1.67	1.66
19	2.99	2.61	2.40	2.27	2.18	2.11	2.06	2.02	1.98	1.96	1.86	1.81	1.76	1.71	1.67	1.65	1.64	1.63
20	2.97	2.59	2.38	2.25	2.16	2.09	2.04	2.00	1.96	1.94	1.84	1.79	1.74	1.69	1.65	1.63	1.62	1.61
22	2.95	2.56	2.35	2.22	2.13	2.06	2.01	1.97	1.93	1.90	1.81	1.76	1.70	1.65	1.61	1.59	1.58	1.57
24	2.93	2.54	2.33	2.19	2.10	2.04	1.98	1.94	1.91	1.88	1.78	1.73	1.67	1.62	1.58	1.56	1.54	1.53
26	2.91	2.52	2.31	2.17	2.08	2.01	1.96	1.92	1.88	1.86	1.76	1.71	1.65	1.59	1.55	1.53	1.51	1.50
28	2.89	2.50	2.29	2.16	2.06	2.00	1.94	1.90	1.87	1.84	1.74	1.69	1.63	1.57	1.53	1.50	1.49	1.48
30	2.88	2.49	2.28	2.14	2.05	1.98	1.93	1.88	1.85	1.82	1.72	1.67	1.61	1.55	1.51	1.48	1.47	1.46
40	2.84	2.44	2.23	2.09	2.00	1.93	1.87	1.83	1.79	1.76	1.66	1.61	1.54	1.48	1.43	1.41	1.39	1.38
50	2.81	2.41	2.20	2.06	1.97	1.90	1.84	1.80	1.76	1.73	1.63	1.57	1.50	1.44	1.39	1.36	1.34	1.33
60	2.79	2.39	2.18	2.04	1.95	1.87	1.82	1.77	1.74	1.71	1.60	1.54	1.48	1.41	1.36	1.33	1.31	1.29
80	2.77	2.37	2.15	2.02	1.92	1.85	1.79	1.75	1.71	1.68	1.57	1.51	1.44	1.38	1.32	1.28	1.26	1.24
100	2.76	2.36	2.14	2.00	1.91	1.83	1.78	1.73	1.70	1.66	1.56	1.49	1.42	1.35	1.29	1.26	1.23	1.21
200	2.73	2.33	2.11	1.97	1.88	1.80	1.75	1.70	1.66	1.63	1.52	1.46	1.38	1.31	1.24	1.20	1.17	1.14
500	2.72	2.31	2.10	1.96	1.86	1.79	1.73	1.68	1.64	1.61	1.50	1.44	1.36	1.28	1.21	1.16	1.12	1.09
∞	2.71	2.30	2.08	1.94	1.85	1.77	1.72	1.67	1.63	1.60	1.49	1.42	1.34	1.26	1.18	1.13	1.08	1.00

附表 5　α=0.25 的 F 值表（一尾，方差分析用）

df_2	df_1（较大均方的自由度）																		
	1	2	3	4	5	6	7	8	9	10	12	15	20	24	30	40	60	120	∞
1	5.83	7.50	8.20	8.58	8.82	8.98	9.10	9.19	9.26	9.32	9.41	9.49	9.58	9.63	9.67	9.71	9.76	9.80	9.85
2	2.57	3.00	3.15	3.23	3.28	3.31	3.34	3.35	3.37	3.38	3.39	3.41	3.43	3.43	3.44	3.45	3.46	3.47	3.48
3	2.02	2.28	2.36	2.39	2.41	2.42	2.43	2.44	2.44	2.44	2.45	2.46	2.46	2.46	2.47	2.47	2.47	2.47	2.47
4	1.81	2.00	2.05	2.06	2.07	2.08	2.08	2.08	2.08	2.08	2.08	2.08	2.08	2.08	2.08	2.08	2.08	2.08	2.08

续表

df_2	df_1（较大均方的自由度）																		
	1	2	3	4	5	6	7	8	9	10	12	15	20	24	30	40	60	120	∞
5	1.69	1.85	1.88	1.89	1.89	1.89	1.89	1.89	1.89	1.89	1.89	1.89	1.88	1.88	1.88	1.88	1.87	1.87	1.87
6	1.62	1.76	1.78	1.79	1.79	1.78	1.78	1.78	1.77	1.77	1.77	1.76	1.76	1.75	1.75	1.75	1.74	1.74	1.74
7	1.57	1.70	1.72	1.72	1.71	1.71	1.70	1.70	1.69	1.69	1.68	1.68	1.67	1.67	1.66	1.66	1.65	1.65	1.65
8	1.54	1.66	1.67	1.66	1.66	1.65	1.64	1.64	1.63	1.63	1.62	1.62	1.61	1.60	1.60	1.59	1.59	1.58	1.58
9	1.51	1.62	1.63	1.63	1.62	1.61	1.60	1.60	1.59	1.59	1.58	1.57	1.56	1.56	1.55	1.54	1.54	1.53	1.53
10	1.49	1.60	1.60	1.59	1.59	1.58	1.57	1.56	1.56	1.55	1.54	1.53	1.52	1.52	1.51	1.51	1.50	1.49	1.48
11	1.47	1.58	1.58	1.57	1.56	1.55	1.54	1.53	1.53	1.52	1.51	1.50	1.49	1.49	1.48	1.47	1.47	1.46	1.45
12	1.46	1.56	1.56	1.55	1.54	1.53	1.52	1.51	1.51	1.50	1.49	1.48	1.47	1.46	1.45	1.45	1.44	1.43	1.42
13	1.45	1.55	1.55	1.53	1.52	1.51	1.50	1.49	1.49	1.48	1.47	1.46	1.45	1.44	1.43	1.42	1.42	1.41	1.40
14	1.44	1.53	1.53	1.52	1.51	1.50	1.49	1.48	1.47	1.46	1.45	1.44	1.43	1.42	1.41	1.41	1.40	1.39	1.38
15	1.43	1.52	1.52	1.51	1.49	1.48	1.47	1.46	1.46	1.45	1.44	1.43	1.41	1.41	1.40	1.39	1.38	1.37	1.36
16	1.42	1.51	1.51	1.50	1.48	1.47	1.46	1.45	1.44	1.44	1.43	1.41	1.40	1.39	1.38	1.37	1.36	1.35	1.34
17	1.42	1.51	1.50	1.49	1.47	1.46	1.45	1.44	1.43	1.43	1.41	1.40	1.39	1.38	1.37	1.36	1.35	1.34	1.33
18	1.41	1.50	1.49	1.48	1.46	1.45	1.44	1.43	1.42	1.42	1.40	1.39	1.38	1.37	1.36	1.35	1.34	1.33	1.32
19	1.41	1.49	1.49	1.47	1.46	1.44	1.43	1.42	1.41	1.41	1.40	1.38	1.37	1.36	1.35	1.34	1.33	1.32	1.30
20	1.40	1.49	1.48	1.47	1.45	1.44	1.43	1.42	1.41	1.40	1.39	1.37	1.36	1.35	1.34	1.33	1.32	1.31	1.29
21	1.40	1.48	1.48	1.46	1.44	1.43	1.42	1.41	1.40	1.39	1.38	1.37	1.35	1.34	1.33	1.32	1.31	1.30	1.28
22	1.40	1.48	1.47	1.45	1.44	1.42	1.41	1.40	1.39	1.39	1.37	1.36	1.34	1.33	1.32	1.31	1.30	1.29	1.28
23	1.39	1.47	1.47	1.45	1.43	1.42	1.41	1.40	1.39	1.38	1.37	1.35	1.34	1.33	1.32	1.31	1.30	1.28	1.27
24	1.39	1.47	1.46	1.44	1.43	1.41	1.40	1.39	1.38	1.38	1.36	1.35	1.33	1.32	1.31	1.30	1.29	1.28	1.26
25	1.39	1.47	1.46	1.44	1.42	1.41	1.40	1.39	1.38	1.37	1.36	1.34	1.33	1.32	1.31	1.29	1.28	1.27	1.25
26	1.38	1.46	1.45	1.44	1.42	1.41	1.39	1.38	1.37	1.37	1.35	1.34	1.32	1.31	1.30	1.29	1.28	1.26	1.25
27	1.38	1.46	1.45	1.43	1.42	1.40	1.39	1.38	1.37	1.36	1.35	1.33	1.32	1.31	1.30	1.28	1.27	1.26	1.24
28	1.38	1.46	1.45	1.43	1.41	1.40	1.39	1.38	1.37	1.36	1.34	1.33	1.31	1.30	1.29	1.28	1.27	1.25	1.24
29	1.38	1.45	1.45	1.43	1.41	1.40	1.38	1.37	1.36	1.35	1.34	1.32	1.31	1.30	1.29	1.27	1.26	1.25	1.23
30	1.38	1.45	1.44	1.42	1.41	1.39	1.38	1.37	1.36	1.35	1.34	1.32	1.30	1.29	1.28	1.27	1.26	1.24	1.23
40	1.36	1.44	1.42	1.40	1.39	1.37	1.36	1.35	1.34	1.33	1.31	1.30	1.28	1.26	1.25	1.24	1.22	1.21	1.19
60	1.35	1.42	1.41	1.38	1.37	1.35	1.33	1.32	1.31	1.30	1.29	1.27	1.25	1.24	1.22	1.21	1.19	1.17	1.15
120	1.34	1.40	1.39	1.37	1.35	1.33	1.31	1.30	1.29	1.28	1.26	1.24	1.22	1.21	1.19	1.18	1.16	1.13	1.10
∞	1.32	1.39	1.37	1.35	1.33	1.31	1.29	1.28	1.27	1.25	1.24	1.22	1.19	1.18	1.16	1.14	1.12	1.08	1.00

附表 6 Duncan's 新复极差检验的 *SSR* 值表

自由度	显著水	秩次距 k													
df	平 α	2	3	4	5	6	7	8	9	10	12	14	16	18	20
1	0.05	18.0	18.0	18.0	18.0	18.0	18.0	18.0	18.0	18.0	18.0	18.0	18.0	18.0	18.0
	0.01	90.0	90.0	90.0	90.0	90.0	90.0	90.0	90.0	90.0	90.0	90.0	90.0	90.0	90.0
2	0.05	6.09	6.09	6.09	6.09	6.09	6.09	6.09	6.09	6.09	6.09	6.09	6.09	6.09	6.09
	0.01	14.0	14.0	14.0	14.0	14.0	14.0	14.0	14.0	14.0	14.0	14.0	14.0	14.0	14.0

续表

自由度 *df*	显著水平 α	秩次距 k 2	3	4	5	6	7	8	9	10	12	14	16	18	20
3	0.05	4.50	4.50	4.50	4.50	4.50	4.50	4.50	4.50	4.50	4.50	4.50	4.50	4.50	4.50
	0.01	8.26	8.50	8.60	8.70	8.80	8.90	8.90	9.00	9.00	9.00	9.10	9.20	9.30	9.30
4	0.05	3.93	4.01	4.02	4.02	4.02	4.02	4.02	4.02	4.02	4.02	4.02	4.02	4.02	4.02
	0.01	6.51	6.80	6.90	7.00	7.10	7.10	7.20	7.20	7.30	7.30	7.40	7.40	7.50	7.50
5	0.05	3.64	3.74	3.79	3.83	3.83	3.83	3.83	3.83	3.83	3.83	3.83	3.83	3.83	3.83
	0.01	5.70	5.96	6.11	6.18	6.26	6.33	6.40	6.44	6.50	6.60	6.60	6.70	6.70	6.80
6	0.05	3.46	3.58	3.64	3.68	3.68	3.68	3.68	3.68	3.68	3.68	3.68	3.68	3.68	3.68
	0.01	5.24	5.51	5.65	5.73	5.81	5.88	5.95	6.00	6.00	6.10	6.20	6.20	6.30	6.30
7	0.05	3.35	3.47	3.54	3.58	3.60	3.61	3.61	3.61	3.61	3.61	3.61	3.61	3.61	3.61
	0.01	4.95	5.22	5.37	5.45	5.53	5.61	5.69	5.73	5.80	5.80	5.90	5.90	6.00	6.00
8	0.05	3.26	3.39	3.47	3.52	3.55	3.56	3.56	3.56	3.56	3.56	3.56	3.56	3.56	3.56
	0.01	4.74	5.00	5.14	5.23	5.32	5.40	5.47	5.51	5.50	5.60	5.70	5.70	5.80	5.80
9	0.05	3.20	3.34	3.41	3.47	3.50	3.51	3.52	3.52	3.52	3.52	3.52	3.52	3.52	3.52
	0.01	4.60	4.86	4.99	5.08	5.17	5.25	5.32	5.36	5.40	5.50	5.50	5.60	5.70	5.70
10	0.05	3.15	3.30	3.37	3.43	3.46	3.47	3.47	3.47	3.47	3.47	3.47	3.47	3.47	3.48
	0.01	4.48	4.73	4.88	4.96	5.06	5.12	5.20	5.24	5.28	5.36	5.42	5.48	5.54	5.55
11	0.05	3.11	3.27	3.35	3.39	3.43	3.44	3.45	3.46	3.46	3.46	3.46	3.46	3.47	3.48
	0.01	4.39	4.63	4.77	4.86	4.94	5.01	5.06	5.12	5.15	5.24	5.28	5.34	5.38	5.39
12	0.05	3.08	3.23	3.33	3.36	3.48	3.42	3.44	3.44	3.46	3.46	3.46	3.46	3.47	3.48
	0.01	4.32	4.55	4.68	4.76	4.84	4.92	4.96	5.02	5.07	5.13	5.17	5.22	5.24	5.26
13	0.05	3.06	3.21	3.30	3.36	3.38	3.41	3.42	3.44	3.45	3.45	3.46	3.46	3.47	3.47
	0.01	4.26	4.48	4.62	4.69	4.74	4.84	4.88	4.94	4.98	5.04	5.08	5.13	5.14	5.15
14	0.05	3.03	3.18	3.27	3.33	3.37	3.39	3.41	3.42	3.44	3.45	3.46	3.46	3.47	3.47
	0.01	4.21	4.42	4.55	4.63	4.70	4.78	4.83	4.87	4.91	4.96	5.00	5.04	5.06	5.07
15	0.05	3.01	3.16	3.25	3.31	3.36	3.38	3.40	3.42	3.43	3.44	3.45	3.46	3.47	3.47
	0.01	4.17	4.37	4.50	4.58	4.64	4.72	4.77	4.81	4.84	4.90	4.94	4.97	4.99	5.00
16	0.05	3.00	3.15	3.23	3.30	3.34	3.37	3.39	3.41	3.43	3.44	3.45	3.46	3.47	3.47
	0.01	4.13	4.34	4.45	4.54	4.60	4.67	4.72	4.76	4.79	4.84	4.88	4.91	4.93	4.94
17	0.05	2.98	3.13	3.22	3.28	3.33	3.36	3.38	3.40	3.42	3.44	3.45	3.46	3.47	3.47
	0.01	4.10	4.30	4.41	4.50	4.56	4.63	4.68	4.72	4.75	4.80	4.83	4.86	4.88	4.89
18	0.05	2.97	3.12	3.21	3.27	3.32	3.35	3.37	3.39	3.41	3.43	3.45	3.46	3.47	3.47
	0.01	4.07	4.27	4.38	4.46	4.53	4.59	4.64	4.68	4.71	4.76	4.79	4.82	4.84	4.85
19	0.05	2.96	3.11	3.19	3.26	3.31	3.35	3.37	3.39	3.41	3.43	3.44	3.46	3.47	3.47
	0.01	4.05	4.24	4.35	4.43	4.50	4.56	4.61	4.64	4.67	4.72	4.76	4.79	4.81	4.82
20	0.05	2.95	3.10	3.18	3.25	3.30	3.34	3.36	3.38	3.40	3.43	3.44	3.46	3.46	3.47
	0.01	4.02	4.22	4.33	4.40	4.47	4.53	4.58	4.61	4.65	4.69	4.73	4.76	4.78	4.79
22	0.05	2.93	3.08	3.17	3.24	3.29	3.32	3.35	3.37	3.39	3.42	3.44	3.45	3.46	3.47
	0.01	3.99	4.17	4.28	4.36	4.42	4.48	4.53	4.57	4.60	4.65	4.68	4.71	4.74	4.75

续表

自由度 *df*	显著水平 α	秩次距 *k* 2	3	4	5	6	7	8	9	10	12	14	16	18	20
24	0.05	2.92	3.07	3.15	3.22	3.28	3.31	3.34	3.37	3.38	3.41	3.44	3.45	3.46	3.47
	0.01	3.96	4.14	4.24	4.33	4.39	4.44	4.49	4.53	4.57	4.62	4.64	4.67	4.70	4.72
26	0.05	2.91	3.06	3.14	3.21	3.27	3.30	3.34	3.36	3.38	3.41	3.43	3.45	3.46	3.47
	0.01	3.93	4.11	4.21	4.30	4.36	4.41	4.46	4.50	4.53	4.58	4.62	4.65	4.67	4.69
28	0.05	2.90	3.04	3.13	3.20	3.26	3.30	3.33	3.35	3.37	3.40	3.43	3.45	3.46	3.47
	0.01	3.91	4.08	4.18	4.28	4.34	4.39	4.43	4.47	4.51	4.56	4.60	4.62	4.65	4.67
30	0.05	2.89	3.04	3.12	3.20	3.25	3.29	3.32	3.35	3.37	3.40	3.43	3.44	3.46	3.47
	0.01	3.89	4.06	4.16	4.22	4.32	4.36	4.41	4.45	4.48	4.54	4.58	4.61	4.63	4.65
40	0.05	2.86	3.01	3.10	3.17	3.22	3.27	3.30	3.33	3.35	3.39	3.42	3.44	3.46	3.47
	0.01	3.82	3.99	4.10	4.17	4.24	4.30	4.31	4.37	4.41	4.46	4.51	4.54	4.57	4.59
60	0.05	2.83	2.98	3.08	3.14	3.20	3.24	3.28	3.31	3.33	3.37	3.40	3.43	3.45	3.47
	0.01	3.76	3.92	4.03	4.12	4.17	4.23	4.27	4.31	4.34	4.39	4.44	4.47	4.50	4.53
100	0.05	2.80	2.95	3.05	3.12	3.18	3.22	3.26	3.29	3.32	3.36	3.40	3.42	3.45	3.47
	0.01	3.71	3.86	3.98	4.06	4.11	4.17	4.21	4.25	4.29	4.35	4.38	4.42	4.45	4.48
∞	0.05	2.77	2.92	3.02	3.09	3.15	3.19	3.23	3.26	3.29	3.34	3.38	3.41	3.44	3.47
	0.01	3.64	3.80	3.90	3.98	4.04	4.09	4.14	4.17	4.20	4.26	4.31	4.34	4.38	4.41

附表 7　*r* 与 *R* 的临界值表

自由度 *df*	显著水平 α	变量的总个数 *M* 2	3	4	5	自由度 *df*	显著水平 α	变量的总个数 *M* 2	3	4	5
1	0.05	0.997	0.997	0.999	0.999	10	0.05	0.576	0.671	0.726	0.763
	0.01	1.000	1.000	1.000	1.000		0.01	0.708	0.776	0.814	0.840
2	0.05	0.950	0.975	0.983	0.987	11	0.05	0.553	0.648	0.703	0.741
	0.01	0.990	0.995	0.997	0.998		0.01	0.684	0.753	0.793	0.821
3	0.05	0.878	0.930	0.950	0.961	12	0.05	0.532	0.627	0.683	0.722
	0.01	0.959	0.976	0.982	0.987		0.01	0.661	0.732	0.773	0.802
4	0.05	0.811	0.881	0.912	0.930	13	0.05	0.514	0.608	0.664	0.703
	0.01	0.917	0.949	0.962	0.970		0.01	0.641	0.712	0.755	0.785
5	0.05	0.754	0.863	0.874	0.898	14	0.05	0.497	0.590	0.646	0.686
	0.01	0.874	0.917	0.937	0.949		0.01	0.623	0.694	0.737	0.768
6	0.05	0.707	0.795	0.839	0.867	15	0.05	0.482	0.574	0.630	0.670
	0.01	0.834	0.886	0.911	0.927		0.01	0.606	0.677	0.721	0.752
7	0.05	0.666	0.758	0.807	0.838	16	0.05	0.468	0.559	0.615	0.655
	0.01	0.798	0.855	0.885	0.904		0.01	0.590	0.662	0.706	0.738
8	0.05	0.632	0.726	0.777	0.811	17	0.05	0.456	0.545	0.601	0.641
	0.01	0.765	0.827	0.860	0.882		0.01	0.575	0.647	0.691	0.724
9	0.05	0.602	0.697	0.750	0.786	18	0.05	0.444	0.532	0.587	0.628
	0.01	0.735	0.800	0.836	0.861		0.01	0.561	0.633	0.678	0.710

续表

自由度 df	显著水平 α	变量的总个数 M 2	3	4	5	自由度 df	显著水平 α	变量的总个数 M 2	3	4	5
19	0.05	0.433	0.520	0.575	0.615	45	0.05	0.288	0.353	0.397	0.432
	0.01	0.549	0.620	0.665	0.698		0.01	0.372	0.430	0.470	0.501
20	0.05	0.423	0.509	0.563	0.604	50	0.05	0.273	0.336	0.379	0.412
	0.01	0.537	0.608	0.652	0.685		0.01	0.354	0.410	0.449	0.479
21	0.05	0.413	0.498	0.522	0.592	60	0.05	0.250	0.308	0.348	0.380
	0.01	0.526	0.596	0.641	0.674		0.01	0.325	0.377	0.414	0.442
22	0.05	0.404	0.488	0.542	0.582	70	0.05	0.232	0.286	0.324	0.354
	0.01	0.515	0.585	0.630	0.663		0.01	0.302	0.351	0.386	0.413
23	0.05	0.396	0.479	0.532	0.572	80	0.05	0.217	0.269	0.304	0.332
	0.01	0.505	0.574	0.619	0.652		0.01	0.283	0.330	0.362	0.389
24	0.05	0.388	0.470	0.523	0.562	90	0.05	0.205	0.254	0.288	0.315
	0.01	0.496	0.565	0.609	0.642		0.01	0.267	0.312	0.343	0.368
25	0.05	0.381	0.462	0.514	0.553	100	0.05	0.195	0.241	0.274	0.300
	0.01	0.487	0.555	0.600	0.633		0.01	0.254	0.297	0.327	0.351
26	0.05	0.374	0.454	0.506	0.545	125	0.05	0.174	0.216	0.246	0.269
	0.01	0.478	0.546	0.590	0.624		0.01	0.228	0.266	0.294	0.316
27	0.05	0.367	0.446	0.498	0.536	150	0.05	0.159	0.198	0.225	0.247
	0.01	0.470	0.538	0.582	0.615		0.01	0.208	0.244	0.270	0.290
28	0.05	0.361	0.439	0.490	0.529	200	0.05	0.138	0.172	0.196	0.215
	0.01	0.463	0.530	0.573	0.606		0.01	0.181	0.212	0.234	0.253
29	0.05	0.355	0.432	0.482	0.521	300	0.05	0.113	0.141	0.160	0.176
	0.01	0.456	0.522	0.565	0.598		0.01	0.148	0.174	0.192	0.208
30	0.05	0.349	0.426	0.476	0.514	400	0.05	0.098	0.122	0.139	0.153
	0.01	0.449	0.514	0.558	0.519		0.01	0.128	0.151	0.167	0.180
35	0.05	0.325	0.397	0.445	0.482	500	0.05	0.088	0.109	0.124	0.137
	0.01	0.418	0.481	0.523	0.556		0.01	0.115	0.135	0.150	0.162
40	0.05	0.304	0.373	0.419	0.455	1000	0.05	0.062	0.077	0.088	0.097
	0.01	0.393	0.454	0.494	0.526		0.01	0.081	0.096	0.106	0.115

附表 8　*F* 值表（两尾，方差齐性检验用）（$\alpha=0.05$）

df_2	df_1（较大均方的自由度） 2	3	4	5	6	7	8	9	10	12	15	20	30	60	∞
1	799.5	864.2	899.6	921.8	937.1	948.2	956.7	963.3	968.5	976.7	984.9	993.1	1001	1010	1018
2	39.00	39.17	39.25	39.30	39.33	39.36	39.37	39.39	39.40	39.41	39.43	39.45	39.46	39.48	39.50
3	16.04	15.44	15.10	14.88	14.73	14.62	14.54	14.47	14.42	14.34	14.25	14.17	14.08	13.99	13.90
4	10.65	9.98	9.60	9.36	9.20	9.07	8.98	8.90	8.84	8.75	8.66	8.56	8.46	8.36	8.26
5	8.43	7.76	7.39	7.15	6.98	6.85	6.76	6.68	6.62	6.52	6.43	6.33	6.23	6.12	6.02
6	7.26	6.60	6.23	5.99	5.82	5.69	5.60	5.52	5.46	5.37	5.27	5.17	5.06	4.96	4.85
7	6.54	5.89	5.52	5.28	5.12	4.99	4.90	4.82	4.76	4.67	4.57	4.47	4.36	4.25	4.14
8	6.06	5.42	5.05	4.82	4.65	4.53	4.43	4.36	4.29	4.20	4.10	4.00	3.89	3.78	3.67

续表

df_2	df_1（较大均方的自由度）														
	2	3	4	5	6	7	8	9	10	12	15	20	30	60	∞
9	5.71	5.08	4.72	4.48	4.32	4.20	4.10	4.03	3.96	3.87	3.77	3.67	3.56	3.45	3.33
10	5.46	4.83	4.47	4.24	4.07	3.95	3.85	3.78	3.72	3.62	3.52	2.42	3.31	3.20	3.08
11	5.26	4.63	4.28	4.04	3.88	3.76	3.66	3.59	3.53	3.43	3.33	3.23	3.12	3.00	2.88
12	5.10	4.47	4.12	3.89	3.73	3.61	3.51	3.44	3.37	3.28	3.18	3.07	2.96	2.85	2.72
13	4.96	4.35	4.00	3.77	3.60	3.48	3.39	3.31	3.25	3.15	3.05	2.95	2.84	2.72	2.59
14	4.86	4.24	3.89	3.66	3.50	3.38	3.28	3.21	3.15	3.05	2.95	2.84	2.73	2.61	2.49
15	4.76	4.15	3.80	3.58	3.41	3.29	3.20	3.12	3.06	2.96	2.86	2.76	2.64	2.52	2.39
16	4.69	4.08	3.73	3.50	3.34	3.22	3.12	3.05	2.99	2.89	2.79	2.68	2.57	2.45	2.32
17	4.62	4.01	3.66	3.44	3.28	3.16	3.06	2.98	2.92	2.82	2.72	2.62	2.50	2.38	2.25
18	4.56	3.95	3.61	3.38	3.22	3.10	3.00	2.93	2.87	2.77	2.67	2.56	2.44	2.32	2.19
19	4.51	3.90	3.56	3.33	3.17	3.05	2.96	2.88	2.82	2.72	2.62	2.51	2.39	2.27	2.13
20	4.46	3.86	3.51	3.29	3.13	3.01	2.91	2.84	2.77	2.68	2.57	2.46	2.35	2.22	2.08
21	4.42	3.82	3.47	3.25	3.09	2.97	2.87	2.80	2.73	2.64	2.53	2.42	2.31	2.18	2.04
22	4.38	3.78	3.44	3.21	3.05	2.93	2.84	2.76	2.70	2.60	2.50	2.39	2.27	2.14	2.00
23	4.35	3.75	3.41	3.18	3.02	2.90	2.81	2.73	2.67	2.57	2.47	2.36	2.24	2.11	1.97
24	4.32	3.72	3.38	3.15	2.99	2.87	2.78	2.70	2.64	2.54	2.44	2.33	2.21	2.08	1.93
25	4.29	3.69	3.35	3.13	2.97	2.85	2.75	2.68	2.61	2.51	2.41	2.30	2.18	2.05	1.91
26	4.25	3.67	3.33	3.10	2.94	2.82	2.73	2.65	2.59	2.49	2.39	2.28	2.16	2.03	1.88
27	4.24	3.65	3.31	3.08	2.92	2.80	2.71	2.63	2.57	2.47	2.36	2.25	2.13	2.00	1.85
28	4.22	3.63	3.29	3.06	2.90	2.78	2.69	2.61	2.55	2.45	2.34	2.23	2.11	1.98	1.83
29	4.20	3.61	3.27	3.04	2.88	2.76	2.67	2.59	2..53	2.43	2.32	2.21	2.09	1.96	1.181
30	4.18	3.59	3.25	3.03	2.87	2.75	2.65	2.57	2.51	2.41	2.31	2.19	2.07	1.94	1.79
31	4.16	3.57	3.23	3.01	2.85	2.73	2.63	2.56	2.49	2.40	2.29	2.18	2.06	1.92	1.77
32	4.15	3.56	3.22	2.99	2.84	2.71	2.62	2.54	2.48	2.38	2.27	2.16	2.05	1.90	1.75
33	4.13	3.54	3.20	2.98	2.82	2.70	2.61	2.53	2.47	2.37	2.26	2.15	2.03	1.89	1.73
34	4.12	3.53	3.19	2.97	2.81	2.69	2.59	2.52	2.45	2.35	2.25	2.13	2.01	1.87	1.72
35	4.11	3.52	3.18	2.96	2.80	2.68	2.58	2.50	2.44	2.34	2.23	2.12	2.00	1.86	1.70
36	4.09	3.50	3.17	2.94	2.78	2.66	2.57	2.49	2.43	2.33	2.22	2.11	1.99	1.85	1.69
37	4.08	3.49	3.16	2.93	2.77	2.65	2.56	2.48	2.42	2.32	2.21	2.10	1.97	1.84	1.67
38	4.07	3.48	3.14	2.92	2.76	2.64	2.55	2.47	2.41	2.31	2.20	2.09	1.96	1.82	1.66
39	4.06	3.47	3.13	2.91	2.75	2.63	2.54	2.46	2.40	2.30	2.19	2.08	1.95	1.81	1.65
40	4.05	3.46	3.13	2.90	2.74	2.62	2.53	2.45	2.39	2.29	2.18	2.07	1.94	1.80	1.64
42	4.03	3.45	3.11	2.89	2.73	2.61	2.51	2.43	2.37	2.27	2.16	2.05	1.92	1.78	1.61
44	4.02	3.43	3.09	2.87	2.71	2.59	2.50	2.42	2.35	2.25	2.15	2.03	1.91	1.77	1.60
46	4.00	3.41	3.08	2.86	2.70	2.58	2.48	2.40	2.34	2.24	2.13	2.02	1.89	1.75	1.58
48	3.99	3.40	3.07	2.84	2.68	2.56	2.47	2.39	2.33	2.23	2.12	2.01	1.88	1.73	1.56
50	3.37	3.39	3.05	2.83	2.67	2.55	2.46	2.38	2.32	2.22	2.11	1.99	1.87	1.75	1.54
60	3.92	3.34	3.01	2.79	2.63	2.51	2.41	2.33	2.27	2.17	2.06	1.94	1.81	1.67	1.48
80	3.86	3.28	2.95	2.73	2.57	2.45	2.35	2.28	2.21	2.11	2.00	1.88	1.75	1.60	1.40
120	3.80	3.23	2.89	2.67	2.51	2.39	2.30	2.22	2.16	2.05	1.94	1.82	1.69	1.53	1.31
240	3.75	3.17	2.84	2.62	2.46	2.34	2.24	2.17	2.10	2.00	1.89	1.77	1.63	1.46	1.20
∞	3.69	3.12	2.79	2.57	2.41	2.29	2.19	2.11	2.05	1.94	1.83	1.71	1.57	1.39	1.00

附表 9　常用正交表

(1) $L_4(2^3)$

试验号	列号		
	1	2	3
1	1	1	1
2	1	2	2
3	2	1	2
4	2	2	1

注：任两列的交互作用为第三列

(2) $L_8(2^7)$

试验号	列号						
	1	2	3	4	5	6	7
1	1	1	1	1	1	1	1
2	1	1	1	2	2	2	2
3	1	2	2	1	1	2	2
4	1	2	2	2	2	1	1
5	2	1	2	1	2	1	2
6	2	1	2	2	1	2	1
7	2	2	1	1	2	2	1
8	2	2	1	2	1	1	2

$L_8(2^7)$ 表头设计

因素数	列号						
	1	2	3	4	5	6	7
3	A	B	A×B	C	A×C	B×C	
4	A	B	A×B C×D	C	A×C B×D	B×C A×D	D
	A	B C×D	A×B	C B×D	A×C	D B×C	A×D
5	A D×E	B C×D	A×B C×E	C B×D	A×C B×E	D A×E B×C	E A×B

$L_8(2^7)$ 二列间的交互作用表

1	2	3	4	5	6	7	列号
(1)	3	2	5	4	7	6	1
	(2)	1	6	7	4	5	2
		(3)	7	6	5	4	3
			(4)	1	2	3	4
				(5)	3	2	5
					(6)	1	6
						(7)	7

（3）L_9（3^4）

试验号	列号			
	1	2	3	4
1	1	1	1	1
2	1	2	2	2
3	1	3	3	3
4	2	1	2	3
5	2	2	3	1
6	2	3	1	2
7	3	1	3	2
8	3	2	1	3
9	3	3	2	1

（4）L_{16}（4^5）

试验号	列号				
	1	2	3	4	5
1	1	1	1	1	1
2	1	2	2	2	2
3	1	3	3	3	3
4	1	4	4	4	4
5	2	1	2	3	4
6	2	2	1	4	3
7	2	3	4	1	2
8	2	4	3	2	1
9	3	1	3	4	2
10	3	2	4	3	1
11	3	3	1	2	4
12	3	4	2	1	3
13	4	1	4	2	3
14	4	2	3	1	4
15	4	3	2	4	1
16	4	4	1	3	2

（5）L_{16}（2^{15}）

试验号	列号														
	1	2	3	4	5	6	7	8	9	10	11	12	13	14	15
1	1	1	1	1	1	1	1	1	1	1	1	1	1	1	1
2	1	1	1	1	1	1	1	2	2	2	2	2	2	2	2
3	1	1	1	2	2	2	2	1	1	1	1	2	2	2	2
4	1	1	1	2	2	2	2	2	2	2	2	1	1	1	1
5	1	2	2	1	1	2	2	1	1	2	2	1	1	2	2
6	1	2	2	1	1	2	2	2	2	1	1	2	2	1	1
7	1	2	2	2	2	1	1	1	1	2	2	2	2	1	1

续表

试验号	列号														
	1	2	3	4	5	6	7	8	9	10	11	12	13	14	15
8	1	2	2	2	2	1	1	2	2	1	1	1	1	2	2
9	2	1	2	1	2	1	2	1	2	1	2	1	2	1	2
10	2	1	2	1	2	1	2	2	1	2	1	2	1	2	1
11	2	1	2	2	1	2	1	1	2	1	2	2	1	2	1
12	2	1	2	2	1	2	1	2	1	2	1	1	2	1	2
13	2	2	1	1	2	2	1	1	2	2	1	1	2	2	1
14	2	2	1	1	2	2	1	2	1	1	2	2	1	1	2
15	2	2	1	2	1	1	2	1	2	2	1	2	1	1	2
16	2	2	1	2	1	1	2	2	1	1	2	1	2	2	1

L_{16}（2^{15}）二列间的交互作用表

1	2	3	4	5	6	7	8	9	10	11	12	13	14	15	列号
（1）	3	2	5	4	7	6	9	8	11	10	13	12	15	14	1
	（2）	1	6	7	4	5	10	11	8	9	14	15	12	13	2
		（3）	7	6	5	4	11	10	9	8	15	14	13	12	3
			（4）	1	2	3	12	13	14	15	8	9	10	11	4
				（5）	3	2	13	12	15	14	9	8	11	10	5
					（6）	1	14	15	12	13	10	11	8	9	6
						（7）	15	14	13	12	11	10	9	8	7
							（8）	1	2	3	4	5	6	7	8
								（9）	3	2	5	4	7	6	9
									（10）	1	6	7	4	5	10
										（11）	7	6	5	4	11
											（12）	1	2	3	12
												（13）	3	2	13
													（14）	1	14
														（15）	15

附表 10　均匀设计表

（1）U_5（5^4）

试验号	列号			
	1	2	3	4
1	1	2	3	4
2	2	4	1	3
3	3	1	4	2
4	4	3	2	1
5	5	5	5	5

U_5（5^4）使用表

因素数	列号		
2	1	2	
3	1	2	4

(2) U_7 (7^6)

试验号	列号					
	1	2	3	4	5	6
1	1	2	3	4	5	6
2	2	4	6	1	3	5
3	3	6	2	5	1	4
4	4	1	5	2	6	3
5	5	3	1	6	4	2
6	6	5	4	3	2	1
7	7	7	7	7	7	7

U_7 (7^6) 使用表

因素数	列号			
2	1	3		
3	1	2	3	
4	1	2	3	6

(3) U_9 (9^6)

试验号	列号					
	1	2	3	4	5	6
1	1	2	4	5	7	8
2	2	4	8	1	5	7
3	3	6	3	6	3	6
4	4	8	7	2	1	5
5	5	1	2	7	8	4
6	6	3	6	3	6	3
7	7	5	1	8	4	2
8	8	7	5	4	2	1
9	9	9	9	9	9	9

U_9 (9^6) 使用表

因素数	列号			
2	1	3		
3	1	3	5	
4	1	2	3	5

(4) U_{11} (11^{10})

试验号	列号									
	1	2	3	4	5	6	7	8	9	10
1	1	2	3	4	5	6	7	8	9	10
2	2	4	6	8	10	1	3	5	7	9
3	3	6	9	1	4	7	10	2	5	8
4	4	8	1	5	9	2	6	10	3	7
5	5	10	4	9	3	8	2	7	1	6
6	6	1	7	2	8	3	9	4	10	5
7	7	3	10	6	2	9	5	1	8	4
8	8	5	2	10	7	4	1	9	6	3
9	9	7	5	3	1	10	8	6	4	2
10	10	9	8	7	6	5	4	3	2	1
11	11	11	11	11	11	11	11	11	11	11

U_{11} (11^{10}) 使用表

因素数	列号					
2	1	7				
3	1	5	7			
4	1	2	5	7		
5	1	2	3	5	7	
6	1	2	3	5	7	10

（5）$U_{13}(13^{12})$

试验号	列号											
	1	2	3	4	5	6	7	8	9	10	11	12
1	1	2	3	4	5	6	7	8	9	10	11	12
2	2	4	6	8	10	12	1	3	5	7	9	11
3	3	6	9	12	2	5	8	11	1	4	7	10
4	4	8	12	3	7	11	2	6	10	1	5	9
5	5	10	2	7	12	4	9	1	6	11	3	8
6	6	12	5	11	4	10	3	9	2	8	1	7
7	7	1	8	2	9	3	10	4	11	5	12	6
8	8	3	11	6	1	9	4	12	7	2	10	5
9	9	5	1	10	6	2	11	7	3	12	8	4
10	10	7	4	1	11	8	5	2	12	9	6	3
11	11	9	7	5	3	1	12	10	8	6	4	2
12	12	11	10	9	8	7	6	5	4	3	2	1
13	13	13	13	13	13	13	13	13	13	13	13	13

$U_{13}(13^{12})$ 使用表

因素数	列号						
2	1	5					
3	1	3	4				
4	1	6	8	10			
5	1	6	8	9	10		
6	1	2	6	8	9	10	
7	1	2	6	8	9	10	12

（6）$U_{15}(15^{8})$

试验号	列号							
	1	2	3	4	5	6	7	8
1	1	2	4	7	8	11	13	14
2	2	4	8	14	1	7	11	13
3	3	6	12	6	9	3	9	12
4	4	8	1	13	2	14	7	11
5	5	10	5	5	10	10	5	10
6	6	12	9	12	3	6	3	9
7	7	14	13	4	11	2	1	8
8	8	1	2	11	4	13	14	7
9	9	3	6	3	12	9	12	6
10	10	5	10	10	5	5	10	5
11	11	7	14	2	13	1	8	4
12	12	9	3	9	6	12	6	3
13	13	11	7	1	14	8	4	2
14	14	13	11	8	7	4	2	1
15	15	15	15	15	15	15	15	15

U_{15}（15^8）使用表

因素数	列号				
2	1	6			
3	1	3	4		
4	1	3	4	7	
5	1	2	3	4	7

（7）U_{17}（17^{16}）

试验号	列号															
	1	2	3	4	5	6	7	8	9	10	11	12	13	14	15	16
1	1	2	3	4	5	6	7	8	9	10	11	12	13	14	15	16
2	2	4	6	8	10	12	14	16	1	3	5	7	9	11	13	15
3	3	6	9	12	15	1	4	7	10	13	16	2	5	8	11	14
4	4	8	12	16	3	7	11	15	2	6	10	14	1	5	9	13
5	5	10	15	3	8	13	1	6	11	16	4	9	14	2	7	12
6	6	12	1	7	13	2	8	14	3	9	15	4	10	16	5	11
7	7	14	4	11	1	8	15	5	12	2	9	16	6	13	3	10
8	8	16	7	15	6	14	5	13	4	12	3	11	2	10	1	9
9	9	1	10	2	11	3	12	4	13	5	14	6	15	7	16	8
10	10	3	13	6	16	9	2	12	5	15	8	1	11	4	14	7
11	11	5	16	10	4	15	9	3	14	8	2	13	7	1	12	6
12	12	7	2	14	9	4	16	11	6	1	13	8	3	15	10	5
13	13	9	5	1	14	10	6	2	15	11	7	3	16	12	8	4
14	14	11	8	5	2	16	13	10	7	4	1	15	12	9	6	3
15	15	13	11	9	7	5	3	1	16	14	12	10	8	6	4	2
16	16	15	14	13	12	11	10	9	8	7	6	5	4	3	2	1
17	17	17	17	17	17	17	17	17	17	17	17	17	17	17	17	17

U_{17}（17^{16}）使用表

因素数	列号						
2	1	11					
3	1	10	15				
4	1	10	14	15			
5	1	4	10	14	15		
6	1	4	6	10	14	15	
7	1	4	6	9	10	14	15

（8）U_{19}（19^{18}）

试验号	列号								
	1	2	3	4	5	6	7	8	9
1	1	2	3	4	5	6	7	8	9
2	2	4	6	8	10	12	14	16	18
3	3	6	9	12	15	18	2	5	8
4	4	8	12	16	1	5	9	13	17

续表

试验号	列号								
	1	2	3	4	5	6	7	8	9
5	5	10	15	1	6	11	16	2	7
6	6	12	18	5	11	17	4	10	16
7	7	14	2	9	16	4	11	18	6
8	8	16	5	13	2	10	18	7	15
9	9	18	8	17	7	16	6	15	5
10	10	1	11	2	12	3	13	4	14
11	11	3	14	6	17	9	1	12	4
12	12	5	17	10	3	15	8	1	13
13	13	7	1	14	8	2	15	9	3
14	14	9	4	18	13	8	3	17	12
15	15	11	7	3	18	14	10	6	2
16	16	13	10	7	4	1	17	14	11
17	17	15	13	11	9	7	5	3	1
18	18	17	16	15	14	13	12	11	10
19	19	19	19	19	19	19	19	19	19

试验号	列号								
	10	11	12	13	14	15	16	17	18
1	10	11	12	13	14	15	16	17	18
2	1	3	5	7	9	11	13	15	17
3	11	14	17	1	4	7	10	13	16
4	2	6	10	14	18	3	7	11	15
5	12	17	3	8	13	18	4	9	14
6	3	9	15	2	8	14	1	7	13
7	13	1	8	15	3	10	17	5	12
8	4	12	1	9	17	6	14	3	11
9	14	4	13	3	12	2	11	1	10
10	5	15	6	16	7	17	8	18	9
11	15	7	18	10	2	13	5	16	8
12	6	18	11	4	16	9	2	14	7
13	16	10	4	17	11	5	18	12	6
14	7	2	16	11	6	1	15	10	5
15	17	13	9	5	1	16	12	8	4
16	8	5	2	18	15	12	9	6	3
17	18	16	14	12	10	8	6	4	2
18	9	8	7	6	5	4	3	2	1
19	19	19	19	19	19	19	19	19	19

U_{19}（19^{18}）使用表

因素数	列号						
2	1	8					
3	1	7	8				
4	1	6	8	14			
5	1	6	8	14	17		
6	1	6	8	10	14	17	
7	1	6	7	8	10	14	17

（9）U_{21}（21^{12}）

试验号	列号											
	1	2	3	4	5	6	7	8	9	10	11	12
1	1	2	4	5	8	10	11	13	16	17	19	20
2	2	4	8	10	16	20	1	5	11	13	17	19
3	3	6	12	15	3	9	12	18	6	9	15	18
4	4	8	16	20	11	19	2	10	1	5	13	17
5	5	10	20	4	19	8	13	2	17	1	11	16
6	6	12	3	9	6	18	3	15	12	18	9	15
7	7	14	7	14	14	7	14	7	7	14	7	14
8	8	16	11	19	1	17	4	20	2	10	5	13
9	9	18	15	3	9	6	15	12	18	6	3	12
10	10	20	19	8	17	16	5	4	13	2	1	11
11	11	1	2	13	4	5	16	17	8	19	20	10
12	12	3	6	18	12	15	6	9	3	15	18	9
13	13	5	10	2	20	4	17	1	19	11	16	8
14	14	7	14	7	7	14	7	14	14	7	14	7
15	15	9	18	12	15	3	18	6	9	3	12	6
16	16	11	1	17	2	13	8	19	4	20	10	5
17	17	13	5	1	10	2	19	11	20	16	8	4
18	18	15	9	6	18	12	9	3	15	12	6	3
19	19	17	13	11	5	1	20	16	10	8	4	2
20	20	19	17	16	13	11	10	8	5	4	2	1
21	21	21	21	21	21	21	21	21	21	21	21	21

U_{21}（21^{12}）使用表

因素数	列号					
2	1	8				
3	1	6	9			
4	1	6	8	9		
5	1	3	6	8	9	
6	1	3	6	8	9	11

（10）U_{23}（23^{22}）

试验号	列号										
	1	2	3	4	5	6	7	8	9	10	11
1	1	2	3	4	5	6	7	8	9	10	11
2	2	4	6	8	10	12	21	16	18	20	22
3	3	6	9	12	15	18	5	1	4	7	10
4	4	8	12	16	20	1	12	9	13	17	21
5	5	10	15	20	2	7	19	17	22	4	9
6	6	12	18	1	7	13	3	2	8	14	20
7	7	14	21	5	12	19	10	10	17	1	8
8	8	16	1	9	17	2	17	18	3	11	19
9	9	18	4	13	22	8	1	3	12	21	7
10	10	20	7	17	4	14	8	11	21	8	18
11	11	22	10	21	9	20	15	19	7	18	6
12	12	1	13	2	14	3	22	4	16	28	17
13	13	3	16	6	19	9	6	12	2	15	5
14	14	5	19	10	1	15	13	20	11	2	16
15	15	7	22	14	6	21	20	5	20	12	4
16	16	9	2	18	11	4	7	13	6	22	15
17	17	11	5	22	16	10	14	21	15	9	3
18	18	13	8	3	21	16	21	6	1	19	14
19	19	15	11	7	3	22	5	14	10	6	2
20	20	17	14	11	8	5	12	22	19	16	13
21	21	19	17	15	13	11	19	7	5	3	1
22	22	21	20	19	18	17	16	15	14	13	12
23	23	23	23	23	23	23	23	23	23	23	23

试验号	列号										
	12	13	14	15	16	17	18	19	20	21	22
1	12	13	14	15	16	17	18	19	20	21	22
2	1	3	5	7	9	11	13	15	17	19	21
3	13	16	19	22	2	5	8	11	14	17	20
4	2	6	10	14	18	22	3	7	11	15	19
5	14	19	1	6	11	16	21	3	8	13	18
6	3	9	15	21	4	10	16	22	5	11	17
7	15	22	6	13	20	4	11	18	2	9	16
8	4	12	20	5	13	21	6	14	22	7	15
9	16	2	11	20	6	15	1	10	19	5	14
10	5	15	2	12	22	9	19	6	16	3	13
11	17	5	16	4	15	3	14	2	13	1	12
12	6	18	7	19	8	20	9	21	10	22	11
13	18	8	21	11	1	14	4	17	7	20	10
14	7	21	12	3	17	8	22	13	4	18	9

续表

试验号	列号										
	12	13	14	15	16	17	18	19	20	21	22
15	19	11	3	18	10	2	17	9	1	16	8
16	8	1	17	10	3	19	12	5	21	14	7
17	20	14	8	2	19	13	7	1	18	12	6
18	9	4	22	17	12	7	2	20	15	10	5
19	21	17	13	9	5	1	20	16	12	8	4
20	10	7	27	1	21	18	15	12	9	6	3
21	22	20	18	16	14	12	10	8	6	4	2
22	11	10	9	8	7	6	5	4	3	2	1
23	23	23	23	23	23	23	23	23	23	23	23

U_{23}（23^{22}）使用表

因素数	列号						
2	1	17					
3	1	15	18				
4	1	13	14	17			
5	1	6	11	13	20		
6	1	8	13	14	17	21	
7	1	5	6	9	11	13	20

附表 11　平衡不完全区组设计表

阿拉伯数字表示处理（a），行表示区组（b），罗马数字表示重复（r），k 为区组容量，λ 为任意二处理出现于同一区组中的次数。

设计 1　$a=4$，$k=2$，$r=3$，$b=6$，$\lambda=1$

Ⅰ	Ⅱ	Ⅲ
1　2	1　3	1　4
3　4	2　4	2　3

设计 2　$a=4$，$k=3$，$r=3$，$b=4$，$\lambda=2$

1　2　3
2　3　4
3　4　1
4　1　2

设计 3　$a=5$，$k=2$，$r=4$，　$b=10$，$\lambda=1$

Ⅰ　Ⅱ	Ⅲ　Ⅳ
1　2	1　3
2　3	2　4
3　4	3　5
4　5	4　1
5　1	5　2

设计 4　$a=5, k=3, r=6, b=10, \lambda=3$

Ⅰ	Ⅱ	Ⅲ	Ⅳ	Ⅴ	Ⅵ
1	2	3	1	2	4
2	3	4	2	3	5
3	4	5	3	4	1
4	5	1	4	5	2
5	1	2	5	1	3

设计 5　$a=6, k=2, r=5, b=15, \lambda=1$

Ⅰ	Ⅱ	Ⅲ	Ⅳ	Ⅴ
1 2	1 3	1 4	1 5	1 6
3 4	2 5	2 6	2 4	2 3
5 6	4 6	3 5	3 6	4 5

设计 6　$a=6, k=3, r=5, b=10, \lambda=2$

1 2 5	2 3 4
1 2 6	2 3 5
1 3 4	2 4 6
1 3 6	3 5 6
1 4 5	4 5 6

设计 7　$a=6, k=3, r=10, b=20, \lambda=4$

Ⅰ	Ⅱ	Ⅲ	Ⅳ	Ⅴ
1 2 3	1 2 4	1 2 5	1 2 6	1 3 4
4 5 6	3 5 6	3 4 6	3 4 5	2 5 6
Ⅵ	**Ⅶ**	**Ⅷ**	**Ⅸ**	**Ⅹ**
1 3 5	1 3 6	1 4 5	1 4 6	1 5 6
2 4 6	2 4 5	2 3 6	2 3 5	2 3 4

设计 8　$a=6, k=4, r=10, b=15, \lambda=6$

Ⅰ，Ⅱ	Ⅲ，Ⅳ	Ⅴ，Ⅵ	Ⅶ，Ⅷ	Ⅸ，Ⅹ
1 2 3 4	1 2 3 5	1 2 3 6	1 2 4 5	1 2 5 6
1 4 5 6	1 2 4 6	1 3 4 5	1 3 5 6	1 3 4 6
2 3 5 6	3 4 5 6	2 4 5 6	2 3 4 6	2 3 4 5

设计 9　$a=7, k=2, r=6, b=21, \lambda=1$

Ⅰ Ⅱ	Ⅲ Ⅳ	Ⅴ Ⅵ
1 2	1 3	1 4
2 3	2 4	2 5
3 4	3 5	3 6
4 5	4 6	4 7
5 6	5 7	5 1
6 7	6 1	6 2
7 1	7 2	7 3

设计 10　$a=7$，$k=3$，$r=3$，$b=7$，$\lambda=1$

1	2	4
2	3	5
3	4	6
4	5	7
5	6	1
6	7	2
7	1	3

设计 11　$a=7$，$k=4$，$r=4$，$b=7$，$\lambda=2$

1	2	3	6
2	3	4	7
3	4	5	1
4	5	6	2
5	6	7	3
6	7	1	4
7	1	2	5

设计 12　$a=8$，$k=2$，$r=7$，$b=28$，$\lambda=1$

Ⅰ	Ⅱ	Ⅲ	Ⅳ
1　2	1　3	1　4	1　5
3　4	2　8	2　7	2　3
5　6	4　5	3　6	4　7
7　8	6　7	5　8	6　8
Ⅴ	**Ⅵ**	**Ⅶ**	
1　6	1　7	1　8	
2　4	2　6	2　5	
3　8	3　5	3　7	
5　7	4　8	4　6	

设计 13　$a=8$，$k=4$，$r=7$，$b=14$，$\lambda=3$

Ⅰ	Ⅱ	Ⅲ	Ⅳ
1　2　3　4	1　2　5　6	1　2　7　8	1　3　5　7
5　6　7　8	3　4　7　8	3　4　5　6	2　4　6　8
Ⅴ	**Ⅵ**	**Ⅶ**	
1　3　6　8	1　4　5　8	1　4　6　7	
2　4　5　7	2　3　6　7	2　3　5　8	

设计 14　$a=9$，$k=2$，$r=8$，$b=36$，$\lambda=1$

Ⅰ　Ⅱ	Ⅲ　Ⅳ	Ⅴ　Ⅵ	Ⅶ　Ⅷ
1　2	1　3	1　4	1　5
2　3	2　4	2　5	2　6
3　4	3　5	3　6	3　7

续表

Ⅰ Ⅱ	Ⅲ Ⅳ	Ⅴ Ⅵ	Ⅶ Ⅷ
4 5	4 6	4 7	4 8
5 6	5 7	5 8	5 9
6 7	6 8	6 9	6 1
7 8	7 9	7 1	7 2
8 9	8 1	8 2	8 3
9 1	9 2	9 3	9 4

设计 15　$a=9$，$k=3$，$r=4$，$b=12$，$\lambda=1$

Ⅰ	Ⅱ	Ⅲ	Ⅳ
1 2 3	1 4 7	1 5 9	1 6 8
4 5 6	2 5 8	2 6 7	2 4 9
7 8 9	3 6 9	3 4 8	3 5 7

设计 16　$a=9$，$k=4$，$r=8$，$b=18$，$\lambda=3$

Ⅰ	Ⅱ	Ⅲ	Ⅳ	Ⅴ	Ⅵ	Ⅶ	Ⅷ
1	2	3	5	1	4	5	8
2	3	4	6	2	5	6	9
3	4	5	7	3	6	7	1
4	5	6	8	4	7	8	2
5	6	7	9	5	8	9	3
6	7	8	1	6	9	1	4
7	8	9	2	7	1	2	5
8	9	1	3	8	2	3	6
9	1	2	4	9	3	4	7

设计 17　$a=9$，$k=5$，$r=10$，$b=18$，$\lambda=5$

Ⅰ	Ⅱ	Ⅲ	Ⅳ	Ⅴ	Ⅵ	Ⅶ	Ⅷ	Ⅸ	Ⅹ
1	2	3	4	8	1	2	4	6	7
2	3	4	5	9	2	3	5	7	8
3	4	5	6	1	3	4	6	8	9
4	5	6	7	2	4	5	7	9	1
5	6	7	8	3	5	6	8	1	2
6	7	8	9	4	6	7	9	2	3
7	8	9	1	5	7	8	1	3	4
8	9	1	2	6	8	9	2	4	5
9	1	2	3	7	9	1	3	5	6

设计 18　$a=9$，$k=6$，$r=8$，$b=12$，$\lambda=5$

Ⅰ，Ⅱ	Ⅲ，Ⅳ
1 2 3 4 5 6	1 2 4 5 7 8
1 2 3 7 8 9	1 3 4 6 7 9
4 5 6 7 8 9	2 3 5 6 8 9

续表

V，VI	VII，VIII
1 2 4 6 8 9	1 2 5 6 7 9
1 3 5 6 7 8	1 3 4 5 8 9
2 3 4 5 7 9	2 3 4 6 7 8

设计 19　$a=10$，$k=2$，$r=9$，$b=45$，$\lambda=1$

I	II	III	IV	V	VI	VII	VIII	IX
1 2	1 3	1 4	1 5	1 6	1 7	1 8	1 9	1 10
3 4	2 7	2 10	2 8	2 9	2 6	2 3	2 4	2 5
5 6	4 8	3 7	3 10	3 8	3 9	4 6	3 5	3 6
7 8	5 9	5 8	4 9	4 10	4 5	5 10	6 8	4 7
9 10	6 10	6 9	6 7	5 7	8 10	7 9	7 10	8 9

设计 20　$a=10$，$k=3$，$r=9$，$b=30$，$\lambda=2$

I II III	IV V VI	VII VIII IX
1 2 3	1 2 4	1 3 5
1 4 6	1 5 7	1 6 8
1 7 9	1 8 10	1 9 10
2 5 8	2 3 6	2 4 10
2 8 10	2 5 9	2 6 7
3 4 7	3 4 8	2 7 9
3 9 10	3 7 10	3 5 6
4 6 9	4 5 9	3 8 9
5 6 10	6 7 10	4 5 10
5 7 8	6 8 9	4 7 8

设计 21　$a=10$，$k=4$，$r=6$，$b=15$，$\lambda=2$

1 2 3 4	1 6 8 10	3 4 5 8
1 2 5 6	2 3 6 9	3 5 9 10
1 3 7 8	2 4 7 10	3 6 7 10
1 4 9 10	2 5 8 10	4 5 6 7
1 5 7 9	2 7 8 9	4 6 8 9

设计 22　$a=10$，$k=5$，$r=9$，$b=18$，$\lambda=4$

1 2 3 4 5	1 4 5 6 10	2 5 6 8 10
1 2 3 6 7	1 4 8 9 10	2 6 7 9 10
1 2 4 6 9	1 5 7 9 10	3 4 5 7 9
1 2 5 7 8	2 3 4 8 10	3 4 6 7 10
1 3 6 8 9	2 3 5 9 10	3 5 6 8 9
1 3 7 8 10	2 4 7 8 9	4 5 6 7 8

附表 12 正交拉丁方表

3×3

I	II
1 2 3	1 2 3
2 3 1	3 1 2
3 2 1	2 3 1

4×4

I	II	III
1 2 3 4	1 2 3 4	1 2 3 4
2 1 4 3	3 4 1 2	4 3 2 1
3 4 1 2	4 3 2 1	2 1 4 3
4 3 2 1	2 1 4 3	3 4 1 2

5×5

I	II	III	IV
1 2 3 4 5	1 2 3 4 5	1 2 3 4 5	1 2 3 4 5
2 3 4 5 1	3 4 5 1 2	4 5 1 2 3	5 1 2 3 4
3 4 5 1 2	5 1 2 3 4	2 3 4 5 1	4 5 1 2 3
4 5 1 2 3	2 3 4 5 1	5 1 2 3 4	3 4 5 1 2
5 1 2 3 4	4 5 1 2 3	3 4 5 1 2	2 3 4 5 1

7×7

I	II	III
1 2 3 4 5 6 7	1 2 3 4 5 6 7	1 2 3 4 5 6 7
2 3 4 5 6 7 1	3 4 5 6 7 1 2	4 5 6 7 1 2 3
3 4 5 6 7 1 2	5 6 7 1 2 3 4	7 1 2 3 4 5 6
4 5 6 7 1 2 3	7 1 2 3 4 5 6	3 4 5 6 7 1 2
5 6 7 1 2 3 4	2 3 4 5 6 7 1	6 7 1 2 3 4 5
6 7 1 2 3 4 5	4 5 6 7 1 2 3	2 3 4 5 6 7 1
7 1 2 3 4 5 6	6 7 1 2 3 4 5	5 6 7 1 2 3 4
IV	**V**	**VI**
1 2 3 4 5 6 7	1 2 3 4 5 6 7	1 2 3 4 5 6 7
5 6 7 1 2 3 4	6 7 1 2 3 4 5	7 1 2 3 4 5 6
2 3 4 5 6 7 1	4 5 6 7 1 2 3	6 7 1 2 3 4 5
6 7 1 2 3 4 5	2 3 4 5 6 7 1	5 6 7 1 2 3 4
3 4 5 6 7 1 2	7 1 2 3 4 5 6	4 5 6 7 1 2 3
7 1 2 3 4 5 6	5 6 7 1 2 3 4	3 4 5 6 7 1 2
4 5 6 7 1 2 3	3 4 5 6 7 1 2	2 3 4 5 6 7 1

附表 13 计数资料闭锁型序贯检验边界（*U*、*L*）和中间线坐标

θ=0.75		θ=0.80		θ=0.85		θ=0.90		θ=0.95	
U、*L*	*M*、M^*	*U*、*L*	*M*、M^*	*U*、*L*	*M*、M^*	*U*、*L*	*M*、M^*	*U*、*L*	*M*、M^*
$n\pm y$	$n\pm y$	$n\pm y$	$n\pm y$	$n\pm y$	$n\pm y$	$n\pm y$	$n\pm y$	$n\pm y$	$n\pm y$
9±9	44±0	8±8	26±0	7±7	16±0	7±7	10±0	6±6	6±0
12±10	62±18	11±9	40±14	11±9	27±11	10±8	19±9	11±9	13±7
15±11		14±10		14±10		14±10		13±9	

续表

θ=0.75		θ=0.80		θ=0.85		θ=0.90		θ=0.95	
U、L	M、M*	U、L	M、M*	U、L	M、M*	U、L	M、M*	U、L	M、M*
n±y	n±y	n±y	n±y	n±y	n±y	n±y	n±y	n±y	n±y
18±12		17±11		17±11		18±12			
20±12		20±12		20±12		19±11			
23±13		23±13		24±14					
26±14		26±14		26±14					
28±14		29±15		27±13					
31±15		32±16							
34±16		35±17							
37±17		38±18							
39±17		39±17							
42±18		40±16							
45±19									
47±19									
50±20									
53±21									
56±22									
58±22									
60±22									
61±21									
62±20									

附表 14　计量资料序贯检验闭锁线坐标$\sigma=1$、$\mu=1$时 n 和 y_n 的值

α=0.10	n^*	6.36	6.5	7.0	7.5	8.0	8.5	9.0	9.5	10.0
		10.5	11.0	11.5	12.0	12.5	13.0	13.5	14.0	14.29
β=0.10	y_n^*	0	0.4	0.9	1.3	1.7	2.1	2.4	2.9	3.3
		3.8	4.3	4.8	5.4	6.0	6.7	7.6	8.8	10.73
α=0.05	n^*	7.47	7.5	8.0	8.5	9.0	9.5	10.0	10.5	11.0
		11.5	12.0	12.5	13.0	13.5	14.0	14.5	15.0	15.5
		16.0	16.5	17.0	17.5	18.0	18.5	18.91		
β=0.05	y_n^*	0	0.1	0.8	1.1	1.5	1.8	2.1	2.5	2.8
		3.2	3.5	3.9	4.3	4.7	5.1	5.6	6.0	6.5
		7.0	7.6	8.2	8.9	9.7	10.8	13.09		

附表 15　成组序贯设计和分析法中的 Δ 值

N	α=0.05					α=0.01				
	1−β					1−β				
	0.50	0.75	0.90	0.95	0.99	0.50	0.75	0.90	0.95	0.99
1	1.960	2.634	3.242	3.605	4.286	2.576	3.250	3.858	4.221	4.920
2	1.477	1.967	2.404	2.664	3.152	1.921	2.405	2.839	3.099	3.584

续表

N	α=0.05					α=0.01				
	1−β					1−β				
	0.50	0.75	0.90	0.95	0.99	0.50	0.75	0.90	0.95	0.99
3	1.243	1.647	2.007	2.221	2.622	1.607	2.006	2.362	2.575	2.973
4	1.096	1.449	1.763	1.949	2.297	1.413	1.760	2.070	2.255	2.600
5	0.994	1.311	1.592	1.759	2.071	1.277	1.588	1.866	2.032	2.341
6	0.916	1.217	1.464	1.617	1.903	1.175	1.460	1.714	1.866	2.149
7	0.855	1.125	1.364	1.506	1.770	1.095	1.359	1.595	1.735	1.998
8	0.805	1.058	1.282	1.415	1.662	1.030	1.277	1.498	1.630	1.875
9	0.764	1.002	1.214	1.339	1.573	0.975	1.209	1.417	1.541	1.773
10	0.728	0.955	1.156	1.275	1.497	0.929	1.150	1.348	1.466	1.686
11	0.697	0.914	1.105	1.219	1.431	0.888	1.100	1.289	1.401	1.611
12	0.670	0.878	1.061	1.170	1.373	0.853	1.056	1.237	1.344	1.502
15	0.605	0.791	0.956	1.053	1.235	0.769	0.950	1.112	1.209	1.389
20	0.529	0.691	0.835	0.919	1.077	0.671	0.829	0.970	1.053	1.209

附表 16　成组序贯设计和分析法中每次检验的检验水准 α'

N	2	3	4	5	6	7	8	9	10	11
α=0.05	0.0294	0.0221	0.0182	0.0158	0.0142	0.0130	0.0120	0.0112	0.0106	0.0101
α=0.01	0.0056	0.0041	0.0033	0.0028	0.0025	0.0023	0.0021	0.0019	0.0018	0.0017